JN206871

# 根幹
# 電子回路

大豆生田 利章 著

電気書院

# まえがき

現代社会において必要不可欠なコンピュータや通信機器などの電子機器の構成要素の一つが電子回路であり，電子機器の設計・運用をするためには電子回路を理解することが必要になる．そのため，電気電子系の技術者教育において重要な科目として位置付けられている．また，電子機器の発展と普及に伴い，他の分野の技術者にとっても電子回路の基本的な知識は必要になっている．本書は電子回路の基本的な動作を理解し，技術者として必要な知識を修得できることを目標とする．読者としては，電気回路と半導体デバイスに関してある程度の知識を有する人を想定している．また，大学や高専の電気電子系学科で学んでいる学生が電子回路に関する理解を深めたいときにも使えるようにした．なお，本書を読むうえで微積分の基礎知識を有していることが望ましいが，電力増幅回路の電力効率の計算を除いては，微積分を知らなくても大きな不都合は生じないように記述した．

電子回路に関して既に数多くの書籍が出版されているので，以下の点で従来の書籍と異なる特色が出るように工夫した．まず，電子回路の解析において解析を簡単にするために使われる様々な仮定，ブラックボックス化および特性の近似がどこで使われているかを，できる限り明示するようにした．また，バイポーラトランジスタを用いた回路と MOSFET を用いた回路の両方をできる限り対等に扱うようにしている．さらに，電気回路と半導体デバイスに関しては記述の簡素化を行い，詳細については他の書籍にゆだねる方針を取った．

本書は 3 部から構成されている．第 1 章から第 4 章までの第 I 部は導入編として，電子回路を学ぶための前提となる知識と，最低限の電子回路の動作の解説をしている．第 5 章から第 8 章までの第Ⅱ部は基礎編として，増幅回路を中心に基本的な電子回路の解析を行っている．第 9 章から第 13 章までの第Ⅲ部は展開編として，より発展的な話題を取り上げている．第Ⅰ部の第 1 章では前提となる知識のうち，全般的なものを記述した．第 2 章及び第 3 章では電気回路と半導体デバイスに関して必要な事項について簡単に記述した．第 4 章では解析が簡単になるような仮定をしたうえで，電子回路の動作を記述している．第Ⅱ部の第 5 章では基本動作として小信号動作への移行を念頭に直流的な入出力特性を解析している．第 6 章では以後の解析に必要な等価回路，特に小信号等価回路の導出をしている．第 7 章ではバイアス回路についての解説と設計方法を記述している．第 8 章では小信号等価回路を用いた特性量の導出を中心に基本増幅回路の動作を記述している．第Ⅲ部の第 9 章では各種の応用的な回路に関する解析を行っている．第 10 章では演算増幅器を用いた回路のうち簡単なものの解析を行っている．第 11 章ではディジタル回路の例として TTL インバータおよび CMOS インバータの解析を行っている．第 12 章では周波数特性の基礎として，基本増幅回路の周波数特性の簡単な解析を行っている．第 13 章では実際の回路作製において重要な回路シミュレータの概要を説明している．

本書で扱えなかった話題として，帰還増幅回路，回路の安定性，回路の雑音，高周波増幅回路，発振回路，変復調回路，電源回路，非線形演算回路，アクティブフィルタ，インターフェース回路（AD 変換，DA 変換）などがある．これらに関しては，他の書籍を参考にしてほしい．

最後に，本書の出版にあたってお世話になった電気書院の田中和子様に感謝します．

おおまめうだ
としあき
大豆生田 利章

# 目次

本書の図記号は原則として JIS C 0617 にしたがうものとする．ただし，12 ページの図 2.2 に示す理想電源や 86 ページの図 5.28 に示す演算増幅器のように JIS にしたがわないものもある．

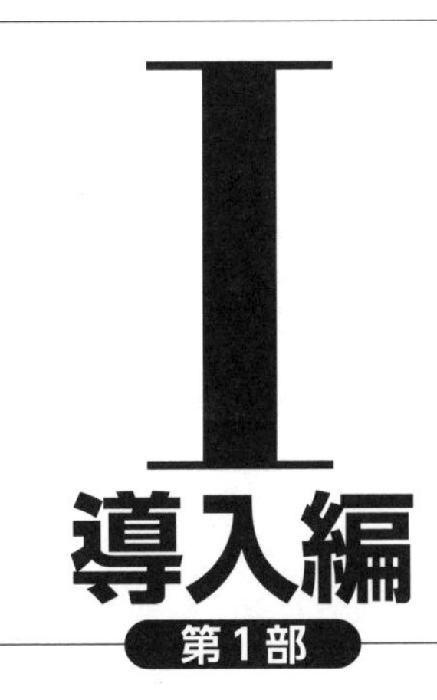

# I 導入編

第1部

# 第1章

# はじめに

## 1.1　電子回路とは

**電子回路**[1]とは，抵抗・コンデンサ・コイルのような素子とダイオード・トランジスタのような素子で構成された回路である．原則として，電子回路は図 **1.1** のように入力信号[2]を変換して出力信号を作り出す．電子回路を動作させるためには原則として外部の電源からエネルギーを供給する必要がある．

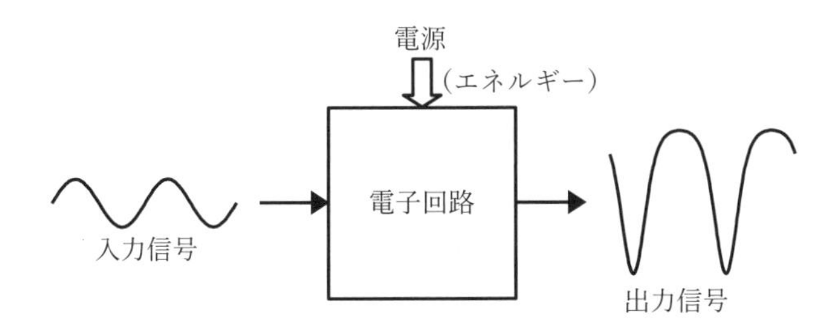


図 **1.1** 電子回路の概念

図 **1.2** はコンピュータや通信機器などの電子機器がどのような要素から

[1] 本書では単に“回路”と呼ぶこともある．

[2] 信号とは電圧あるいは電流の変化に意味を持たせたものである．

構成されているかの概要を表したものである．図に示すように，電子回路は電子機器と電子材料の間をつなぐ役割を持っている．なお，図 1.2 中の機構部品とはスイッチ，コネクタや基板などのことである．

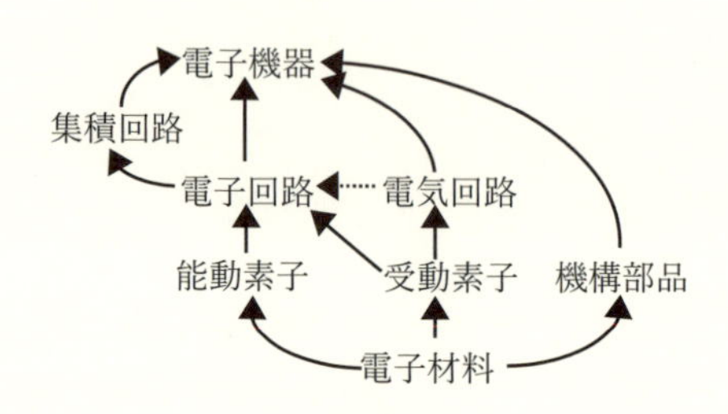


**図 1.2** 電子回路と電子機器・電子材料の関係

電子回路を構成する素子のうち，**受動素子**とは抵抗，コンデンサやコイルのように電気エネルギーの消費・蓄積・放出を行う素子であり，**能動素子**とはダイオードやトランジスタのように信号・エネルギーの発生・変換を行う素子である．これらの電子回路の構成素子のうち受動素子に関しては第 2 章で，能動素子に関しては第 3 章で扱う．

電子回路には連続して変化する信号を扱う**アナログ回路**と，離散化した信号 [3] を扱う**ディジタル回路**がある．本書は主にアナログ回路を扱い，ディジタル回路に関しては第 11 章でインバータ回路の解析を行うにとどめる．

本書では，基本的な電子回路の解析と設計の基本について解説する．しかし，電子回路を構成する素子の動作が完全に理想的な場合であっても，電子回路の動作の厳密な解析は非常に困難な場合が多い．そのため，解析対象をブラックボックスとして取り扱ったり，電圧や電流の関係式に近似を用いたり，動作に関する仮定を設けるなど処置をする．以下，本章ではブラックボックスと関数の近似について述べる．近似や仮定の具体例は，各電子回路を解析するときに改めて述べる．

[3] 多くの場合は 2 種類の電圧を用いる．

## 1.2　ブラックボックス

図 **1.3** のように，入力と出力の関係だけが分かっていて，中身は分からないものをブラックボックスという．

図 **1.3** ブラックボックスの概念

電子回路では対象の具体的な中身が複雑なためにブラックボックスとして扱う場合が多い．つまり，内部がどのようになっているかを考えずに，入力と出力の関係だけを取り扱うのである．図 1.1 に示した電子回路の概念もブラックボックスの考えを用いたものである．ブラックボックスの考えは，2.9 節の鳳（ほう）・テブナンの定理，第 3 章の半導体デバイスの電圧電流特性，5.8 節の演算増幅器，第 6 章の等価回路，8.1 節の図 8.1 に示す増幅回路のモデルなどにも使われる．

## 1.3　関数の近似と極限

電子回路では数式を用いて厳密に解析することが困難であることが多いため，各種の関数に対する近似を用いた計算を用いる．特に，$|x| \ll 1$ のときに成立する以下の近似が重要である [4]．

[4] ln は自然対数 $\log_e$ のことである．

$$\sqrt{1+x} \fallingdotseq 1+\frac{x}{2} \tag{1.1}$$

$$(1+x)^2 \fallingdotseq 1+2x \tag{1.2}$$

$$\frac{1}{1+x} \fallingdotseq 1-x \tag{1.3}$$

$$\exp(x) \fallingdotseq 1+x \tag{1.4}$$

$$\ln(1+x) \fallingdotseq x \tag{1.5}$$

以上に示した関数の値と近似値の比較を**表 1.1** に示す.

**表 1.1** 関数の近似値

| $x$ | $\exp(x)$ | $1+x$ | $\sqrt{1+x}$ | $1+x/2$ | $(1+x)^2$ | $1+2x$ |
|---|---|---|---|---|---|---|
| 0.00 | 1.0000 | 1.0000 | 1.0000 | 1.0000 | 1.0000 | 1.0000 |
| 0.01 | 1.0101 | 1.0100 | 1.0050 | 1.0050 | 1.0201 | 1.0200 |
| 0.05 | 1.0513 | 1.0500 | 1.0247 | 1.0250 | 1.1025 | 1.1000 |
| 0.10 | 1.1052 | 1.1000 | 1.0488 | 1.0500 | 1.2100 | 1.2000 |
| 0.20 | 1.2214 | 1.2000 | 1.0954 | 1.1000 | 1.4400 | 1.4000 |

| $x$ | $1/(1+x)$ | $1-x$ | $\ln(1+x)$ | $x$ |
|---|---|---|---|---|
| 0.00 | 1.0000 | 1.0000 | 0.0000 | 0.0000 |
| 0.01 | 0.9900 | 0.9900 | 0.00995 | 0.0100 |
| 0.05 | 0.9524 | 0.9500 | 0.0488 | 0.0500 |
| 0.10 | 0.9091 | 0.9000 | 0.0953 | 0.1000 |
| 0.20 | 0.8333 | 0.8000 | 0.1823 | 0.2000 |

これらの関数の近似は数学で学ぶ微分を用いると，関数 $f(x)$ に対して，$|\Delta x| \ll x$ のとき，

$$f(x+\Delta x) = f(x) + \frac{\mathrm{d}f(x)}{\mathrm{d}x}\Delta x + \ldots \tag{1.6}$$

と表せること [5] を用いている.

[5] テーラー展開とよばれる.

また，電子回路の解析では，ある変数に関する関数の極限を考えることがある．極限の例を以下に示す．

$$\lim_{x \to \infty} ax = \infty \tag{1.7}$$

$$\lim_{x \to \infty} \frac{a}{x} = 0 \tag{1.8}$$

$$\lim_{x \to \infty} \frac{ax+b}{cx+d} = \frac{a}{c} \tag{1.9}$$

$$\lim_{x \to \infty} \frac{ax+b}{cx^2+dx+e} = \lim_{x \to \infty} \frac{a}{cx} = 0 \tag{1.10}$$

$$\lim_{x \to \infty} \frac{ax^2+bx+c}{dx^2+ex+f} = \lim_{x \to \infty} \frac{ax^2}{dx^2} = \frac{a}{d} \tag{1.11}$$

$$\lim_{x \to \infty} \frac{ax^2+bx+c}{dx+e} = \lim_{x \to \infty} \frac{ax}{d} = \infty \tag{1.12}$$

$$\lim_{x \to \infty} \exp(x) = \infty \tag{1.13}$$

$$\lim_{x \to \infty} \exp(-x) = 0 \tag{1.14}$$

## 1.4　記号の表記

この本では記号は，原則として，以下のように表記する．直流電圧は $V$，直流電流は $I$ のように大文字を使って表す．交流電圧は $v$，交流電流は $i$ のように小文字を使って表す．また，ギリシア文字 $\Delta$ は微小な変化を表す．例えば，$\Delta V$ は直流電圧の微小な変化を表す．2 点間の電圧，例えば 点 Y を基準にした 点 X の電圧は $V_{\mathrm{XY}}$ のように記す．基準点がアース（グラウンド）のときは，基準点を省略して $V_{\mathrm{X}}$ のように記すこともある．ある点を通過する電流，例えば点 Z を通過する電流は $I_{\mathrm{Z}}$ と表す．

電子回路の解析では並列接続の合成抵抗が必要になることが多いので，以下の記号で並列合成抵抗を定義する[6]．

$$R_1 \parallel R_2 \triangleq \frac{R_1 R_2}{R_1 + R_2} \tag{1.15}$$

[6] 本書では，定義を表す記号として $\triangleq$ を用いる．

ここで定義した記号を用いると，以下の式が成立する．

$$\frac{1}{R_1} + \frac{1}{R_2} = \frac{1}{R_1 \parallel R_2} \tag{1.16}$$

関数 $f(x)$ の値のうち，特に $y = a$ という条件の下で与えられるものを以下の記号で表す．

$$f(x)\Big|_{y=a} \tag{1.17}$$

指数関数および対数関数に対して以下の式の左辺の表記を用いることもある．ここで，e は自然対数の底である．

$$\exp x = \mathrm{e}^x \quad \text{（指数関数）} \tag{1.18}$$

$$\ln x = \log_{\mathrm{e}} x \quad \text{（自然対数）} \tag{1.19}$$

$$\log x = \log_{10} x \quad \text{（常用対数）} \tag{1.20}$$

## 1.5　回路図の表記

本書の回路図の図記号は原則として，JIS C 0617 にしたがう．回路図の例を図 **1.4** に示す[7]．図 1.4 (a) はすべての回路要素・接続点を記入したものである．ここで，黒丸は配線同士の接続点，白丸は外部との接続を行う端子である．3 方向の接続点の黒丸は省略できるので，図 1.4 (b) のように描くこともある．ただし，この場合でも，4 方向の接続点の黒丸は省略できないので注意が必要である．**アース**[8] を記載した回路図を図 1.4 (c) に示す．各アースはすべて相互に接続されているものとする．外部に接続する交流電源（入力信号源）および抵抗を省略し，さらに直流電源も省略したものが図 1.4 (d) である．このように各種の省略をすることがあるので，回路図は実際の配線を忠実に再現しているのではないことに注意が必要である．

[7] 140 ページに示すエミッタ接地増幅回路をもとに作図した．

[8] **接地**あるいは**グランド**ともいい，電圧の基準となる点である．通常は電源の外部端子の片方を接続する．

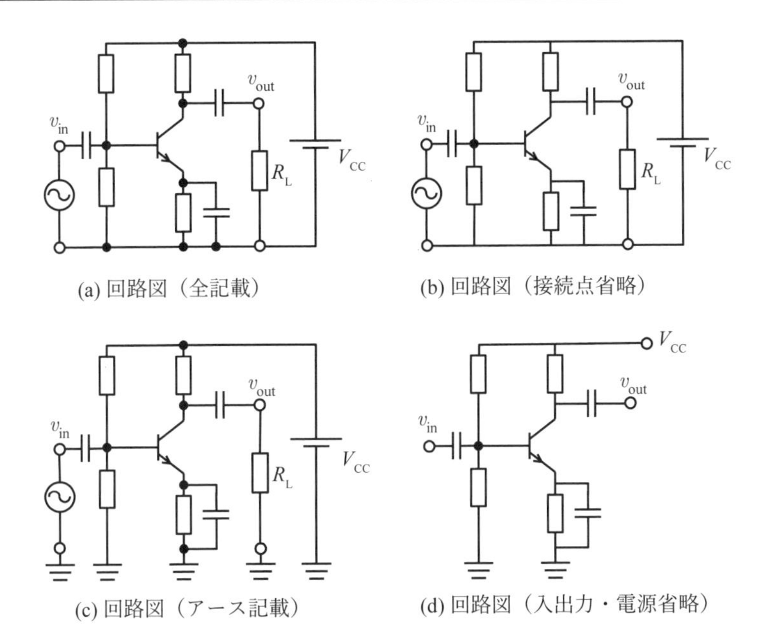


(a) 回路図（全記載）　(b) 回路図（接続点省略）

(c) 回路図（アース記載）　(d) 回路図（入出力・電源省略）

**図 1.4** 回路図の描き方

回路図は図 1.1 の概念図にそって左側から右側に信号が伝わっていくように，また電源の高電圧側が上にくるように描くのが原則であるが，作図の都合によりこの原則にしたがわないときもある．

## 1.6 単位の接頭語

単位の接頭語のうち特に重要なものを表 **1.2** に示す.

表 **1.2** 単位の接頭語

| | | |
|---|---|---|
| G | (ギガ) | $10^9$ |
| M | (メガ) | $10^6$ |
| k | (キロ) | $10^3$ |
| m | (ミリ) | $10^{-3}$ |

| | | |
|---|---|---|
| $\mu$ | (マイクロ) | $10^{-6}$ |
| n | (ナノ) | $10^{-9}$ |
| p | (ピコ) | $10^{-12}$ |
| f | (フェムト) | $10^{-15}$ |

# 第 2 章

# 電気回路

本章では電子回路を学ぶときに最低限必要な電気回路の知識を示す．詳細に関しては電気回路に関する書籍を参考にしてほしい．

## 2.1　直流と交流

**図 2.1** (a) のように電圧・電流が時刻 $t$ によらず一定であるとき，直流電圧・直流電流と呼ぶ．また，図 2.1 (b) のように電圧・電流が時間による変化をするときは，交流電圧・交流電流と呼ぶ．本書で扱う交流は正弦波交流に限定する．

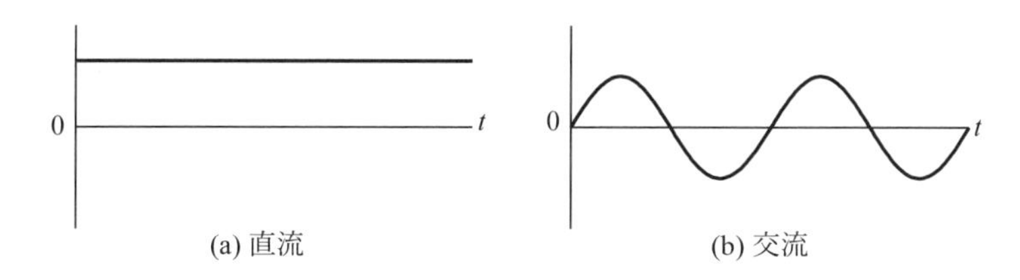


**図 2.1** 直流と交流

正弦波交流電圧および正弦波交流電流の時刻 $t$ による変化は

$$v \sin(2\pi f t + \theta) = v \sin(\omega t + \theta) \quad （交流電圧） \tag{2.1}$$

$$i \sin(2\pi f t + \theta) = i \sin(\omega t + \theta) \quad （交流電流） \tag{2.2}$$

のように表される．ここで，$v$ [V] は交流電圧の大きさ（振幅），$i$ [A] は交流電流の大きさ（振幅），$f$ [Hz] は周波数，$\omega$ [rad/s] は角周波数，$\theta$ [rad] は位相角と呼ばれる量である．本書では特に必要な場合を除き，交流電圧と交流電圧は振幅 $v$ および $i$ を用いて表し [1]，時間による変化は明記しない．

## 2.2　電源

電気エネルギーを供給する素子を**電源**と呼ぶ．電源には直流を供給する直流電源，交流を供給する交流電源がある．本書では，電子回路の外部に接続する直流電源は電子回路を動作させるためのエネルギー源として，外部に接続する交流電源は入力信号を供給する信号源として用いるものとする．

理想的な電源として，供給する電圧（電源電圧）が一定である**定電圧源**（**理想電圧源**）と供給する電流（電源電流）が一定である**定電流源**（**理想電流源**）がある．理想電源の図記号を図 **2.2** に示す．本書では左側の 3 個を使用する．理想電流源に関しては直流と交流は $I$ と $i$ のように電源電流の大文字小文字で区別する．

図 **2.2** 理想電源の図記号

多くの場合，現実の電源は図 **2.3** のように電源電圧が $V_0$ である理想電源と**内部抵抗**と呼ばれる抵抗 $R_0$ を用いて表すことができる．

---

[1] 厳密にはこの大きさ（振幅）は最大値と呼ばれる量である．電気回路では通常は 21 ページで示す実効値と呼ばれる量で交流の大きさを表す．

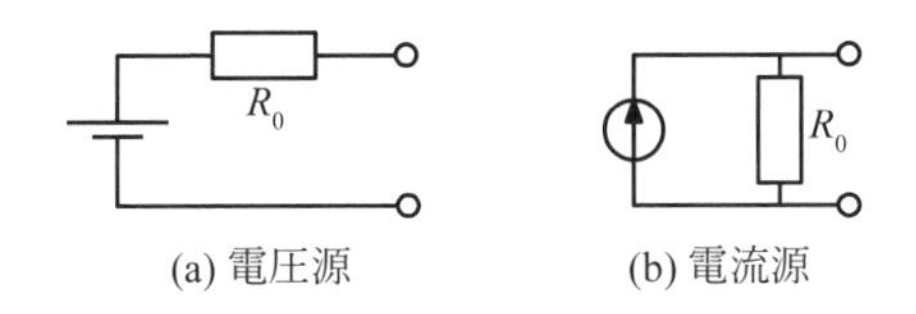


(a) 電圧源　(b) 電流源

図 **2.3** 電源の内部抵抗

## 2.3 開放と短絡

図 **2.4** (a) のように回路中の 2 点間に素子を接続しないことを**開放**といい，このときの 2 点間の電圧 $V_{\mathrm{open}}$ を**開放電圧**という．また，図 2.4 (b) のように回路中の 2 点間を導線で直接接続することを**短絡**といい，このとき 2 点間を流れる電流 $I_{\mathrm{short}}$ を**短絡電流**という．開放された 2 点間を流れる電流は 0 であり，短絡された 2 点間の電圧は 0 である．

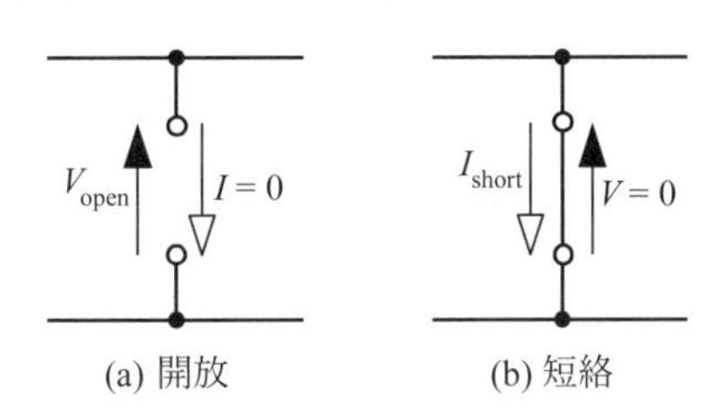


(a) 開放　(b) 短絡

図 **2.4** 開放と短絡

## 2.4 受動素子

ここでは電子回路を構成する受動素子のうち抵抗とコンデンサを取り上げる．能動素子は第 3 章で取り上げる．

素子に加えた電圧と素子を流れる電流が比例するものを**抵抗器**と呼び，比例係数を**電気抵抗**という．電気抵抗の単位はオーム [Ω] である．実際には，抵抗器も電気抵抗も単に抵抗と呼ばれることが多い．電気抵抗が $R$ である

抵抗器に電圧 $V$（または $v$）を加えたときに，抵抗器を流れる電流 $I$（または $i$）は

$$V = RI \quad (直流) \tag{2.3}$$

$$v = Ri \quad (交流) \tag{2.4}$$

となる．これを**オームの法則**という．オームの法則は直流と交流のどちらに対しても成立する．

**図 2.5** (a) のように回路中の 2 点の間に存在する抵抗 $R$ を流れる電流 $I$ はオームの法則で求めることができる．図 2.5 (b) のように各点の電圧を $V_\mathrm{a}$ および $V_\mathrm{b}$ とすると，

$$V_\mathrm{a} - V_\mathrm{b} = RI \tag{2.5}$$

となる．この式を変形すると，

$$V_\mathrm{b} = V_\mathrm{a} - RI \tag{2.6}$$

となる．これは，抵抗を電流が流れていくときに，流れた先の電圧が $RI$ だけ低くなることを意味している．この電圧の減少を，抵抗による**電圧降下**という．

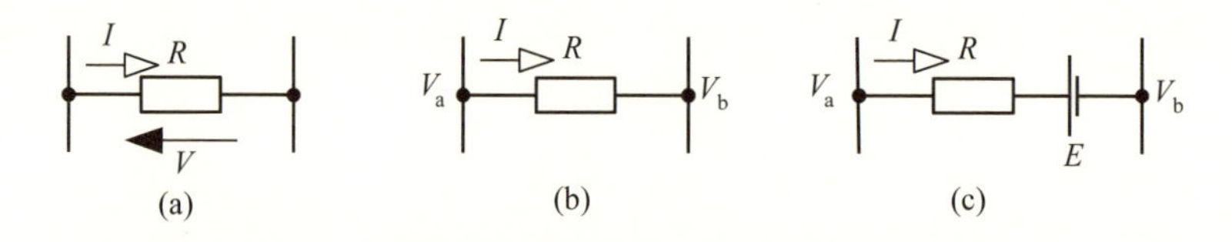


**図 2.5** オームの法則と電圧降下

図 2.5 (c) のように，回路中の 2 点の間に電源 $E$ と抵抗 $R$ が存在するときは，

$$V_\mathrm{a} = RI + E + V_\mathrm{b} \tag{2.7}$$

となる．ここで，2 点間の電圧の差，つまり図 2.5 (a) では $V$，図 2.5 (b) あるいは (c) では $V_{\mathrm{a}} - V_{\mathrm{b}}$ を**枝電圧**という．

**図 2.6** のように素子両端の交流電圧が $v \sin \omega t$ であるとき，素子を流れる電流が，定数 $C$ を用いて以下の式で与えらえる回路素子を**コンデンサ**あるいは**キャパシタ**という．

$$i \sin (\omega t + \theta) = \omega C v \sin \left( \omega t + \frac{\pi}{2} \right) \tag{2.8}$$

ここで，定数 $C$ をコンデンサの**静電容量**という．静電容量の単位はファラド [F] である．

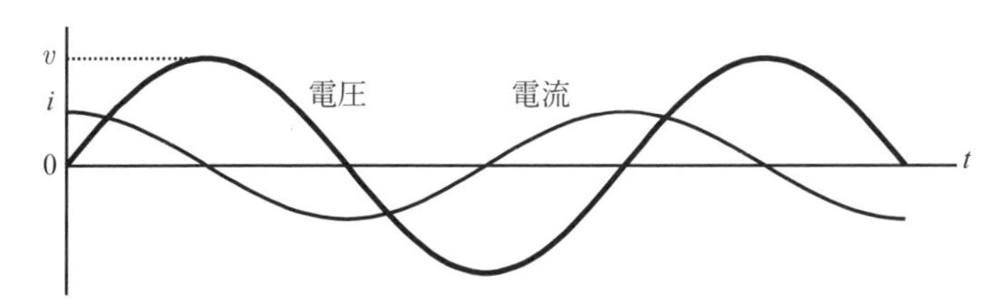


図 **2.6** コンデンサの電圧と電流

交流電圧と交流電流の振幅だけ考えたときは

$$v = \frac{1}{\omega C} \tag{2.9}$$

となる．

素子両端の交流電圧の振幅 $v$ と素子を流れる交流電流の振幅 $i$ から，**インピーダンス**（の大きさ） $Z$ を以下のように定義する．インピーダンス $Z$ は交流において電気抵抗 $R$ と同様の働きをし，単位はオーム [Ω] になる．

$$Z \triangleq \frac{v}{i} \tag{2.10}$$

抵抗 $R$ とコンデンサ $C$ に対するインピーダンスは以下のようになる．

$$Z = R \quad （抵抗） \tag{2.11}$$

$$Z = \frac{1}{\omega C} \quad （コンデンサ） \tag{2.12}$$

式 (2.12) より，周波数が十分に高いときはコンデンサのインピーダンスは 0 に近くなることがわかる．たとえば，静電容量が 10 μF のコンデンサのインピーダンスは，周波数が 50 Hz のときは約 318 Ω であり，周波数が 1 kHz のときは約 15.9 Ω になる．

通常はインピーダンスは複素数を使って表し，式 (2.10) で定義される量は**インピーダンスの大きさ**と呼ばれる．しかし，本書では複素数を使った回路の解析は行わないので，式 (2.10) で定義される量をインピーダンスとする．

## 2.5　合成抵抗

図 **2.7** (a) のように直接接続された抵抗の合成抵抗 $R$ は

$$R = R_1 + R_2 \tag{2.13}$$

であり，図 2.7 (b) のように並列接続された抵抗の合成抵抗 $R$ は

$$R = \frac{R_1 R_2}{R_1 + R_2} = R_1 \parallel R_2 \tag{2.14}$$

となる [2]．

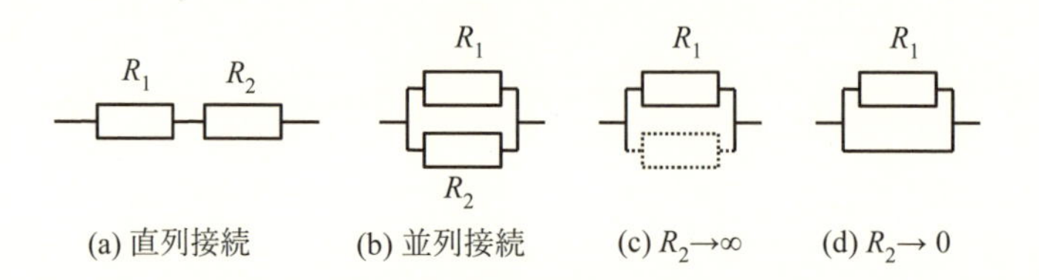


図 **2.7** 合成抵抗

ここで，抵抗 $R_2$ に関する極限を考えると，

[2] 記号 ∥ については，7 ページを参照．

$$\lim_{R_2\to\infty} R_1 \parallel R_2 = \lim_{R_2\to\infty} \frac{R_1 R_2}{R_1 + R_2} = R_1 \tag{2.15}$$

$$\lim_{R_2\to 0} R_1 \parallel R_2 = \lim_{R_2\to 0} \frac{R_1 R_2}{R_1 + R_2} = 0 \tag{2.16}$$

となる[3]．これは，図 2.7 (c) のように抵抗 $R_2$ がある場所を開放した場合と，図 2.7 (d) のように抵抗 $R_2$ がある場所を短絡する場合に相当する．

## 2.6　分圧と分流

**図 2.8** (a) のように直列接続された 2 個の抵抗に電圧 $V$ が加わっているときに，各抵抗に加わる電圧 $V_1$ および $V_2$ は以下のようになる．このように電圧を分けることを**分圧**という．

$$V_1 = \frac{R_1}{R_1 + R_2} V \tag{2.17}$$

$$V_2 = \frac{R_2}{R_1 + R_2} V \tag{2.18}$$

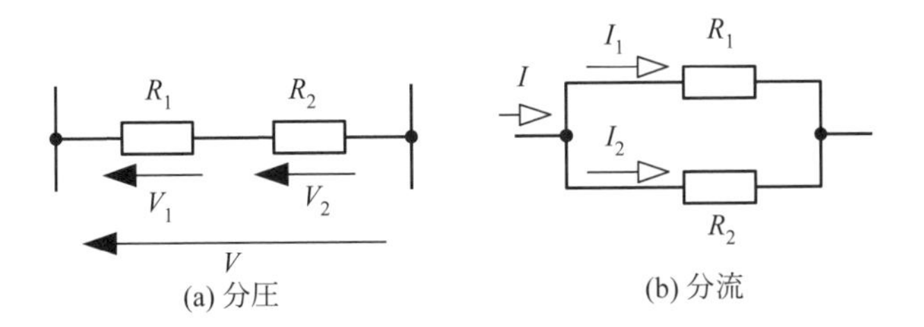


図 **2.8** 分圧と分流

また，図 2.8 (b) のように並列接続された 2 個の抵抗に電流 $I$ が流れているときに，各抵抗を流れる電流 $I_1$ および $I_2$ は以下のようになる．このように電流を分けることを**分流**という．

[3] 7 ページの式 (1.9) を参照．

$$I_1 = \frac{R_2}{R_1 + R_2} I \tag{2.19}$$

$$I_2 = \frac{R_1}{R_1 + R_2} I \tag{2.20}$$

## 2.7　キルヒホッフの法則

キルヒホッフの法則とは以下の2つの法則である．

**キルヒホッフの電流則**　回路中の節点に流れ込む電流の和は0である．
**キルヒホッフの電圧則**　回路中の閉路の枝電圧の和は0である．

**図 2.9** に示した回路に対してキルヒホッフの法則を適用して式で表すと以下のようになる．

$$I_1 + I_2 + I_3 + \cdots + I_n = 0 \quad \text{（電流則）} \tag{2.21}$$

$$V_1 + V_2 + V_3 + \cdots + V_m = 0 \quad \text{（電圧則）} \tag{2.22}$$

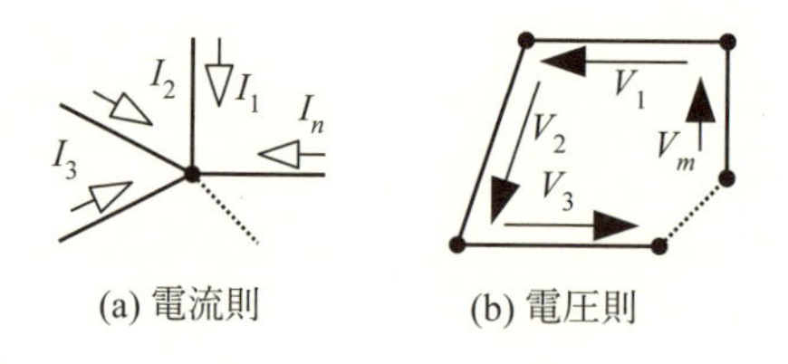


**図 2.9** キルヒホッフの法則

## 2.8　線形回路

$a$ および $b$ を定数とするとき，以下の式を満たす関数 $f(x)$ を**線形関数**[4]という．

[4] “線型関数” とも表記する．

$$f(ax_1 + bx_2) = af(x_1) + bf(x_2) \tag{2.23}$$

素子の端子間の電圧 $V$ と素子 $I$ に流れる電流の関係が線形関数である回路素子を**線形素子**という．オームの法則より，抵抗 $R$ に対しては，

$$V = RI = f(I) \tag{2.24}$$

という関係が成立するので，

$$f(aI_1 + bI_2) = R(aI_1 + bI_2) = aRI_1 + bRI_2 = af(I_1) + bf(I_2) \tag{2.25}$$

となる．これより，抵抗は線形素子である．コンデンサに対しても同様に，

$$v = \frac{i}{\omega C} = f(i) \tag{2.26}$$

という関係から [5]，

$$f(ai_1 + bi_2) = \frac{ai_1 + bi_2}{\omega C} = a\frac{I_1}{\omega C} + b\frac{I_2}{\omega C} = af(I_1) + bf(I_2) \tag{2.27}$$

となるので，コンデンサも線形素子である [6]．線形素子から構成される回路を**線形回路**という．

線形素子でない回路素子は**非線形素子**と呼ばれる．非線形素子の例として電子回路で用いられる半導体デバイスがある．半導体デバイスに関しては第 3 章で説明する．

## 2.9 鳳（ほう）・テブナンの定理

線形回路中の端子間を図 **2.10** (a) のように開放したときの電圧（開放電圧）が $V_{\mathrm{open}}$ であり，図 2.10 (b) のように短絡したときの電流（短絡電流）が $I_{\mathrm{short}}$ であるとする．このとき，この回路は図 2.10 (c) のように電源電

[5] 電気回路では複素数を用いて表記するが，本書では実数の範囲内で考える．

[6] 本書では取り扱わないがコイルも線形素子である．

圧 $V_{\mathrm{open}}$，内部抵抗 $\dfrac{V_{\mathrm{open}}}{I_{\mathrm{short}}}$ の電圧源（**等価電圧源**）に置き換えることができる．これを**鳳**（ほう）**・テブナンの定理**（**テブナンの定理，等価電圧源定理**）と呼ぶ．ここでは直流の場合を示したが，交流の場合も鳳・テブナンの定理は成立する．鳳・テブナンの定理を用いると，対象となる回路が実際にどのようになっているかに関係なく，等価電圧源として扱える．つまり，対象となる回路を 1.2 節で述べたブラックボックスとして扱うことになる．

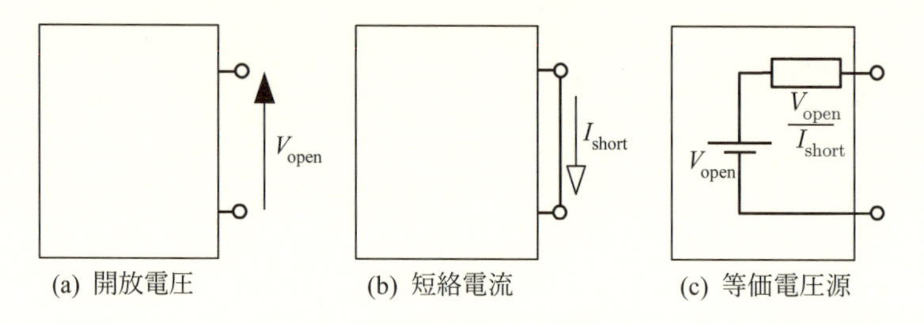


図 **2.10** 鳳・テブナンの定理

## 2.10　消費電力

抵抗 $R$ に直流電圧 $V$ を加えて直流電流 $I$ を流すと熱が発生する．このとき，単位時間あたりに抵抗から発生する熱エネルギーを抵抗の**消費電力** $P$ という．

$$P = VI = RI^2 = \frac{V^2}{R} \tag{2.28}$$

交流の場合の抵抗の消費電力 $P$ は，以下のように，数学で学ぶ積分を用いて 1 周期の時間 $T$ に関する平均を計算して求める [7]．積分を学んでいないときは計算結果だけを見てほしい．

[7] ここで用いた積分は付録 A を参照．

$$P = \frac{1}{T}\int_{t=0}^{t=T} v\sin\omega \cdot i\sin\omega t\,\mathrm{d}t = \frac{1}{2\pi}\int_{0}^{2\pi} vi\sin^2\theta\,\mathrm{d}\theta = \frac{vi}{2} = \frac{Ri^2}{2} = \frac{v^2}{2R} \tag{2.29}$$

ここで，以下のように交流電圧の**実効値** $v_\mathrm{e}$ と交流電流の実効値 $i_\mathrm{e}$ を定義する．

$$v_\mathrm{e} \triangleq \frac{v}{\sqrt{2}} \tag{2.30}$$

$$i_\mathrm{e} \triangleq \frac{i}{\sqrt{2}} \tag{2.31}$$

実効値を用いると，消費電力は以下のように表せる．つまり，直流と交流で同じ形の式になる．

$$P = v_\mathrm{e} i_\mathrm{e} = R{i_\mathrm{e}}^2 = \frac{{v_\mathrm{e}}^2}{R} \tag{2.32}$$

つぎに，**図 2.11** のように内部抵抗 $r$ の電圧源に負荷抵抗 $R$ を接続したときに，負荷抵抗 $R$ の消費電力が最大になる条件を求める．

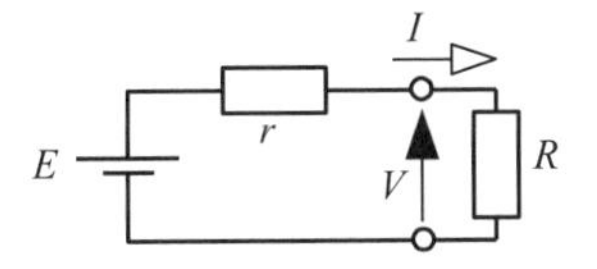


**図 2.11** 抵抗の最大消費電力

負荷抵抗 $R$ の両端の電圧 $V$ と抵抗 $R$ に流れる電流 $I$ は以下の式で与えられる．

$$V = \frac{RE}{r+R} \tag{2.33}$$

$$I = \frac{E}{r+R} \tag{2.34}$$

これより，負荷抵抗 $R$ の消費電力 $P$ は以下のようになる．

$$P = VI = \frac{RE^2}{(r+R)^2} = \frac{E^2}{\left(\dfrac{r}{\sqrt{R}} + \sqrt{R}\right)^2} \tag{2.35}$$

この式の分母が最小になれば，消費電力は最大になる．これを“インピーダンスが整合している”という．数学で習う相加平均と相乗平均の関係式を用いると，

$$\frac{r}{\sqrt{R}} + \sqrt{R} \geq 2\frac{r}{\sqrt{R}}\sqrt{R} = 2r \tag{2.36}$$

であるので，消費電力の最大値 $P_{\mathrm{max}}$ は

$$P_{\mathrm{max}} = \frac{E^2}{4r} \tag{2.37}$$

となる．消費電力が最大になるための条件，すなわち**インピーダンス整合条件**は

$$R = r \tag{2.38}$$

となる．

**図 2.12** に負荷抵抗 $R$ の電源の内部抵抗 $r$ に対する割合と，負荷抵抗の消費電力 $P$ の最大消費電力 $P_{\mathrm{max}}$ に対する割合の関係を示す．

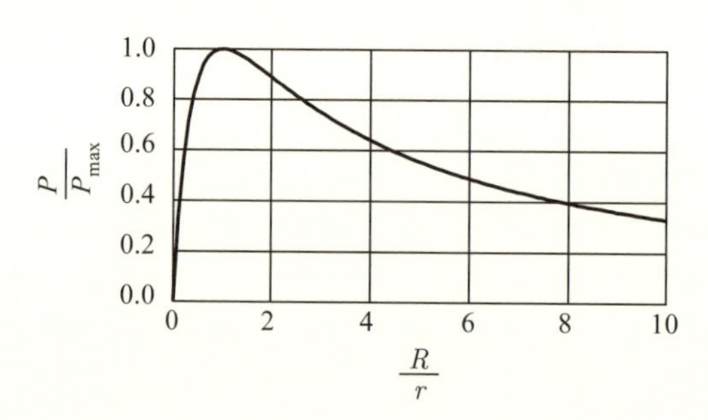


図 **2.12** 負荷抵抗と消費電力の関係

# 第3章

# 半導体デバイス

**半導体デバイス**（**半導体素子**）は材料として半導体を用いて作製された回路素子であり，電子回路の主要な構成要素である．本章では電子回路で用いられる代表的な半導体デバイスに関して，本書で必要な事項を説明する．半導体デバイスの動作は素子内部の電子の状態により決定されるが，ここでは外部から見た電圧と電流の関係のみ取り扱う[1]．詳細に関しては半導体デバイスあるいは電子デバイスに関する書籍を参考にしてほしい．

## 3.1 半導体

**半導体**は導体と絶縁体の中間の抵抗率を持つ物質である．半導体の例として，シリコン（ケイ素，Si），ガリウムヒ素（GaAs）やゲルマニウム（Ge）がある．半導体は不純物を添加することにより電気的性質が大きく変化する．不純物を加えることにより負の電荷[2]が移動するようになったものを**n形半導体**，正の電荷[3]が移動するようになったものを**p形半導体**という．半導体の持つ電気的・光学的性質を利用して様々な素子が作られている．以下では，基本的な半導体デバイスを取り上げる．

[1] 1.2節で述べたブラックボックスの考え．

[2] 実体は電子である．

[3] 正孔と呼ばれる．

## 3.2 ダイオード

**図 3.1** に示す原理的構造を持つ半導体デバイスを **pn 接合ダイオード**と呼ぶ．pn 接合ダイオードは単に**ダイオード**と呼ばれることが多い．ダイオードの 2 つの端子は**アノード** (A) および**カソード** (K) と呼ばれる．

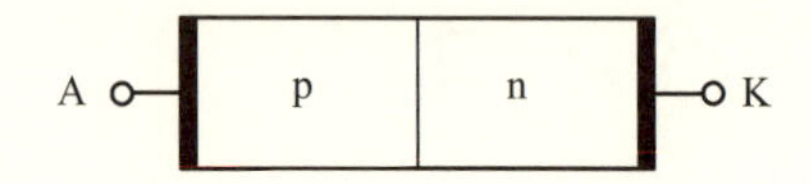


図 **3.1** ダイオードの原理的構造

ダイオードは**図 3.2** (a) に示す図記号で表される．ダイオードに加える電圧の向きには図 3.2 (b) のように電流が流れる向きと，図 3.2 (c) のように電流が流れない向きがある．電流が流れる方向を**順方向**，電流が流れない方向を**逆方向**と呼ぶ．このように電流が一方向にしか流れない特性を**整流特性**と呼ぶ．順方向に電圧を加えることを**順バイアス**，逆方向に電圧を加えることを**逆バイアス**と呼ぶ．

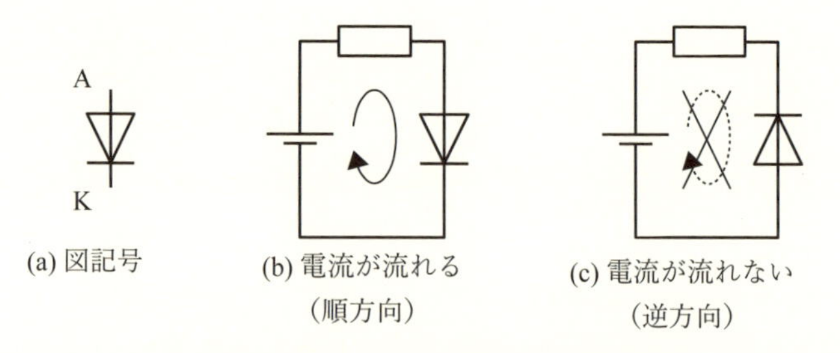


図 **3.2** ダイオードの図記号と整流特性

ダイオードの端子間電圧 $V_{\mathrm{D}}$ とダイオードを流れる電流 $I_{\mathrm{D}}$ の関係，すなわちダイオードの電圧電流特性の例を**図 3.3** に示す．ダイオードは電圧と電流が比例しない非線形素子 [4] である．

[4] 19 ページ参照．

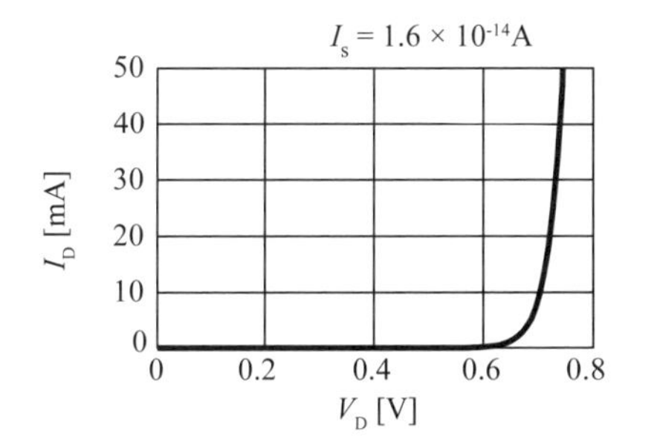


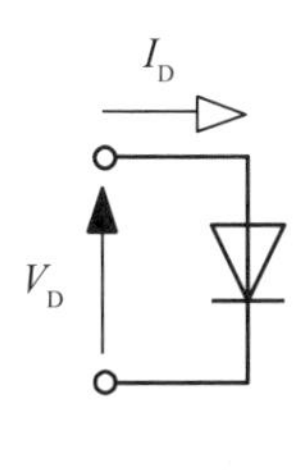


図 **3.3** ダイオードの電圧電流特性（例）

構造によるダイオードの分類には接合ダイオードのほかに，ショットキーバリアダイオード（あるいはショットキーダイオード），点接触ダイオードなどがある．また，特殊なダイオードとして発光ダイオード (LED [5])，定電圧ダイオード [6] や可変容量ダイオードがある．

ダイオードの電圧電流特性は理論的には以下の式で与えられる．

$$I_D = I_s \cdot \left[\exp\left(\frac{qV_D}{kT}\right) - 1\right] \tag{3.1}$$

ここで，$q$ は電気素量 [7]，$k$ はボルツマン定数 [8]，$T$ [K] は絶対温度 [9] である．特に断らないときは，絶対温度は 300 K であるとする．また，$I_s$ は逆方向飽和電流と呼ばれる量である．式 (3.1) の電圧電流特性は $V_D$ がある程度以上大きいときは [10]，以下の式で近似できる．

$$I_D \fallingdotseq I_s \cdot \exp\left(\frac{qV_D}{kT}\right) \tag{3.2}$$

たとえば，$V_D$ が 0.1 V のときは，

[5] light emitting diode

[6] ツェナーダイオードとも呼ばれる．

[7] 電子の電荷の大きさ．おおよそ $1.60 \times 10^{-19}$ C.

[8] おおよそ $1.38 \times 10^{-23}$ J/K.

[9] 0 K = −273.15°C

[10] おおよそ 60 mV 以上のとき．

$$\exp\left(\frac{qV_{\mathrm{D}}}{kT}\right) \fallingdotseq 47.5 \tag{3.3}$$

であるので，式 (3.2) を用いたことによる誤差は約 2.1% になる．

ここで，**熱電圧**と呼ばれる量 $V_T$ を以下の式で定義する．

$$V_T \triangleq \frac{kT}{q} \tag{3.4}$$

熱温度 $V_T$ を用いると，ダイオードの電圧電流特性の近似式は以下のようになる．

$$I_{\mathrm{D}} \fallingdotseq I_{\mathrm{s}} \cdot \exp\left(\frac{V_{\mathrm{D}}}{V_T}\right) \tag{3.5}$$

絶対温度が 300 K のときの熱電圧 $V_T$ はおよそ 25.9 mV になり，特に断らないときはこの値を用いる．

**定電圧ダイオード**は図 **3.4** のように逆方向に電圧 $V$ を加えたときに，**降伏電圧**と呼ばれるある電圧 $V_{\mathrm{B}}$ を越えると急激に電流が流れるダイオードである．この性質を用いて一定な電圧を得るために用いられる．

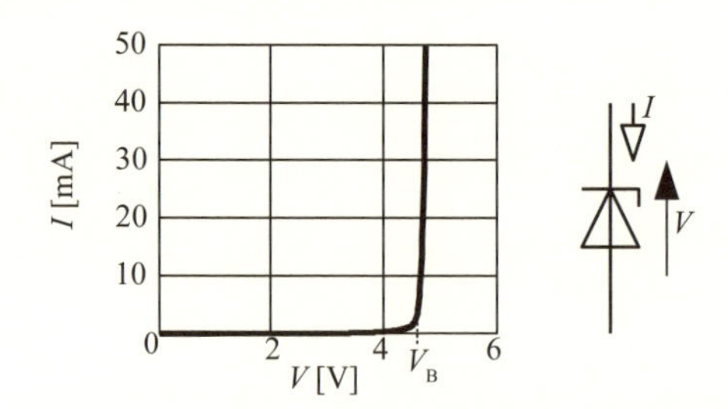


図 **3.4** 定電圧ダイオードの電圧電流特性（例）

## 3.3　バイポーラトランジスタ

バイポーラトランジスタは図 **3.5** に示す原理的構造を持つ半導体デバイスであり，3 つの電極は**ベース** (B)，**エミッタ** (E) および**コレクタ** (C) と呼ばれる．バイポーラトランジスタを単に**トランジスタ**と呼ぶことが多い．バイポーラトランジスタには，**npn トランジスタ**と **pnp トランジスタ**の 2 種類があるが，本書では原則として npn トランジスタを取り扱う．

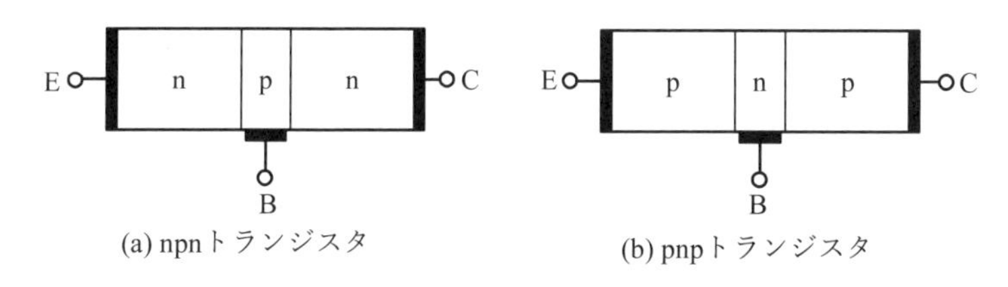


図 **3.5** バイポーラトランジスタの原理的構造

図 **3.6** にバイポーラトランジスタの図記号を示す．

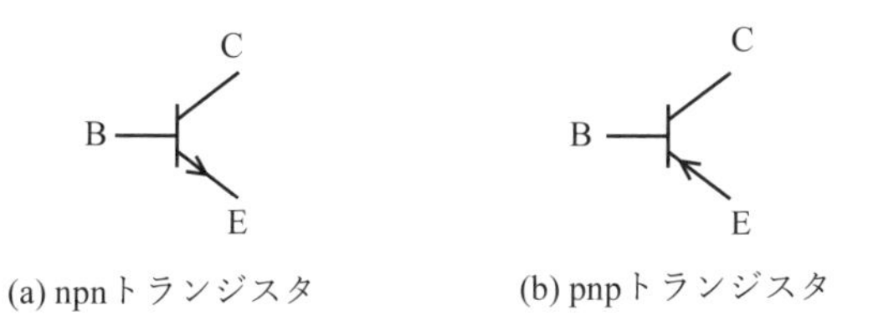


図 **3.6** バイポーラトランジスタの図記号

図 **3.7** のようにバイポーラトランジスタのベース・エミッタ間に電圧 $V_{\mathrm{BE}}$ を加え，コレクタ・エミッタ間に電圧 $V_{\mathrm{CE}}$ を加えると，ベース電流 $I_{\mathrm{B}}$ が流れ，それに伴いコレクタ電流 $I_{\mathrm{C}}$ が流れる．このとき流れるコレクタ電流 $I_{\mathrm{C}}$ はベース電流 $I_{\mathrm{B}}$ よりも数十倍から数百倍大きな値になる．これを**電流増幅作用**という．ベース電流が流れていないときは，コレクタ電流も流れない．なお，コレクタ電流を流すためのエネルギーはコレクタに接続された電源より供給される．

ベース電流 $I_{\mathrm{B}}$ とコレクタ電流は $I_{\mathrm{C}}$ はエミッタからエミッタ電流 $I_{\mathrm{E}}$ として出ていく．これらの電流の間にはキルヒホッフの電流則より以下の式が成立する．

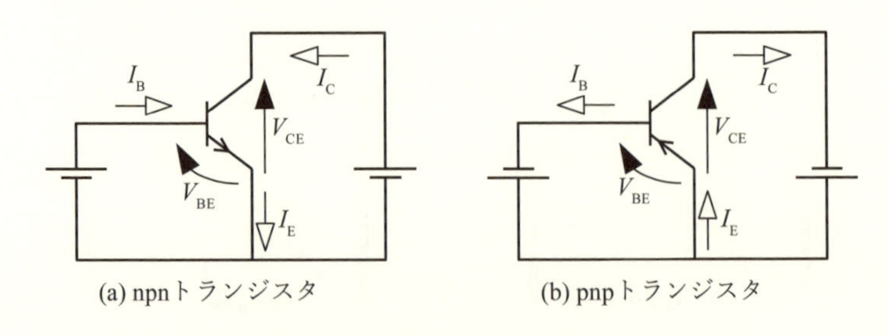


図 **3.7** バイポーラトランジスタの動作

$$I_{\mathrm{E}} = I_{\mathrm{B}} + I_{\mathrm{C}} \tag{3.6}$$

図 3.7 に示した各電圧・電流の間の関係，すなわちバイポーラトランジスタの電圧電流特性を図 **3.8** に示す．図 3.8 (a) に示したベース・エミッタ間電圧 $V_{\mathrm{BE}}$ とベース電流 $I_{\mathrm{B}}$ の関係を**入力特性**，図 3.8 (b) に示したコレクタ・エミッタ間電圧 $V_{\mathrm{CE}}$ とコレクタ電流 $I_{\mathrm{C}}$ の関係を**出力特性**と呼ぶ．ダイオードと同様にバイポーラトランジスタも非線形素子[11]である．

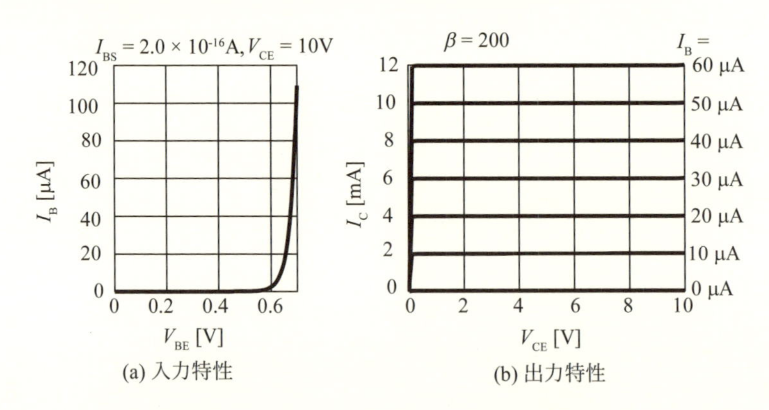


図 **3.8** バイポーラトランジスタの電圧電流特性

図 3.5 に示したようにベース・エミッタ間はダイオードと同じ構造をして

[11] 19 ページ参照.

いるので，バイポーラトランジスタの入力特性はダイオードの電圧電流特性と同様に以下の式で表される．

$$I_{\mathrm{B}} = I_{\mathrm{BS}} \cdot \left[\exp\left(\frac{V_{\mathrm{BE}}}{V_T}\right) - 1\right] \fallingdotseq I_{\mathrm{BS}} \exp\left(\frac{V_{\mathrm{BE}}}{V_T}\right) \tag{3.7}$$

バイポーラトランジスタの出力特性は図 **3.9** に示すように遮断領域（カットオフ領域），活性領域（能動領域），飽和領域の 3 つの領域に分けられる．

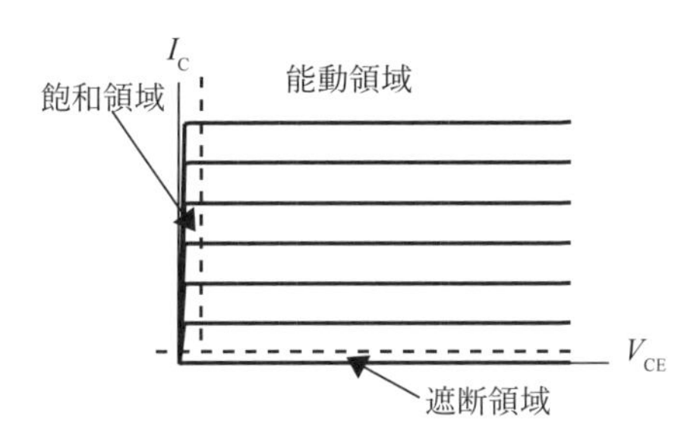


図 **3.9** バイポーラトランジスタの動作領域

バイポーラトランジスタの出力特性を式で表すと，後の 31 ページで示す式 (3.14) のように複雑になるので，以下のような各領域ごとの近似を用いる．

**遮断領域（カットオフ領域）**　ベース電流 $I_{\mathrm{B}}$ も，コレクタ電流 $I_{\mathrm{C}}$ もほとんど 0 である．

$$I_{\mathrm{B}} \fallingdotseq 0, \quad I_{\mathrm{C}} \fallingdotseq 0 \tag{3.8}$$

**能動領域（活性領域）**　コレクタ電流 $I_{\mathrm{C}}$ がベース電流 $I_{\mathrm{B}}$ に比例する．このときの比例係数 $\beta$ を**エミッタ接地電流増幅率**という．

$$I_{\mathrm{B}} \fallingdotseq I_{\mathrm{BS}} \exp\left(\frac{V_{\mathrm{BE}}}{V_T}\right) \tag{3.9}$$

$$I_{\mathrm{C}} = \beta I_{\mathrm{B}} \fallingdotseq \beta I_{\mathrm{BS}} \exp\left(\frac{V_{\mathrm{BE}}}{V_T}\right) \tag{3.10}$$

能動状態ではベース・エミッタ間は順バイアス，ベース・コレクタ間は逆バイアスになっている．

**飽和領域**　コレクタ・エミッタ間電圧 $V_{\mathrm{CE}}$ がほぼ一定の値になる．この一定の値 $V_{\mathrm{CES}}$ を**コレクタ・エミッタ間飽和電圧**という．

$$V_{\mathrm{CE}} \fallingdotseq V_{\mathrm{CES}} = 0.1 \sim 0.3\,\mathrm{V} \tag{3.11}$$

実際のバイポーラトランジスタでは能動領域においても，コレクタ電流 $I_{\mathrm{C}}$ がコレクタ・エミッタ間 $V_{\mathrm{CE}}$ の増加とともに徐々に増えていく．これを**アーリー効果**という．アーリー効果を考慮したときのバイポーラトランジスタの出力特性を図 **3.10** に示す．

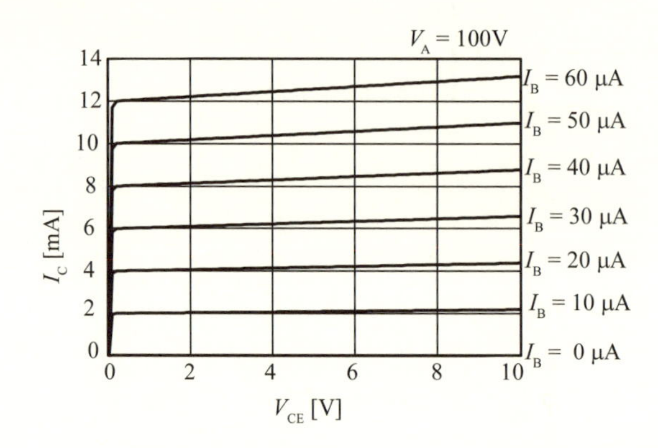


**図 3.10** アーリー効果を考慮したバイポーラトランジスタの電圧電流特性

アーリー効果を考慮したときの能動領域におけるコレクタ電流は，

$$I_{\mathrm{C}} = \beta I_{\mathrm{B}} \left(1 + \frac{V_{\mathrm{CE}}}{V_{\mathrm{A}}}\right) \tag{3.12}$$

と表せる．ここで，$V_{\mathrm{A}}$ は**アーリー電圧**と呼ばれる電圧である．

図 3.7 に示した各電圧と各電流の関係，すなわちバイポーラトランジスタの電圧電流特性を**エバース・モルモデル**と呼ばれるモデルを使ってバイポーラトランジスタの動作を理論的に解析すると以下のようになる．

$$I_{\mathrm{E}} = \frac{I_{\mathrm{EB0}}}{1-\alpha_{\mathrm{I}}\alpha_{\mathrm{N}}} \cdot \left[\exp\left(\frac{V_{\mathrm{BE}}}{V_T}\right) - 1\right] - \frac{\alpha_{\mathrm{I}} I_{\mathrm{CBO}}}{1-\alpha_{\mathrm{I}}\alpha_{\mathrm{N}}} \cdot \left[\exp\left(\frac{V_{\mathrm{BC}}}{V_T}\right) - 1\right] \tag{3.13}$$

$$I_{\mathrm{C}} = \frac{\alpha_{\mathrm{N}} I_{\mathrm{EB0}}}{1-\alpha_{\mathrm{I}}\alpha_{\mathrm{N}}} \cdot \left[\exp\left(\frac{V_{\mathrm{BE}}}{V_T}\right) - 1\right] - \frac{I_{\mathrm{CBO}}}{1-\alpha_{\mathrm{I}}\alpha_{\mathrm{N}}} \cdot \left[\exp\left(\frac{V_{\mathrm{BC}}}{V_T}\right) - 1\right] \tag{3.14}$$

エバース・モルモデルは人が計算するときは扱いづらいため，先に述べた各領域ごとに近似した動作を用いることが多い．エバース・モルモデルを用いた電流電圧特性は，第 13 章で述べる回路シミュレータのように，コンピュータを用いて解析するときに用いられる．

## 3.4 MOSFET

図 **3.11** に示す原理的構造を持つ半導体デバイスを **MOSFET** [12]（**MOS 形電界効果トランジスタ**）という．MOSFET には**ゲート** (G)，**ソース** (S) および**ドレイン** (D) と呼ばれる 3 つの端子がある．図 3.11 (a) と (b) に示すように，MOSFET には **n チャネル MOSFET** と **p チャネル MOSFET** の 2 種類がある．本書では原則として n チャネル MOSFET を取り扱う．

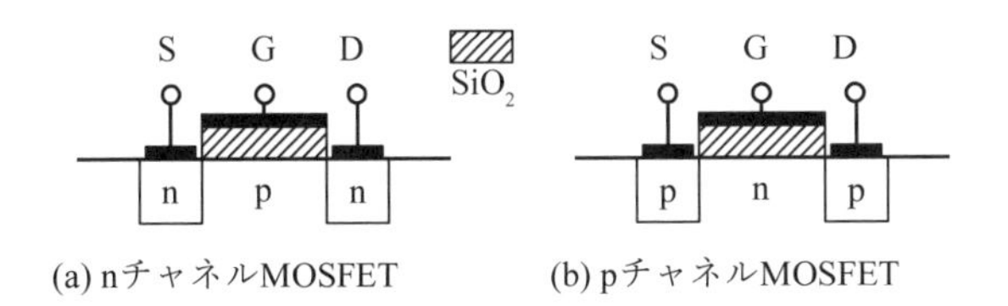


図 **3.11** MOSFET の原理的構造

図 **3.12** に MOSFET の図記号を示す．エンハンスメント形とデプレション形については 33 ページで説明する．

MOSFET では図 **3.13** のようにゲート・ソース間に電圧 $V_{\mathrm{GS}}$ を加え，ドレイン・ソース間に電圧 $V_{\mathrm{DS}}$ を加えると，ドレイン電流 $I_{\mathrm{D}}$ が流れる．ド

[12] Metal-Oxide-Semiconductor Field Effect Transistor

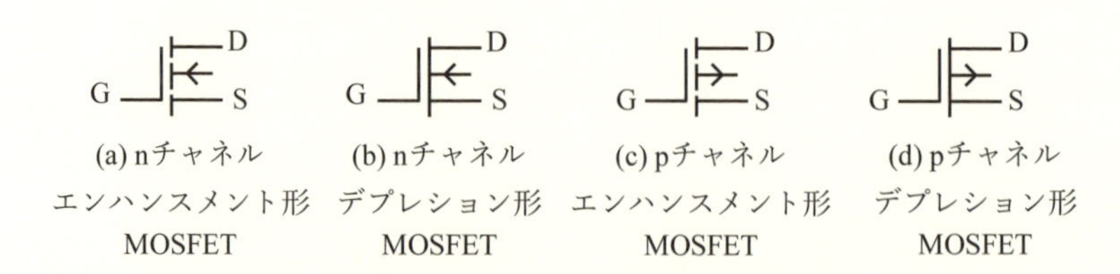


図 **3.12** MOSFET の図記号

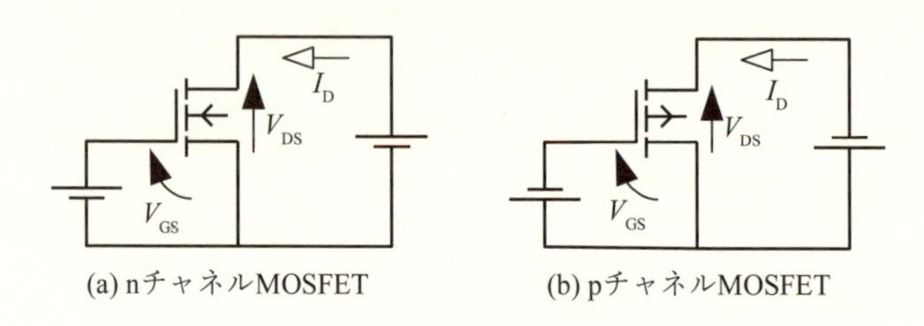


図 **3.13** MOSFET の動作

レイン電流を流すためのエネルギーはドレインに接続された電源から供給される．図 3.11 に示したように，ゲートと他の電極の間には絶縁体（$SiO_2$）があるために，MOSFET ではゲートに電流は流れない．

n チャネル MOSFET の電圧電流特性の例を図 **3.14** に示す．ゲート・ソース間電圧 $V_{GS}$ とドレイン電流 $I_D$ の関係を**相互特性**，ドレイン・ソース間電圧 $V_{DS}$ とドレイン電流 $I_D$ の関係を**出力特性**と呼ぶ．バイポーラトランジスタと同様に MOSFET も非線形素子[13]である．

相互特性よりドレイン電流 $I_D$ が流れるためには，ゲート・ソース間電圧 $V_{GS}$ がある電圧 $V_{th}$ より大きいことが必要となることがわかる．この電圧 $V_{th}$ のことを**しきい値電圧**（**スレッショルド電圧**）と呼ぶ．$V_{GS} < V_{th}$ で $I_D = 0$ となる領域を **遮断領域**（**カットオフ領域**）と呼ぶ．また，出力特性よりドレイン・ソース間電圧 $V_{DS}$ がある電圧 $V_P$ よりも大きいときは，ドレイン電流 $I_D$ が一定になる．この電圧 $V_P$ を**ピンチオフ電圧**と呼ぶ．ピンチオフ電圧 $V_P$ とゲート・ソース間電圧 $V_{GS}$ ，しきい値電圧 $V_{th}$ の間には，

[13] 19 ページ参照.

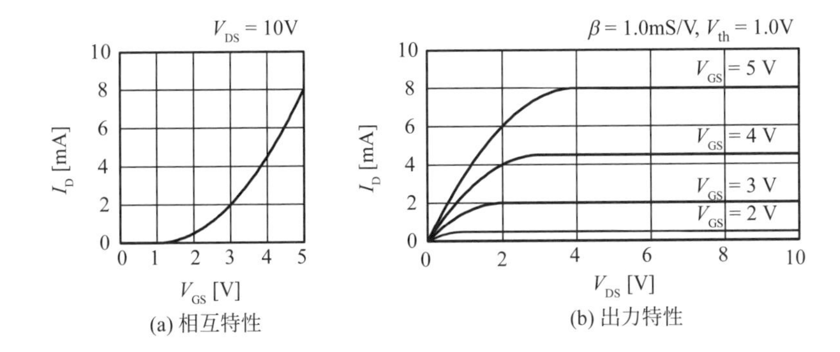


**図 3.14** n チャネル MOSFET の電圧電流特性（例）

$$V_P = V_{GS} - V_{th} \tag{3.15}$$

という関係がある．

$I_D \neq 0$ かつ $V_{DS} < V_P$ である領域を**線形領域**（**抵抗領域**），$I_D \neq 0$ かつ $V_{DS} > V_P$ である領域を**飽和領域**と呼ぶ．

理論的な n チャネル MOSFET の電圧電流特性は以下の式のようになる[14]．

$$I_D = \begin{cases} \beta \left( V_{GS} - V_{th} - \dfrac{V_{DS}}{2} \right) V_{DS} & (0 \leq V_{DS} \leq V_{GS} - V_{th}, V_{th} \leq V_{GS}) \\ \dfrac{\beta \left( V_{GS} - V_{th} \right)^2}{2} & (V_{GS} - V_{th} \leq V_{DS}, V_{th} \leq V_{GS}) \\ 0 & (V_{GS} \leq V_{th}) \end{cases} \tag{3.16}$$

MOSFET には**エンハンスメント形**と**デプレション形**という区分もある．エンハンスメント形 MOSFET はゲート・ソース間電圧 $V_{GS}$ が 0 のときは，ドレイン・ソース間に電圧を加えてもドレイン電流 $I_D$ は流れないものである．これに対して，デプレション形 MOSFET ではゲート・ソース間電圧 $V_{GS}$ が 0 のときでもドレイン・ソース間に電圧を加えるとドレイン電流

[14] 同じ記号を用いているが，式中の $\beta$ はバイポーラトランジスタのエミッタ接地電流増幅率とは関係がない．

$I_{\rm D}$ が流れるものである．n チャネル MOSFET では，しきい値電圧 $V_{\rm th}$ が正であるものがエンハンスメント形であり，負であるものがデプレション形になる．本書で扱う MOSFET は原則として n チャネルエンハンスメント形 MOSFET とする．

実際の MOSFET では飽和領域でも，ドレイン・ソース間電圧 $V_{\rm DS}$ が増加すると，ドレイン電流 $I_{\rm D}$ が徐々に増加していく．これを**チャネル長変調効果**と呼ぶ[15]．チャネル長変調効果を考慮した MOSFET の出力特性を**図 3.15** に示す．

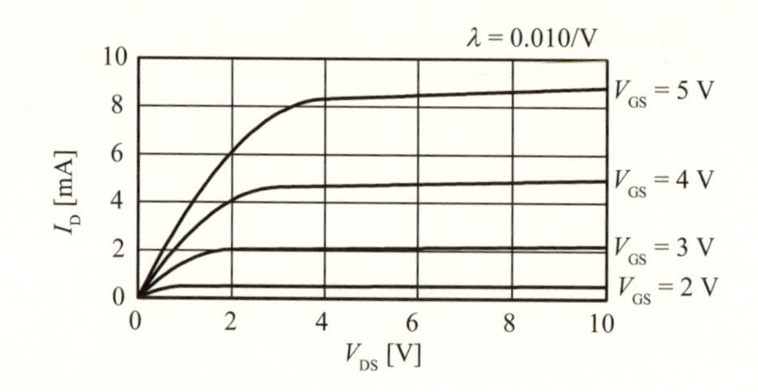


**図 3.15** チャネル長変調効果を考慮した MOSFET 電圧電流特性

チャネル長変調効果を考慮したときの飽和領域における MOSFET の電圧電流特性は，以下の式で与えられる．ここで，$\lambda$ は**チャネル長変調係数**と呼ばれる係数である．

$$I_{\rm D} = \frac{\beta\,(V_{\rm GS} - V_{\rm th})^2}{2}\,(1 + \lambda V_{\rm DS}) \tag{3.17}$$

なお，飽和領域の特性において頻出する以下の電圧 $V_{\rm OD}$ を**オーバードライブ電圧**（**実効ゲート電圧**，**有効ゲート電圧**）と呼ぶ．

$$V_{\rm OD} \triangleq V_{\rm GS} - V_{\rm th} \tag{3.18}$$

[15] バイポーラトランジスタのアーリー効果に相当する．

エンハンスメント形 p チャネル MOSFET の電圧電流特性の概要を図 **3.16** に示す．n チャネル MOSFET に対して，各電圧・電流の正負が逆になる．

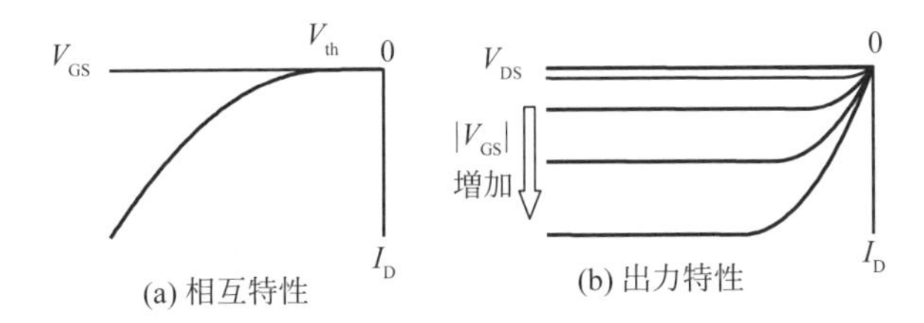


図 **3.16** エンハンスメント形 p チャネル MOSFET の電圧電流特性（概要）

## 3.5　接合形 FET

**接合形電界効果トランジスタ**（接合形 FET，**JFET** [16]）は図 **3.17** に示す原理的構造を持つ半導体デバイスである．MOSFET と同様に，各端子はゲート (G)，ソース (S) およびドレイン (D) と呼ばれる．また，n チャネル接合形 FET と p チャネル接合形 FET の 2 種類がある．

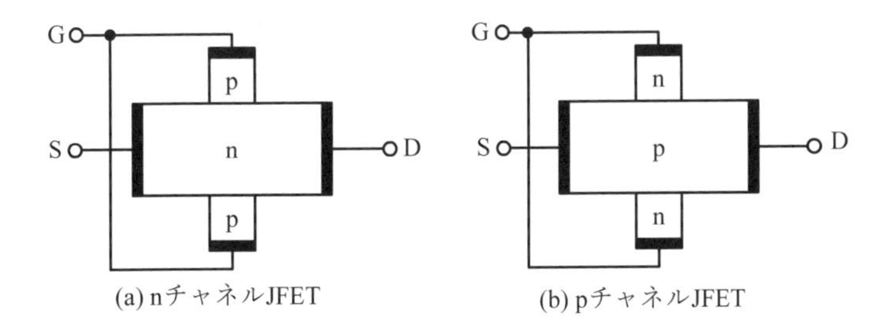


図 **3.17** 接合形ＦＥＴの原理的構造

n チャネル接合形 FET ではゲート・ソース間が逆バイアスになるよう

[16] Junction Field Effect Transistor

にゲートに電圧を加える．つまり，ゲート・ソース間電圧 $V_{\mathrm{GS}}$ は常に負になる．

接合形 FET の理論的な相互特性は

$$I_{\mathrm{Dsat}} = \frac{g_0 V_a}{3}\left[1 - 3\left(\frac{\Phi_D - V_{\mathrm{GS}}}{V_a}\right) + 2\left(\frac{\Phi_D - V_{\mathrm{GS}}}{V_a}\right)^{\frac{3}{2}}\right] \tag{3.19}$$

であるが[17]，通常は次の近似式を用いる．

$$I_{\mathrm{Dsat}} = \frac{g_0 V_a}{3}\left[1 - \left(\frac{\Phi_D - V_{\mathrm{GS}}}{V_a}\right)\right]^2 \tag{3.20}$$

**図 3.18** に n チャネル接合形 FET の相互特性を計算した例を示す．

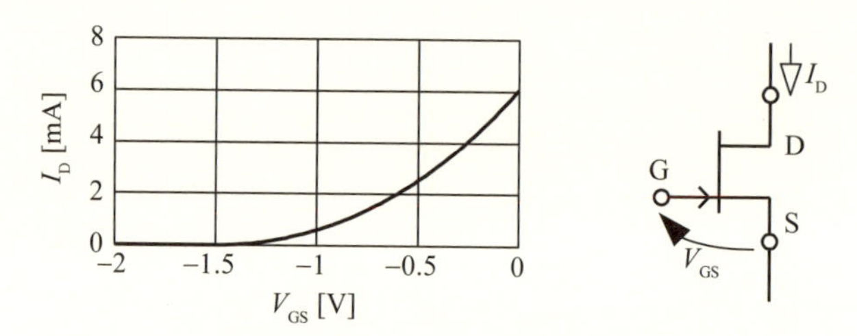


**図 3.18** 接合形 FET の相互特性

## 3.6　集積回路

電子回路を構成するトランジスタや抵抗，コンデンサをひとつにまとめて作ったものを**集積回路**（**IC**[18]）という．これに対して個別の素子を用いて作られる回路は**ディスクリート回路**という．集積回路にはバイポーラトランジスタを用いたバイポーラ集積回路，n チャネル MOSFET と p チャ

[17] 各記号の説明は省略する．

[18] Integrated Circuits

ネル MOSFET を組合わせた CMOS 集積回路，バイポーラトランジスタと MOSFET を組合わせた BiCMOS 集積回路などがある．

電子回路を集積回路で実現することには，以下の利点がある．

(1) 電子回路を小形，軽量にできる．
(2) 動作速度，信頼性が向上する．
(3) 生産費用が減少することにより経済性が向上する．

バイポーラ集積回路と CMOS 集積回路を比較すると，以下のようになる．

(1) バイポーラ集積回路は負荷の駆動能力が高く，動作速度が速いが，消費電力が大きくなる．
(2) CMOS 集積回路は製作過程が簡単であり，素子の密度を大きくできる．

集積回路内部の電子回路を設計するときは，ディスクリート回路の設計と比較して，以下の点が重要になる．

(1) 素子が基板上に近接して配置されるので，電気的特性や素子の温度がほぼ同じになる．
(2) 素子値の絶対誤差は 10% から 30% と大きいが，素子値間の相対誤差は 0.1% から 1% と小さい．
(3) 抵抗の値は 100 Ω から 30 kΩ 程度である．
(4) コンデンサの静電容量は最大で 50 pF 程度であり [19]，大容量のものは作製しにくい．

[19] pF = $10^{-12}$ F．10 ページの表 1.2 を参照．

# 第 4 章

# 電子回路の簡易解析

第 3 章で示したように半導体デバイスは非線形素子であるために，電子回路の厳密な解析は困難である．しかし，簡単な回路では半導体デバイスの動作に関するある種の仮定を置くことで解析が容易になることがある．本章ではこのような簡易に解析ができる電子回路を取り上げる．

## 4.1 ダイオード抵抗直列回路

**図 4.1** (a) に示したダイオードと抵抗 $R$ の直列接続回路において，ダイオードに流れる電流 $I_{\mathrm{D}}$ は以下のようにして求められる．

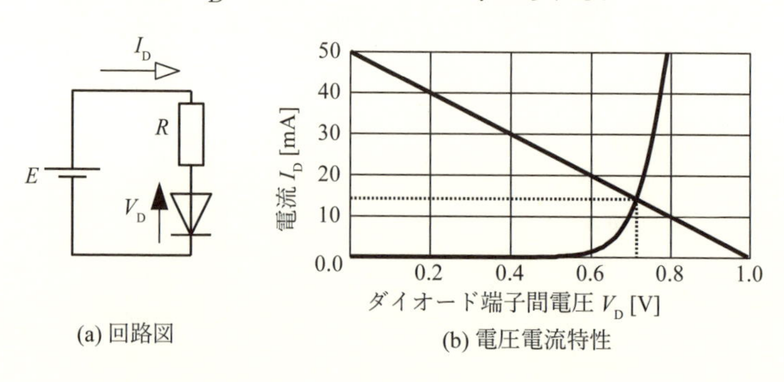


**図 4.1** ダイオード抵抗直列回路の図式解法

まず，電源電圧を $E$，ダイオード両端の電圧を $V_{\mathrm{D}}$ とすると，図 4.1 (a) に示す回路ではキルヒホッフの電圧則より以下の式が成立する．

$$E = RI + V_{\mathrm{D}} \tag{4.1}$$

この式 (4.1) と 25 ページの式 (3.1) に示したダイオードの電圧電流特性を連立させて解けばダイオードを流れる電流 $I_{\mathrm{D}}$ を求めることができる．しかし，この連立方程式を解くためにはコンピュータを用いる必要がある．そこで，**図式解法**と呼ばれるコンピュータを用いない手法が用いられる．これは，図 4.1 (b) のように式 (4.1) と式 (3.1) を同じグラフ上に描き，その交点からダイオード両端の電圧 $V_{\mathrm{D}}$ とダイオードを流れる電流 $I_{\mathrm{D}}$ を求めるものである．たとえば，$E$ が 1.0 V，$R$ が 20 Ω であるときには，$V_{\mathrm{D}}$ は 0.713 V，$I_{\mathrm{D}}$ は 14.3 mA となる．

上に述べた図式解法はやや面倒であるので，次により簡単な手法を示す．まず，**図 4.2** (a) に示す回路で抵抗 $R$ の値を変えたときの電源電圧 $E$ と電流 $I$ の特性を図 4.2 (b) に示す．

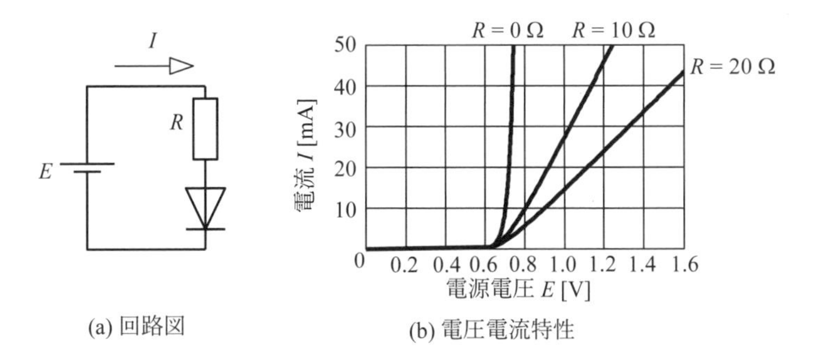


(a) 回路図　(b) 電圧電流特性

**図 4.2** ダイオード抵抗直列回路の電圧と電流

図 4.2 (b) より，“電源電圧 $E$ が約 0.7 V を越えると，ダイオードに電流が流れる” として扱えることがわかる．ダイオードに電流が流れているときは，電源電圧 $E$ と電流 $I$ は直線的に変化する．これは，電流が流れているときのダイオード両端の電圧 $V_{\mathrm{D}}$ がほぼ一定の電圧になることを示してい

る．ここでは，この電圧を $V_{\mathrm{D(on)}}$ と記す．$V_{\mathrm{D(on)}}$ はシリコン接合ダイオードでは 0.6 ～ 0.7 V，ショットキーバリアダイオードでは 0.3 ～ 0.4 V，赤色発光ダイオードでは 2.0 V 程度になる．

正確な電圧と電流を求める必要がないときは，ダイオード両端の電圧が一定値 $V_{\mathrm{D(on)}}$ であるとして式 (4.1) を用いると，ダイオードを流れる電流 $I_{\mathrm{D}}$ の近似値を求めることができる．たとえば，$V_{\mathrm{D(on)}}$ を 0.70 V とすると，電源電圧 $E$ が 1.0 V で，抵抗 $R$ が 20 Ω であるときは，

$$I_{\mathrm{D}} = \frac{E - V_{\mathrm{D}}}{R} = \frac{0.30\,\mathrm{V}}{20\,\Omega} = 15\,\mathrm{mA} \tag{4.2}$$

となる．図 4.1 (b) の図式解法により求めた値と比較すると，ダイオード両端の電圧 $V_{\mathrm{D}}$ の誤差は 1.8%，ダイオードを流れる電流 $I_{\mathrm{D}}$ の誤差は 4.9% となる．

発光ダイオードを点灯させるときのように，ダイオードに流す電流 $I_{\mathrm{D}}$ があらかじめ与えられているときは，以下の式のように，電源電圧 $E$ とダイオード両端の電圧 $V_{\mathrm{D(on)}}$ から抵抗 $R$ の値を決める．

$$R = \frac{E - V_{\mathrm{D(on)}}}{I_{\mathrm{D}}} \tag{4.3}$$

たとえば，$V_{\mathrm{D(on)}}$ が 2.0 V であり $I_{\mathrm{D}}$ が 30 mA の赤色発光ダイオードを電源電圧 5.0 V で点灯させるときの抵抗 $R$ の値は

$$\frac{5.0\,\mathrm{V} - 2.0\,\mathrm{V}}{30\,\mathrm{mA}} = 100\,\Omega \tag{4.4}$$

となる．

## 4.2 エミッタ接地回路

**図 4.3** に示す回路は，**エミッタ接地回路** [1] と呼ばれている [2]．コレクタには電源電圧 $V_{\mathrm{CC}}$ の直流定電圧源が接続されている [3]．ここで，エミッタ接地回路の動作，つまり入力電圧 $V_{\mathrm{in}}$ が変化したときに出力電圧 $V_{\mathrm{out}}$ がどのように変化するかを解析する．ただし，トランジスタは能動領域で動作するものとする．

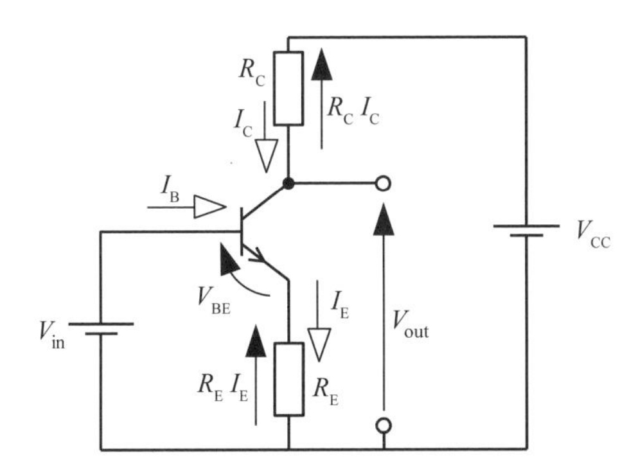


**図 4.3** エミッタ接地回路

図 4.3 ではキルヒホッフの法則より以下の関係式が成立する．

$$V_{\mathrm{in}} = V_{\mathrm{BE}} + R_{\mathrm{E}}I_{\mathrm{E}} \tag{4.5}$$

$$V_{\mathrm{out}} = V_{\mathrm{CC}} - R_{\mathrm{C}}I_{\mathrm{C}} \tag{4.6}$$

$$I_{\mathrm{E}} = I_{\mathrm{B}} + I_{\mathrm{C}} \tag{4.7}$$

ここで，回路の解析を簡単にするために以下の仮定をする．

(1) 図 4.2 のダイオードの特性と同様に，トランジスタが動作しているときのベース・エミッタ間電圧 $V_{\mathrm{BE}}$ は一定の値 $V_{\mathrm{BE0}}$ になる．

[1] より正確には“電流帰還エミッタ接地回路”である．

[2] “接地”の意味については 55 ページの 5.1 節で後述する．

[3] 電圧の添字で C を重ねることでコレクタ (C) に接続されていることを表す．

(2) コレクタ電流 $I_C$ やエミッタ電流 $I_E$ に比べてベース電流 $I_B$ が無視できるほど小さい．

以上の仮定を式で表すと以下のようになる．

$$V_{BE} \fallingdotseq V_{BE0} \quad (\text{一定}) \tag{4.8}$$

$$I_B \fallingdotseq 0 \tag{4.9}$$

$$I_E \fallingdotseq I_C \tag{4.10}$$

これにより，式 (4.5) から式 (4.7) は以下のように書き換えることができる．

$$V_{in} = V_{BE0} + R_E I_C \tag{4.11}$$

$$V_{out} = V_{CC} - R_C I_C \tag{4.12}$$

図 4.3 の回路で，入力電圧 $V_{in}$ が $V_{in} + \Delta V_{in}$ に変化したとする．その結果，コレクタ電流 $I_C$ が $I_C + \Delta I_C$ に変化し，出力電圧 $V_{out}$ が $V_{out} + \Delta V_{out}$ に変化したとする．このとき式 (4.11) と式 (4.12) は以下のようになる．

$$V_{in} + \Delta V_{in} = V_{BE0} + R_E (I_C + \Delta I_C) \tag{4.13}$$

$$V_{out} + \Delta V_{out} = V_{CC} - R_C (I_C + \Delta I_C) \tag{4.14}$$

式 (4.11) と式 (4.13) の差，および式 (4.12) と式 (4.14) の差を求めることで，以下のように変化分だけの関係式を得ることができる．

$$\Delta V_{in} = R_E \Delta I_C \tag{4.15}$$

$$\Delta V_{out} = -R_C \Delta I_C = -\frac{R_C}{R_E} \Delta V_{in} \tag{4.16}$$

となる．ここで，コレクタ抵抗 $R_C$ をエミッタ抵抗 $R_E$ より大きくなるように設計すると，小さな入力電圧の変化 $\Delta V_{in}$ を大きな出力電圧の変化 $\Delta V_{out}$ に変えることができる．これを**電圧増幅作用**という．以上で示した，入力電圧の変化 $\Delta V_{in}$ により出力電圧の変化 $\Delta V_{out}$ が引き起こされる様子を**図 4.4** に示す．

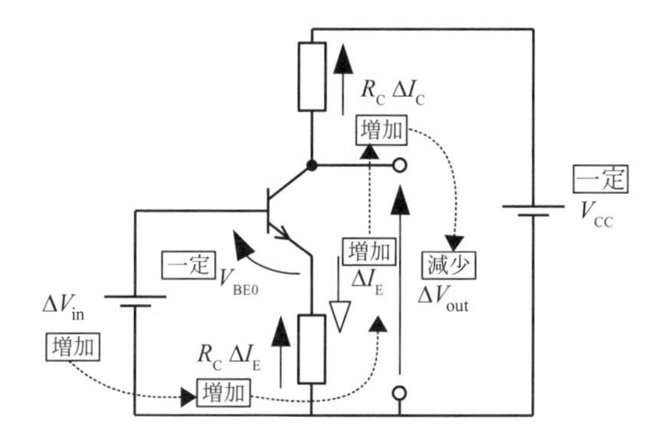


図 **4.4** エミッタ接地回路の動作

入力電圧の変化 $\Delta V_{\mathrm{in}}$ に対する出力電圧の変化 $\Delta V_{\mathrm{out}}$ の割合を求めると，

$$A_v = \frac{\Delta V_{\mathrm{out}}}{\Delta V_{\mathrm{in}}} = -\frac{R_{\mathrm{C}}}{R_{\mathrm{E}}} \tag{4.17}$$

となる．この $A_v$ を**電圧増幅度**という．負号が付くのは入力電圧が増加すると出力電圧が減少するためである．このような増幅作用を**逆相増幅**という．たとえば，$R_{\mathrm{C}}$ が $800\,\Omega$，$R_{\mathrm{E}}$ が $200\,\Omega$ のときは，

$$A_v = -\frac{800\,\Omega}{200\,\Omega} = -4.0 \tag{4.18}$$

となる．

より詳しい解析は 5.2 節（56 ページ）および 8.2.2 項（143 ページ）で行う．

## 4.3　コレクタ接地回路

図 **4.5** に示す回路は，**コレクタ接地回路**と呼ばれる回路である．ここでは，トランジスタは能動領域で動作するものとして，コレクタ接地回路の動作を解析する．

図 4.5 のコレクタ接地回路では，キルヒホッフの電圧則より，

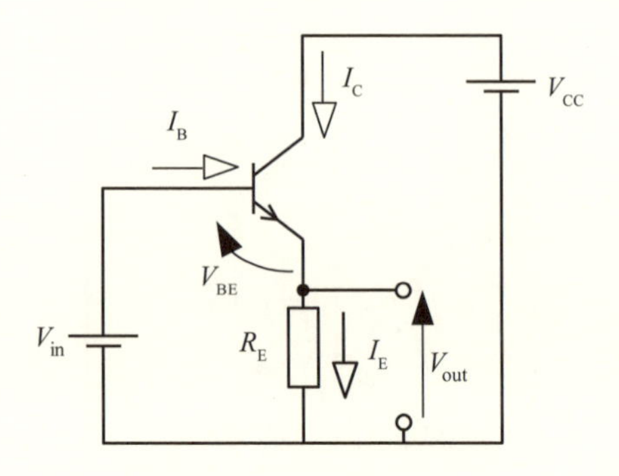


図 **4.5** コレクタ接地回路

$$V_{\mathrm{in}} = V_{\mathrm{BE}} + R_{\mathrm{E}} I_{\mathrm{E}} \tag{4.19}$$

となる．また，オームの法則より

$$V_{\mathrm{out}} = R_{\mathrm{E}} I_{\mathrm{E}} \tag{4.20}$$

となる．

動作の解析を簡単にするため，4.2 節（41 ページ）で示した以下の仮定を用いる．

$$V_{\mathrm{BE}} \fallingdotseq V_{\mathrm{BE0}} \quad（一定） \tag{4.21}$$
$$I_{\mathrm{B}} \fallingdotseq 0 \tag{4.22}$$
$$I_{\mathrm{E}} \fallingdotseq I_{\mathrm{C}} \tag{4.23}$$

これより，式 (4.19) と式 (4.20) は以下のようになる．

$$V_{\mathrm{in}} = V_{\mathrm{BE0}} + R_{\mathrm{E}} I_{\mathrm{E}} \tag{4.24}$$
$$V_{\mathrm{out}} = R_{\mathrm{E}} I_{\mathrm{E}} \tag{4.25}$$

入力電圧が $V_{\mathrm{in}}$ から $V_{\mathrm{in}} + \Delta V_{\mathrm{in}}$ に変化することで，出力電圧が $V_{\mathrm{out}}$ から $V_{\mathrm{out}} + \Delta V_{\mathrm{out}}$ になったとする．このとき，

$$V_{\mathrm{in}} + \Delta V_{\mathrm{in}} = V_{\mathrm{BE0}} + R_{\mathrm{E}} (I_{\mathrm{E}} + \Delta I_{\mathrm{E}}) \tag{4.26}$$
$$V_{\mathrm{out}} + \Delta V_{\mathrm{out}} = R_{\mathrm{E}} (I_{\mathrm{E}} + \Delta I_{\mathrm{E}}) \tag{4.27}$$

なので，

$$\Delta V_{\mathrm{in}} = R_{\mathrm{E}} \Delta I_{\mathrm{E}} \tag{4.28}$$

$$\Delta V_{\mathrm{out}} = R_{\mathrm{E}} \Delta I_{\mathrm{E}} \tag{4.29}$$

である．これより電圧増幅度 $A_v$ は

$$A_v = \frac{\Delta V_{\mathrm{out}}}{\Delta V_{\mathrm{in}}} = 1.0 \tag{4.30}$$

となる．符号が正であるので，入力電圧が増加すると出力電圧も増加する．このような増幅作用を**同相増幅**という．

以上で示した，入力電圧の変化 $\Delta V_{\mathrm{in}}$ により出力電圧の変化 $\Delta V_{\mathrm{out}}$ が引き起こされる様子を図 **4.6** に示す．

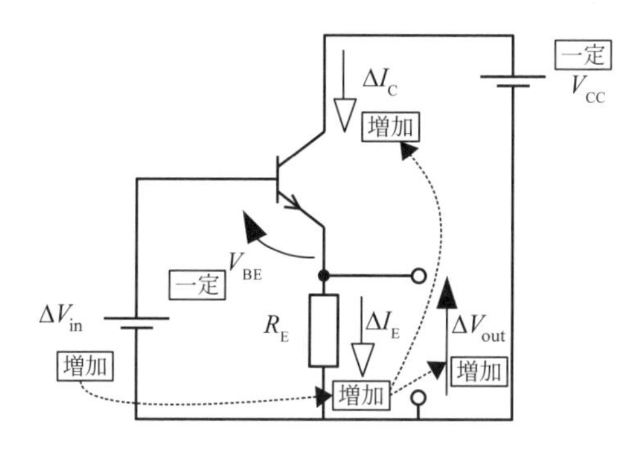


図 **4.6** コレクタ接地回路の動作

コレクタ接地回路の電圧増幅率 $A_v$ は 1 なので，入力電圧の変化がそのまま出力電圧の変化になる．この動作は何の利点もないように見えるが，以下に示すように外部の負荷による影響がなくなるという大きな特徴がある．図 **4.7** のように負荷抵抗 $R_{\mathrm{L}}$ を出力端子に付けたことにより，負荷抵抗に電流 $I_{\mathrm{L}}$ が流れたとする．この場合には，オームの法則により，

$$V_{\mathrm{out}} = R_{\mathrm{E}} I_{\mathrm{E}} = R_{\mathrm{L}} I_{\mathrm{L}} \tag{4.31}$$

となるが，式 (4.24) と式 (4.25) より，

$$V_{\text{in}} = V_{\text{BE0}} + V_{\text{out}} = V_{\text{BE0}} + R_{\text{E}} I_{\text{E}} \tag{4.32}$$

となり，入力電圧 $V_{\text{in}}$ と出力電圧 $V_{\text{out}}$ の間の関係には負荷抵抗 $R_{\text{L}}$ の影響は表れない．

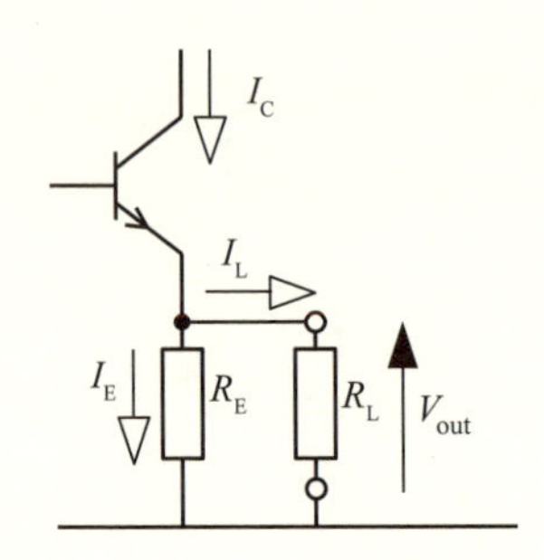


**図 4.7** コレクタ接地回路の出力

このことからコレクタ接地回路は入力と出力の間の影響を無くすために用いられる．このような回路を**バッファ**と呼ぶ．

なお，負荷抵抗 $R_{\text{L}}$ を付けた影響は，以下のようにコレクタ電流 $I_{\text{C}}$ の大きさに表れる．このときは，式 (4.23) の仮定が成立しないことになる．

$$I_{\text{C}} = I_{\text{E}} + I_{\text{L}} = \frac{V_{\text{out}}}{R_{\text{E}}} + \frac{V_{\text{out}}}{R_{\text{L}}} = \frac{V_{\text{out}}}{R_{\text{E}} \parallel R_{\text{L}}} \tag{4.33}$$

より詳しい解析は 5.3 節（62 ページ）や 8.2.3 項（149 ページ）で行う．

## 4.4　ソース接地回路

**図 4.8** に示す回路は**ソース接地回路**と呼ばれている回路である．電源電圧 $V_{\text{DD}}$ の定電圧源がドレインに接続されている [4]．ここでは電圧 $V_{\text{in}}$ が変化したときのソース接地回路の動作を解析する．ただし，MOSFET は飽和領域で動作するものとする．

[4] 電圧の添字で D を重ねることでドレイン (D) に接続されていることを表す．

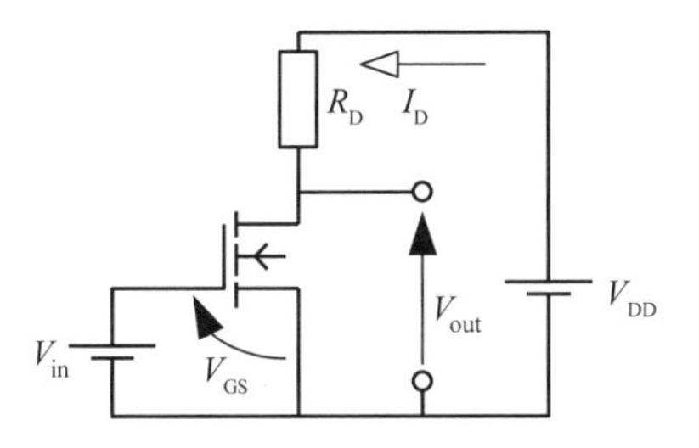


図 **4.8** ソース接地回路

図 4.8 のソース接地回路において，キルヒホッフの電圧則より以下の関係式が成立する．

$$V_{\rm in} = V_{\rm GS} \tag{4.34}$$

$$V_{\rm out} = V_{\rm DD} - R_{\rm D} I_{\rm D} \tag{4.35}$$

入力電圧 $V_{\rm in}$ が $V_{\rm in} + \Delta V_{\rm in}$ に変化した結果，ドレイン電流が $I_{\rm D}$ から $I_{\rm D} + \Delta I_{\rm D}$ に，ドレイン・ソース間電圧が $V_{\rm DS}$ から $V_{\rm DS} + \Delta V_{\rm DS}$ に変化したとする．このとき，式 (4.34) と式 (4.35) は以下のように変化する．

$$V_{\rm in} + \Delta V_{\rm in} = V_{\rm GS} + \Delta V_{\rm GS} \tag{4.36}$$

$$V_{\rm out} + \Delta V_{\rm out} = V_{\rm DD} - R_{\rm D} \left( I_{\rm D} + \Delta I_{\rm D} \right) \tag{4.37}$$

これより，変化分だけの関係式は以下のようになる．

$$\Delta V_{\rm in} = \Delta V_{\rm GS} \tag{4.38}$$

$$\Delta V_{\rm out} = -R_{\rm D} \Delta I_{\rm D} \tag{4.39}$$

入力電圧の変化 $\Delta V_{\rm in}$ が出力電圧の変化 $\Delta V_{\rm out}$ として現れるまでの様子を図 **4.9** に示す．

ここで，ゲート・ソース間電圧の変化 $\Delta V_{\rm GS}$ とドレイン電流の変化 $I_{\rm D}$ の間に以下のような比例関係が成立するとする．この式の比例係数 $g_{\rm m}$ を相互コンダクタンスと呼ぶ [5]．

[5] 相互コンダクタンスは 106 ページの式 (6.54) で改めて定義する．

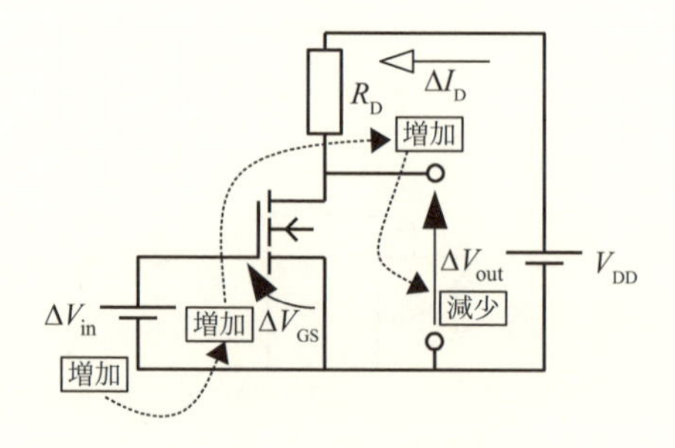


図 **4.9** ソース接地回路の動作

$$\Delta I_{\mathrm{D}} = g_{\mathrm{m}}\Delta V_{\mathrm{GS}} \tag{4.40}$$

式 (4.40) を式 (4.39) に代入することで，以下の式を得る．

$$\Delta V_{\mathrm{out}} = -R_{\mathrm{D}}g_{\mathrm{m}}\Delta V_{\mathrm{GS}} \tag{4.41}$$

入力電圧の変化 $\Delta V_{\mathrm{in}}$ に対する出力電圧の変化 $\Delta V_{\mathrm{out}}$ の割合，すなわち電圧増幅度を求めると，

$$A_v = \frac{\Delta V_{\mathrm{out}}}{\Delta V_{\mathrm{in}}} = -R_{\mathrm{D}}g_{\mathrm{m}} \tag{4.42}$$

となる．負号が付くのでソース接地回路はエミッタ接地回路と同様に逆相増幅をすることになる．たとえば，$R_{\mathrm{D}}$ が 2.5 kΩ，$g_{\mathrm{m}}$ が 2.0 mS のときは，

$$A_v = -2.5\,\mathrm{k\Omega} \times 2\,\mathrm{mS} = -5.0 \tag{4.43}$$

となる．

より詳しい解析は 5.4 節（65 ページ）や 8.3.1 項（158 ページ）で行う．

## 4.5　差動増幅回路

**図 4.10** に示す回路は**差動増幅回路**と呼ばれる．差動増幅回路は，2 つの入力端子と，2 つの出力端子がある．入力電圧を $V_{\mathrm{in1}}$ および $V_{\mathrm{in2}}$，出力電

圧を $V_{\mathrm{out1}}$ および $V_{\mathrm{out2}}$ とする．また，電源も $V_{\mathrm{CC}}$ と $-V_{\mathrm{EE}}$ の 2 つを用いることが多い．ここでは，差動増幅回路の動作を簡単な場合について解析する．そのため，以下のように仮定をする．

(1) 2 つのトランジスタの特性は全く同じである．
(2) トランジスタのベース電流は無視できる．

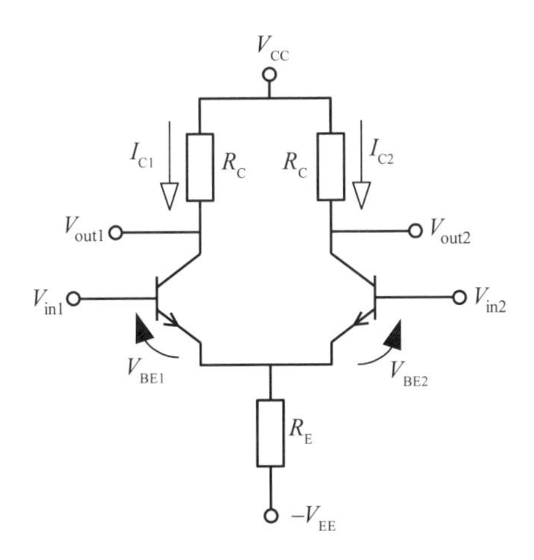


図 **4.10** 差動増幅回路

キルヒホッフの電圧則より，図 4.10 では以下の式が成立する．

$$V_{\mathrm{in1}} = V_{\mathrm{BE1}} + R_{\mathrm{E}}\,(I_{\mathrm{C1}} + I_{\mathrm{C2}}) - V_{\mathrm{EE}} \tag{4.44}$$

$$V_{\mathrm{in2}} = V_{\mathrm{BE2}} + R_{\mathrm{E}}\,(I_{\mathrm{C1}} + I_{\mathrm{C2}}) - V_{\mathrm{EE}} \tag{4.45}$$

$$V_{\mathrm{out1}} = V_{\mathrm{CC}} - R_{\mathrm{C}} I_{\mathrm{C1}} \tag{4.46}$$

$$V_{\mathrm{out2}} = V_{\mathrm{CC}} - R_{\mathrm{C}} I_{\mathrm{C2}} \tag{4.47}$$

ここで，2 つの入力電圧がともに同じ量 $\Delta V_{\mathrm{in}}$ だけ変化したとする．2 つのトランジスタの特性が全く同じであると仮定しているので，どちらのトランジスタもコレクタ電流の変化量 $\Delta I_{\mathrm{C}}$ は同じになる．したがって，以下の式が成立する．

$$V_{\mathrm{out1}} + \Delta V_{\mathrm{out1}} = V_{\mathrm{CC}} - R_{\mathrm{C}}\left(I_{\mathrm{C1}} + \Delta I_{\mathrm{C}}\right) \tag{4.48}$$

$$V_{\mathrm{out2}} + \Delta V_{\mathrm{out2}} = V_{\mathrm{CC}} - R_{\mathrm{C}}\left(I_{\mathrm{C2}} + \Delta I_{\mathrm{C}}\right) \tag{4.49}$$

電圧と電流の変化分だけ考えると，

$$\Delta V_{\mathrm{out1}} = -R_{\mathrm{C}}\Delta I_{\mathrm{C}} \tag{4.50}$$

$$\Delta V_{\mathrm{out2}} = -R_{\mathrm{C}}\Delta I_{\mathrm{C}} \tag{4.51}$$

となる．2つの出力電圧 $V_{\mathrm{out1}}$ と $V_{\mathrm{out2}}$ の変化量が同じであるので，出力電圧の差 $V_{\mathrm{out1}} - V_{\mathrm{out2}}$ は変化しないことになる．

次に，2つの入力電圧の変化が $\Delta V_{\mathrm{in}}$ と $-\Delta V_{\mathrm{in}}$ である，つまり以下の式のように大きさは同じで正負逆方向に変化したとする．

$$V_{\mathrm{in1}} \to V_{\mathrm{in1}} + \Delta V_{\mathrm{in}} \tag{4.52}$$

$$V_{\mathrm{in2}} \to V_{\mathrm{in2}} - \Delta V_{\mathrm{in}} \tag{4.53}$$

このとき，コレクタ電流は以下のように変化する．

$$I_{\mathrm{C1}} \to I_{\mathrm{C1}} + \Delta I_{\mathrm{C}} \tag{4.54}$$

$$I_{\mathrm{C2}} \to I_{\mathrm{C2}} - \Delta I_{\mathrm{C}} \tag{4.55}$$

コレクタ電流の変化による出力電圧の変化分は以下のようになる．

$$\Delta V_{\mathrm{out1}} = -R_{\mathrm{C}}\Delta I_{\mathrm{C}} \tag{4.56}$$

$$\Delta V_{\mathrm{out2}} = R_{\mathrm{C}}\Delta I_{\mathrm{C}} \tag{4.57}$$

入力電圧の差のと出力電圧の差は以下のように変化する．

$$V_{\mathrm{in1}} - V_{\mathrm{in2}} \to V_{\mathrm{in1}} - V_{\mathrm{in2}} + 2\Delta V_{\mathrm{in}} \tag{4.58}$$

$$V_{\mathrm{out1}} - V_{\mathrm{out2}} \to V_{\mathrm{out1}} - V_{\mathrm{out2}} - 2R_{\mathrm{C}}\Delta I_{\mathrm{C}} \tag{4.59}$$

入力電圧の差の変化分と出力電圧の差の変化分の比を**差動利得** $A_{\mathrm{d}}$ と呼び，以下の式で定義される．

$$A_{\mathrm{d}} \triangleq \frac{\Delta V_{\mathrm{out1}} - \Delta V_{\mathrm{out2}}}{\Delta V_{\mathrm{in1}} - \Delta V_{\mathrm{in2}}} \tag{4.60}$$

図 4.10 の回路の差動利得は

$$A_{\mathrm{d}} = \frac{-2R_{\mathrm{C}}\Delta I_{\mathrm{C}}}{2\Delta V_{\mathrm{in}}} = -\frac{R_{\mathrm{C}}\Delta I_{\mathrm{C}}}{\Delta V_{\mathrm{in}}} \tag{4.61}$$

となる．ここで，コレクタ電流の変化 $\Delta I_{\mathrm{C}}$ と入力電圧の変化 $\Delta V_{\mathrm{in}}$ が以下の式のように比例するとする．比例係数 $g_{\mathrm{m}}$ は相互コンダクタンス [6] と呼ばれる．

$$\Delta I_{\mathrm{C}} = g_{\mathrm{m}}\Delta V_{\mathrm{in}} \tag{4.62}$$

相互コンダクタンス $g_{\mathrm{m}}$ を用いると，差動利得 $A_{\mathrm{d}}$ は以下の式のように表せる．

$$A_{\mathrm{d}} = -R_{\mathrm{C}}g_{\mathrm{m}} \tag{4.63}$$

たとえば，$R_{\mathrm{C}}$ が $1.0\,\mathrm{k\Omega}$，$g_{\mathrm{m}}$ が $250\,\mathrm{mS}$ のときは，

$$A_{\mathrm{d}} = -1.0\,\mathrm{k\Omega} \times 250\,\mathrm{mS} = -250 \tag{4.64}$$

となる．

なお，差動利得を導出するときに，41 ページで示した“ベース・エミッタ間電圧 $V_{\mathrm{BE}}$ が一定の値 $V_{\mathrm{BE0}}$ になる”という仮定を用いると，

$$\begin{aligned} V_{\mathrm{in1}} + \Delta V_{\mathrm{in}} &= V_{\mathrm{BE0}} + R_{\mathrm{E}}\left(I_{\mathrm{C1}} + \Delta I_{\mathrm{C}} + I_{\mathrm{C2}} - \Delta I_{\mathrm{C}}\right) - V_{\mathrm{EE}} \\ &= V_{\mathrm{BE0}} + R_{\mathrm{E}}\left(I_{\mathrm{C1}} + I_{\mathrm{C2}}\right) - V_{\mathrm{EE}} = V_{\mathrm{in1}} \quad \text{（不正確）} \end{aligned} \tag{4.65}$$

となり，“入力電圧の変化が無い”という結果が得られるが，これは明らかにおかしい結果である．つまり，差動増幅回路では“ベース・エミッタ間電圧 $V_{\mathrm{BE}}$ が一定の値 $V_{\mathrm{BE0}}$ になる”という仮定をすると正しい結果が得られないことに注意が必要である．

より詳しい解析は 5.7 節（78 ページ）や 9.4 節（196 ページ）で行う．

[6] 104 ページの式 (6.43) で改めて定義する．

# 基礎編

第2部

# 第 5 章

# 基本動作

## 5.1　接地形式

電子回路でトランジスタを使うときに，入力および出力にどの端子を使うかを**接地形式**という．バイポーラトランジスタの接地形式は図 **5.1** に示す 3 通りである．

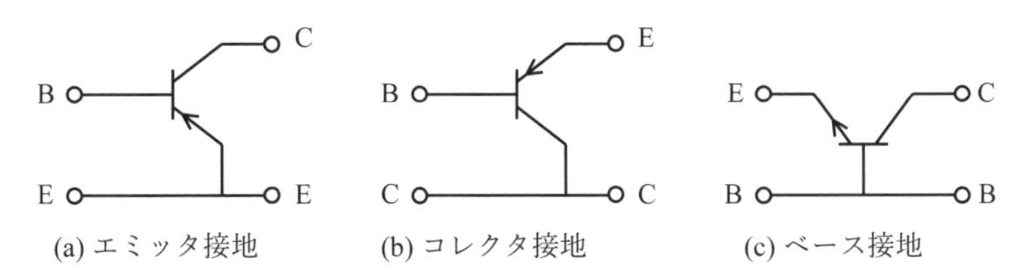


図 **5.1** バイポーラトランジスタの接地形式

図 5.1 (a) はベースを入力に，コレクタを出力に使い，エミッタを入力と出力で共通に使うもので，**エミッタ接地**（**エミッタ共通**）と呼ばれる．図 5.1 (b) はベースを入力に，エミッタを出力に使い，コレクタを入力と出力で共通に使うもので，**コレクタ接地**（**コレクタ共通**）と呼ばれる．図 5.1 (c) はエミッタを入力に，コレクタを出力に使い，ベースを入力と出力で共通に使うもので，**ベース接地**（**ベース共通**）と呼ばれる．

MOSFETの接地形式は**図 5.2** に示す3通りになる．図5.2 (a) はゲートを入力に，ドレインを出力に使い，ソースを共通に使う**ソース接地**（**ソース共通**）である．図5.2 (b) はゲートを入力に，ソースを出力に使い，ドレインを共通に使う**ドレイン接地**（**ドレイン共通**）である．図5.2 (c) はソースを入力に，ドレインを出力に使い，ゲートを共通に使う**ゲート接地**（**ゲート共通**）である．

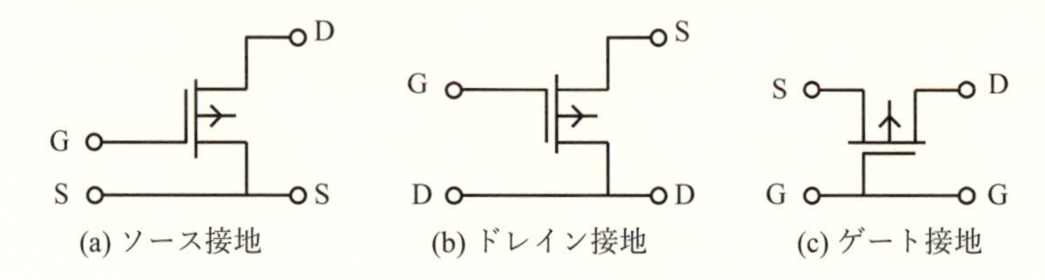


図 **5.2** MOSFETの接地形式

## 5.2　エミッタ接地回路

**図 5.3** の回路は，**エミッタ接地回路**（**エミッタ共通回路**）であり，エミッタがアースに接続されている．図5.3の回路において入力電圧としてベース・エミッタ間電圧 $V_{\mathrm{BE}}$ を変化させたときに，出力電圧としてコレクタ・エミッタ間電圧 $V_{\mathrm{CE}}$ がどのように変化するかを考える．

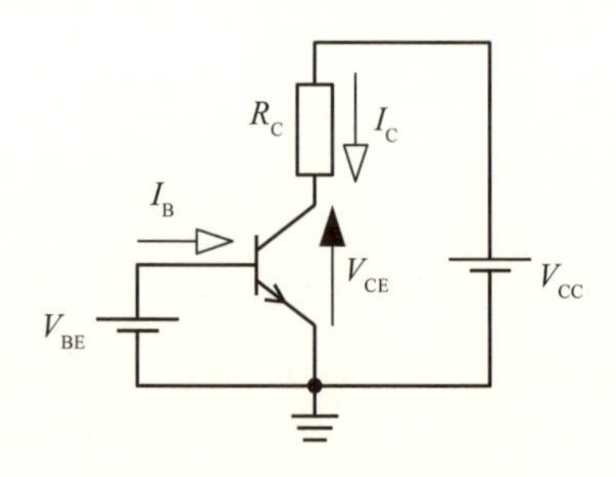


図 **5.3** エミッタ接地回路

まず，キルヒホッフの電圧則より図 5.3 において以下の式が成立する．

$$V_{\mathrm{CE}} = V_{\mathrm{CC}} - R_{\mathrm{C}} I_{\mathrm{C}} \tag{5.1}$$

式 (5.1) をバイポーラトランジスタの出力特性と同じグラフ中に描くと，**図 5.4** 中の点線のようになる．この線は**負荷線**と呼ばれる．負荷線とバイポーラトランジスタの出力特性の交点は**動作点**と呼ばれ，図 5.3 で実際に実現される電圧・電流になる．

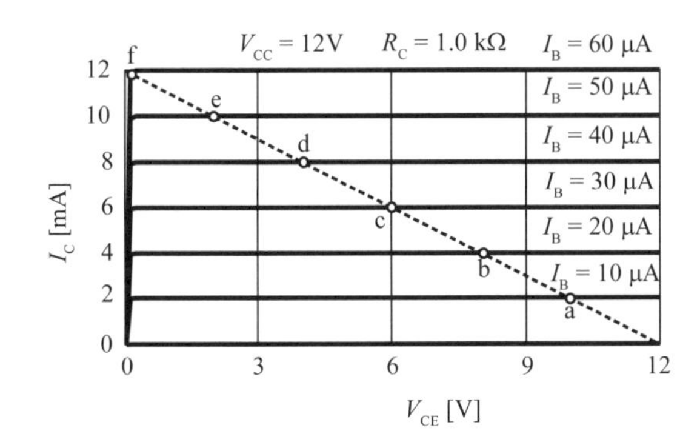


**図 5.4** エミッタ接地回路の負荷線

例えば，ベース電流 $I_{\mathrm{B}}$ が $10\,\mu\mathrm{A}$ のときは，図 5.4 中の 点 a が動作点になる．したがって，コレクタ・エミッタ間電圧 $V_{\mathrm{CE}}$ は $10\,\mathrm{V}$，コレクタ電流 $I_{\mathrm{C}}$ は $2.0\,\mathrm{mA}$ となる．

遮断領域ではコレクタ電流が流れないので，$V_{\mathrm{CE}}$ は $V_{\mathrm{CC}}$ となる．飽和領域ではコレクタ・エミッタ間電圧はコレクタ・エミッタ間飽和電圧 $V_{\mathrm{CES}}$ に等しくなる [1]．能動領域ではベース・エミッタ間電圧 $V_{\mathrm{BE}}$ とコレクタ電流 $I_{\mathrm{C}}$ の関係は 29 ページの式 (3.10) に示したように

$$I_{\mathrm{C}} \fallingdotseq \beta I_{\mathrm{BS}} \exp\left(\frac{V_{\mathrm{BE}}}{V_T}\right) \tag{5.2}$$

[1] 図 5.4 中の f 点．

である．これを式 (5.1) に代入すると，

$$V_{\rm CE} = V_{\rm CC} - R_{\rm C}\beta I_{\rm BS} \exp\left(\frac{V_{\rm BE}}{V_T}\right) \tag{5.3}$$

となり，図 5.3 の回路におけるベース・エミッタ間電圧 $V_{\rm BE}$ とコレクタ・エミッタ間電圧 $V_{\rm CE}$ の関係式を得ることができる．この関係式をグラフで表したものが**図 5.5** である．ベース・エミッタ間電圧 $V_{\rm BE}$ を入力電圧，コレクタ・エミッタ間電圧 $V_{\rm CE}$ を出力電圧と考えると，図 5.5 は回路の入力電圧と出力電圧の関係を表したグラフになる．これを**入出力特性**という．図中の点 a から点 f は図 5.4 中の点 a から点 f に対応している．ベース・エミッタ間電圧 $V_{\rm BE}$ が 0.6 V 付近より大きくなると，ベース・エミッタ間電圧 $V_{\rm BE}$ の変化に対して，コレクタ・エミッタ間電圧 $V_{\rm CE}$ が急に変化していることがわかる．これが，電圧の小さな変化を大きな変化に変える作用，すなわち**電圧増幅作用**を表している．コレクタ・エミッタ間電圧 $V_{\rm CE}$ が変化する範囲は，トランジスタが能動領域で動作している範囲であり，電源電圧 $V_{\rm CC}$ からコレクタ・エミッタ間飽和電圧 $V_{\rm CES}$ の間になる．

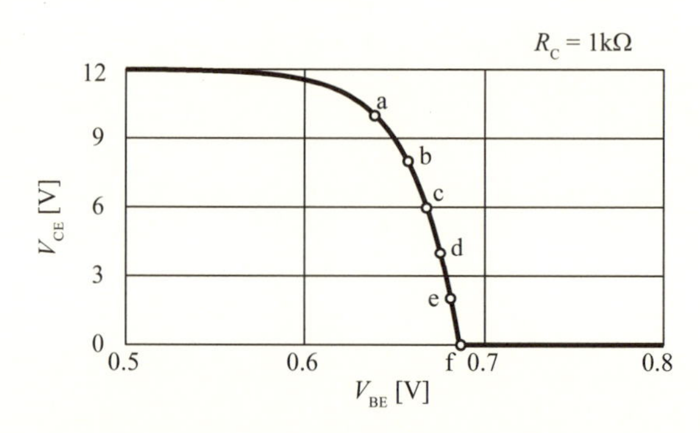


**図 5.5** エミッタ接地回路の入出力特性

図 5.5 の c 点付近を拡大したものが**図 5.6** である．

図 5.6 より，ベース・エミッタ間電圧 $V_{\rm BE}$ が 0.660 V から 0.670 V に変化すると，コレクタ・エミッタ間電圧 $V_{\rm CE}$ は 7.33 V から 5.13 V に変化す

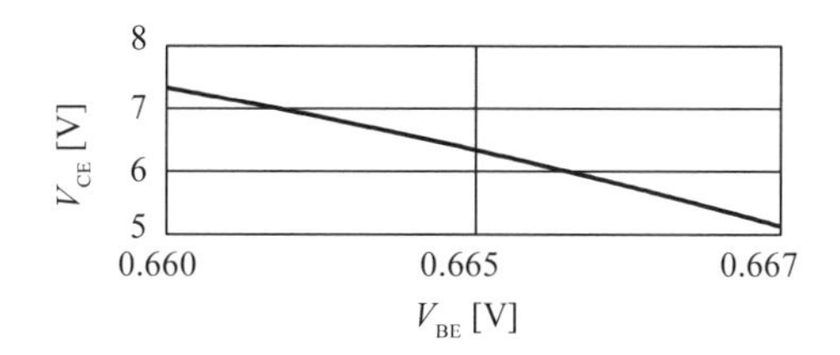


図 **5.6** エミッタ接地回路の入出力特性（拡大図）

ることがわかる．このときのベース・エミッタ間電圧の変化 $\Delta V_{\mathrm{BE}}$ に対するコレクタ・エミッタ間電圧の変化 $\Delta V_{\mathrm{CE}}$ の割合 $A_v$ は

$$A_v = \frac{\Delta V_{\mathrm{CE}}}{\Delta V_{\mathrm{BE}}} = \frac{5.13\,\mathrm{V} - 7.33\,\mathrm{V}}{0.670\,\mathrm{V} - 0.660\,\mathrm{V}} = -220 \tag{5.4}$$

となる．この $A_v$ をエミッタ接地回路の**電圧増幅度**または単に**増幅度**と呼ぶ．負号がついているのは $V_{\mathrm{BE}}$ が増加すると，$V_{\mathrm{CE}}$ が減少するためである．

ベース・エミッタ間電圧 $V_{\mathrm{BE}}$ が時間変化するときは，図 **5.7** のように作図することでコレクタ・エミッタ間電圧 $V_{\mathrm{CE}}$ の時間変化を求めることができる．

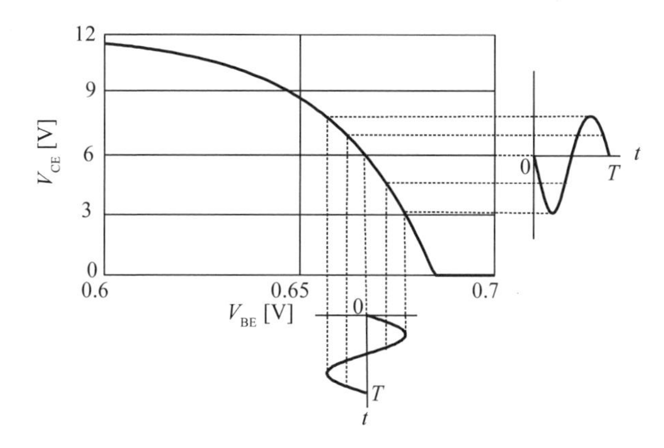


図 **5.7** 作図による増幅波形の導出（その 1）

図 5.7 では，動作点として図 5.5 の c 点を用い，ベース・エミッタ間電圧

$V_{BE}$ は以下の式にしたがって変化しているものとしている．ただし，$V_{BE0}$ は動作点におけるベース・エミッタ間電圧である．

$$V_{BE} = V_{BE0} + v_{BE} \sin \omega t \tag{5.5}$$

動作点を変えたときと，$V_{BE}$ の変化量を変えたときの作図の概要を図 **5.8** に示す．

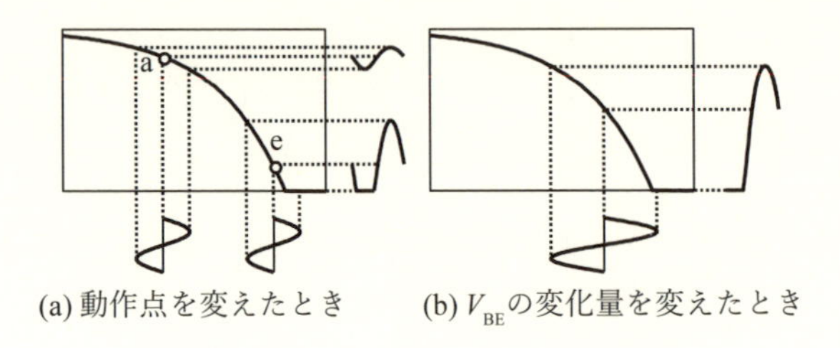


図 **5.8** 作図による増幅波形の導出（その 2）

動作点を変えたときの増幅波形を図 **5.9** (a) に，$V_{BE}$ の変化量を変えたときの増幅波形を図 5.9 (b) にまとめて示す．

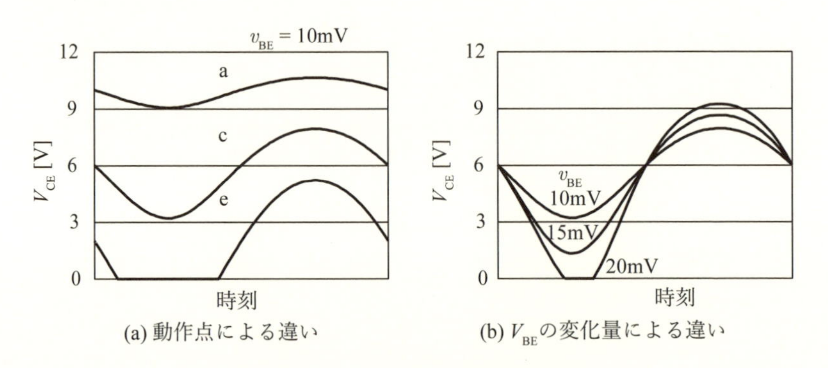


図 **5.9** エミッタ接地回路の増幅波形

図 5.9 (a) より動作点を適切に選ばないと出力波形に歪みが生じることがわかる．通常は $V_{CE}$ の変化の中心が電源電圧の半分付近になるようにす

る．また，図 5.9 (b) より入力電圧である $V_{\mathrm{BE}}$ の変化が大きくなった場合も，出力波形に歪みが生じることがわかる．出力の下限は 0 V，上限は電源電圧 $V_{\mathrm{CC}}$ になる．

ここで，ベース・エミッタ間電圧 $V_{\mathrm{BE}}$ の変化 $\Delta V_{\mathrm{BE}}$ が十分に小さいとして，電圧増幅度 $A_v$ を理論的に求めてみる．ベース・エミッタ間電圧 $V_{\mathrm{BE}}$ が変化する前のコレクタ・エミッタ間電圧 $V_{\mathrm{CE}}$ は以下のとおりである．ただし，動作点におけるコレクタ・エミッタ間電圧を $V_{\mathrm{CE0}}$，ベース電流を $I_{\mathrm{B0}}$ とした．

$$V_{\mathrm{CE0}} = V_{\mathrm{CC}} - R_{\mathrm{C}}\beta I_{\mathrm{B0}} = V_{\mathrm{CC}} - R_{\mathrm{C}}\beta I_{\mathrm{BS}} \exp\left(\frac{V_{\mathrm{BE0}}}{V_T}\right) \tag{5.6}$$

ベース・エミッタ間電圧 $V_{\mathrm{BE}}$ が変化した後のコレクタ・エミッタ間電圧 $V_{\mathrm{CE}}$ は以下のようになる．

$$V_{\mathrm{CE0}} + \Delta V_{\mathrm{CE}} = V_{\mathrm{CC}} - R_{\mathrm{C}}\beta I_{\mathrm{BS}} \exp\left(\frac{V_{\mathrm{BE0}} + \Delta V_{\mathrm{BE}}}{V_T}\right) \tag{5.7}$$

ベース・エミッタ間電圧 $V_{\mathrm{BE}}$ が変化した後のベース電流 $I_{\mathrm{B}}$ は，ベース・エミッタ間電圧が変化する前のベース電流 $I_{\mathrm{B0}}$ を用いて以下のように表される．ここで，$\Delta V_{\mathrm{BE}}$ が十分に小さいとして，6 ページの式 (1.4) を用いて近似した．

$$\begin{aligned}
I_{\mathrm{BS}} \exp\left(\frac{V_{\mathrm{BE0}} + \Delta V_{\mathrm{BE}}}{V_T}\right) &= I_{\mathrm{BS}} \exp\left(\frac{V_{\mathrm{BE0}}}{V_T}\right) \exp\left(\frac{\Delta V_{\mathrm{BE}}}{V_T}\right) \\
&\fallingdotseq I_{\mathrm{BS}} \exp\left(\frac{V_{\mathrm{BE0}}}{V_T}\right) \left(1 + \frac{\Delta V_{\mathrm{BE}}}{V_T}\right) \\
&= I_{\mathrm{B0}} \left(1 + \frac{\Delta V_{\mathrm{BE}}}{V_T}\right)
\end{aligned} \tag{5.8}$$

式 (5.8) を式 (5.7) に代入して，以下の式を得る．

$$V_{\mathrm{CE0}} + \Delta V_{\mathrm{CE}} = V_{\mathrm{CC}} - R_{\mathrm{C}}\beta I_{\mathrm{BS}} \left(1 + \frac{\Delta V_{\mathrm{BE}}}{V_T}\right) \tag{5.9}$$

式 (5.9) から式 (5.6) を引くと，

$$\Delta V_{\mathrm{CE}} = -R_{\mathrm{C}}\beta I_{\mathrm{B0}}\frac{\Delta V_{\mathrm{BE}}}{V_T} \tag{5.10}$$

となるので，電圧増幅度 $A_v$ は以下のようになる．

$$A_v = \frac{\Delta V_{\mathrm{CE}}}{\Delta V_{\mathrm{BE}}} = -\frac{R_{\mathrm{C}}\beta I_{\mathrm{B0}}}{V_T} = -\frac{R_{\mathrm{C}}I_{\mathrm{C0}}}{V_T} \tag{5.11}$$

具体的な値を用いて電圧増幅度を求めると，以下のようになる．

$$A_v = -\frac{1\,\mathrm{k}\Omega \times 200 \times 30\,\mu\mathrm{A}}{25.9\,\mathrm{mV}} \fallingdotseq -232 \tag{5.12}$$

図 5.6 から求めた電圧増幅度である式 (5.4) の値と比べると約 5.4% 異なっている．

入出力特性がコレクタ抵抗 $R_{\mathrm{C}}$ によりどのように変化するかを図 **5.10** に示す．コレクタ抵抗 $R_{\mathrm{C}}$ が大きくなるほど，入出力特性の変化が急になり，電圧増幅度が大きくなることがわかる．

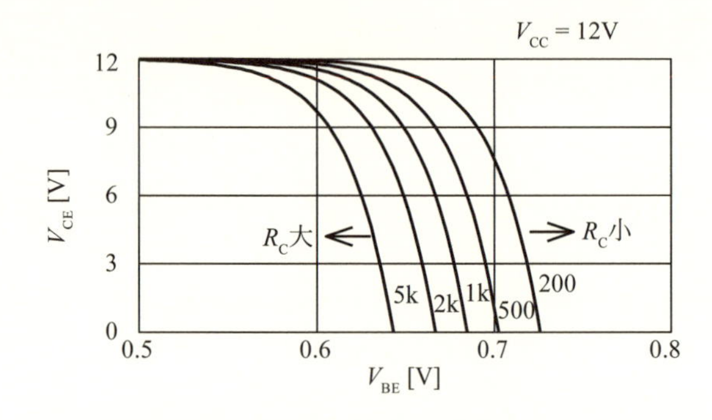


図 **5.10** エミッタ接地回路の入出力特性とコレクタ抵抗

より詳しい解析は 8.2.1 項（139 ページ）で行う．

## 5.3　コレクタ接地回路

図 **5.11** のコレクタ接地回路（コレクタ共通回路）において，ベース電源電圧 $V_{\mathrm{BB}}$ を変化させたときのエミッタ電圧 $V_{\mathrm{E}}$，すなわちエミッタ抵抗 $R_{\mathrm{E}}$

の両端の変化を考える．

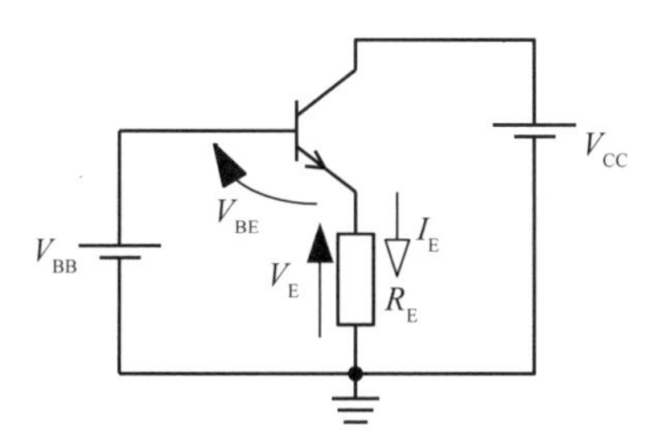


図 **5.11** コレクタ接地回路

エミッタ電圧 $V_{\mathrm{E}}$ はベース電流 $I_{\mathrm{B}}$ を用いると以下のように表される．

$$V_{\mathrm{E}} = R_{\mathrm{E}} I_{\mathrm{E}} = R_{\mathrm{E}} \left(\beta + 1\right) I_{\mathrm{B}} \tag{5.13}$$

一方で，ベース電流 $I_{\mathrm{B}}$ は 29 ページの式 (3.7) より

$$I_{\mathrm{B}} = I_{\mathrm{BS}} \exp\left(\frac{V_{\mathrm{BE}}}{V_T}\right) \tag{5.14}$$

であるので，

$$\begin{aligned} V_{\mathrm{E}} &= R_{\mathrm{E}} \left(\beta + 1\right) I_{\mathrm{BS}} \exp\left(\frac{V_{\mathrm{BE}}}{V_T}\right) \\ &= R_{\mathrm{E}} \left(\beta + 1\right) I_{\mathrm{BS}} \exp\left(\frac{V_{\mathrm{BB}} - V_{\mathrm{E}}}{V_T}\right) \end{aligned} \tag{5.15}$$

となる．この式がコレクタ接地回路の入出力特性，すなわち ベース電圧 $V_{\mathrm{BB}}$ を入力電圧とし，エミッタ電圧 $V_{\mathrm{E}}$ を出力電圧と考えたときの関係になる．入力電圧 $V_{\mathrm{BB}}$ を左辺に，出力電圧 $V_{\mathrm{E}}$ を右辺にまとめると，

$$V_{\mathrm{BB}} = V_{\mathrm{E}} + V_T \ln \frac{V_{\mathrm{E}}}{R_{\mathrm{E}} \left(\beta + 1\right) I_{\mathrm{BS}}} \tag{5.16}$$

となる．式 (5.16) をグラフにしたものが図 **5.12** である．図 5.12 (b) の拡大図よりコレクタ接地回路の電圧増幅度 $A_v$ を求めると以下のようになる．

$$A_v = \frac{\Delta V_{\rm E}}{\Delta V_{\rm BB}} = \frac{5.44\,{\rm V} - 5.24\,{\rm V}}{6.1\,{\rm V} - 5.9\,{\rm V}} = 1.0 \tag{5.17}$$

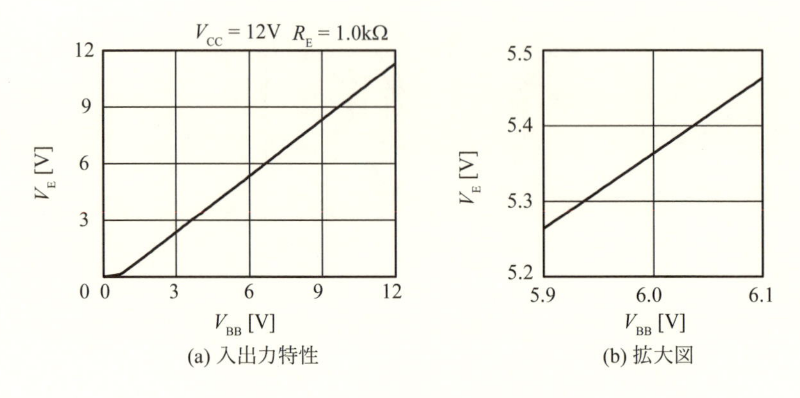


図 **5.12** コレクタ接地回路の入出力特性

次に，コレクタ接地回路の電圧増幅度を理論的に求めてみる．以下のように式 (5.16) において，$V_{\rm BB}$ が $\Delta V_{\rm BB}$ だけ変化して，$V_{\rm E}$ が $\Delta V_{\rm E}$ 変化したとする．

$$V_{\rm BB} + \Delta V_{\rm BB} = V_{\rm E} + \Delta V_{\rm E} + V_T \ln \frac{V_{\rm E} + \Delta V_{\rm E}}{R_{\rm E}\,(\beta + 1)\,I_{\rm BS}} \tag{5.18}$$

ここで，6ページの式 (1.5) に示した自然対数の近似を用いると，

$$\begin{aligned} \ln \frac{V_{\rm E} + \Delta V_{\rm E}}{R_{\rm E}\,(\beta + 1)\,I_{\rm BS}} &= \ln \left( \frac{V_{\rm E}}{R_{\rm E}\,(\beta + 1)\,I_{\rm BS}} \cdot \frac{V_{\rm E} + \Delta V_{\rm E}}{V_{\rm E}} \right) \\ &= \ln \frac{V_{\rm E}}{R_{\rm E}\,(\beta + 1)\,I_{\rm BS}} + \ln \left( 1 + \frac{\Delta V_{\rm E}}{V_{\rm E}} \right) \\ &\fallingdotseq \ln \frac{V_{\rm E}}{R_{\rm E}\,(\beta + 1)\,I_{\rm BS}} + \frac{\Delta V_{\rm E}}{V_{\rm E}} \end{aligned} \tag{5.19}$$

となる．電圧の変化分だけ考えると，

$$\Delta V_{\rm BB} = \Delta V_{\rm E} + V_T \frac{\Delta V_{\rm E}}{V_{\rm E}} \tag{5.20}$$

となる．これより，電圧増幅度 $A_v$ は

$$A_v = \frac{\Delta V_{\mathrm{E}}}{\Delta V_{\mathrm{BB}}} = \frac{V_{\mathrm{E}}}{V_{\mathrm{E}} + V_T} \tag{5.21}$$

となる．たとえば，$V_{\mathrm{E}} = 6.0\,\mathrm{V}$ のときは，

$$A_v = \frac{6.0\,\mathrm{V}}{6.0\,\mathrm{V} + 25.9\,\mathrm{mV}} = 0.996 \tag{5.22}$$

であり，図 5.12 (b) から求めた結果との誤差は 0.4％ である．

より詳しい解析は 8.2.3 項（149 ページ）で行う．

## 5.4　ソース接地回路

**図 5.13** のソース接地回路（ソース共通回路）において，ゲート・ソース間電圧 $V_{\mathrm{GS}}$ が変化すると，ドレイン・ソース間電圧 $V_{\mathrm{DS}}$ がどのように変化するかを考える．

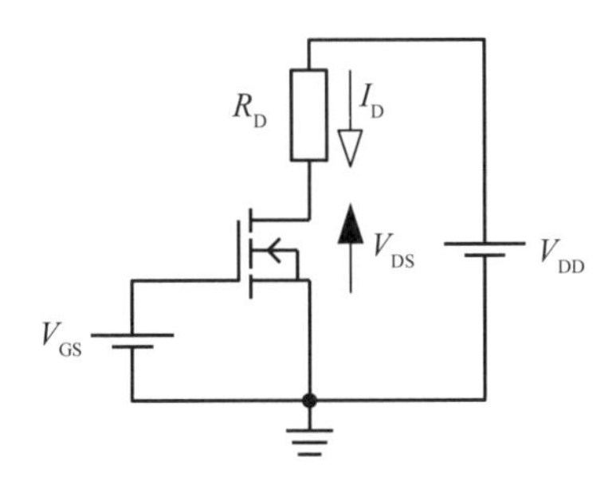


**図 5.13** ソース接地回路

図 5.13 の回路において，キルヒホッフの電圧則により以下の式が成立する．

$$V_{\mathrm{DS}} = V_{\mathrm{DD}} - R_{\mathrm{D}} I_{\mathrm{D}} \tag{5.23}$$

この式が図 5.13 の回路における負荷線を表す式になる．**図 5.14** に MOSFET の出力特性（実線）と負荷線（点線）を示した．バイポーラトランジスタの場合と同様に，出力特性と負荷線の交点が動作点になる．

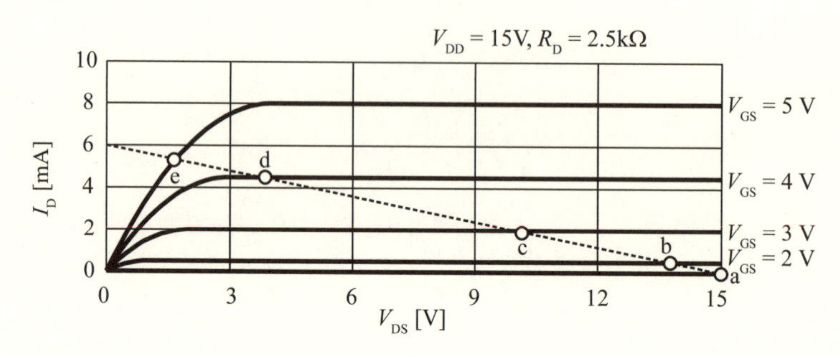


**図 5.14** ソース接地回路の負荷線

式 (5.23) に 33 ページの式 (3.16) で示した MOSFET の電圧電流特性を代入し，ドレイン電流 $I_{\mathrm{D}}$ を消去することで，ゲート・ソース間電圧 $V_{\mathrm{GS}}$ とドレイン・ソース間電圧 $V_{\mathrm{DS}}$ の関係を求めることができる．MOSFET が飽和領域で動作しているときは，33 ページの式 (3.16) より，

$$I_{\mathrm{D}} = \frac{\beta\,(V_{\mathrm{GS}} - V_{\mathrm{th}})^2}{2} \tag{5.24}$$

なので，

$$V_{\mathrm{DS}} = V_{\mathrm{DD}} - \frac{R_{\mathrm{D}}\beta}{2}\,(V_{\mathrm{GS}} - V_{\mathrm{th}})^2 \tag{5.25}$$

となる．MOSFET が線形領域で動作しているときは，33 ページの式 (3.16) より，

$$I_{\mathrm{D}} = \beta\left(V_{\mathrm{GS}} - V_{\mathrm{th}} - \frac{V_{\mathrm{DS}}}{2}\right)V_{\mathrm{DS}} \tag{5.26}$$

なので，

$$V_{\mathrm{DS}} = V_{\mathrm{DD}} - R_{\mathrm{D}}\beta\left(V_{\mathrm{GS}} - V_{\mathrm{th}} - \frac{V_{\mathrm{DS}}}{2}\right)V_{\mathrm{DS}} \tag{5.27}$$

となる．これを $V_{\mathrm{DS}}$ について解くと，

$$V_{\mathrm{DS}} = V_{\mathrm{GS}} - V_{\mathrm{th}} + \frac{1}{\beta R_{\mathrm{D}}} - \sqrt{\left(V_{\mathrm{GS}} - V_{\mathrm{th}} + \frac{1}{\beta R_{\mathrm{D}}}\right)^2 - \frac{2V_{\mathrm{DD}}}{\beta R_{\mathrm{D}}}} \tag{5.28}$$

となる．飽和領域と線形領域の境界では，33 ページの式 (3.15) より，以下の条件が成立する．

$$V_{\mathrm{DS}} = V_{\mathrm{GS}} - V_{\mathrm{th}} \tag{5.29}$$

これを，式 (5.24) あるいは式 (5.28) に代入して $V_{\mathrm{GS}}$ に関して解くと [2]，以下の式のようになる．

$$V_{\mathrm{GS}} = V_{\mathrm{th}} + \frac{1}{\beta R_{\mathrm{D}}}\left(-1 + \sqrt{1 + 2\beta R_{\mathrm{D}} V_{\mathrm{DD}}}\right) \tag{5.30}$$

$V_{\mathrm{GS}}$ が $V_{\mathrm{th}}$ よりも大きく，式 (5.30) の値よりも小さいときは飽和領域で動作する．$V_{\mathrm{GS}}$ が 式 (5.30) の値よりも大きいときは線形領域で動作する．図 5.14 で計算した条件では式 (5.30) の値は 4.06 V となる．

図 5.13 のソース接地回路におけるゲート・ソース間電圧 $V_{\mathrm{GS}}$ とドレイン・ソース間電圧 $V_{\mathrm{DS}}$ の関係を計算した結果を図 **5.15** に示す．これは，ゲート・ソース間電圧 $V_{\mathrm{GS}}$ を入力電圧，ドレイン・ソース間電圧 $V_{\mathrm{DS}}$ を出力電圧と考えたときのソース接地回路の入出力特性になる．図 5.15 中の点 a から点 e は図 5.14 中の点 a から 点 e に対応している．ゲート・ソース間電圧 $V_{\mathrm{GS}}$ がしきい値電圧 $V_{\mathrm{th}}$ より大きいときは，ゲート・ソース間電圧 $V_{\mathrm{GS}}$ の増加にしたがってドレイン・ソース間電圧 $V_{\mathrm{DS}}$ が大きく減少する．これが MOSFET の**電圧増幅作用** である．

図 5.15 (b) は図 5.15 (a) の c 点付近を拡大したものである．これより，狭い範囲だけ考えると，入出力間の変化は直線的になることがわかる．ここで，$V_{\mathrm{GS}}$ の微小変化 $\Delta V_{\mathrm{GS}}$ と $V_{\mathrm{DS}}$ の微小変化 $\Delta V_{\mathrm{DS}}$ の割合をソース接地回路の**電圧増幅度** $A_v$ と定義する．

---

[2] 境界であるのでどちらの式を用いてもよい．

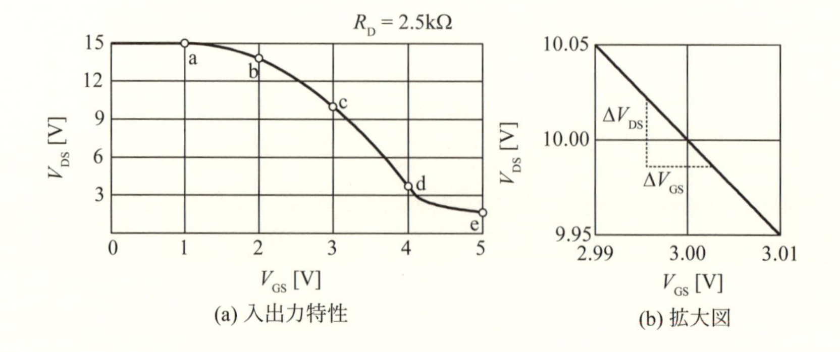


図 **5.15** ソース接地回路の入出力特性

$$A_v \triangleq \frac{\Delta V_{\mathrm{DS}}}{\Delta V_{\mathrm{GS}}} \tag{5.31}$$

たとえば，図 5.15 (b) の範囲における電圧増幅度 $A_v$ は

$$A_v = \frac{9.95\,\mathrm{V} - 10.05\,\mathrm{V}}{3.01\,\mathrm{V} - 2.99\,\mathrm{V}} = -5.0 \tag{5.32}$$

となる．

59 ページの図 5.7 に示したエミッタ接地回路と同様に，ソース接地波形の増幅波形も作図により求めることができる．動作点におけるゲート・ソース間電圧を $V_{\mathrm{GS0}}$ として，ゲート・ソース間電圧 $V_{\mathrm{GS}}$ が

$$V_{\mathrm{GS}} = V_{\mathrm{GS0}} + v_{\mathrm{GS}} \sin \omega t \tag{5.33}$$

のように変化したときの，ドレイン・ソース間電圧 $V_{\mathrm{DS}}$ の変化を図 **5.16** に示す．

図 5.16 (a) より動作点のドレイン・ソース間電圧 $V_{\mathrm{DS0}}$ は電源電圧 $V_{\mathrm{DD}}$ の半分程度であること，図 5.16 (b) より入力信号電圧 $v_{\mathrm{GS}}$ は大きすぎないことが，適切な増幅を行うために必要であることがわかる．

次に，ゲート・ソース間電圧の変化 $\Delta V_{\mathrm{GS}}$ が十分に小さいものとして 電圧増幅度 $A_v$ を理論的に導く．ただし，MOSFET は飽和領域で動作してい

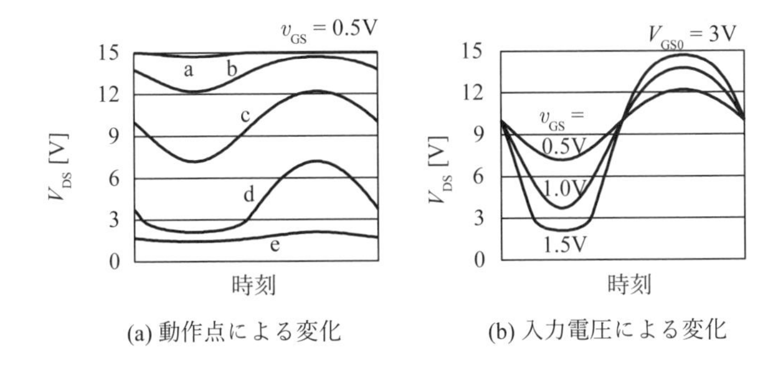


図 **5.16** ソース接地回路の増幅波形

るものと仮定する．このとき，動作点におけるドレイン・ソース間電圧を $V_{DS0}$，ゲート・ソース間電圧を $V_{GS0}$ とすると，

$$V_{DS0} = V_{DD} - R_D \frac{\beta}{2} (V_{GS0} - V_{th})^2 \tag{5.34}$$

となる．ゲート・ソース間電圧が $\Delta V_{GS}$ だけ変化することで，ドレイン・ソース間電圧が $\Delta V_{DS}$ だけ変化したとすると以下のようになる．

$$\begin{aligned} V_{DS0} + \Delta V_{DS} &= V_{DD} - R_D \frac{\beta}{2} (V_{GS0} + \Delta V_{GS} - V_{th})^2 \\ &= V_{DD} - R_D \frac{\beta}{2} (V_{GS0} - V_{th})^2 \left(1 + \frac{\Delta V_{GS}}{V_{GS0} - V_{th}}\right)^2 \end{aligned} \tag{5.35}$$

ここで，6 ページの式 (1.2) を用いて近似すると，

$$\begin{aligned} V_{DS0} + \Delta V_{DS} &\fallingdotseq V_{DD} - R_D \frac{\beta}{2} (V_{GS0} - V_{th})^2 \left(1 + \frac{2\Delta V_{GS}}{V_{GS0} - V_{th}}\right) \\ &= V_{DD} - R_D I_{D0} - R_D \beta (V_{GS0} - V_{th}) \Delta V_{GS} \end{aligned} \tag{5.36}$$

となる．これより，

$$\Delta V_{DS} = -R_D \beta (V_{GS0} - V_{th}) \Delta V_{GS} \tag{5.37}$$

となるので，電圧増幅度 $A_v$ は

$$A_v = \frac{\Delta V_{\mathrm{DS}}}{\Delta V_{\mathrm{GS}}} = -R_{\mathrm{D}}\beta\,(V_{\mathrm{GS0}} - V_{\mathrm{th}}) \tag{5.38}$$

となる．具体的な値を用いて電圧増幅度を求めると，

$$A_v = -2.5\,\mathrm{k\Omega} \times 1.0\,\mathrm{mS/V} \times (3.0\,\mathrm{V} - 1.0\,\mathrm{V}) = -5.0 \tag{5.39}$$

となり，図 5.15 (b) から求めた値と一致する．

ドレイン抵抗 $R_{\mathrm{D}}$ によるソース接地回路の入出力特性の変化を図 **5.17** に示す．ドレイン抵抗 $R_{\mathrm{D}}$ が大きくなるほど，入出力特性の変化が急になり，電圧増幅度が大きくなることがわかる．

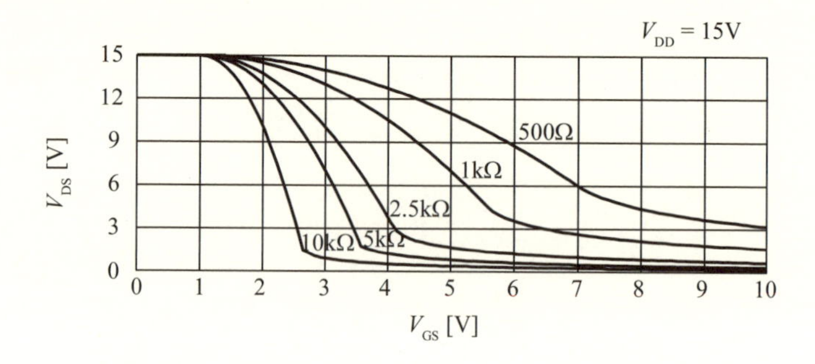


図 **5.17** ソース接地回路の入出力特性とドレイン抵抗

通常は，ソース接地回路は MOSFET が飽和領域内で動作するような条件で使用する．このときのドレイン・ソース間電圧の最大値 $V_{\mathrm{DS,max}}$ は $V_{\mathrm{DD}}$ であり，最小値 $V_{\mathrm{DS,min}}$ は，式 (5.30) より，

$$V_{\mathrm{DS,min}} = \frac{1}{\beta R_{\mathrm{D}}}\left(-1 + \sqrt{1 + 2\beta R_{\mathrm{D}} V_{\mathrm{DD}}}\right) \tag{5.40}$$

となる．ドレイン抵抗 $R_{\mathrm{D}}$ が十分に大きいときは，

$$\lim_{R_{\mathrm{D}}\to\infty} V_{\mathrm{DS,min}} \fallingdotseq \sqrt{\frac{2V_{\mathrm{DD}}}{\beta R_{\mathrm{D}}}} \tag{5.41}$$

となる．

ソース接地回路のより詳しい解析は 8.3.1 項（158 ページ）で行う．

## 5.5 ドレイン接地回路

**図 5.18** に示す回路は**ドレイン接地回路**（**ドレイン共通回路**）と呼ばれている回路である．ここでは，ゲート電源電圧 $V_{\mathrm{GG}}$ を変化させたときのソース抵抗 $R_{\mathrm{S}}$ 両端の電圧 $V_{\mathrm{S}}$ の変化を調べる．

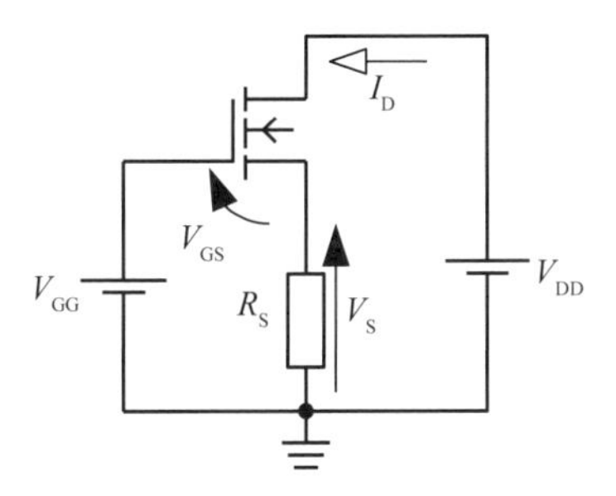


**図 5.18** ドレイン接地回路

図 5.18 のドレイン接地回路では，キルヒホッフの電圧則およびオームの法則を用いて，以下の式が得られる．

$$V_{\mathrm{GG}} = V_{\mathrm{GS}} + R_{\mathrm{S}} I_{\mathrm{D}} \tag{5.42}$$

$$V_{\mathrm{S}} = R_{\mathrm{S}} I_{\mathrm{D}} \tag{5.43}$$

また，MOSFET の各電極間の電圧は

$$V_{\mathrm{GS}} = V_{\mathrm{GG}} - V_{\mathrm{S}} \tag{5.44}$$

$$V_{\mathrm{DS}} = V_{\mathrm{DD}} - V_{\mathrm{S}} \tag{5.45}$$

である．MOSFET が飽和領域で動作する条件は

$$V_{\mathrm{GS}} - V_{\mathrm{th}} < V_{\mathrm{DS}} \tag{5.46}$$

であるが，この条件は，式 (5.44) と式 (5.45) を用いると，

$$V_{\mathrm{GG}} - V_{\mathrm{S}} - V_{\mathrm{th}} < V_{\mathrm{DD}} - V_{\mathrm{S}} \tag{5.47}$$

となる．つまり，

$$V_{\mathrm{GG}} < V_{\mathrm{DD}} + V_{\mathrm{th}} \tag{5.48}$$

となる．通常の入力電圧は電源電圧以下であるので，MOSFET は常に飽和領域で動作することになる．飽和領域の MOSFET の電圧電流特性は，33 ページの式 (3.16) より，

$$I_{\mathrm{D}} = \frac{\beta}{2}\left(V_{\mathrm{GS}} - V_{\mathrm{th}}\right)^2 \tag{5.49}$$

であるので，

$$V_{\mathrm{GS}} = \sqrt{\frac{2I_{\mathrm{D}}}{\beta}} + V_{\mathrm{th}} = \sqrt{\frac{2V_{\mathrm{S}}}{\beta R_{\mathrm{S}}}} + V_{\mathrm{th}} \tag{5.50}$$

となる．式 (5.44) を用いると，$V_{\mathrm{GG}}$ と $V_{\mathrm{S}}$ の関係は，

$$V_{\mathrm{GG}} = V_{\mathrm{GS}} + V_{\mathrm{S}} = \sqrt{\frac{2V_{\mathrm{S}}}{\beta R_{\mathrm{S}}}} + V_{\mathrm{th}} + V_{\mathrm{S}} \tag{5.51}$$

となる．図 **5.19** に式 (5.51) から求めたドレイン接地回路の入出力特性，すなわちゲート電源電圧 $V_{\mathrm{GG}}$ が入力電圧であり，$V_{\mathrm{S}}$ が出力電圧であると考えたときの特性を示す．図 5.19 (b) に示した拡大した範囲における電圧増幅度 $A_v$ を求めると，

$$A_v = \frac{\Delta V_{\mathrm{S}}}{\Delta V_{\mathrm{GG}}} = \frac{6.42\,\mathrm{V} - 5.63\,\mathrm{V}}{11\,\mathrm{V} - 10\,\mathrm{V}} = 0.79 \tag{5.52}$$

となる．

次に，ドレイン接地回路の電圧増幅度を理論的に求めてみる．式 (5.51) において，$V_{\mathrm{GG}}$ が $\Delta V_{\mathrm{GG}}$ だけ変化して，$V_{\mathrm{S}}$ が $\Delta V_{\mathrm{S}}$ だけ変化したとすると，

$$\begin{aligned} V_{\mathrm{GG}} + \Delta V_{\mathrm{GG}} &= \sqrt{\frac{2\left(V_{\mathrm{S}} + \Delta V_{\mathrm{S}}\right)}{\beta R_{\mathrm{S}}}} + V_{\mathrm{th}} + V_{\mathrm{S}} + \Delta V_{\mathrm{S}} \\ &= \sqrt{\frac{2V_{\mathrm{S}}}{\beta R_{\mathrm{S}}}}\sqrt{1 + \frac{\Delta V_{\mathrm{S}}}{V_{\mathrm{S}}}} + V_{\mathrm{th}} + V_{\mathrm{S}} + \Delta V_{\mathrm{S}} \end{aligned} \tag{5.53}$$

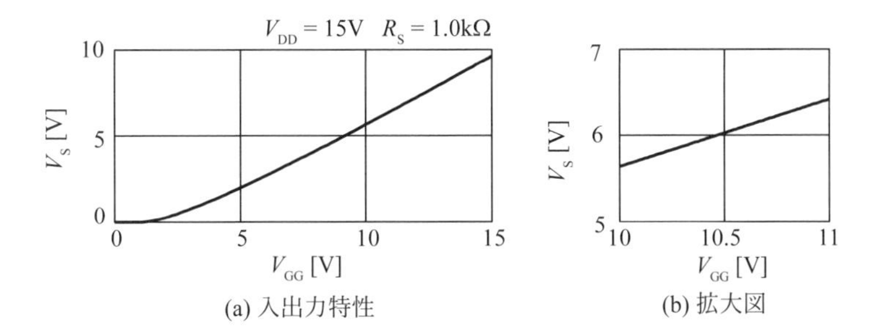

(a) 入出力特性　(b) 拡大図

図 **5.19** ドレイン接地回路の入出力特性

となる．ここで，6 ページの式 (1.2) を用いると，

$$\sqrt{1+\frac{\Delta V_{\mathrm{S}}}{V_{\mathrm{S}}}} \fallingdotseq 1+\frac{\Delta V_{\mathrm{S}}}{2V_{\mathrm{S}}} \tag{5.54}$$

と近似できるので，

$$\Delta V_{\mathrm{GG}} = \sqrt{\frac{2V_{\mathrm{S}}}{\beta R_{\mathrm{S}}}}\frac{\Delta V_{\mathrm{S}}}{2V_{\mathrm{S}}} + \Delta V_{\mathrm{S}} = \left(\frac{1}{\sqrt{2\beta R_{\mathrm{S}} V_{\mathrm{S}}}}+1\right)\Delta V_{\mathrm{S}} \tag{5.55}$$

となる．これより電圧増幅度は

$$A_v = \frac{\Delta V_{\mathrm{S}}}{\Delta V_{\mathrm{GG}}} = \frac{1}{\dfrac{1}{\sqrt{2\beta R_{\mathrm{S}} V_{\mathrm{S}}}}+1} \tag{5.56}$$

と表せる．図 5.18 の回路において $V_{\mathrm{S}}$ が 6 V のときの電圧増幅度を具体的に求めると，

$$A_v = \frac{1}{\dfrac{1}{\sqrt{2\times 1\,\mathrm{mS/V}\times 1\,\mathrm{k\Omega}\times 6\,\mathrm{V}}}+1} \fallingdotseq 0.776 \tag{5.57}$$

となり，図 5.19 (b) から求めた値との誤差は 1.8 % である．

より詳しい解析は 8.3.3 項（164 ページ）で行う．

## 5.6 帰還増幅回路

ここでは，図 **5.20** に示す回路の入出力特性を調べる．この回路は 75 ページで後述する理由により，帰還増幅回路と呼ばれる．

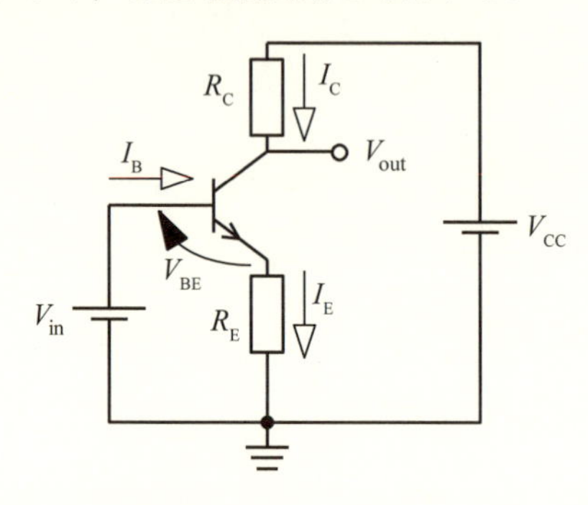


図 **5.20** 帰還増幅回路（バイポーラトランジスタ）

まず，バイポーラトランジスタが能動領域で動作していると仮定する．このとき，入力電圧 $V_{in}$ と出力電圧 $V_{out}$ は以下のように表される．

$$V_{in} = V_{BE} + R_E I_E \tag{5.58}$$

$$V_{out} = V_{CC} - R_C I_C \tag{5.59}$$

エミッタ電流 $I_E$ とコレクタ電流 $I_C$ の関係は，

$$I_E = I_C + I_B = I_C + \frac{I_C}{\beta} = \frac{\beta + 1}{\beta} I_C \tag{5.60}$$

なので，式 (5.58) より，

$$V_{in} = V_{BE} + \frac{(\beta + 1) R_E}{\beta} I_C \tag{5.61}$$

となり，さらに式 (5.59) を用いると，

$$V_{in} = V_{BE} + \frac{(\beta + 1) R_E (V_{CC} - V_{out})}{\beta R_C} \tag{5.62}$$

となる．$V_{\mathrm{BE}}$ の変化を無視すると，この結果は入力電圧 $V_{\mathrm{in}}$ に出力電圧 $V_{\mathrm{out}}$ が含まれた形になっている．このように，出力の一部が入力に戻ってくることを**帰還**という．この場合は，負号が付いた形で帰還するので，特に**負帰還**という．

ここで，式 (5.62) において，$V_{\mathrm{BE}}$ の変化を無視しないときは，29 ページの式 (3.10) に示した関係式

$$I_{\mathrm{C}} = \beta I_{\mathrm{BS}} \exp\left(\frac{V_{\mathrm{BE}}}{V_T}\right) \tag{5.63}$$

から，

$$V_{\mathrm{BE}} = V_T \ln \frac{I_{\mathrm{C}}}{\beta I_{\mathrm{BS}}} = V_T \ln \frac{V_{\mathrm{CC}} - V_{\mathrm{out}}}{\beta I_{\mathrm{BS}} R_{\mathrm{C}}} \tag{5.64}$$

となることを用いる．その結果は，

$$V_{\mathrm{in}} = V_T \ln \frac{V_{\mathrm{CC}} - V_{\mathrm{out}}}{\beta I_{\mathrm{BS}} R_{\mathrm{C}}} + \frac{(\beta + 1) R_{\mathrm{E}} (V_{\mathrm{CC}} - V_{\mathrm{out}})}{\beta R_{\mathrm{C}}} \tag{5.65}$$

となる．

次に，バイポーラトランジスタが飽和領域で動作しているときは，コレクタ・エミッタ間電圧が飽和電圧 $V_{\mathrm{CES}}$ で一定であると仮定して，

$$I_{\mathrm{C}} = \frac{V_{\mathrm{CC}} - V_{\mathrm{CES}}}{R_{\mathrm{C}} + R_{\mathrm{E}}} \fallingdotseq \frac{V_{\mathrm{CC}}}{R_{\mathrm{C}} + R_{\mathrm{E}}} \tag{5.66}$$

$$V_{\mathrm{out}} = V_{\mathrm{CC}} - R_{\mathrm{C}} I_{\mathrm{C}} = \frac{R_{\mathrm{E}} V_{\mathrm{CC}} + R_{\mathrm{C}} V_{\mathrm{CES}}}{R_{\mathrm{C}} + R_{\mathrm{E}}} \fallingdotseq \frac{R_{\mathrm{E}} V_{\mathrm{CC}}}{R_{\mathrm{C}} + R_{\mathrm{E}}} \tag{5.67}$$

となる．近似は $V_{\mathrm{CES}}$ が 0.0 V であるとしたときのものである．

コレクタ抵抗 $R_{\mathrm{C}}$ とエミッタ抵抗 $R_{\mathrm{E}}$ の和が 1.0 kΩ で一定になるようにして，抵抗間の比率を変えて，図 5.20 の帰還増幅回路の入出力特性を求めたものが**図 5.21** である．$R_{\mathrm{E}}$ が 0 Ω のときは，58 ページの図 5.5 の特性になる．エミッタ抵抗 $R_{\mathrm{E}}$ が大きくなると，入出力特性の傾きが小さくなる，

つまり電圧増幅度が小さくなる．また，エミッタ抵抗 $R_{\mathrm{E}}$ が大きくなると，出力電圧が変化できる範囲が小さくなることがわかる [3].

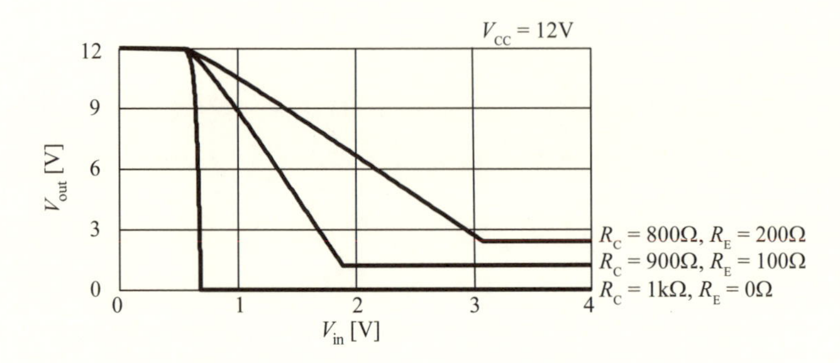


図 **5.21** 帰還増幅回路（バイポーラトランジスタ）の入出力特性

実際のバイポーラトランジスタを用いた帰還増幅回路では飽和領域になってからもさらに入力電圧を増やすと，ベースからエミッタへ電流が流れるだけではなく，ベースからコレクタにも電流が流れる状態になる．この状態を**逆活性状態**と呼ぶ．このため，コレクタ電流が減少し，出力電圧が増加する現象がみられる [4].

MOSFET を用いた帰還増幅回路は図 **5.22** のようになる．

図 5.22 において，以下の式が成立する．

$$V_{\mathrm{out}} = V_{\mathrm{DD}} - R_{\mathrm{D}} I_{\mathrm{D}} \tag{5.68}$$

$$V_{\mathrm{in}} = V_{\mathrm{GS}} + R_{\mathrm{S}} I_{\mathrm{D}} \tag{5.69}$$

また，MOSFET が飽和領域で動作しているとすると，33 ページの式 (3.16) より，

$$I_{\mathrm{D}} = \frac{\beta}{2}\left(V_{\mathrm{GS}} - V_{\mathrm{th}}\right)^2 \tag{5.70}$$

[3] 詳しくは 169 ページの 8.4 節を参照．

[4] 293 ページの図 13.4 を参照．

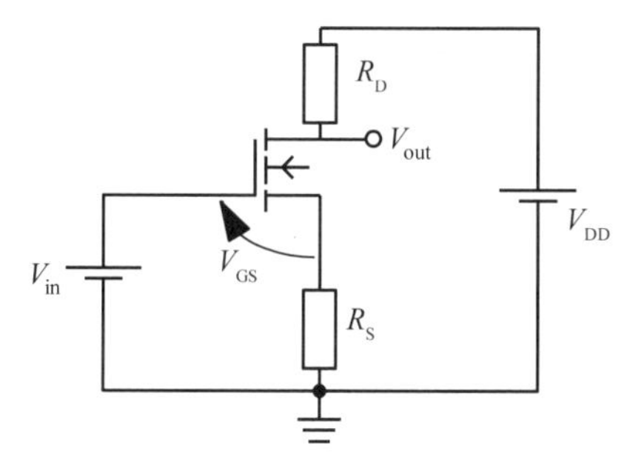


図 **5.22** 帰還増幅回路（MOSFET）

となる．式 (5.68) および式 (5.70) から，

$$V_{GS} = \sqrt{\frac{2I_D}{\beta}} + V_{th} = \sqrt{\frac{2(V_{DD} - V_{out})}{\beta R_D}} + V_{th} \tag{5.71}$$

となる．式 (5.69) を用いると，入力電圧 $V_{in}$ と出力電圧 $V_{out}$ の関係は以下のようになる．

$$V_{in} = \sqrt{\frac{2(V_{DD} - V_{out})}{\beta R_D}} + V_{th} + \frac{R_S(V_{DD} - V_{out})}{R_D} \tag{5.72}$$

また，図 5.22 において，MOSFET が線形領域で動作しているとすると，以下の式が成立する．

$$V_{out} = V_{DD} - R_D I_D \tag{5.73}$$

$$V_{in} = V_{GS} + R_S I_D \tag{5.74}$$

$$V_{DS} = V_{DD} - (R_D + R_S) I_D \tag{5.75}$$

$$I_D = \beta\left(V_{GS} - V_{th} - \frac{V_{DS}}{2}\right) V_{DS} \tag{5.76}$$

これらの式から，$V_{GS}$，$V_{DS}$ と $I_D$ を消去することで，$V_{in}$ と $V_{out}$ の関係式を求めることができるが，複雑になるのでここでは省略する．図 5.22 の帰還増幅回路の入出力特性を，ドレイン抵抗 $R_D$ とソース抵抗 $R_S$ の和が

2.5 kΩ で一定であるとして，抵抗間の比率を変えて，入出力特性を計算した結果が図 **5.23** になる．入力電圧が大きくなると MOSFET の動作が飽和領域から線形領域に移る．この境界は一点鎖線で示してある．$R_S$ が 0 Ω のときは，68 ページの図 5.15 の特性になる．

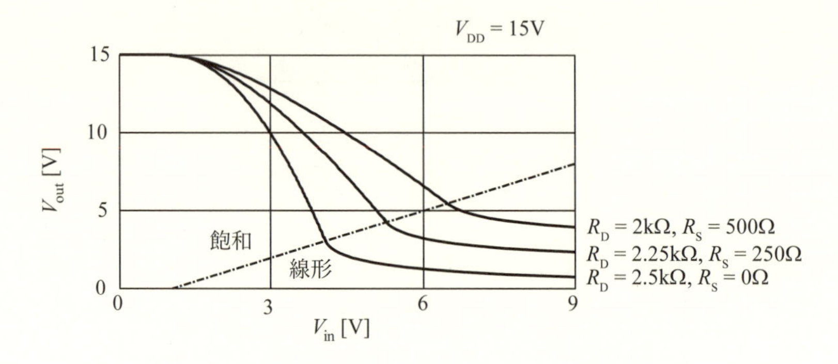


図 **5.23** 帰還増幅回路（MOSFET）の入出力特性

バイポーラトランジスタのときと同様に，ソース抵抗 $R_S$ が大きくなると，電圧増幅度が減少し，出力電圧が変化できる範囲が小さくなる．

帰還増幅回路に関しては 8.2.2 項（143 ページ）および 8.3.2 項（161 ページ）で再び取り上げる．

## 5.7　差動増幅回路

本節では，まず図 **5.24** に示すバイポーラトランジスタを用いた差動増幅回路の動作を解析する．解析を簡単にするために，49 ページの図 4.10 に示した回路のエミッタ抵抗 $R_E$ の代わりに，定電流源 $I_0$ を用いている．ここでも，4.5 節と同じく回路は左右対称で，特にトランジスタの特性はまったく同じものであると仮定する．

図 5.24 中の各エミッタ電流は以下のように表せる．

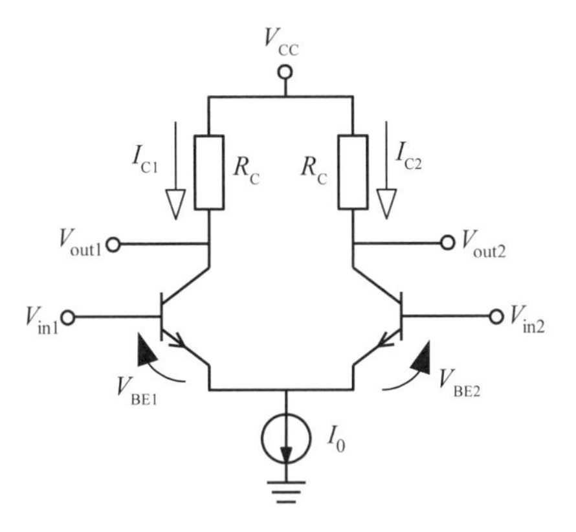


図 **5.24** バイポーラ差動増幅回路

$$I_{E1} = (\beta + 1)\, I_{BS} \exp\left(\frac{V_{in1}}{V_T}\right) \tag{5.77}$$

$$I_{E2} = (\beta + 1)\, I_{BS} \exp\left(\frac{V_{in2}}{V_T}\right) \tag{5.78}$$

$$I_{E1} + I_{E2} = I_0 \tag{5.79}$$

式 (5.77) と式 (5.78) より，

$$I_{E2} = I_{E1} \exp\left(\frac{V_{in2} - V_{in1}}{V_T}\right) = I_{E1} \exp\left(\frac{-V_{id}}{V_T}\right) \tag{5.80}$$

となる．ただし，$V_{id}$ は 2 つの入力電圧の差であり，

$$V_{id} = V_{in1} - V_{in2} \tag{5.81}$$

で与えられる．式 (5.80) を式 (5.79) に代入すると，

$$I_{E1} \cdot \left[1 + \exp\left(\frac{-V_{id}}{V_T}\right)\right] = I_0 \tag{5.82}$$

となる．これより，以下の式を得る．

$$I_{\mathrm{E1}} = \frac{I_0}{1 + \exp\left(\frac{-V_{\mathrm{id}}}{V_T}\right)} \tag{5.83}$$

$$I_{\mathrm{E2}} = I_{\mathrm{E1}} \exp\left(\frac{-V_{\mathrm{id}}}{V_T}\right) = \frac{I_0}{1 + \exp\left(\frac{V_{\mathrm{id}}}{V_T}\right)} \tag{5.84}$$

出力電圧 $V_{\mathrm{out1}}$ と $V_{\mathrm{out2}}$ を求めると以下のようになる．

$$V_{\mathrm{out1}} = V_{\mathrm{CC}} - R_{\mathrm{C}} I_{\mathrm{C1}} = V_{\mathrm{CC}} - \frac{R_{\mathrm{C}}\beta}{\beta + 1} \cdot \frac{I_0}{1 + \exp\left(\frac{-V_{\mathrm{id}}}{V_T}\right)} \tag{5.85}$$

$$V_{\mathrm{out2}} = V_{\mathrm{CC}} - R_{\mathrm{C}} I_{\mathrm{C2}} = V_{\mathrm{CC}} - \frac{R_{\mathrm{C}}\beta}{\beta + 1} \cdot \frac{I_0}{1 + \exp\left(\frac{V_{\mathrm{id}}}{V_T}\right)} \tag{5.86}$$

差動増幅回路では2つの出力電圧の差 $V_{\mathrm{od}}$ が重要であるので，それを求めると以下のようになる．

$$\begin{aligned}
V_{\mathrm{od}} = V_{\mathrm{out1}} - V_{\mathrm{out2}} &= -\frac{R_{\mathrm{C}}\beta I_0}{\beta + 1}\left(\frac{1}{1 + \exp\left(\frac{-V_{\mathrm{id}}}{V_T}\right)} - \frac{1}{1 + \exp\left(\frac{V_{\mathrm{id}}}{V_T}\right)}\right) \\
&= -\frac{R_{\mathrm{C}}\beta I_0}{\beta + 1}\left(\frac{\exp\left(\frac{V_{\mathrm{id}}}{V_T}\right)}{\exp\left(\frac{V_{\mathrm{id}}}{V_T}\right) + 1} - \frac{1}{1 + \exp\left(\frac{V_{\mathrm{id}}}{V_T}\right)}\right) \\
&= -\frac{R_{\mathrm{C}}\beta I_0}{\beta + 1} \cdot \frac{\exp\left(\frac{V_{\mathrm{id}}}{V_T}\right) - 1}{\exp\left(\frac{V_{\mathrm{id}}}{V_T}\right) + 1} \\
&= -\frac{R_{\mathrm{C}}\beta I_0}{\beta + 1} \cdot \frac{\exp\left(\frac{V_{\mathrm{id}}}{2V_T}\right) - \exp\left(\frac{-V_{\mathrm{id}}}{2V_T}\right)}{\exp\left(\frac{V_{\mathrm{id}}}{2V_T}\right) + \exp\left(\frac{-V_{\mathrm{id}}}{2V_T}\right)}
\end{aligned} \tag{5.87}$$

式 (5.87) を用いて差動増幅回路の入出力特性を具体的に計算した結果を図 **5.25** に示す．

特に入力電圧の差の大きさ $|V_{\mathrm{id}}|$ が小さいときは，式 (5.87) は，6ページの式 (1.4) を用いて，

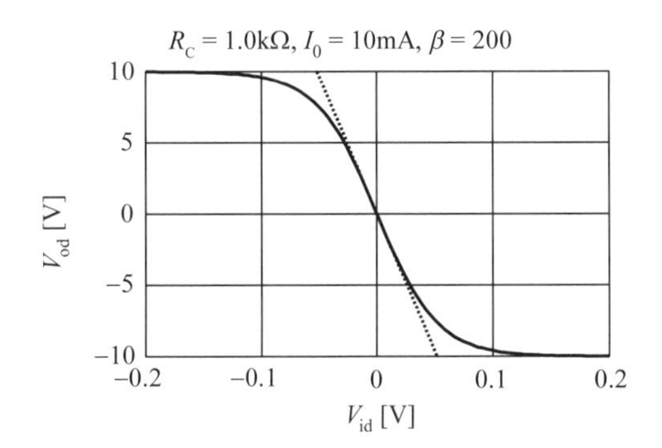


図 **5.25** バイポーラ差動増幅回路の入出力特性

$$V_{od} \fallingdotseq -\frac{R_C\beta I_0}{\beta+1}\cdot\frac{1+\dfrac{V_{id}}{2V_T}-1-\dfrac{-V_{id}}{2V_T}}{1+\dfrac{V_{id}}{2V_T}+1+\dfrac{-V_{id}}{2V_T}} = -\frac{R_C\beta I_0}{\beta+1}\cdot\frac{\dfrac{V_{id}}{V_T}}{2}$$

$$= -\frac{R_C\beta I_0}{2(\beta+1)V_T}V_{id} \fallingdotseq -\frac{R_C I_0}{2V_T}V_{id} \tag{5.88}$$

と近似できる．この特性は図 5.25 中では点線で示されている．具体的な値を計算すると，

$$\frac{R_C I_0}{2V_T} = \frac{1\,\mathrm{k\Omega}\times 10\,\mathrm{mA}}{2\times 25.9\,\mathrm{mV}} \fallingdotseq 193 \tag{5.89}$$

$$V_{od} = -193V_{id} \tag{5.90}$$

となる．

次に，図 **5.26** に示す MOSFET を用いた差動増幅回路の解析をする．ここでも，解析を簡単にするためにソース抵抗の代わりに定電流源を使用するものとする．

図 5.26 中の 2 つの MOSFET の電圧電流特性が等しく，かつどちらも飽和領域で動作していると仮定すると，以下の式が成立する．

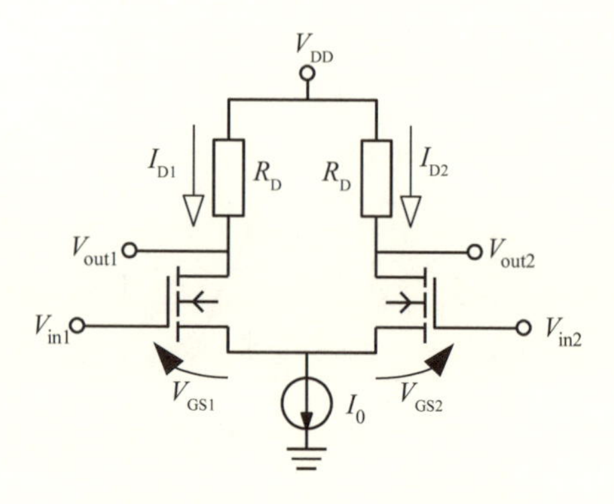


**図 5.26** MOSFET 差動増幅回路

$$I_{D1} = \frac{\beta}{2}(V_{in1} - V_{th})^2 \tag{5.91}$$

$$I_{D2} = \frac{\beta}{2}(V_{in2} - V_{th})^2 \tag{5.92}$$

$$I_{D1} + I_{D2} = I_0 \tag{5.93}$$

式 (5.91) と式 (5.92) より，

$$V_{in1} = V_{th} + \sqrt{\frac{2I_{D1}}{\beta}} \tag{5.94}$$

$$V_{in2} = V_{th} + \sqrt{\frac{2I_{D2}}{\beta}} \tag{5.95}$$

となるので，入力電圧の差を $V_{id}$ とすると，式 (5.93) も用いて，

$$V_{id} = V_{in1} - V_{in2} = \sqrt{\frac{2I_{D1}}{\beta}} - \sqrt{\frac{2I_{D2}}{\beta}} = \sqrt{\frac{2I_{D1}}{\beta}} - \sqrt{\frac{2(I_0 - I_{D1})}{\beta}} \tag{5.96}$$

となる．この式を以下のように変形することで，ドレイン電流 $I_{D1}$ を $V_{id}$ を用いて表すことができる．まず，

$$\sqrt{\frac{2(I_0 - I_{D1})}{\beta}} = \sqrt{\frac{2I_{D1}}{\beta}} - V_{id} \tag{5.97}$$

と書き換えて，両辺を 2 乗すると，

$$\left(\sqrt{\frac{2(I_0 - I_{D1})}{\beta}}\right)^2 = \left(\sqrt{\frac{2I_{D1}}{\beta}} - V_{id}\right)^2 \tag{5.98}$$

となる．次に，両辺を展開して，整理すると，

$$I_{D1} - \sqrt{\frac{\beta}{2}}V_{id}\sqrt{I_{D1}} - \frac{I_0}{2} + \frac{\beta V_{id}^2}{4} = 0 \tag{5.99}$$

となる．この式を $\sqrt{I_{D1}}$ に関する 2 次方程式と考えて解くと，以下のようになる．

$$\sqrt{I_{D1}} = \sqrt{\frac{\beta}{8}}V_{id} \pm \sqrt{\frac{I_0}{2} - \frac{\beta V_{id}^2}{8}} \tag{5.100}$$

再び両辺を 2 乗して，整理すると以下のようになる．

$$\begin{aligned} I_{D1} &= \left(\sqrt{\frac{\beta}{8}}V_{id} \pm \sqrt{\frac{I_0}{2} - \frac{\beta V_{id}^2}{8}}\right)^2 \\ &= \frac{\beta}{8}V_{id}^2 \pm 2V_{id}\sqrt{\frac{\beta}{8}\left(\frac{I_0}{2} - \frac{\beta V_{id}^2}{8}\right)} + \left(\frac{I_0}{2} - \frac{\beta V_{id}^2}{8}\right) \\ &= \frac{I_0}{2} \pm \frac{\beta V_{id}}{4}\sqrt{\frac{4I_0}{\beta} - V_{id}^2} \end{aligned} \tag{5.101}$$

ここで，$V_{id}$ が増えると，$V_{GS1}$ も増えて，$I_{D1}$ が増えることから，複号のうちプラスを採用する．式 (5.93) を用いると，$I_{D2}$ も求まり，

$$I_{D1} = \frac{I_0}{2} + \frac{\beta V_{id}}{4}\sqrt{\frac{4I_0}{\beta} - V_{id}^2} \tag{5.102}$$

$$I_{D2} = \frac{I_0}{2} - \frac{\beta V_{id}}{4}\sqrt{\frac{4I_0}{\beta} - V_{id}^2} \tag{5.103}$$

となる．出力電圧 $V_{\mathrm{out1}}$ と $V_{\mathrm{out2}}$ は

$$V_{\mathrm{out1}} = V_{\mathrm{DD}} - R_{\mathrm{D}} I_{\mathrm{D1}} \tag{5.104}$$

$$V_{\mathrm{out2}} = V_{\mathrm{DD}} - R_{\mathrm{D}} I_{\mathrm{D2}} \tag{5.105}$$

であるので，出力電圧の差 $V_{\mathrm{od}}$ は

$$V_{\mathrm{od}} = V_{\mathrm{out1}} - V_{\mathrm{out2}} = -R_{\mathrm{D}} \left( I_{\mathrm{D1}} - I_{\mathrm{D2}} \right) \tag{5.106}$$

である．式 (5.102) と式 (5.103) より，各ドレイン電流の差が

$$I_{\mathrm{D1}} - I_{\mathrm{D2}} = \frac{\beta V_{\mathrm{id}}}{2} \sqrt{\frac{4I_0}{\beta} - V_{\mathrm{id}}^2} \tag{5.107}$$

となるので，

$$V_{\mathrm{od}} = -\frac{R_{\mathrm{D}} \beta V_{\mathrm{id}}}{2} \sqrt{\frac{4I_0}{\beta} - V_{\mathrm{id}}^2} \tag{5.108}$$

である．ここで得られた式 (5.108) が有効なのは $I_{\mathrm{D1}}$，$I_{\mathrm{D2}}$ がともに正のときであり，その範囲を求めると，

$$|V_{\mathrm{id}}| \leq \sqrt{\frac{2I_0}{\beta}} \tag{5.109}$$

となる．この範囲を超えると片方の MOSFET を流れる電流が 0 になり，もう片方の MOSFET を流れる電流が $I_0$ になる．その結果，$V_{\mathrm{od}}$ は $V_{\mathrm{DD}}$ または $-V_{\mathrm{DD}}$ になり，変化しなくなる．

**図 5.27** に式 (5.108) の差動増幅回路の入出力特性を具体的に計算した結果を示す．式 (5.108) が有効な $V_{\mathrm{id}}$ の範囲は式 (5.109) より，

$$|V_{\mathrm{id}}| \leq \sqrt{\frac{2I_0}{\beta}} = \sqrt{\frac{2 \times 4\,\mathrm{mA}}{1.0\,\mathrm{mS/V}}} = 2\sqrt{2}\,[\mathrm{V}] \fallingdotseq 2.83\,\mathrm{V} \tag{5.110}$$

となる．

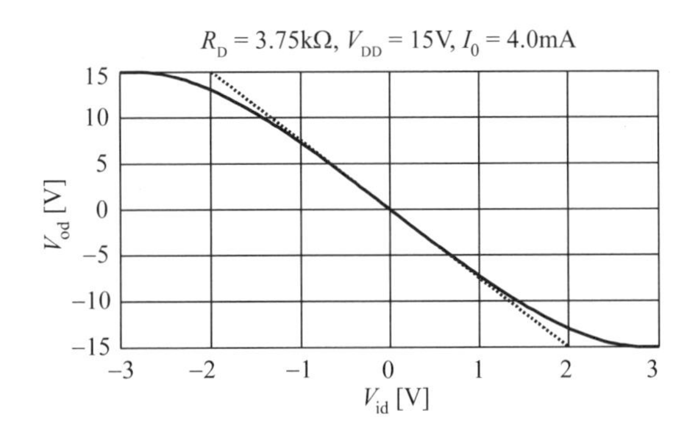


図 **5.27** MOSFET 差動増幅回路の入出力特性

差動入力 $V_{\mathrm{id}}$ の大きさが小さいときに，

$$\sqrt{\frac{4I_0}{\beta} - V_{\mathrm{id}}^2} \fallingdotseq \sqrt{\frac{4I_0}{\beta}} \tag{5.111}$$

と近似すると，式 (5.108) は，

$$V_{\mathrm{od}} \fallingdotseq -\frac{R_{\mathrm{D}}\beta V_{\mathrm{id}}}{2}\sqrt{\frac{4I_0}{\beta}} = -R_{\mathrm{D}}\sqrt{\beta I_0}V_{\mathrm{id}} \tag{5.112}$$

と近似できる．この近似した結果は図 5.27 中では点線で示されている．具体的な値を計算すると，

$$R_{\mathrm{D}}\sqrt{\beta I_0} = -3.75\,\mathrm{k\Omega} \times \sqrt{1.0\,\mathrm{S/V} \times 4\,\mathrm{mA}} = -7.5 \tag{5.113}$$

$$V_{\mathrm{od}} = -7.5V_{\mathrm{id}} \tag{5.114}$$

となる．

より詳しい解析は 9.4 節（196 ページ）で行う．

## 5.8　演算増幅器

**演算増幅器**は増幅度のきわめて大きい差動増幅回路であり，通常は集積回路の形で提供される．演算増幅器は**非反転入力**（**正相入力**）および**反転入力**

（逆相入力）と呼ばれる2つの入力端子と，1つの出力端子がある．演算増幅器を動作させるためには外部の直流電源に接続する必要があるが，多くの場合は正電圧の電源と負電圧の電源の2つの電源が必要である．演算増幅器に関する詳細は第10章で述べる．ここでは演算増幅器をブラックボックス[5]として扱う．

**図 5.28** に演算増幅器の図記号を示す．図 5.28 (a) は JIS C 0617 で決められた図記号であるが，実際には図 5.28 (b) の図記号がよく用いられる．本書でも図 5.28 (b) の図記号を用いる．図中，プラス (+) で表されている端子が非反転入力であり，マイナス (-) で表されている端子が反転入力である．電源の端子は省略されることが多い．

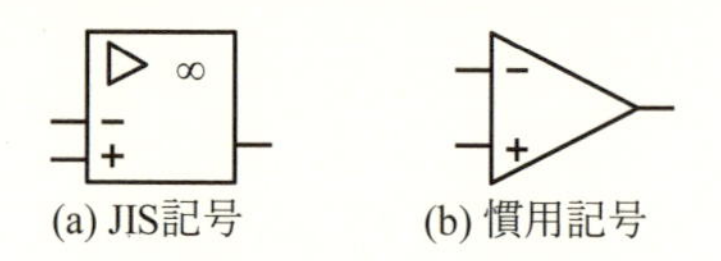


図 **5.28** 演算増幅器の図記号

理想演算増幅器の入出力特性を図 **5.29** に示す．出力電圧 $V_{\mathrm{out}}$ は，正の電源電圧 $+V_{\mathrm{CC}}$ と，負の電源電圧 $-V_{\mathrm{EE}}$ の範囲で変化する．

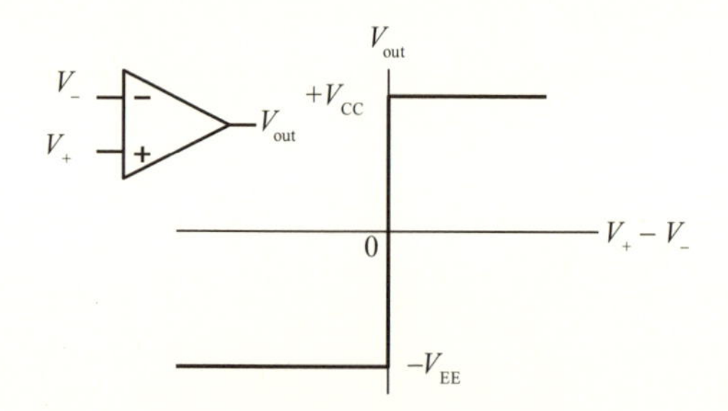


図 **5.29** 演算増幅器の入出力特性

理想演算増幅器では以下の条件が満たされる．

[5] 1.2 節を参照.

(1) 非反転入力および反転入力には電流は流れない．

(2) 出力電圧は非反転入力と反転入力の電圧が等しくなるように決まる．

(3) 出力端子に流れる電流は他の条件を満たすように調整される．

上記の条件のうち，条件 (1) と条件 (2) は非反転入力と反転入力の間を電気抵抗無限大の抵抗器で短絡したと考えることができる．これを**仮想短絡**（**イマジナリーショート，バーチャルショート**）と呼ぶ[6]．以下では理想演算増幅器を用いた回路のうち，簡単に解析できるものを扱う．

**図 5.30** に示す回路は**反転増幅回路**（**逆相増幅回路**）と呼ばれる．非反転入力が接地されているので，仮想短絡により反転入力の電圧 $V_-$ は非反転入力の電圧 0 と等しくなる．これを特に**仮想接地**と呼ぶ．

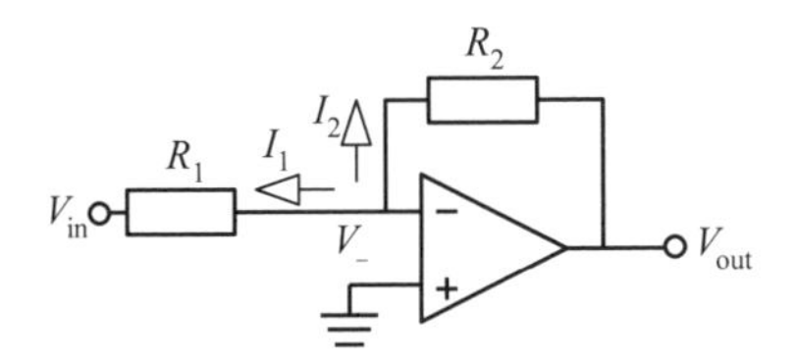


**図 5.30** 反転増幅回路

図 5.30 において，抵抗 $R_1$ を流れる電流 $I_1$ と，抵抗 $R_2$ を流れる電流 $I_2$ は以下のように表される．

$$I_1 = \frac{V_- - V_{\rm in}}{R_1} = -\frac{V_{\rm in}}{R_1} \tag{5.115}$$

$$I_2 = \frac{V_- - V_{\rm out}}{R_2} = -\frac{V_{\rm out}}{R_2} \tag{5.116}$$

ここで，キルヒホッフの電流則より，

$$I_1 + I_2 = -\frac{V_{\rm in}}{R_1} - \frac{V_{\rm out}}{R_2} = 0 \tag{5.117}$$

[6] 10.2.2 項（240 ページ）で後述するように，仮想短絡は演算増幅器の増幅度が無限大であると仮定することと同じである．

であるので，電圧増幅度 $A_v$ は

$$A_v = \frac{V_{\text{out}}}{V_{\text{in}}} = -\frac{R_2}{R_1} \tag{5.118}$$

となる．入力インピーダンス $Z_{\text{in}}$ は

$$Z_{\text{in}} = -\frac{V_{\text{in}}}{I_1} = R_1 \tag{5.119}$$

である．条件 (2) および条件 (3) より，出力電圧は負荷の影響を受けない．つまり，出力から見ると理想電圧源になるので，出力インピーダンス $Z_{\text{out}}$ は

$$Z_{\text{out}} = 0 \tag{5.120}$$

となる．

図 **5.31** (a) に示す回路は**非反転増幅回路（正相増幅回路）**と呼ばれる．

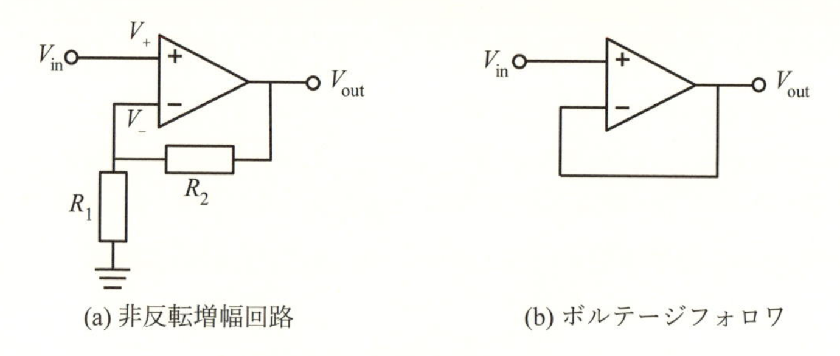


図 **5.31** 非反転増幅回路

非反転増幅回路における反転入力の電圧 $V_-$ は出力電圧 $V_{\text{out}}$ を抵抗 $R_1$ と抵抗 $R_2$ で分圧したものであり，

$$V_- = \frac{R_1}{R_1 + R_2} V_{\text{out}} \tag{5.121}$$

となる．非反転入力の電圧 $V_+$ は入力電圧 $V_{\text{in}}$ に等しく，また仮想短絡により $V_+$ と $V_-$ も等しいので，

$$V_{\rm in} = V_+ = V_- = \frac{R_1}{R_1 + R_2} V_{\rm out} \tag{5.122}$$

となる．これより非反転増幅回路の電圧増幅度 $A_v$ は

$$A_v = \frac{V_{\rm out}}{V_{\rm in}} = \frac{R_1 + R_2}{R_1} = 1 + \frac{R_2}{R_1} \tag{5.123}$$

となる．条件 (1) より入力に電流は流れないので，入力インピーダンス $Z_{\rm in}$ は

$$Z_{\rm in} = \infty \tag{5.124}$$

となる．出力インピーダンス $Z_{\rm out}$ は反転増幅回路と同じ理由により，

$$Z_{\rm out} = 0 \tag{5.125}$$

となる．

**図 5.32** に反転増幅回路と非反転増幅回路の入出力特性を示す．どちらの増幅回路でも，入力電圧と出力電圧が比例するのは出力電圧が電源電圧の範囲内にあるときである．この範囲を超えると，87 ページの条件 (2) が満たされなくなり，出力電圧は正負どちらかの電源電圧に等しくなる．

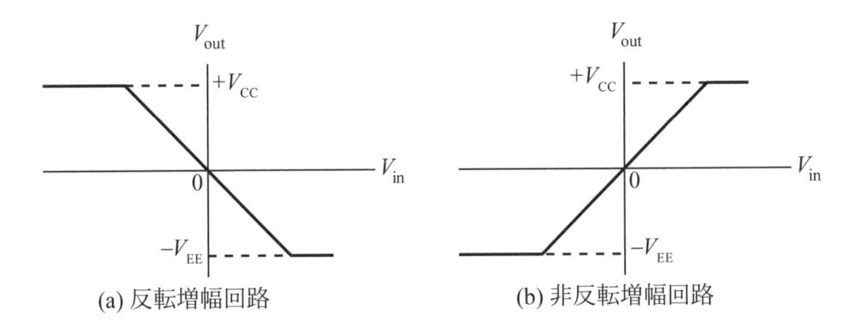


**図 5.32** 反転増幅回路と非反転増幅回路の入出力特性

図 5.31 (b) に示す回路は非反転増幅回路において，特に $R_1$ を無限大に，$R_2$ を 0 にしたものである．これはボルテージフォロワと呼ばれる．ボル

テージフォロワの電圧増幅度は 1 であり電圧の増幅はしないが，87 ページの条件 (1) より入力電圧 $V_{\mathrm{in}}$ が変化しても電流が流れないため入力信号源への影響がない．また，87 ページの条件 (3) から，出力電圧 $V_{\mathrm{out}}$ には負荷の影響が出ない．ボルテージフォロワを用いることで，回路間の影響を無くすことができる．このような目的で用いられる増幅器を**緩衝増幅器**あるいは**バッファ**という．

より詳しい解析は第 10 章（236 ページ）で行う．

# 第 6 章

# 等価回路

半導体デバイスの動作を厳密に表現すると複雑な形になることが多い．そこで，電子回路の解析を行うときは半導体デバイスを含む形のまま解析するのではなくて，等価な電気回路に変換したり，各種の近似をして解析することが多い．これは半導体デバイスの動作をブラックボックス[1]として扱うということである．本章ではこの等価回路に関して説明する．

## 6.1　直流等価回路と交流等価回路

第 5 章で示したように，電子回路の動作は中心となる直流電圧・電流と，それに対する微小変化として解析されることが多い．通常，微小変化としては交流を考える．そこで，電子回路の動作を解析するときは直流に対する動作と交流に対する動作を分けて考えた方が楽である．直流に対する動作だけを考えた回路を**直流等価回路**，交流に対する動作だけ考えた回路を**交流等価回路**という．

直流に対する動作を考えるときはコンデンサは開放とし，交流に対する動作を考えるときはコンデンサは短絡として扱う．交流に対する回路の動作を考えるときはコンデンサのインピーダンスも考慮しなければいけないが，本

[1] 5 ページの 1.2 節を参照.

書では解析を簡単にするために交流に対するコンデンサのインピーダンスの大きさが無視できるほど小さいとして扱う．これは，15 ページの式 (2.12) で示したように周波数が十分に大きい，あるいは静電容量が十分に大きいと仮定することになる．また，交流に対する動作を考えるときは直流電圧源と直流電流源をそれぞれ短絡と開放として取り扱い，直流に対する動作を考えるときは交流電圧源と交流電流源をそれぞれ短絡と開放として取り扱う．ここまでの説明を図で表すと**図 6.1** のようになる．

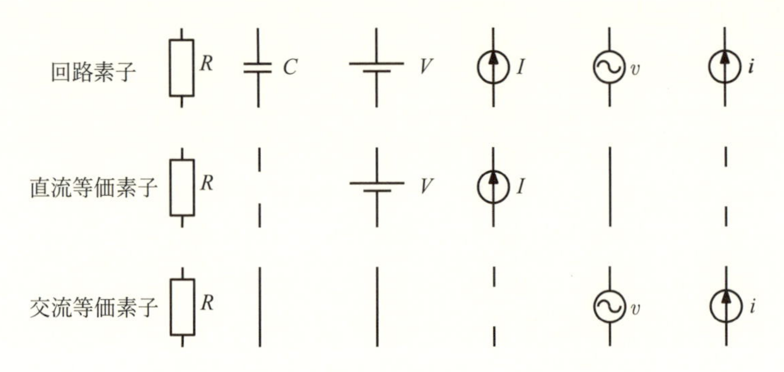


**図 6.1** 回路素子の直流等価素子と交流等価素子

電子回路中の素子を図 6.1 にしたがって置き換えることにより，直流等価回路と交流等価回路を得ることができる．たとえば，**図 6.2** (a) の回路の直流等価回路は図 6.2 (b) のように，交流等価回路は図 6.2 (c) のようになる．

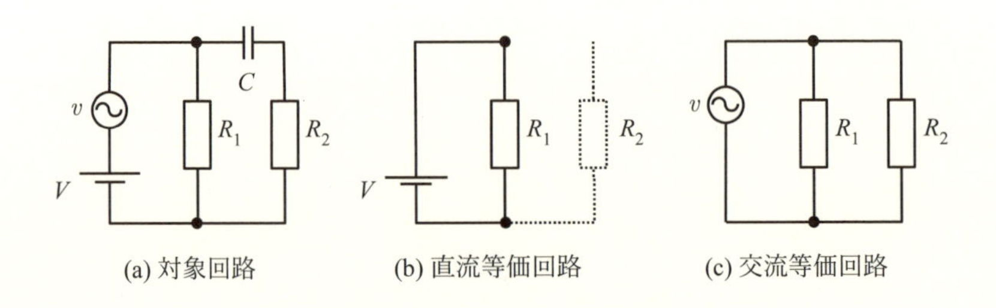


**図 6.2** 直流等価回路と交流等価回路

抵抗 $R_2$ は直流に対しては片方の端子がどこにも接続されていない状態になるので，無視することができる．そのため，図 6.2 (b) では抵抗 $R_2$ を点線で表している．

## 6.2 線形近似と小信号等価回路

第 3 章で示したように，半導体デバイスの電圧電流特性は線形でない．そのため，電子回路の解析を厳密に行うためにはコンピュータを用いた数値計算が必要となる．しかし，第 5 章で示したように，電子回路の解析では微小な電圧・電流の変化だけを対象とすることが多い．そこで用いられるのが本節で示す線形近似を利用した小信号等価回路である．

まず，線形近似について説明する．図 **6.3** に示すように，関数 $f(x)$ の $x = x_0$ における接線を $g(x)$ とする．

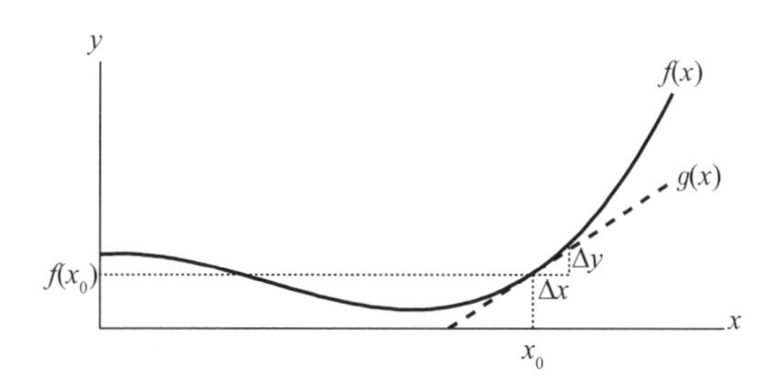


図 **6.3** 線形近似

接線の傾きを $m$ とすると，接線の方程式は以下のようになる．

$$g(x) = m\,(x - x_0) + f(x_0) \tag{6.1}$$

接点から $x$ 座標が $\Delta x$ だけ変化したときに，接線上の点の $y$ 座標は

$$g(x_0 + \Delta x) = m\,(x_0 + \Delta x - x_0) + f(x_0) = m\Delta x + f(x_0) = m\Delta x + g(x_0) \tag{6.2}$$

になる．これより，接線上の $y$ 座標の変化を $\Delta g(x)$ とすると，

$$\Delta g(x) = g(x_0 + \Delta x) - g(x_0) = m\Delta x \tag{6.3}$$

となる．ここで，$\Delta x$ と $\Delta g(x)$ の関係，つまり変化量の間の関係だけに注目すると，接線の方程式は線形関数[2]になることがわかる．$\Delta x$ が小さければ，接点付近では関数 $f(x)$ の値と接線 $g(x)$ の値はほとんど同じであるとしてよい．これにより，$x_0$ 付近の $f(x)$ を接線 $g(x)$ の値で近似し，変化量だけ考えれば線形関数として扱えることになる．これを**線形近似**という．式で表すと，線形近似とは

$$f(x_0 + \Delta x) \fallingdotseq f(x_0) + m\Delta x \tag{6.4}$$

$$\Delta f(x_0) \fallingdotseq m\Delta x \tag{6.5}$$

と近似することである．

以上の説明から，半導体デバイスの動作もある点を基準として，そこからの変化量だけを考えて線形近似を行うことで，線形素子として扱えることになる．この基準となる点が動作点である．

線形近似において，変化量を

$$\Delta x = A \sin \omega t \tag{6.6}$$

ただし，

$$|A| \ll |x_0| \tag{6.7}$$

のように，振幅の小さい正弦波交流であるとしたときの回路素子の動作を**小信号動作**という．半導体デバイスの小信号に対する動作を表す回路を**小信号等価回路**という．小信号等価回路を用いることで，電子回路を線形回路[3]として扱うことができ，回路の解析が容易になる．ただし，線形近似が有効なのは変化量が小さく元の関数 $f(x)$ と接線 $g(x)$ がほとんど一致する場合に限られる．したがって，信号の振幅が大きい場合には小信号等価回路は使え

[2] 18 ページ参照.

[3] 18 ページの 2.8 節を参照.

なくなる．また，信号の周波数が高い場合は半導体デバイス内の電子の移動時間が無視できなくなるので，後の 12.2 節（271 ページ）で説明する高周波小信号等価回路を用いなければならない．

数学で学ぶ微分を用いると接線の傾き $m$ は，以下のように表せる．

$$m = \left.\frac{\mathrm{d}f(x)}{\mathrm{d}x}\right|_{x=x_0} \tag{6.8}$$

このことから，$x = x_0$ における微小変化は

$$\Delta f(x)\big|_{x=x_0} \fallingdotseq \left.\frac{\mathrm{d}f(x)}{\mathrm{d}x}\right|_{x=x_0} \Delta x \tag{6.9}$$

と表せる．この表記は小信号動作の理論的な解析を行うときに用いられる．

## 6.3　ダイオードの等価回路

26 ページの式 (3.5) に示したように，ダイオードの電圧電流特性は以下のように近似できる．

$$I \fallingdotseq I_\mathrm{s} \exp\left(\frac{V}{V_T}\right) \tag{6.10}$$

ダイオード両端の電圧が $V_0$ のとき，電流 $I_0$ が流れているとする．ここで，ダイオード両端の電圧が $V_0$ から $V_0 + \Delta V$ に変化したとする．ただし，$\Delta V$ の大きさは $V_0$ よりも十分に小さいものとする．つまり，

$$|\Delta V| \ll |V_0| \tag{6.11}$$

であるとする．電圧電流特性は

$$\begin{aligned} I_0 + \Delta I &\fallingdotseq I_\mathrm{s} \exp\left(\frac{V_0 + \Delta V}{V_T}\right) = I_\mathrm{s} \exp\left(\frac{V_0}{V_T}\right) \exp\left(\frac{\Delta V}{V_T}\right) \\ &= I_0 \exp\left(\frac{\Delta V}{V_T}\right) \end{aligned} \tag{6.12}$$

となる．ここで，6 ページの式 (1.4) を用いると以下の式のように近似できる．

$$\exp\left(\frac{\Delta V}{V_T}\right) \fallingdotseq 1 + \frac{\Delta V}{V_T} \tag{6.13}$$

つまり，

$$I_0 + \Delta I \fallingdotseq I_0\left(1 + \frac{\Delta V}{V_T}\right) = I_0 + \frac{I}{V_T}\Delta V \tag{6.14}$$

である．ここで，得られた式を直流成分と変化成分に分けると以下のようになる．

$$I_0 = I_\mathrm{s}\exp\left(\frac{V_0}{V_T}\right) \tag{6.15}$$

$$\Delta I = \frac{I_0}{V_T}\Delta V \tag{6.16}$$

ダイオードの**微分抵抗**と呼ばれる量 $r_\mathrm{D}$ を以下の式で定義する．

$$r_\mathrm{D} \triangleq \frac{\Delta V}{\Delta I} \tag{6.17}$$

微分抵抗 $r_\mathrm{D}$ は図 **6.4** に示すように，ダイオードの電圧電流特性において電圧が $V_0$，電流が $I_0$ の点の接線の傾きの逆数に等しくなる．

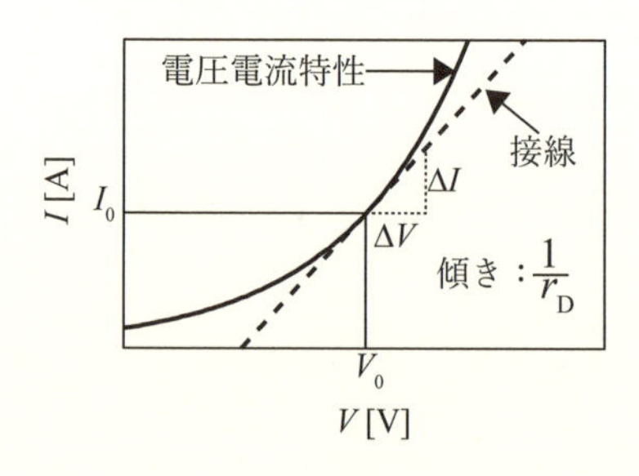


図 **6.4** ダイオードの電圧電流特性と微分抵抗

式 (6.16) を用いるとダイオードの微分抵抗 $r_{\mathrm{D}}$ は以下の式のように表せる．

$$r_{\mathrm{D}} = \frac{\Delta V}{\Delta I} = \frac{V_T}{I_0} \tag{6.18}$$

電気回路中の抵抗は電圧・電流によらない定数であるが，微分抵抗 $r_{\mathrm{D}}$ はダイオードを流れる直流電流 $I_0$ によって変化することに注意が必要である．

ここで電圧・電流の変化が，以下の式のように，振幅の小さい正弦波関数で表されるとする．

$$\Delta V = v \sin \omega t \tag{6.19}$$

$$\Delta I = i \sin \omega t \tag{6.20}$$

この交流，すなわち小信号に対するダイオードの動作は以下の式で表される．つまり，微分抵抗を小信号に対する抵抗であると考えてもよいことになる．このことから，微分抵抗を**交流抵抗**と呼ぶこともある．

$$v = r_{\mathrm{D}} i \tag{6.21}$$

以上で述べたことより，ダイオードの直流等価回路と小信号等価回路は**図 6.5** のように表される．

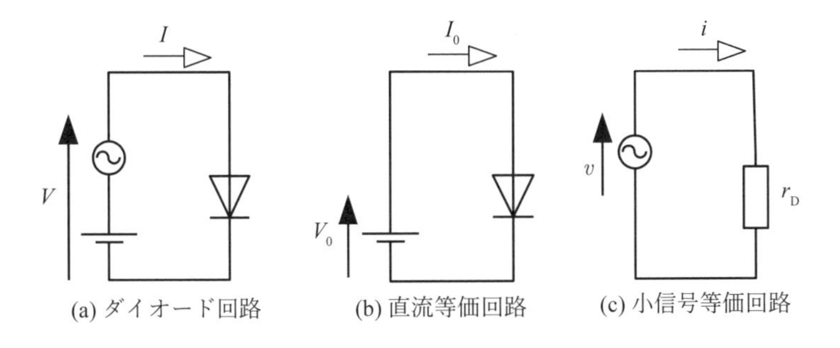


**図 6.5** ダイオードの等価回路

## 6.4 バイポーラトランジスタの等価回路

ここでは能動領域におけるバイポーラトランジスタの等価回路を考える．能動領域では 29 ページの式 (3.9) と式 (3.10) で示したように以下の関係式が成立する．

$$I_{\mathrm{B}} \fallingdotseq I_{\mathrm{BS}} \exp\left(\frac{V_{\mathrm{BE}}}{V_T}\right) \tag{6.22}$$

$$I_{\mathrm{C}} = \beta I_{\mathrm{B}} \tag{6.23}$$

ベース・エミッタ間電圧 $V_{\mathrm{BE}}$ とベース電流 $I_{\mathrm{B}}$ の関係は，ダイオードの電圧電流特性と同じ形になる．また，コレクタ電流 $I_{\mathrm{C}}$ の大きさはベース電流 $I_{\mathrm{B}}$ で決まり，コレクタ・エミッタ間電圧 $V_{\mathrm{CE}}$ によらないので，定電流源として扱える．これよりバイポーラトランジスタの直流等価回路は図 **6.6** のようになる．

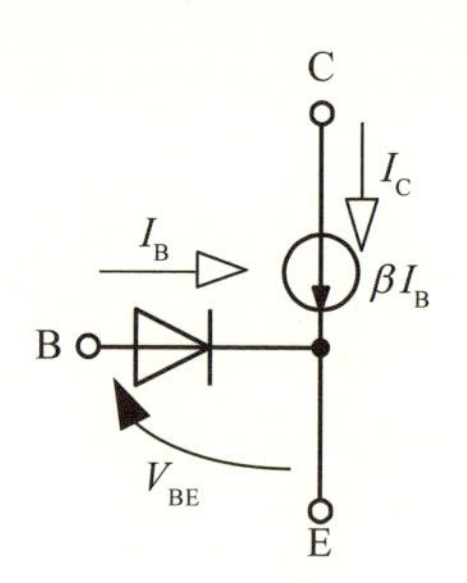


**図 6.6** バイポーラトランジスタの直流等価回路

次に，小信号等価回路を考える．ベース・エミッタ間電圧 $V_{\mathrm{BE}}$ とベース電流 $I_{\mathrm{B}}$ の関係は，ダイオードの電圧電流特性と同じなので，バイポーラトランジスタのベース・エミッタ間電圧が $\Delta V_{\mathrm{BE}}$ だけ微小変化したときの，ベース電流の変化 $\Delta I_{\mathrm{B}}$ は 96 ページの式 (6.16) と同様に

$$\Delta I_{\mathrm{B}} = \frac{I_{\mathrm{B}}}{V_T}\Delta V_{\mathrm{BE}} \tag{6.24}$$

となる．また，ベース電流が $\Delta I_{\mathrm{B}}$ だけ変化したときにコレクタ電流が $\Delta I_{\mathrm{C}}$ だけ変化したとすると，

$$I_{\mathrm{C}} + \Delta I_{\mathrm{C}} = \beta\,(I_{\mathrm{B}} + \Delta I_{\mathrm{B}}) \tag{6.25}$$

であるので，

$$\Delta I_{\mathrm{C}} = \beta \Delta I_{\mathrm{B}} \tag{6.26}$$

となる．ここで，以下の式で，**エミッタ接地入力インピーダンス** $h_{\mathrm{ie}}$ と**エミッタ接地電流利得** $h_{\mathrm{fe}}$ を定義する．

$$h_{\mathrm{ie}} \triangleq \frac{\Delta V_{\mathrm{BE}}}{\Delta I_{\mathrm{B}}} \tag{6.27}$$

$$h_{\mathrm{fe}} \triangleq \frac{\Delta I_{\mathrm{C}}}{\Delta I_{\mathrm{B}}} \tag{6.28}$$

式 (6.24) と式 (6.26) より

$$h_{\mathrm{fe}} = \beta \tag{6.29}$$

$$h_{\mathrm{ie}} = \frac{V_T}{I_{\mathrm{B}}} = \frac{h_{\mathrm{fe}} V_T}{I_{\mathrm{C}}} \tag{6.30}$$

となる．ダイオードの微分抵抗と同じく，エミッタ接地入力インピーダンス $h_{\mathrm{ie}}$ は定数ではなく直流ベース電流 $I_{\mathrm{B}}$ あるいは直流コレクタ電流 $I_{\mathrm{C}}$ により変化することに注意する．ここで用いたモデルではエミッタ接地電流増幅率 $\beta$ とエミッタ接地電流利得 $h_{\mathrm{fe}}$ は一致するので，本書でも両者は同じものとして扱う．ベース電流 $I_{\mathrm{B}}$ とコレクタ電流 $I_{\mathrm{C}}$ の関係として，$\beta$ および $h_{\mathrm{fe}}$ のほかに**エミッタ接地直流電流増幅率** $h_{\mathrm{FE}}$ [4] と呼ばれる量が以下の式で定義される．

$$h_{\mathrm{FE}} \triangleq \frac{I_{\mathrm{C}}}{I_{\mathrm{B}}} \tag{6.31}$$

[4] 添え字を大文字にすることでエミッタ接地電流利得 $h_{\mathrm{fe}}$ と区別する．

図 **6.7** に示すように能動領域ではベース電流 $I_{\mathrm{B}}$ とコレクタ電流 $I_{\mathrm{C}}$ が比例するので，エミッタ接地電流増幅率 $\beta$ ($h_{\mathrm{fe}}$) と エミッタ接地直流増幅率 $h_{\mathrm{FE}}$ は一致する．

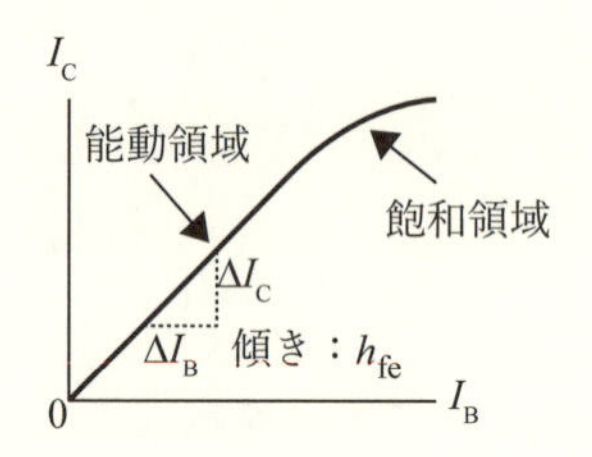


**図 6.7** バイポーラトランジスタのエミッタ接地電流増幅率

電圧・電流の微小変化が小信号であると考えることにより，小信号等価回路が得られる．ここまで説明したバイポーラトランジスタの等価回路を図 **6.8** に示す．

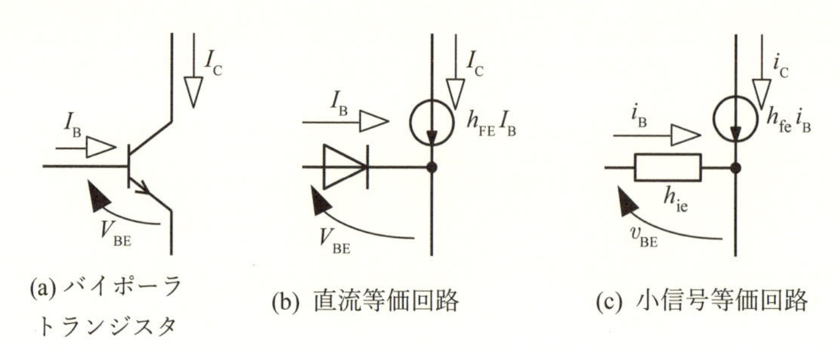


**図 6.8** バイポーラトランジスタの等価回路

次に，30 ページで説明したアーリー効果を考慮したときの小信号等価回路を考える．アーリー効果を考慮したときのコレクタ電流 $I_{\mathrm{C}}$ は 30 ページの式 (3.12) に示したように，

$$I_{\mathrm{C}} = \beta_0 I_{\mathrm{B}} \left(1 + \frac{V_{\mathrm{CE}}}{V_{\mathrm{A}}}\right) \tag{6.32}$$

となる．ここで，ベース電流が $\Delta I_{\mathrm{B}}$ だけ微小変化し，コレクタ・エミッタ

間電圧が $\Delta V_{\mathrm{CE}}$ だけ微小変化したとすると，

$$I_{\mathrm{C}} + \Delta I_{\mathrm{C}} = \beta_0 \left(I_{\mathrm{B}} + \Delta I_{\mathrm{B}}\right) \left(1 + \frac{V_{\mathrm{CE}} + \Delta V_{\mathrm{CE}}}{V_{\mathrm{A}}}\right) \tag{6.33}$$

となる．この式より変化分だけ取り出すと，以下のようになる．

$$\Delta I_{\mathrm{C}} = \beta_0 \left(1 + \frac{V_{\mathrm{CE}}}{V_{\mathrm{A}}}\right) \Delta I_{\mathrm{B}} + \frac{\beta_0 I_{\mathrm{B}}}{V_{\mathrm{A}}} \Delta V_{\mathrm{CE}} \tag{6.34}$$

この式からエミッタ接地電流利得 $h_{\mathrm{fe}}$ を求めるときには，コレクタ・エミッタ間電圧が変化しないという条件を付ける必要がある．その結果，

$$h_{\mathrm{fe}} = \left.\frac{\Delta I_{\mathrm{C}}}{\Delta I_{\mathrm{B}}}\right|_{\Delta V_{\mathrm{CE}}=0} = \beta_0 \left(1 + \frac{V_{\mathrm{CE}}}{V_{\mathrm{A}}}\right) = \frac{I_{\mathrm{C}}}{I_{\mathrm{B}}} = h_{\mathrm{FE}} \tag{6.35}$$

となる．ここで，**エミッタ接地出力コンダクタンス** と呼ばれる量 $h_{\mathrm{oe}}$ を以下の式で定義する．

$$h_{\mathrm{oe}} \triangleq \left.\frac{\Delta I_{\mathrm{C}}}{\Delta V_{\mathrm{CE}}}\right|_{\Delta I_{\mathrm{B}}=0} \tag{6.36}$$

エミッタ接地出力コンダクタンスは図 **6.9** のように，出力特性の傾きである．

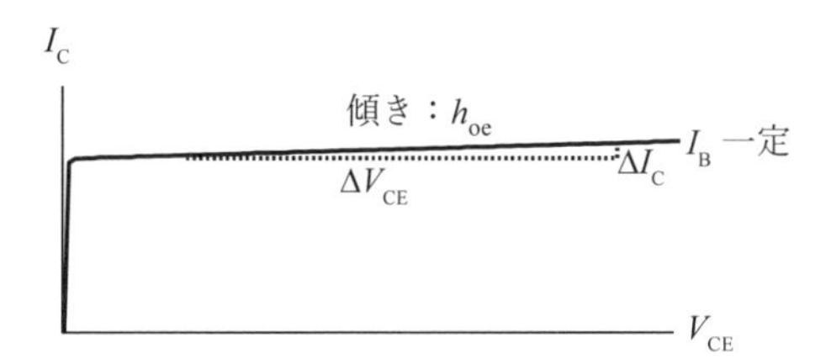


図 **6.9** バイポーラトランジスタのエミッタ接地出力コンダクタンス $h_{\mathrm{oe}}$

式 (6.34) を用いてエミッタ接地出力コンダクタンス $h_{\mathrm{oe}}$ を求めると，以下のようになる．

$$h_{\mathrm{oe}} = \left.\frac{\Delta I_{\mathrm{C}}}{\Delta V_{\mathrm{CE}}}\right|_{\Delta I_{\mathrm{B}}=0} = \frac{\beta_0 I_{\mathrm{B}}}{V_{\mathrm{A}}} = \frac{I_{\mathrm{C}}}{V_{\mathrm{A}} + V_{\mathrm{CE}}} \fallingdotseq \frac{I_{\mathrm{C}}}{V_{\mathrm{A}}} \tag{6.37}$$

ここまで求めた，エミッタ接地電流利得 $h_{\mathrm{fe}}$，エミッタ接地入力インピーダンス $h_{\mathrm{ie}}$ およびエミッタ接地出力コンダクタンス $h_{\mathrm{oe}}$ をまとめて，**$h$ パラメータ（ハイブリッドパラメータ）**と呼ぶ[5]．各電圧・電流の微小変化を小信号であると考え，式 (6.24) と式 (6.34) を用いることで，バイポーラトランジスタの小信号電流・電圧の関係を $h$ パラメータを用いて以下のように表せる．

$$v_{\mathrm{BE}} = h_{\mathrm{ie}} i_{\mathrm{B}} \tag{6.38}$$

$$i_{\mathrm{C}} = h_{\mathrm{fe}} i_{\mathrm{B}} + h_{\mathrm{oe}} v_{\mathrm{CE}} \tag{6.39}$$

$h$ パラメータを用いたバイポーラトランジスタの小信号等価回路を図 **6.10** に示す．アーリー効果を無視するときは，図 6.8 (c) に示したように $h_{\mathrm{oe}}$ を省略する．

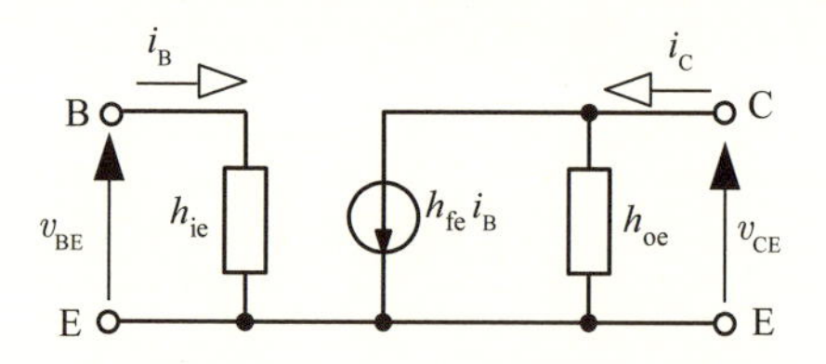


図 **6.10** $h$ パラメータ等価回路

あらためて，能動領域における $h$ パラメータを以下にまとめる．コレクタ電流 $I_{\mathrm{C}}$ により，$h_{\mathrm{ie}}$ や $h_{\mathrm{oe}}$ が変化することに注意する．

[5] $h$ パラメータにはこのほかにエミッタ接地電圧帰還比 $h_{\mathrm{re}}$ と呼ばれるものがあるが，通常は省略される．

$$h_{\mathrm{fe}} = \beta = \frac{I_{\mathrm{C}}}{I_{\mathrm{B}}} \tag{6.40}$$

$$h_{\mathrm{ie}} = \frac{V_T}{I_{\mathrm{B}}} = \frac{h_{\mathrm{fe}} V_T}{I_{\mathrm{C}}} \tag{6.41}$$

$$h_{\mathrm{oe}} = \frac{\beta_0 I_{\mathrm{B}}}{V_{\mathrm{A}}} = \frac{I_{\mathrm{C}}}{V_{\mathrm{A}} + V_{\mathrm{CE}}} \fallingdotseq \frac{I_{\mathrm{C}}}{V_{\mathrm{A}}} \tag{6.42}$$

$h$ パラメータの数値例を表 **6.1** に示す.

表 **6.1** $h$ パラメータの数値例

| | |
|---|---|
| $h_{\mathrm{fe}}$ | 200 |
| $h_{\mathrm{ie}}$ | 863 Ω |
| $h_{\mathrm{oe}}$ | 60 μS |

$I_{\mathrm{C}} = 6.0\,\mathrm{mA}$, $V_{\mathrm{A}} = 100\,\mathrm{V}$

$h$ パラメータ以外のバイポーラトランジスタの小信号等価回路としてよく使われるものに図 **6.11** に示す**電圧制御電流源**（**VCCS** [6]）を用いた等価回路がある．これはベース・エミッタ間小信号電圧 $v_{\mathrm{BE}}$ により電流源の電源電流が決定されると考えるものである．

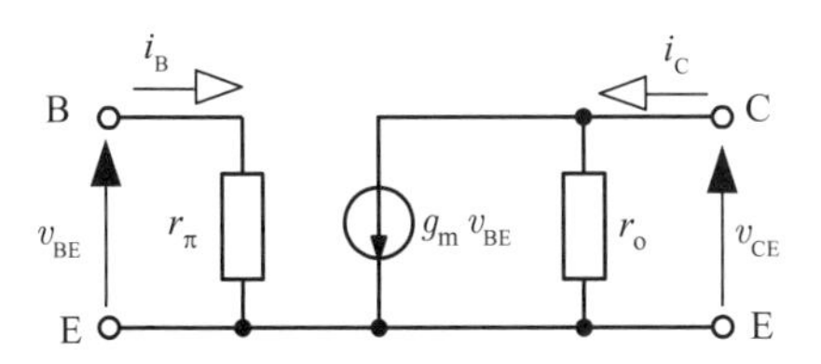


図 **6.11** 電圧制御電流源等価回路

電圧制御電流源等価回路では小信号等価回路中のパラメータを以下の式で定義する**相互コンダクタンス** $g_{\mathrm{m}}$，**入力抵抗** $r_\pi$，**出力抵抗** $r_{\mathrm{o}}$ で表す．この定義式中の $\beta$ はエミッタ接地電流増幅率であり，99 ページで述べたように，$h$ パラメータの $h_{\mathrm{fe}}$ と同じであるとしてよい．電圧制御電流源等価回路の各

[6] Voltage Controlled Current Source

パラメータも直流コレクタ電流 $I_\mathrm{C}$ により変化する.

$$g_\mathrm{m} \triangleq \frac{\Delta I_\mathrm{C}}{\Delta V_\mathrm{BE}} = \frac{I_\mathrm{C}}{V_T} \tag{6.43}$$

$$r_\pi \triangleq \frac{\Delta V_\mathrm{BE}}{\Delta I_\mathrm{B}} = \frac{\Delta V_\mathrm{BE}}{\Delta I_\mathrm{C}}\beta = \frac{\beta}{g_\mathrm{m}} \tag{6.44}$$

$$r_\mathrm{o} \triangleq \frac{\Delta V_\mathrm{CE}}{\Delta I_\mathrm{C}} = \frac{V_\mathrm{A}}{I_\mathrm{C}} = \frac{V_\mathrm{A}}{g_\mathrm{m} V_T} \tag{6.45}$$

**表 6.2** に電圧制御電流源等価回路のパラメータの数値例を示す.

**表 6.2** 電圧制御電流源等価回路のパラメータの数値例

| | |
|---|---|
| $g_\mathrm{m}$ | 232 mS |
| $r_\pi$ | 863 Ω |
| $r_\mathrm{o}$ | 16.7 kΩ |

$I_\mathrm{C} = 6.0\,\mathrm{mA}$, $V_\mathrm{A} = 100\,\mathrm{V}$

電圧制御電流源等価回路に対して，$h$ パラメータを用いた等価回路はベース電流 $i_\mathrm{B}$ により電流源の電源電流が制御されると考えるものであり，**電流制御電流源**（**CCCS** [7]）等価回路という．どちらの等価回路もバイポーラトランジスタの小信号等価回路であるので，互いに変換が可能である．電圧制御電流源等価回路中の素子の値を，$h$ パラメータで表すと，

$$r_\pi = \frac{\Delta V_\mathrm{BE}}{\Delta I_\mathrm{B}} = h_\mathrm{ie} \tag{6.46}$$

$$g_\mathrm{m} = \frac{\Delta I_\mathrm{C}}{\Delta V_\mathrm{BE}} = \frac{\Delta I_\mathrm{C}}{\Delta I_\mathrm{B}}\frac{\Delta I_\mathrm{B}}{\Delta V_\mathrm{BE}} = \frac{h_\mathrm{fe}}{h_\mathrm{ie}} \tag{6.47}$$

$$r_\mathrm{o} = \frac{\Delta V_\mathrm{CE}}{\Delta I_\mathrm{C}} = \frac{1}{h_\mathrm{oe}} \tag{6.48}$$

となる．逆に，$h$ パラメータを電圧制御電流源等価回路の素子の値で表すと，

[7] Current Controlled Current Source

$$h_{\mathrm{ie}} = r_\pi \tag{6.49}$$

$$h_{\mathrm{fe}} = g_{\mathrm{m}} r_\pi \tag{6.50}$$

$$h_{\mathrm{oe}} = \frac{1}{r_{\mathrm{o}}} \tag{6.51}$$

となる．

バイポーラトランジスタには T 形等価回路と呼ばれる等価回路もあるが，これに関しては付録 C で示す．

## 6.5 MOSFET の等価回路

まず，飽和領域における MOSFET の直流等価回路を考える．飽和領域のドレイン電流 $I_{\mathrm{D}}$ は 34 ページの式 (3.17) に示したように，

$$I_{\mathrm{D}} = \frac{\beta\,(V_{\mathrm{GS}} - V_{\mathrm{th}})^2}{2}\,(1 + \lambda V_{\mathrm{DS}}) \tag{6.52}$$

となるので，飽和領域における MOSFET の直流等価回路は図 **6.12** のようになる．ここで，$I_{\mathrm{D0}}$ はチャネル長変調効果が無視できるときのドレイン電流，つまり，

$$I_{\mathrm{D0}} = \frac{\beta}{2}\,(V_{\mathrm{GS}} - V_{\mathrm{th}})^2 \tag{6.53}$$

である．

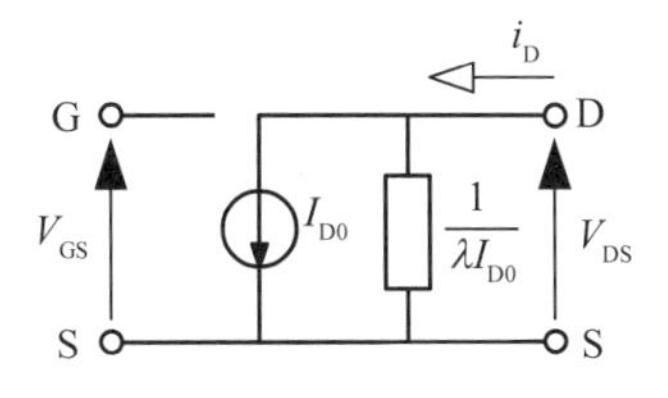


図 **6.12** MOSFET の直流等価回路

チャネル長変調効果が無視できるとき，つまり $\lambda$ が 0 のときは，図 6.12 中の抵抗が無くなり，ドレイン・ソース間は直流電流源で表されることになる．

次に，小信号等価回路を考える．MOSFET のドレイン電流 $I_{\mathrm{D}}$ はゲート・ソース間電圧 $V_{\mathrm{GS}}$ とドレイン・ソース間電圧 $V_{\mathrm{DS}}$ の両方の値により変化する．まず，ドレイン・ソース間電圧が一定で，ゲート・ソース間電圧が $\Delta V_{\mathrm{GS}}$ だけ微小な変化をしたときに，ドレイン電流が $\Delta I_{\mathrm{D}}$ だけ変化したとする．このとき，以下の式で定義される量 $g_{\mathrm{m}}$ を**相互コンダクタンス**または**伝達コンダクタンス（トランスコンダクタンス）**と呼ぶ．

$$g_{\mathrm{m}} \triangleq \left.\frac{\Delta I_{\mathrm{D}}}{\Delta V_{\mathrm{GS}}}\right|_{\Delta V_{\mathrm{DS}}=0} \tag{6.54}$$

つぎに，ゲート・ソース間電圧が一定で，ドレイン・ソース間電圧が $\Delta V_{\mathrm{DS}}$ だけ微小な変化をしたときに，ドレイン電流が $\Delta I_{\mathrm{D}}$ だけ変化したとする．このとき，以下の式で定義される量 $g_{\mathrm{D}}$ を**ドレインコンダクタンス**と呼ぶ．

$$g_{\mathrm{D}} \triangleq \left.\frac{\Delta I_{\mathrm{D}}}{\Delta V_{\mathrm{DS}}}\right|_{\Delta V_{\mathrm{GS}}=0} \tag{6.55}$$

**図 6.13** に示すように，相互コンダクタンス $g_{\mathrm{m}}$ は相互特性の傾きであり，ドレインコンダクタンス $g_{\mathrm{D}}$ は出力特性の傾きである．

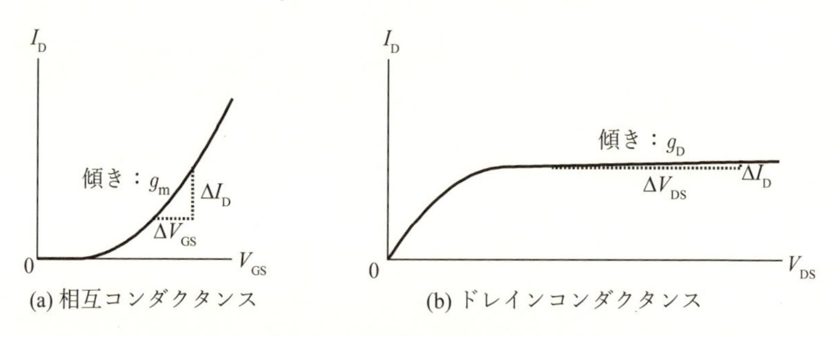


**図 6.13** 相互コンダクタンス $g_{\mathrm{m}}$ とドレインコンダクタンス $g_{\mathrm{D}}$

なお，ドレインコンダクタンス $g_{\mathrm{D}}$ の逆数を**出力抵抗** $r_{\mathrm{o}}$ と呼ぶことがある．

$$r_{\mathrm{o}} \triangleq \frac{1}{g_{\mathrm{D}}} \tag{6.56}$$

ドレイン・ソース間電圧とゲート・ソース間電圧の両方が変化するときのドレイン電流の変化は以下の式のようになる．

$$\Delta I_{\mathrm{D}} = g_{\mathrm{m}} \Delta V_{\mathrm{GS}} + g_{\mathrm{D}} \Delta V_{\mathrm{DS}} \tag{6.57}$$

小信号に対しては微小変化を交流の振幅に変えて，

$$i_{\mathrm{D}} = g_{\mathrm{m}} v_{\mathrm{GS}} + g_{\mathrm{D}} v_{\mathrm{DS}} \tag{6.58}$$

となる．これより，MOSFET の小信号等価回路は，電圧制御電流源を用いて，図 **6.14** のように表せる．

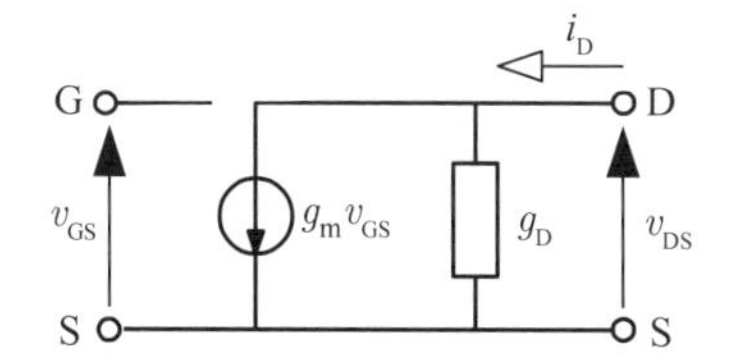


図 **6.14** MOSFET の小信号等価回路

33 ページの式 (3.16) で示したように，理想的な n チャネル MOSFET の電圧電流特性は以下の式で与えられる．この電圧電流特性を用いて，理想的な n チャネル MOSFET の相互コンダクタンス $g_{\mathrm{m}}$ とドレインコンダクタンス $g_{\mathrm{D}}$ を求めてみる．

$$I_{\mathrm{D}} = \begin{cases} \beta \left( V_{\mathrm{GS}} - V_{\mathrm{th}} - \dfrac{V_{\mathrm{DS}}}{2} \right) V_{\mathrm{DS}} & (0 \leq V_{\mathrm{DS}} \leq V_{\mathrm{GS}} - V_{\mathrm{th}}, V_{\mathrm{th}} \leq V_{\mathrm{GS}}) \\ \dfrac{\beta \left( V_{\mathrm{GS}} - V_{\mathrm{th}} \right)^2}{2} & (V_{\mathrm{GS}} - V_{\mathrm{th}} \leq V_{\mathrm{DS}}, V_{\mathrm{th}} \leq V_{\mathrm{GS}}) \\ 0 & (V_{\mathrm{GS}} \leq V_{\mathrm{th}}) \end{cases} \tag{6.59}$$

まず，線形領域 $(0 \leq V_{\mathrm{DS}} \leq V_{\mathrm{GS}} - V_{\mathrm{th}})$ では，

$$I_{\mathrm{D}} = \beta \left( V_{\mathrm{GS}} - V_{\mathrm{th}} - \frac{V_{\mathrm{DS}}}{2} \right) V_{\mathrm{DS}} \tag{6.60}$$

なので，ゲート・ソース間電圧が $\Delta V_{\mathrm{GS}}$ だけ変化したときは，

$$I_{\mathrm{D}} + \Delta I_{\mathrm{D}} = \beta \left( V_{\mathrm{GS}} + \Delta V_{\mathrm{GS}} - V_{\mathrm{th}} - \frac{V_{\mathrm{DS}}}{2} \right) V_{\mathrm{DS}} \tag{6.61}$$

より，

$$\Delta I_{\mathrm{D}} = \beta V_{\mathrm{DS}} \Delta V_{\mathrm{GS}} \tag{6.62}$$

となる．これより，線形領域の相互コンダクタンス $g_{\mathrm{m}}$ は

$$g_{\mathrm{m}} = \frac{\Delta I_{\mathrm{D}}}{\Delta V_{\mathrm{GS}}} = \beta V_{\mathrm{DS}} \tag{6.63}$$

となる．また，ドレイン・ソース間電圧が $\Delta V_{\mathrm{DS}}$ だけ変化したときは，

$$\begin{aligned} I_{\mathrm{D}} + \Delta I_{\mathrm{D}} &= \beta \left( V_{\mathrm{GS}} - V_{\mathrm{th}} - \frac{V_{\mathrm{DS}} + \Delta V_{\mathrm{DS}}}{2} \right) (V_{\mathrm{DS}} + \Delta V_{\mathrm{DS}}) \\ &= \beta \left( V_{\mathrm{GS}} - V_{\mathrm{th}} - \frac{V_{\mathrm{DS}}}{2} \right) V_{\mathrm{DS}} + \beta (V_{\mathrm{GS}} - V_{\mathrm{th}} - V_{\mathrm{DS}}) \Delta V_{\mathrm{DS}} - \frac{\Delta V_{\mathrm{DS}}{}^2}{2} \end{aligned} \tag{6.64}$$

となる．ここで，$\Delta V_{\mathrm{DS}}{}^2$ が無視できるほど小さいとすると，

$$\Delta I_{\mathrm{D}} \fallingdotseq \beta (V_{\mathrm{GS}} - V_{\mathrm{th}} - V_{\mathrm{DS}}) \Delta V_{\mathrm{DS}} \tag{6.65}$$

となる．これより，線形領域のドレインコンダクタンス $g_{\mathrm{D}}$ は

$$g_{\mathrm{D}} = \frac{\Delta I_{\mathrm{D}}}{\Delta V_{\mathrm{DS}}} = \beta (V_{\mathrm{GS}} - V_{\mathrm{th}} - V_{\mathrm{DS}}) \tag{6.66}$$

となる．

次に，飽和領域 $(V_{\mathrm{GS}} - V_{\mathrm{th}} \geq V_{\mathrm{DS}})$ では，

$$I_{\mathrm{D}} = \frac{\beta}{2} (V_{\mathrm{GS}} - V_{\mathrm{th}})^2 \tag{6.67}$$

なので，

$$I_D + \Delta I_D = \frac{\beta}{2}(V_{GS} + \Delta V_{GS} - V_{th})^2$$
$$= \frac{\beta}{2}(V_{GS} - V_{th})^2 + \beta(V_{GS} - V_{th})\Delta V_{GS} + \frac{\beta}{2}\Delta V_{GS}{}^2 \quad (6.68)$$

となる．ここで，$\Delta V_{GS}{}^2$ が無視できるほど小さいとすると，

$$\Delta I_D \fallingdotseq \beta(V_{GS} - V_{th})\Delta V_{GS} \quad (6.69)$$

となる [8]．これより飽和領域の相互コンダクタンス $g_m$ は

$$g_m = \frac{\Delta I_D}{\Delta V_{GS}} = \beta(V_{GS} - V_{th}) = \frac{2I_D}{V_{GS} - V_{th}} = \sqrt{2\beta I_D} \quad (6.70)$$

となる．飽和領域における $I_D$ の式には $V_{DS}$ は含まれないのでドレイン・ソース間電圧が変化したときのドレイン電流の変化 $\Delta I_D$ は 0 になる．したがって，飽和領域のドレインコンダクタンス $g_D$ は 0 である．

以上のことをまとめると，以下のようになる．

$$g_m = \begin{cases} \beta V_{DS} & (V_{DS} < V_{GS} - V_{th}) \\ \beta(V_{GS} - V_{th}) & (V_{DS} > V_{GS} - V_{th}) \end{cases} \quad (6.71)$$

$$g_D = \begin{cases} \beta(V_{GS} - V_{th} - V_{DS}) & (V_{DS} < V_{GS} - V_{th}) \\ 0 & (V_{DS} > V_{GS} - V_{th}) \end{cases} \quad (6.72)$$

ここで，34 ページで述べたチャネル長変調効果を考慮すると，飽和領域における MOSFET の小信号等価回路がどのようになるかを考える．34 ページの式 (3.17) に示したように，チャネル長変調効果を考慮したときの飽和領域の電圧電流特性は以下の式で与えられる．

$$I_D = \frac{\beta}{2}(V_{GS} - V_{th})^2(1 + \lambda V_{DS}) \quad (6.73)$$

[8] 6 ページの式 (1.2) の近似を用いてもよい．

ゲート・ソース間電圧が $\Delta V_{\mathrm{GS}}$ だけ微小な変化をし，ドレイン・ソース間電圧が $\Delta V_{\mathrm{DS}}$ だけ微小な変化をしたとすると，ドレイン電流の変化を $\Delta I_{\mathrm{D}}$ として，

$$I_{\mathrm{D}} + \Delta I_{\mathrm{D}} = \frac{\beta}{2}\left(V_{\mathrm{GS}} + \Delta V_{\mathrm{GS}} - V_{\mathrm{th}}\right)^2 \left(1 + \lambda\left(V_{\mathrm{DS}} + \Delta V_{\mathrm{DS}}\right)\right) \tag{6.74}$$

である．ここで，$\Delta V_{\mathrm{GS}}{}^2$ や $\Delta V_{\mathrm{GS}} \Delta V_{\mathrm{DS}}$ は十分に小さいとして無視すると，ドレイン電流の変化 $\Delta I_{\mathrm{D}}$ は以下の式のようになる．

$$\begin{aligned} \Delta I_{\mathrm{D}} &= \beta\left(V_{\mathrm{GS}} - V_{\mathrm{th}}\right)\left(1 + \lambda V_{\mathrm{DS}}\right)\Delta V_{\mathrm{GS}} + \frac{\beta}{2}\left(V_{\mathrm{GS}} - V_{\mathrm{th}}\right)^2 \lambda \Delta V_{\mathrm{DS}} \\ &= g_{\mathrm{m}} \Delta V_{\mathrm{GS}} + g_{\mathrm{D}} \Delta V_{\mathrm{DS}} \end{aligned} \tag{6.75}$$

これより，相互コンダクタンス $g_{\mathrm{m}}$ とドレインコンダクタンス $g_{\mathrm{D}}$ は以下のようになる．$I_{\mathrm{D0}}$ はチャネル長変調効果がないときのドレイン電流である．

$$g_{\mathrm{m}} = \beta\left(V_{\mathrm{GS}} - V_{\mathrm{th}}\right)\left(1 + \lambda V_{\mathrm{DS}}\right) = \frac{2I_{\mathrm{D}}}{V_{\mathrm{GS}} - V_{\mathrm{th}}} = \sqrt{2\beta I_{\mathrm{D0}}} \cdot \left(1 + \lambda V_{\mathrm{DS}}\right) \tag{6.76}$$

$$g_{\mathrm{D}} = \frac{\beta}{2}\left(V_{\mathrm{GS}} - V_{\mathrm{th}}\right)^2 \lambda = \lambda I_{\mathrm{D0}} \tag{6.77}$$

チャネル長変調効果を考慮したときの飽和領域における出力抵抗 $r_{\mathrm{o}}$ は以下のようになる．

$$r_{\mathrm{o}} = \frac{1}{g_{\mathrm{D}}} = \frac{1}{\lambda I_{\mathrm{D0}}} \tag{6.78}$$

あらためて，相互コンダクタンス $g_{\mathrm{m}}$ とドレインコンダクタンス $g_{\mathrm{D}}$ を以下に示す．ただし，$I_{\mathrm{D0}}$ はチャネル長変調効果がないときのドレイン電流であり，

$$I_{\mathrm{D0}} = \frac{I_{\mathrm{D}}}{1 + \lambda V_{\mathrm{DS}}} \tag{6.79}$$

で表される．線形領域では以下のようになる．

$$g_{\mathrm{m}} = \beta V_{\mathrm{DS}} \tag{6.80}$$

$$g_{\mathrm{D}} = \beta (V_{\mathrm{GS}} - V_{\mathrm{th}} - V_{\mathrm{DS}}) \tag{6.81}$$

飽和領域では以下のようになる.

$$g_{\mathrm{m}} = \beta (V_{\mathrm{GS}} - V_{\mathrm{th}}) (1 + \lambda V_{\mathrm{DS}}) = \frac{2I_{\mathrm{D}}}{V_{\mathrm{GS}} - V_{\mathrm{th}}} = \sqrt{2\beta I_{\mathrm{D0}}} \cdot (1 + \lambda V_{\mathrm{DS}}) \tag{6.82}$$

$$g_{\mathrm{D}} = \frac{\lambda\beta}{2} (V_{\mathrm{GS}} - V_{\mathrm{th}})^2 = \lambda I_{\mathrm{D0}} \tag{6.83}$$

各コンダクタンスはゲート・ソース間電圧 $V_{\mathrm{GS}}$，ドレイン・ソース間電圧 $V_{\mathrm{DS}}$ およびドレイン電流 $I_{\mathrm{D}}$ （$I_{\mathrm{D0}}$） により変化することに注意する.

飽和領域における相互コンダクタンスとドレインコンダクタンスの数値例を表 **6.3** に示す.

表 **6.3** MOSFET の等価回路のパラメータの数値例

| 相互コンダクタンス $g_{\mathrm{m}}$ | 2.0 mS |
|---|---|
| ドレインコンダクタンス $g_{\mathrm{D}}$ | 20 μS |

$\beta = 1.0\,\mathrm{mS/V}$, $I_{\mathrm{D}} = 2.0\,\mathrm{mA}$, $\lambda = 0.010\,/\mathrm{V}$

# 第 7 章

# バイアス回路

第 5 章の図 5.9 や図 5.16 に示したように，増幅作用を適切に実行するためには，動作点の設定が重要である．動作点を設定するための直流電圧・直流電流を**バイアス電圧**・**バイアス電流**と呼ぶ．バイアス電圧・バイアス電流を設定するための回路がバイアス回路である．

## 7.1　バイポーラトランジスタのバイアス回路

### 7.1.1　電流帰還バイアス回路

バイポーラトランジスタに対するバイアス回路で広く用いられているものは，図 **7.1** (a) に示す**電流帰還バイアス回路**である．バイアス回路中の各抵抗を調整することで，動作点の電圧・電流を設定する．

以下ではバイアス回路の各抵抗の決め方を説明する．電流帰還バイアス回路の直流等価回路は図 7.1 (b) のようになる．図 7.1 (b) において，どのような関係式が成立するかを考える．まず，バイポーラトランジスタの各電極の電圧に関して，キルヒホッフの電圧則とオームの法則より，以下の関係式が成立する．

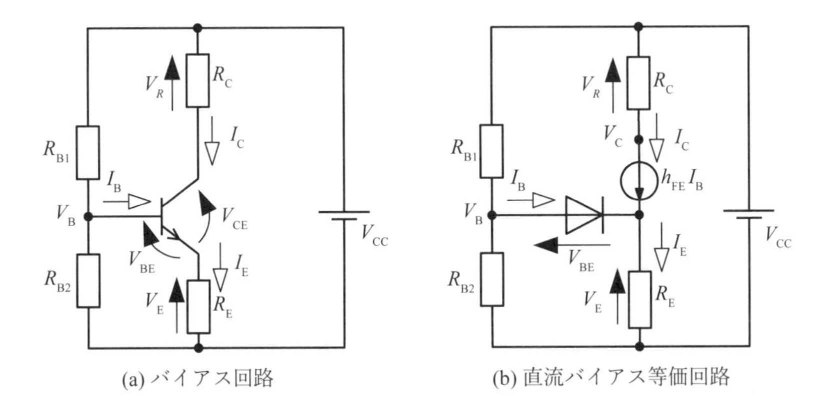


図 **7.1** 電流帰還バイアス回路

$$V_C = V_{CC} - R_C I_C \tag{7.1}$$

$$V_B = V_{BE} + V_E \tag{7.2}$$

$$V_E = R_E I_E \tag{7.3}$$

また，抵抗 $R_{B1}$，$R_{B2}$ およびベースの節点に対して，キルヒホッフの電流則を適用すると以下の式を得る [1].

$$I_B = \frac{V_{CC} - V_B}{R_{B1}} - \frac{V_B}{R_{B2}} = \frac{V_{CC}}{R_{B1}} - \frac{V_B}{R_{B1} \parallel R_{B2}} \tag{7.4}$$

バイポーラトランジスタの各電流に関しては以下の式が成立する.

$$I_B = I_{BS} \exp\left(\frac{V_{BE}}{V_T}\right) \tag{7.5}$$

$$I_C = \beta I_B \tag{7.6}$$

$$I_E = I_B + I_C = (\beta + 1) I_B \tag{7.7}$$

これらの関係式中の変数は，電圧 5 個（$V_{CC}$，$V_C$，$V_E$，$V_B$，$V_{BE}$），電流 3 個（$I_C$，$I_E$，$I_B$）および抵抗 4 個（$R_{B1}$，$R_{B2}$，$R_C$，$R_E$）の合計 12 個で

[1] 7 ページで述べたように，本書では $\parallel$ は並列合成抵抗を表す.

ある．式が式 (7.1) から式 (7.7) の 7 個であるので，5 個の変数が与えられれば他の変数の値が決まることになる．

まず，電源電圧 $V_{\mathrm{CC}}$ と各抵抗の値 $R_{\mathrm{B1}}$，$R_{\mathrm{B2}}$，$R_{\mathrm{C}}$，$R_{\mathrm{E}}$ が与えられているとして各電圧・電流を求めてみる．式 (7.4) と式 (7.6) より，

$$I_{\mathrm{C}} = \beta I_{\mathrm{B}} = \beta \left( \frac{V_{\mathrm{CC}}}{R_{\mathrm{B1}}} - \frac{V_{\mathrm{B}}}{R_{\mathrm{B1}} \parallel R_{\mathrm{B2}}} \right) \tag{7.8}$$

となる．式 (7.2)，式 (7.3) および式 (7.7) より

$$V_{\mathrm{B}} = V_{\mathrm{BE}} + R_{\mathrm{E}} I_{\mathrm{E}} = V_{\mathrm{BE}} + (\beta + 1) R_{\mathrm{E}} I_{\mathrm{B}} = V_{\mathrm{BE}} + \frac{(\beta + 1) R_{\mathrm{E}}}{\beta} I_{\mathrm{C}} \tag{7.9}$$

となる．式 (7.8) と式 (7.9) より，$V_{\mathrm{B}}$ を消去して，$I_{\mathrm{C}}$ を求めると，

$$I_{\mathrm{C}} = \frac{\beta}{R_{\mathrm{B}} + (\beta + 1) R_{\mathrm{E}}} \cdot \left( \frac{R_{\mathrm{B2}} V_{\mathrm{CC}}}{R_{\mathrm{B1}} + R_{\mathrm{B2}}} - V_{\mathrm{BE}} \right) \tag{7.10}$$

となる．ただし，$R_{\mathrm{B}}$ は $R_{\mathrm{B1}}$ と $R_{\mathrm{B2}}$ の並列合成抵抗，

$$R_{\mathrm{B}} = R_{\mathrm{B1}} \parallel R_{\mathrm{B2}} \tag{7.11}$$

である．ここで，式 (7.5) と式 (7.6) より

$$I_{\mathrm{B}} = I_{\mathrm{BS}} \exp\left( \frac{V_{\mathrm{BE}}}{V_T} \right) = \frac{I_{\mathrm{C}}}{\beta} \tag{7.12}$$

となることを用いると，

$$V_{\mathrm{BE}} = V_T \ln \frac{\beta I_{\mathrm{BS}}}{I_{\mathrm{C}}} \tag{7.13}$$

であるので，

$$I_{\mathrm{C}} = \frac{\beta}{R_{\mathrm{B}} + (\beta + 1) R_{\mathrm{E}}} \cdot \left( \frac{R_{\mathrm{B2}} V_{\mathrm{CC}}}{R_{\mathrm{B1}} + R_{\mathrm{B2}}} - V_T \ln \frac{I_{\mathrm{C}}}{\beta I_{\mathrm{BS}}} \right) \tag{7.14}$$

となる．式 (7.14) は $I_{\mathrm{C}}$ に関する方程式になる．この方程式が解ければ，以下の式により各電圧・電流を決定することができる．

$$I_B = \frac{I_C}{\beta} \tag{7.15}$$

$$I_E = \frac{\beta+1}{\beta} I_C \tag{7.16}$$

$$V_C = V_{CC} - R_C I_C \tag{7.17}$$

$$V_E = \frac{(\beta+1)\, R_E}{\beta} I_C \tag{7.18}$$

$$V_B = \frac{R_{B2}}{R_{B1}+R_{B2}} V_{CC} - R_B I_B \tag{7.19}$$

図 7.1 (b) の等価回路から，バイアス回路の計算を行うことは面倒である．特に，数値計算によらず式 (7.14) を解くことはできない．ところが，図 **7.2** に示すように，広い範囲のコレクタ電流 $I_C$ に対して $V_B$ と $V_E$ の差，つまりベース・エミッタ間電圧 $V_{BE}$ がほとんど変化しないことがわかる．そこで，ベース・エミッタ間電圧 $V_{BE}$ が一定であると仮定することが多い．

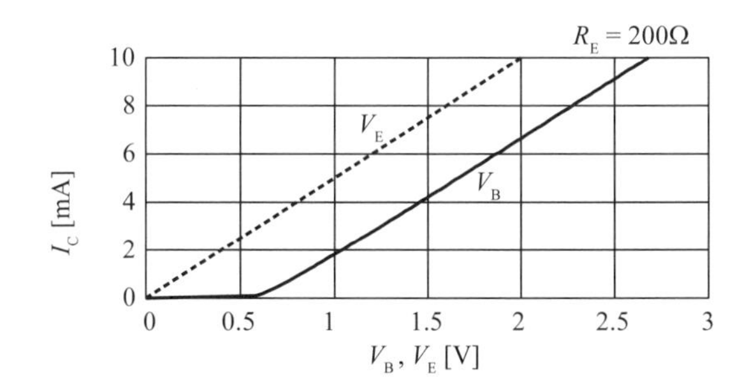


図 **7.2** 電流帰還バイアス回路のベース電圧とコレクタ電流

そこで，図 7.2 に示した結果にもとづいてベース・エミッタ間電圧 $V_{BE}$ が一定の値 $V_{BE0}$ であると仮定をする．このとき，式 (7.14) は，

$$I_C = \frac{\beta}{R_B + (\beta+1)\, R_E} \cdot \left( \frac{R_{B2} V_{CC}}{R_{B1}+R_{B2}} - V_{BE0} \right) \tag{7.20}$$

となり簡単に解くことができる．

例として，図 **7.3** のバイアス回路のバイアス電圧・バイアス電流を求めて

みる．ただし，ベース・エミッタ間電圧 $V_{\rm BE}$ は 0.60 V で一定であり，ベース電流 $I_{\rm B}$ は無視できるほど小さいものとする．

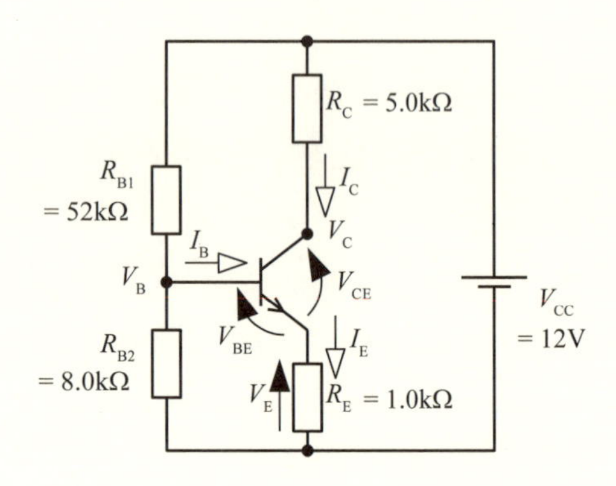


**図 7.3** バイアス電圧・バイアス電流の計算例

ベース電圧 $V_{\rm B}$ は以下のように計算される．

$$V_{\rm B} = \frac{R_{\rm B2}}{R_{\rm B1} + R_{\rm B2}} V_{\rm CC} = \frac{8.0\,{\rm k\Omega}}{52\,{\rm k\Omega} + 8.0\,{\rm k\Omega}} \times 12\,{\rm V} = 1.6\,{\rm V} \tag{7.21}$$

エミッタ電圧 $V_{\rm E}$ は以下のように計算される．

$$V_{\rm E} = V_{\rm B} - V_{\rm BE} = 1.6\,{\rm V} - 0.60\,{\rm V} = 1.0\,{\rm V} \tag{7.22}$$

エミッタ電流 $I_{\rm E}$ とコレクタ電流 $I_{\rm C}$ は以下のように計算される．

$$I_{\rm E} = \frac{V_{\rm E}}{R_{\rm E}} = \frac{1.0\,{\rm V}}{1\,{\rm k\Omega}} = 1.0\,{\rm mA} = I_{\rm C} + I_{\rm B} \fallingdotseq I_{\rm C} \tag{7.23}$$

コレクタ電圧 $V_{\rm C}$ は以下のように計算される．

$$V_{\rm C} = V_{\rm CC} - R_{\rm C} I_{\rm C} = 12\,{\rm V} - 5.0\,{\rm k\Omega} \times 1.0\,{\rm mA} = 7.0\,{\rm V} \tag{7.24}$$

コレクタ・エミッタ間電圧 $V_{\rm CE}$ は以下のように計算される．

$$V_{\rm CE} = V_{\rm C} - V_{\rm E} = 7.0\,{\rm V} - 1.0\,{\rm V} = 6.0\,{\rm V} \tag{7.25}$$

通常のバイアス回路の設計では，コレクタ電流 $I_{\mathrm{C}}$，電源電圧 $V_{\mathrm{CC}}$ を前提として，各抵抗 $R_{\mathrm{B1}}$，$R_{\mathrm{B2}}$，$R_{\mathrm{C}}$ および $R_{\mathrm{E}}$ を決めるのであるが，そのためには， $I_{\mathrm{B}}$，$I_{\mathrm{E}}$，$V_{\mathrm{BE}}$，$V_{\mathrm{B}}$，$V_{\mathrm{E}}$，$V_{\mathrm{C}}$ の値を決める必要がある．これらの値は経験的な方法で値を決めることになる．

バイアス回路の各抵抗の値の決定方法の一つを以下に示す．ここでは，抵抗 $R_{\mathrm{C}}$ 両端の電圧を $V_R$ としている．

(1) $I_{\mathrm{C}}$， $V_{\mathrm{CC}}$ を決定する．
(2) $V_R$，$V_{\mathrm{E}}$ を決定する．
(3) $V_R$，$V_{\mathrm{E}}$ および $I_{\mathrm{C}}$ から $R_{\mathrm{C}}$，$R_{\mathrm{E}}$ を決定する．
(4) $I_{\mathrm{C}}$ から $I_{\mathrm{B}}$ を決定する．
(5) $I_{\mathrm{B}}$ から $V_{\mathrm{BE}}$ を決定する．
(6) $V_{\mathrm{BE}}$，$V_{\mathrm{E}}$ から $V_{\mathrm{B}}$ を決定する．
(7) $R_{\mathrm{B1}}$，$R_{\mathrm{B2}}$ を流れる電流を設定する．
(8) $R_{\mathrm{B1}}$ と $R_{\mathrm{B2}}$ の値を決定する．

この方法では，$V_R$ と $V_{\mathrm{E}}$ の値，および $R_{\mathrm{B1}}$，$R_{\mathrm{B2}}$ を流れる電流を何らかの方法で決める必要がある．そのための方針として以下のようなものがある．これらは絶対的な方針ではなく矛盾することもあるので，実際には各条件間を調整して決定する．

(1) $V_R$ を $V_{\mathrm{CC}}$ の半分程度にする [2]．
(2) $V_{\mathrm{E}}$ を $V_{\mathrm{CC}}$ の 5% から 20% 程度にする [3]．
(3) $V_R$ と $V_{\mathrm{CE}}$ を同程度とする [4]．
(4) $V_R$ を $V_{\mathrm{E}}$ の 5 倍から 10 倍程度にする [5]．
(5) $R_{\mathrm{B1}}$，$R_{\mathrm{B2}}$ を流れる電流を $I_{\mathrm{C}}$ の 10% 程度， $I_{\mathrm{B}}$ の 10 倍から 50 倍

[2] 61 ページ参照．
[3] 文献 [6] 97 ページ，文献 [7] 48 ページによる．
[4] 文献 [9] 55 ページによる．
[5] 文献 [9] 55 ページによる．

程度に設定する[6].

図 7.1 (b) の等価回路から，数値計算によらずバイアス回路の設計を行うことは面倒である．そこで，計算を簡単にするために，いくつかの仮定をして近似計算を実行する．まず，式 (7.14) に対してベース・エミッタ間電圧が一定値 $V_{\mathrm{BE0}}$ であると仮定して，式 (7.20) を用いる．式 (7.20) を以下に改めて示す．

$$I_{\mathrm{C}} = \frac{\beta}{R_{\mathrm{B}} + (\beta + 1)\, R_{\mathrm{E}}} \cdot \left( \frac{R_{\mathrm{B2}} V_{\mathrm{CC}}}{R_{\mathrm{B1}} + R_{\mathrm{B2}}} - V_{\mathrm{BE0}} \right) \tag{7.26}$$

さらに，エミッタ接地電流増幅率 $\beta$ が十分に大きいと仮定する．このときは，

$$\lim_{\beta \to \infty} (R_{\mathrm{B}} + (\beta + 1)\, R_{\mathrm{E}}) = \beta R_{\mathrm{E}} \tag{7.27}$$

なので，式 (7.26) は，

$$I_{\mathrm{C}} = \frac{1}{R_{\mathrm{E}}} \cdot \left( \frac{R_{\mathrm{B2}} V_{\mathrm{CC}}}{R_{\mathrm{B1}} + R_{\mathrm{B2}}} - V_{\mathrm{BE0}} \right) \tag{7.28}$$

となる．これは，ベース電流 $I_{\mathrm{B}}$ が 無視できるほど小さいと仮定していることになる．

以上で述べた仮定は以下の式のような近似を使っていることになる．

$$V_{\mathrm{BE}} \fallingdotseq V_{\mathrm{BE0}} \quad \text{（一定）} \tag{7.29}$$

$$I_{\mathrm{B}} \fallingdotseq 0 \quad (\beta \to \infty) \tag{7.30}$$

$$I_{\mathrm{E}} \fallingdotseq I_{\mathrm{C}} \tag{7.31}$$

バイアス回路の設計ではこれらの近似を使った簡易等価回路を用いることが多い．簡易等価回路を**図 7.4** に示す．$V_{\mathrm{BE0}}$ の値としては 0.6 V から 0.7 V を用いることが多い．また，簡易等価回路では $\beta$ や $V_{\mathrm{BE}}$ と $I_{\mathrm{B}}$ の関係を用いていないため，バイポーラトランジスタの特性が分からない状態でも設計が可能である．

[6] 文献 [6] 96 ページによる．

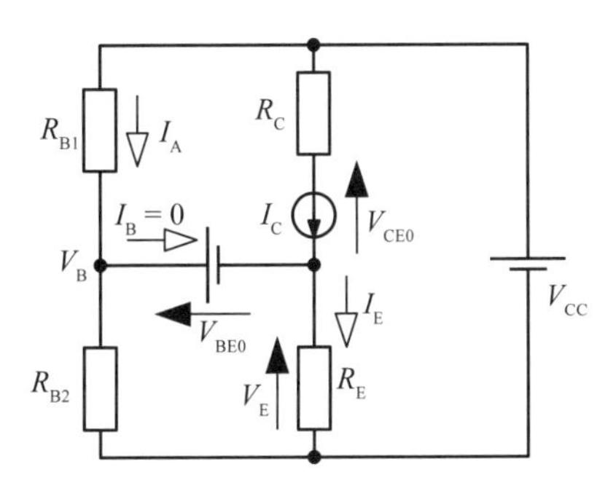


図 **7.4** 電流帰還バイアス回路の等価回路

以下，簡易等価回路を用いたバイアス回路の設計の例を示す．最初に，57 ページの図 5.4 にしたがい，電源電圧 $V_{CC}$ とコレクタ電流 $I_C$ を以下のように決める．

$$V_{CC} = 12\,\mathrm{V} \tag{7.32}$$

$$I_C = 6.0\,\mathrm{mA} \tag{7.33}$$

まず，117 ページの条件 (1) と条件 (3) より，ベース・エミッタ間電圧 $V_{CE0}$ を電源電圧の半分とする．

$$V_{CE0} = \frac{V_{CC}}{2} = 6.0\,\mathrm{V} \tag{7.34}$$

これより，

$$V_{CC} = V_{CE0} + (R_C + R_E)\,I_C \tag{7.35}$$

を用いて，

$$R_C + R_E = \frac{V_{CC} - V_{CE0}}{I_C} = \frac{6.0\,\mathrm{V}}{6.0\,\mathrm{mA}} = 1.0\,\mathrm{k\Omega} \tag{7.36}$$

となる．ここで，117 ページの条件 (2) より，

$$V_E = 0.1 \times V_{CC} = 1.2\,\mathrm{V} \tag{7.37}$$

と決めると，

$$R_{\mathrm{E}} = \frac{V_{\mathrm{E}}}{I_{\mathrm{C}}} = 200\,\Omega \tag{7.38}$$

となり，$R_{\mathrm{C}}$ は

$$R_{\mathrm{C}} = 1.0\,\mathrm{k}\Omega - R_{\mathrm{E}} = 800\,\Omega \tag{7.39}$$

となる[7]．ここで，ベース・エミッタ間電圧 $V_{\mathrm{BE}}$ が一定値

$$V_{\mathrm{BE}} = V_{\mathrm{BE0}} = 0.70\,\mathrm{V} \tag{7.40}$$

であるとしているので，

$$V_{\mathrm{B}} = V_{\mathrm{BE}} + V_{\mathrm{E}} = 0.70\,\mathrm{V} + 1.2\,\mathrm{V} = 1.9\,\mathrm{V} \tag{7.41}$$

となる．電源電圧 $V_{\mathrm{CC}}$ が 12 V であり，$V_{\mathrm{B}}$ が 1.9 V であることから，$R_{\mathrm{B1}}$ と $R_{\mathrm{B2}}$ の比は

$$R_{\mathrm{B1}} : R_{\mathrm{B2}} = 10.9 : 1.9 \tag{7.42}$$

となる．ここで，$R_{\mathrm{B1}}$ と $R_{\mathrm{B2}}$ を流れる電流 $I_A$ を 117 ページの条件 (5) にもとづいてコレクタ電流 $I_{\mathrm{C}}$ の 10%，つまり，

$$I_A = 0.1 I_{\mathrm{C}} = 0.60\,\mathrm{mA} \tag{7.43}$$

とする．これより，

$$R_{\mathrm{B1}} + R_{\mathrm{B2}} = \frac{V_{\mathrm{CC}}}{I_A} = 20\,\mathrm{k}\Omega \tag{7.44}$$

であるので，式 (7.42) と合わせると，

[7] これは，条件 (4) を満たさないが，条件からのずれが大きくないので，ここではこのまま設計を続ける．

$$R_{B1} = 20.2\,\mathrm{k\Omega} \tag{7.45}$$

$$R_{B2} = 3.8\,\mathrm{k\Omega} \tag{7.46}$$

となる．以上をまとめると，各点の電圧電流（バイアス電圧・バイアス電流）は以下のように決定される．

$$V_B = 1.9\,\mathrm{V} \tag{7.47}$$

$$V_E = 1.2\,\mathrm{V} \tag{7.48}$$

$$V_C = 7.2\,\mathrm{V} \tag{7.49}$$

$$I_C = 6.0\,\mathrm{mA} \tag{7.50}$$

そして，この電圧電流を実現するための各抵抗の値は

$$R_{B1} = 20.2\,\mathrm{k\Omega} \tag{7.51}$$

$$R_{B2} = 3.8\,\mathrm{k\Omega} \tag{7.52}$$

$$R_C = 800\,\Omega \tag{7.53}$$

$$R_E = 200\,\Omega \tag{7.54}$$

となる．

**図 7.5** に簡易計算により求めた電圧・電流と数値計算を用いて有効数字 3 桁まで求めた電圧・電流の比較を示す．各電圧・電流の誤差は数パーセント程度に収まっていることがわかる．

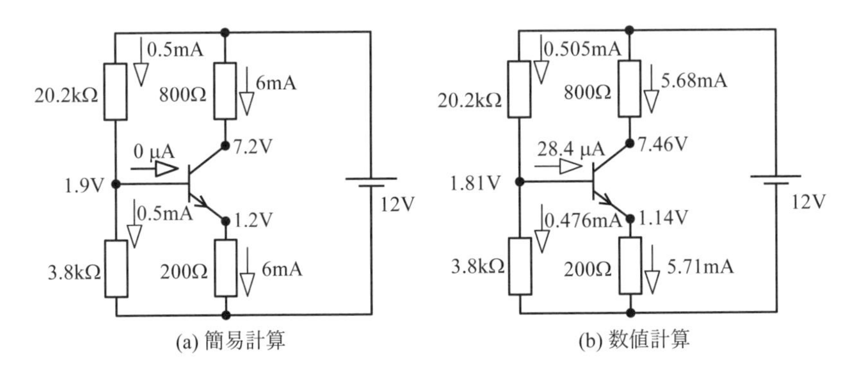


図 7.5 バイアス回路の電圧・電流の計算結果

### 7.1.2　バイアス回路の安定性

現実の電子回路では製造時のばらつきや，温度あるいは電源電圧の変化等の影響により，バイアス回路が設計した通りに動作するとは限らない．ここでは，バイアス回路の安定性について考える．

電流帰還バイアス回路において，何らかの理由によりコレクタ電流 $I_{\mathrm{C}}$ が変動したとする．たとえば，コレクタ電流 $I_{\mathrm{C}}$ が増加したとする．このときは，$I_{\mathrm{C}}$ 増加 $\rightarrow$ $I_{\mathrm{E}}$ 増加 $\rightarrow$ $V_{\mathrm{E}}$ 増加 $\rightarrow$ $V_{\mathrm{BE}}$ 減少 $\rightarrow$ $I_{\mathrm{B}}$ 減少 $\rightarrow$ $I_{\mathrm{C}}$ 減少，という変化が起きる．コレクタ電流 $I_{\mathrm{C}}$ が減少すると，上で述べたものとは逆に $I_{\mathrm{C}}$ が増加する変化が起きる．つまり，電流帰還バイアス回路はコレクタ電流 $I_{\mathrm{C}}$ の変化に対する安定性が存在する．以下，電流帰還バイアス回路の安定性の評価を行う．

まず，図 7.1 の電流帰還バイアス回路においてコレクタ電流 $I_{\mathrm{C}}$ を表す式 (7.10) を改めて示す [8]．

$$I_{\mathrm{C}} = \frac{\beta}{R_{\mathrm{B}} + (\beta + 1)\, R_{\mathrm{E}}} \cdot \left(V_{\mathrm{B}}' - V_{\mathrm{BE}}\right) \tag{7.55}$$

ただし，

$$R_{\mathrm{B}} = R_{\mathrm{B1}} \parallel R_{\mathrm{B2}}, \quad V_{\mathrm{B}}' = \frac{R_{\mathrm{B2}} V_{\mathrm{CC}}}{R_{\mathrm{B1}} + R_{\mathrm{B2}}} \tag{7.56}$$

である [9]．

ここで，$\beta$ や $V_{\mathrm{BE}}$ が変化したときに，$I_{\mathrm{C}}$ がどれだけ変化するかを求めてみる．まず，式 (7.55) において $\beta$ が $\Delta\beta$ だけ微小変化することにより，$I_{\mathrm{C}}$ が $\Delta I_{\mathrm{C}}$ だけ変化したとする．これらの変化は以下の式で表される．

$$I_{\mathrm{C}} + \Delta I_{\mathrm{C}} = \frac{\beta + \Delta\beta}{R_{\mathrm{B}} + (\beta + 1 + \Delta\beta)\, R_{\mathrm{E}}} \cdot \left(V_{\mathrm{B}}' - V_{\mathrm{BE}}\right) \tag{7.57}$$

---

[8] $V_{\mathrm{BE}}$ が $I_{\mathrm{B}} \left(= \dfrac{I_{\mathrm{C}}}{\beta}\right)$ の関数であるので，この式から直ちに $I_{\mathrm{C}}$ を求めることはできない．

[9] $V_{\mathrm{B}}'$ はベース電流が 0 であるときのベース電圧になる．

厳密には，$I_{\mathrm{C}}$ が変化すると $V_{\mathrm{BE}}$ も変化するが，ここでは $V_{\mathrm{BE}}$ の変化は無視できるものと仮定する．ここで，

$$\frac{\beta+\Delta\beta}{R_{\mathrm{B}}+(\beta+1+\Delta\beta)\,R_{\mathrm{E}}}=\frac{\beta}{R_{\mathrm{B}}+(\beta+1)\,R_{\mathrm{E}}}\cdot\frac{1+\dfrac{\Delta\beta}{\beta}}{1+\dfrac{\Delta\beta R_{\mathrm{E}}}{R_{\mathrm{B}}+(\beta+1)\,R_{\mathrm{E}}}} \tag{7.58}$$

と変形して，6 ページの式 (1.3) を用いて近似すると，

$$\frac{\beta+\Delta\beta}{R_{\mathrm{B}}+(\beta+1+\Delta\beta)\,R_{\mathrm{E}}} \fallingdotseq \frac{\beta}{R_{\mathrm{B}}+(\beta+1)\,R_{\mathrm{E}}}\cdot\left(1+\frac{\Delta\beta}{\beta}\right)\left(1-\frac{\Delta\beta R_{\mathrm{E}}}{R_{\mathrm{B}}+(\beta+1)\,R_{\mathrm{E}}}\right) \tag{7.59}$$

となる．さらに，$\Delta\beta^2$ を無視して整理すると，

$$\frac{\beta+\Delta\beta}{R_{\mathrm{B}}+(\beta+1+\Delta\beta)\,R_{\mathrm{E}}} \fallingdotseq \frac{\beta}{R_{\mathrm{B}}+(\beta+1)\,R_{\mathrm{E}}}\cdot\left(1+\frac{\Delta\beta}{\beta}-\frac{\Delta\beta R_{\mathrm{E}}}{R_{\mathrm{B}}+(\beta+1)\,R_{\mathrm{E}}}\right) \tag{7.60}$$

$$=\frac{\beta}{R_{\mathrm{B}}+(\beta+1)\,R_{\mathrm{E}}}\cdot\left(1+\frac{(R_{\mathrm{B}}+R_{\mathrm{E}})\,\Delta\beta}{\beta\,(R_{\mathrm{B}}+(\beta+1)\,R_{\mathrm{E}})}\right) \tag{7.61}$$

となる．コレクタ電流の変化 $\Delta I_{\mathrm{C}}$ だけ考えると，

$$\Delta I_{\mathrm{C}} \fallingdotseq I_{\mathrm{C}}\frac{(R_{\mathrm{B}}+R_{\mathrm{E}})\,\Delta\beta}{\beta\,(R_{\mathrm{B}}+(\beta+1)\,R_{\mathrm{E}})} \tag{7.62}$$

となり，元の電流値 $I_{\mathrm{C}}$ に対する割合で表すと，以下の式のようになる．

$$\frac{\Delta I_{\mathrm{C}}}{I_{\mathrm{C}}} \fallingdotseq \frac{R_{\mathrm{B}}+R_{\mathrm{E}}}{R_{\mathrm{B}}+(\beta+1)\,R_{\mathrm{E}}}\cdot\frac{\Delta\beta}{\beta} \tag{7.63}$$

121 ページの図 7.5 (a) のバイアス回路に対して具体的な値を計算すると，

$$\frac{\Delta I_{\mathrm{C}}}{I_{\mathrm{C}}} \fallingdotseq 4.3\times10^{-2}\cdot\frac{\Delta\beta}{\beta} \tag{7.64}$$

となる．式 (7.64) より，$\beta$ が 10% 変化しても，$I_C$ の変化は 0.43% にとどまることがわかる．バイポーラトランジスタでは，温度が 20°C から 75°C の範囲では $\beta$ は 50% 程度増加し，同一型番の素子間における $\beta$ の最大値と最小値の比は 3 から 5 程度になる[10].

次に，122 ページの式 (7.55) において，$V_{BE}$ が $\Delta V_{BE}$ だけ変化することで，$I_C$ が $\Delta I_C$ だけ変化したとする．式で表すと以下のようになる．

$$
\begin{aligned}
I_C + \Delta I_C &= \frac{\beta}{R_B + (\beta+1) R_E} \cdot \left[V_B' - (V_{BE} + \Delta V_{BE})\right] \\
&= \frac{\beta}{R_B + (\beta+1) R_E} \cdot \left(V_B' - V_{BE}\right) \cdot \left(1 - \frac{\Delta V_{BE}}{V_B' - V_{BE}}\right) \\
&= I_C \cdot \left(1 - \frac{\Delta V_{BE}}{V_B' - V_{BE}}\right) \qquad (7.65)
\end{aligned}
$$

これより，コレクタ電流の変化分 $\Delta I_C$ だけ取り出すと，以下のようになる．

$$
\Delta I_C = -I_C \frac{\Delta V_{BE}}{V_B' - V_{BE}} \qquad (7.66)
$$

コレクタ電流の変化 $\Delta I_C$ をもとの値 $I_C$ に対する割合で表すと，以下の式のようになる．

$$
\frac{\Delta I_C}{I_C} = -\frac{\Delta V_{BE}}{V_B' - V_{BE}} \qquad (7.67)
$$

121 ページ図 7.5 (a) のバイアス回路に対して具体的な値を求めると，

$$
\frac{\Delta I_C}{I_C} \fallingdotseq -\frac{\Delta V_{BE}}{1.2\,\mathrm{V}} \qquad (7.68)
$$

となる．$V_{BE}$ の変化は主に温度の変化によるものであり，付録 D に示すように，温度が 1 度上がるとおおよそ 2 mV 減少する．式 (7.68) より，温度

[10] 文献 [5] 第 4 章による．

が 50 K 上昇したときの $\Delta V_{\mathrm{BE}}$ は −0.1 V になるので，コレクタ電流 $I_{\mathrm{C}}$ は 8.3% 増加することになる．

エミッタ接地電流増幅率 $\beta$ あるいはベース・エミッタ間電圧 $V_{\mathrm{BE}}$ がコレクタ電流 $I_{\mathrm{C}}$ に与える影響を式 (7.62) および式 (7.67) にもとづいて計算した結果を図 **7.6** に示す．バイアス回路は 121 ページの図 7.5 (a) に示したものを用いた．

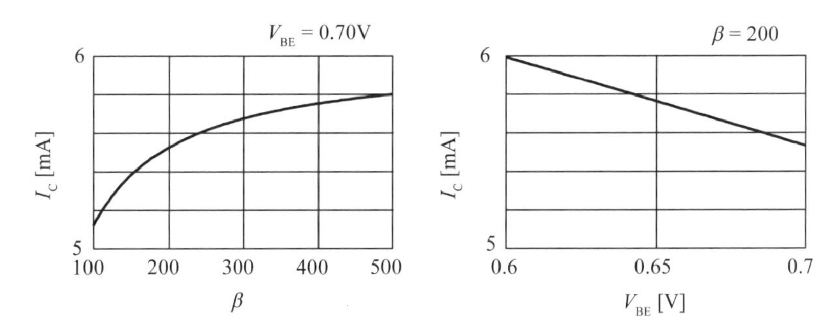


図 **7.6** バイアスの安定性

バイポーラトランジスタの安定性を示す量として**安定指数**（**安定係数**）と呼ばれる量があり，以下の式で定義される[11]．

$$S_V \triangleq \frac{\Delta I_{\mathrm{C}}}{\Delta V_{\mathrm{BE}}} \tag{7.69}$$

$$S_\beta \triangleq \frac{\Delta I_{\mathrm{C}}}{\Delta \beta} \tag{7.70}$$

式 (7.62) および式 (7.67) より，電流帰還バイアス回路の各安定指数は

$$S_V = \frac{I_{\mathrm{C}}}{V'_{\mathrm{B}} - V_{\mathrm{BE}}} \tag{7.71}$$

$$S_\beta \fallingdotseq \frac{R_{\mathrm{B}} + R_{\mathrm{E}}}{R_{\mathrm{B}} + (\beta + 1)\, R_{\mathrm{E}}} \cdot \frac{I_{\mathrm{C}}}{\beta} \tag{7.72}$$

となる．ベース電流が無視できるほど小さいときは，

[11] 安定指数はもう一つあるが，本書では省略する．

$$V_{\mathrm{B}}' - V_{\mathrm{BE}} \fallingdotseq R_{\mathrm{E}} I_{\mathrm{C}} \tag{7.73}$$

と近似できるので，

$$S_V \fallingdotseq \frac{1}{R_{\mathrm{E}}} \tag{7.74}$$

となる．また，

$$\lim_{R_{\mathrm{E}} \to 0} S_\beta = \frac{I_{\mathrm{C}}}{\beta} \tag{7.75}$$

$$\lim_{R_{\mathrm{E}} \to \infty} S_\beta = \frac{I_{\mathrm{C}}}{\beta^2} \tag{7.76}$$

となる．これより，エミッタ抵抗 $R_{\mathrm{E}}$ を大きくすると，どちらの安定指数も小さくなることが分かる．その反面，エミッタ抵抗 $R_{\mathrm{E}}$ を大きくしすぎると，8.4 節 (169 ページ) で後述するように，最大出力電圧が小さくなる．

最後に，電源電圧の変動がバイアスに与える影響を解析する．122 ページの式 (7.55) において，電源電圧が $\Delta V_{\mathrm{CC}}$ だけ変化した結果，コレクタ電流が $\Delta I_{\mathrm{C}}$ だけ変化したとすると，

$$I_{\mathrm{C}} + \Delta I_{\mathrm{C}} = \frac{\beta}{R_{\mathrm{B}} + (\beta + 1) R_{\mathrm{E}}} \cdot \left( \frac{R_{\mathrm{B2}} (V_{\mathrm{CC}} + \Delta V_{\mathrm{CC}})}{R_{\mathrm{B1}} + R_{\mathrm{B2}}} - V_{\mathrm{BE}} \right) \tag{7.77}$$

となる．これより，

$$\Delta I_{\mathrm{C}} = \frac{\beta}{R_{\mathrm{B}} + (\beta + 1) R_{\mathrm{E}}} \cdot \frac{R_{\mathrm{B2}}}{R_{\mathrm{B1}} + R_{\mathrm{B2}}} \Delta V_{\mathrm{CC}} \tag{7.78}$$

となる．121 ページ図 7.5 (a) のバイアス回路に対して具体的な値を求めると，

$$\Delta I_{\mathrm{C}} \fallingdotseq 7.30 \times 10^{-4} \cdot \Delta V_{\mathrm{CC}} \tag{7.79}$$

となる．式 (7.79) より，電源電圧が 10% 低下したとき，つまり $\Delta V_{\mathrm{CC}}$ が $-1.2\,\mathrm{V}$ のとき，$\Delta I_{\mathrm{C}}$ は $-0.88\,\mathrm{mA}$ となり，コレクタ電流は約 15% 減少する．

### 7.1.3 固定バイアス回路と自己バイアス回路

バイポーラトランジスタのバイアス回路には，エミッタ帰還バイアス回路のほかに，**固定バイアス回路**と**自己バイアス回路**（**電圧帰還バイアス回路**）と呼ばれるものがある．どちらの回路も現在ではほとんど用いられていないが，参考のために図 **7.7** に回路を示す．

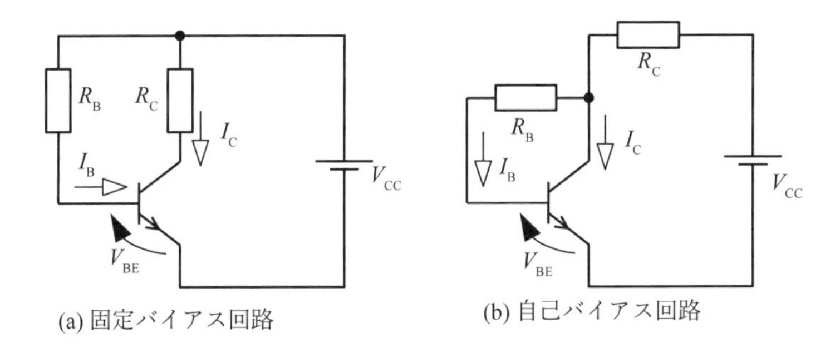


図 **7.7** 固定バイアス回路と自己バイアス回路

図 7.7 (a) の固定バイアス回路では以下の各式を用いてバイアス回路を設計する．

$$V_{\mathrm{BE}} = V_{\mathrm{CC}} - R_{\mathrm{B}} I_{\mathrm{B}} \tag{7.80}$$

$$V_{\mathrm{CE}} = V_{\mathrm{CC}} - R_{\mathrm{C}} I_{\mathrm{C}} \tag{7.81}$$

$$I_{\mathrm{C}} = \beta I_{\mathrm{B}} \tag{7.82}$$

図 7.7 (b) の自己バイアス回路では以下の各式を用いてバイアス回路を設計する．

$$V_{\mathrm{BE}} = V_{\mathrm{CC}} - R_{\mathrm{C}} (I_{\mathrm{B}} + I_{\mathrm{C}}) - R_{\mathrm{B}} I_{\mathrm{B}} \tag{7.83}$$

$$V_{\mathrm{CE}} = V_{\mathrm{CC}} - R_{\mathrm{C}} (I_{\mathrm{B}} + I_{\mathrm{C}}) \tag{7.84}$$

$$I_{\mathrm{C}} = \beta I_{\mathrm{B}} \tag{7.85}$$

## 7.2　MOSFET のバイアス回路

**図 7.8** に MOSFET を用いたときのバイアス回路を示す．このバイアス回路は**固定バイアス回路**と呼ばれる．

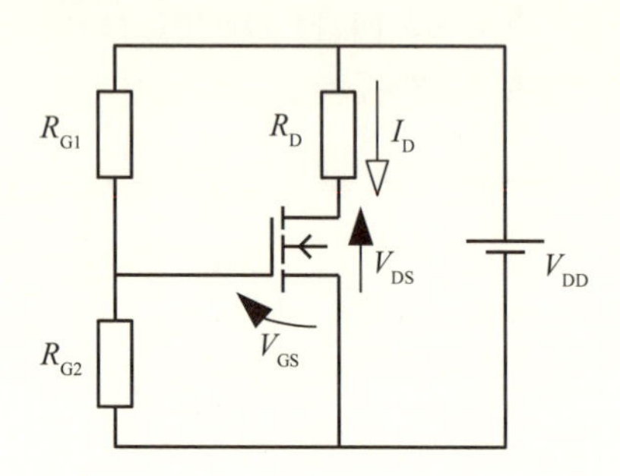


**図 7.8** MOSFET の固定バイアス回路

図 7.8 では

$$V_{DS0} = V_{DD} - R_D I_D \tag{7.86}$$

$$V_{GS} = \frac{R_{G2}}{R_{G1} + R_{G2}} V_{DD} \tag{7.87}$$

となるように，各抵抗 $R_D$，$R_{G1}$ および $R_{G2}$ の抵抗値を決める．MOSFET ではゲートに直流電流が流れないため [12]，ゲート側とドレイン・ソース側を別々に扱うことが可能となる．

以下では具体的な計算をする．66 ページの図 5.14 にしたがって，$V_{DD}$ を 15 V，$I_D$ を 2 mA，$V_{DS0}$ を 10 V とする．ドレイン抵抗 $R_D$ は

$$R_D = \frac{V_{DD} - V_{DS0}}{I_D} = \frac{15\,\mathrm{V} - 10\,\mathrm{V}}{2\,\mathrm{mA}} = 2.5\,\mathrm{k\Omega} \tag{7.88}$$

となる．$I_D$ が 2.0 mA であるときの $V_{GS}$ は 3.0 V であるが，式 (7.87) だけでは，$R_{G1}$ と $R_{G2}$ の値は決まらない．通常は $R_{G1}$ と $R_{G2}$ は数百オー

[12] 32 ページ参照.

ムから数メガオームの値を用いる．一例として以下のように各抵抗の値を決める．

$$R_{G1} = 400\,\mathrm{k\Omega} \tag{7.89}$$

$$R_{G2} = 100\,\mathrm{k\Omega} \tag{7.90}$$

$$R_{D} = 2.5\,\mathrm{k\Omega} \tag{7.91}$$

ここで，ドレイン電流 $I_D$ の安定性を調べてみる．ドレイン電流に影響を与えるのは，製造時のばらつきの他に温度や電源電圧がある．MOSFET ではしきい値電圧 $V_{th}$ は温度が 1 度上がると 1 ～ 2 mV 減少し，$\beta$ の値は絶対温度の $-1.5$ 乗に比例して減少する[13]．MOSFET の動作が飽和領域で行われるときのドレイン電流 $I_D$ は，33 ページの式 (3.16) に示したように，以下の式で与えられる．ただし，ゲート・ソース間のバイアス電圧を $V_{GS0}$ とする．

$$I_D = \frac{\beta}{2}(V_{GS0} - V_{th})^2 \tag{7.92}$$

まず，しきい値電圧が $\Delta V_{th}$ だけ変化したとすると，ドレイン電流は以下のように変化する．

$$\begin{aligned} I_D + \Delta I_D &= \frac{\beta}{2}(V_{GS0} - V_{th} - \Delta V_{th})^2 \\ &= \frac{\beta}{2}(V_{GS0} - V_{th})^2 - \beta(V_{GS0} - V_{th})\Delta V_{th} + \frac{\beta}{2}{\Delta V_{th}}^2 \\ &= I_D - \beta(V_{GS0} - V_{th})\Delta V_{th} + \frac{\beta}{2}{\Delta V_{th}}^2 \end{aligned} \tag{7.93}$$

ここで，ドレイン電流の変化 $\Delta I_D$ のみ考える．${\Delta V_{th}}^2$ がものすごく小さいとして無視すると，

$$\Delta I_D \fallingdotseq -\beta(V_{GS0} - V_{th})\Delta V_{th} = -\frac{2I_D\Delta V_{th}}{V_{GS0} - V_{th}} \tag{7.94}$$

[13] 文献 [8] 第 4 章による．

となる．これより，元のドレイン電流 $I_{\rm D}$ に対するドレイン電流の変化 $\Delta I_{\rm D}$ の割合は以下のようになる．

$$\frac{\Delta I_{\rm D}}{I_{\rm D}} \fallingdotseq -\frac{2\Delta V_{\rm th}}{V_{\rm GS0}-V_{\rm th}} \tag{7.95}$$

次に，$\beta$ が $\beta+\Delta\beta$ に変化したとする．このとき，ドレイン電流は

$$\begin{aligned} I_{\rm D}+\Delta I_{\rm D} &= \frac{\beta+\Delta\beta}{2}\left(V_{\rm GS0}-V_{\rm th}\right)^2 = \left(1+\frac{\Delta\beta}{\beta}\right)\frac{\beta}{2}\left(V_{\rm GS0}-V_{\rm th}\right)^2 \\ &= \left(1+\frac{\Delta\beta}{\beta}\right) I_{\rm D} \end{aligned} \tag{7.96}$$

と変化する．ドレイン電流の変化分だけ考えると，

$$\Delta I_{\rm D} = \frac{\Delta\beta}{2}\left(V_{\rm GS0}-V_{\rm th}\right)^2 = \frac{I_{\rm D}\Delta\beta}{\beta} \tag{7.97}$$

であり，元のドレイン電流 $I_{\rm D}$ に対するドレイン電流の変化 $\Delta I_{\rm D}$ の割合は

$$\frac{\Delta I_{\rm D}}{I_{\rm D}} = \frac{\Delta\beta}{\beta} \tag{7.98}$$

となる．

128 ページの図 7.8 に示したバイアス回路の計算に用いた値を使って具体的に安定性を計算すると，

$$\frac{\Delta I_{\rm D}}{I_{\rm D}} \fallingdotseq -\frac{\Delta V_{\rm th}}{1.0\,{\rm V}} \tag{7.99}$$

$$\frac{\Delta I_{\rm D}}{I_{\rm D}} = \frac{\Delta\beta}{\beta} \tag{7.100}$$

となる．式 (7.99) および式 (7.100) より，図 7.8 の回路の場合はしきい値電圧が増加する割合とドレイン電流が減少する割合が等しく，$\beta$ が増加する割合とドレイン電流が増加する割合が等しくなることがわかる．

以上で述べた，MOSFET のバイアスの安定性を計算した結果を図 **7.9** に示す．

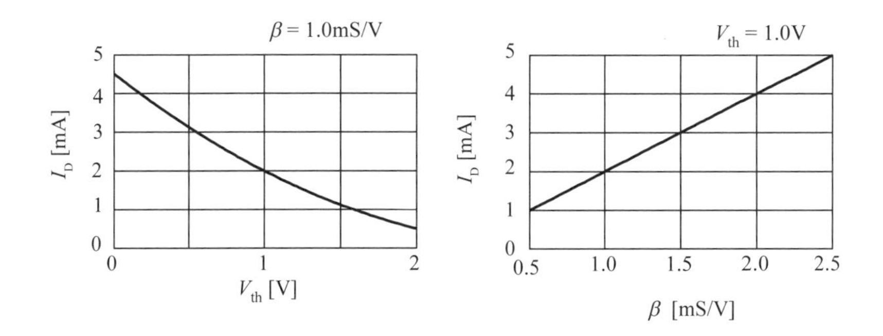


図 **7.9** MOSFET 固定バイアス回路の安定性

最後に，電源電圧 $V_{\mathrm{DD}}$ が $\Delta V_{\mathrm{DD}}$ だけ変化したとする．このとき，ゲート・ソース間電圧の変化量 $\Delta V_{\mathrm{GS}}$ は式 (7.87) より，

$$V_{\mathrm{GS0}} + \Delta V_{\mathrm{GS}} = \frac{R_{\mathrm{G2}}}{R_{\mathrm{G1}} + R_{\mathrm{G2}}} (V_{\mathrm{DD}} + \Delta V_{\mathrm{DD}}) \tag{7.101}$$

$$\Delta V_{\mathrm{GS}} = \frac{R_{\mathrm{G2}}}{R_{\mathrm{G1}} + R_{\mathrm{G2}}} \Delta V_{\mathrm{DD}} = \frac{V_{\mathrm{GS0}}}{V_{\mathrm{DD}}} \Delta V_{\mathrm{DD}} \tag{7.102}$$

となる．ドレイン電流の変化 $\Delta I_{\mathrm{D}}$ は，しきい値電圧が変化した場合と同様に計算して，以下のようになる．

$$\begin{aligned} I_{\mathrm{D}} + \Delta I_{\mathrm{D}} &= \frac{\beta}{2} (V_{\mathrm{GS0}} + \Delta V_{\mathrm{GS}} - V_{\mathrm{th}})^2 \\ &\fallingdotseq I_{\mathrm{D}} + \beta (V_{\mathrm{GS0}} - V_{\mathrm{th}}) \Delta V_{\mathrm{GS}} \end{aligned} \tag{7.103}$$

これより，

$$\frac{\Delta I_{\mathrm{D}}}{I_{\mathrm{D}}} \fallingdotseq \frac{2}{V_{\mathrm{GS0}} - V_{\mathrm{th}}} \Delta V_{\mathrm{GS}} = \frac{2 V_{\mathrm{GS0}}}{V_{\mathrm{GS0}} - V_{\mathrm{th}}} \cdot \frac{\Delta V_{\mathrm{DD}}}{V_{\mathrm{DD}}} \tag{7.104}$$

となる．128 ページの図 7.8 に示したバイアス回路の計算に用いた値を使って具体的に計算すると以下のようになる．

$$\Delta I_{\mathrm{D}} = 4.0 \times 10^{-4} \cdot \Delta V_{\mathrm{DD}} \tag{7.105}$$

電源電圧が 10% 減少したとき，つまり $\Delta V_{\mathrm{DD}}$ が $-1.5\,\mathrm{V}$ のときは，ドレイン電流の変化 $\Delta I_{\mathrm{D}}$ は $-0.60\,\mathrm{mA}$，つまりドレイン電流は 30% 減少する．

固定バイアス回路の安定性はあまりよくないので，特に安定性が必要なときはバイポーラトランジスタのときと同様に図 **7.10** の**電流帰還バイアス回路**を用いる．

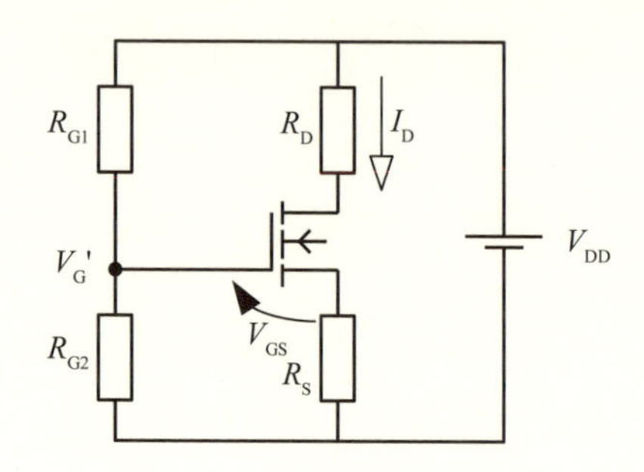


図 **7.10** MOSFET の電流帰還バイアス回路

電流帰還バイアス回路では，以下の式が成立する．

$$V_{\mathrm{DS0}} = V_{\mathrm{DD}} - (R_{\mathrm{D}} + R_{\mathrm{S}})\,I_{\mathrm{D}} \tag{7.106}$$

$$\frac{R_{\mathrm{G2}}}{R_{\mathrm{G1}} + R_{\mathrm{G2}}} V_{\mathrm{DD}} = V_{\mathrm{G}}' = V_{\mathrm{GS}} + R_{\mathrm{S}} I_{\mathrm{D}} \tag{7.107}$$

図 7.8 と同じ条件を用いると，

$$R_{\mathrm{D}} + R_{\mathrm{S}} = 2.5\,\mathrm{k\Omega} \tag{7.108}$$

となる．ここで，ソース抵抗 $R_{\mathrm{S}}$ の電圧降下を 1 V と設定すると，

$$R_{\mathrm{D}} = 2.0\,\mathrm{k\Omega} \tag{7.109}$$

$$R_{\mathrm{S}} = 500\,\Omega \tag{7.110}$$

となる．また，

$$V_{\mathrm{G}}' = V_{\mathrm{GS0}} + R_{\mathrm{S}} I_{\mathrm{D}} = 4.0\,\mathrm{V} \tag{7.111}$$

であることから，$R_{\mathrm{G1}}$ と $R_{\mathrm{G2}}$ を以下のように決める．

$$R_{\mathrm{G1}} = 330\,\mathrm{k\Omega} \tag{7.112}$$

$$R_{\mathrm{G2}} = 120\,\mathrm{k\Omega} \tag{7.113}$$

電流帰還バイアス回路の安定性を評価するために，式 (7.107) と，飽和領域の電圧電流特性

$$I_{\mathrm{D}} = \frac{\beta}{2}\left(V_{\mathrm{GS}} - V_{\mathrm{th}}\right)^2 \tag{7.114}$$

から，ゲート・ソース間電圧 $V_{\mathrm{GS}}$ を消去してドレイン電流 $I_{\mathrm{D}}$ を求めると，

$$I_{\mathrm{D}} = \frac{\beta R_{\mathrm{S}}\left(V'_{\mathrm{G}} - V_{\mathrm{th}}\right) + 1 + \sqrt{2\beta R_{\mathrm{S}}\left(V'_{\mathrm{G}} - V_{\mathrm{th}}\right) + 1}}{\beta R_{\mathrm{S}}^2} \tag{7.115}$$

となる．式 (7.115) を用いてバイアス回路の安定性を理論的に求めると複雑になる．その代わりに，$V_{\mathrm{th}}$ と $\beta$ の変化によりドレイン電流 $I_{\mathrm{D}}$ がどのように変化するかを式 (7.115) を用いて計算した結果を図 **7.11** に示す．図中の点線は図 7.9 のものであり，ソース抵抗 $R_{\mathrm{S}}$ を用いることによってドレイン電流 $I_{\mathrm{D}}$ の変化が減少していること，つまりバイアス回路が安定していることがわかる．

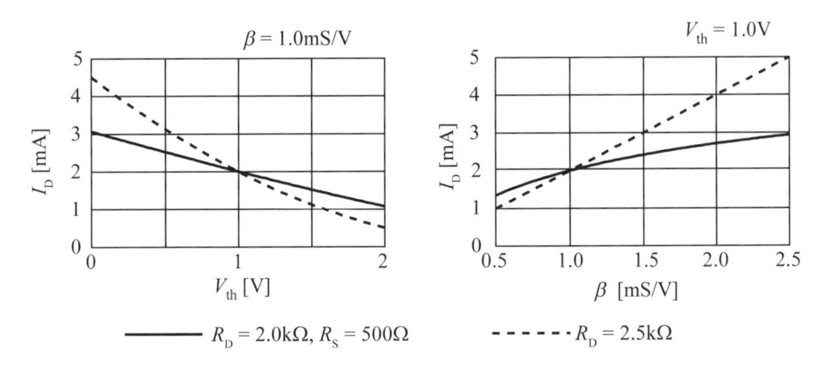


図 **7.11** MOSFET 電流帰還バイアス回路の安定性

なお，ソース抵抗 $R_S$ を大きくすれば，安定性も増加するが，161 ページの 8.3.2 項で後述するように増幅率は低下するので [14]，注意が必要である．

接合形 FET やデプレション形 MOSFET では，ゲート・ソース間電圧 $V_{GS}$ を負の電圧にする必要があるので，図 7.10 の電流帰還バイアス回路や，**図 7.12 の自己バイアス回路**が用いられる．自己バイアス回路では以下の式にもとづいてバイアス回路を設計する．

$$V_{DS} = V_{DD} - (R_D + R_S)\, I_D \tag{7.116}$$

$$V_{GS} = -V_S = -R_S I_D \tag{7.117}$$

ゲート抵抗 $V_G$ はゲートの直流電圧を 0 V に保つためだけに用いられ，電流を流す必要はないので抵抗の値は厳密なものでなくてよい．通常は 1 MΩ 程度の値にする．

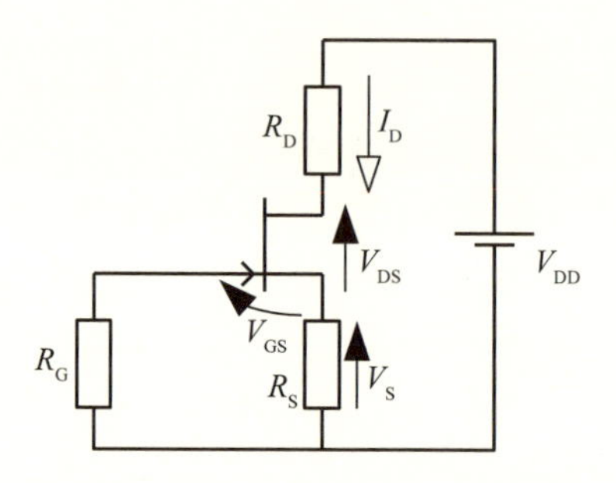


**図 7.12** JFET の自己バイアス回路

例として，36 ページの図 3.18 に示した接合形 FET に対して図 7.12 のバイアス回路を設計してみる．電源電圧は 15 V とする．ドレインバイアス電流をドレイン電流の最大値（6.0 mA）と最小値（0.0 mA）の中間になるように 3.0 mA とする．このときのゲート・ソース間電圧 $V_{GS}$ は 0.30 V となる．ソース電圧 $V_S$ とソース抵抗 $R_S$ は以下のように計算される．

---

[14] 162 ページの式 (8.112) 参照.

$$V_{\mathrm{S}} = -V_{\mathrm{GS}} = 0.30\,\mathrm{V} \tag{7.118}$$

$$R_{\mathrm{S}} = \frac{V_{\mathrm{S}}}{I_{\mathrm{D}}} = \frac{0.30\,\mathrm{V}}{3.0\,\mathrm{mA}} = 100\,\Omega \tag{7.119}$$

ドレイン・ソース間電圧 $V_{\mathrm{DS}}$ を電源電圧 $V_{\mathrm{DD}}$ の半分とすると，

$$V_{\mathrm{DS}} = \frac{V_{\mathrm{DD}}}{2} = \frac{15\,\mathrm{V}}{2} = 7.5\,\mathrm{V} \tag{7.120}$$

となり，ドレイン抵抗 $R_{\mathrm{D}}$ は

$$R_{\mathrm{D}} = \frac{V_{\mathrm{DD}} - V_{\mathrm{DS}}}{I_{\mathrm{D}}} - R_{\mathrm{S}} = \frac{7.5\,\mathrm{V}}{3.0\,\mathrm{mA}} - 100\,\Omega = 2.4\,\mathrm{k\Omega} \tag{7.121}$$

と決定される．

# 第 8 章

# 基本増幅回路

本章では電子回路のうち基本的な増幅回路を第 6 章で述べた小信号等価回路を用いて解析する．この解析には直流バイアス電圧や直流バイアス電流は直接出てこないが，小信号等価回路のパラメータの値は直流バイアス電圧や直流バイアス電流により変化することを忘れないようにする．

## 8.1　増幅回路の特性量

**増幅回路**は図 **8.1** のように信号源 S からの入力を大きくして，負荷抵抗 $R_L$ で出力として取り出すという動作をする回路である [1].

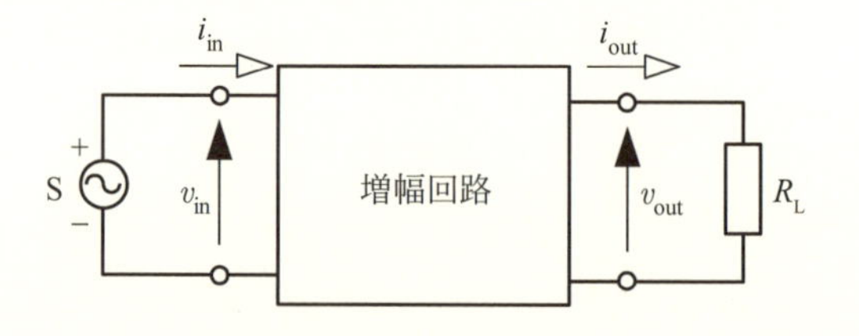


図 **8.1** 増幅回路のモデル

図 8.1 のモデルの入力と出力だけに着目すると，増幅回路の特性を表す量

[1] 増幅回路を中心に作られた装置を**増幅器**と呼ぶが，厳密に区別されないことが多い．

（特性量，動作量）として以下の各量が定義される．特性量の計算では増幅回路をブラックボックス[2]として扱っている．

電圧増幅度

$$A_v \triangleq \frac{v_{\mathrm{out}}}{v_{\mathrm{in}}} \tag{8.1}$$

電流増幅度

$$A_i \triangleq \frac{i_{\mathrm{out}}}{i_{\mathrm{in}}} \tag{8.2}$$

電力増幅度

$$A_p \triangleq \frac{v_{\mathrm{out}} i_{\mathrm{out}}}{v_{\mathrm{in}} i_{\mathrm{in}}} = A_v A_i \tag{8.3}$$

入力インピーダンス

$$Z_{\mathrm{in}} \triangleq \frac{v_{\mathrm{in}}}{i_{\mathrm{in}}} \tag{8.4}$$

図 **8.2** をもとにして，以下の式で**出力インピーダンス** $Z_{\mathrm{out}}$ が定義される．図 8.2 中の $r_{\mathrm{s}}$ は信号源の内部抵抗である．ここで，出力インピーダンスの定義には入力電圧 $v_{\mathrm{in}}$ を 0 にするという条件が付いていること，および出力電流 $i_{\mathrm{out}}$ に負号がついていることに注意する．

$$Z_{\mathrm{out}} \triangleq \left. \frac{v_{\mathrm{out}}}{-i_{\mathrm{out}}} \right|_{v_{\mathrm{in}}=0} \tag{8.5}$$

第 2.9 節で述べた鳳・テブナンの定理を用いて，増幅回路を信号源も含めて等価電圧源に置き換えると，図 **8.3** のようになる．つまり，出力インピーダンスは増幅回路の等価電圧源における内部インピーダンスである．

[2] 1.2 節を参照．

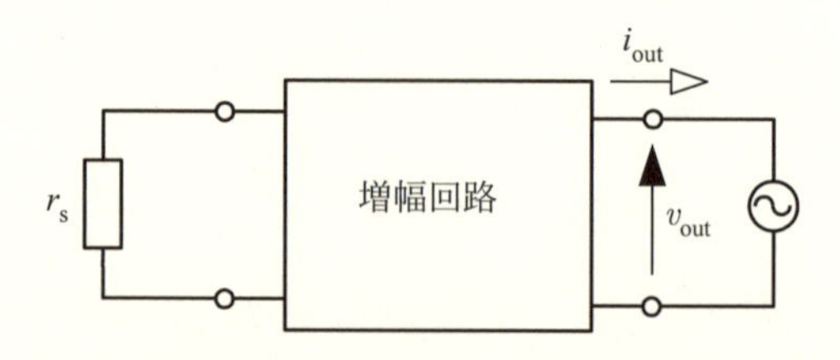


図 **8.2** 出力インピーダンスの定義 (1)

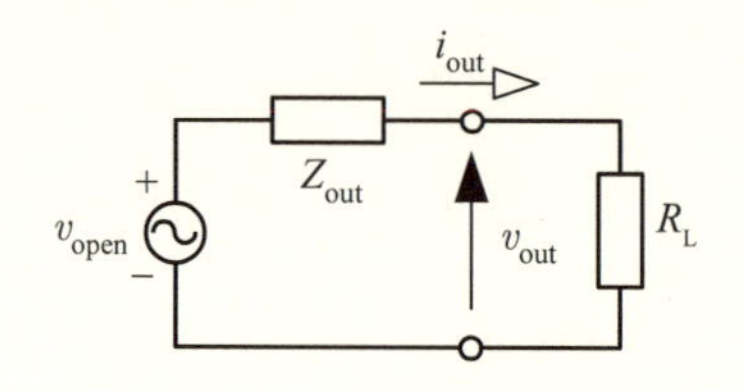


図 **8.3** 出力インピーダンスの定義 (2)

図 8.3 より，出力インピーダンス $Z_{\mathrm{out}}$ は，以下の式のように負荷開放時の出力電圧（**開放出力電圧**） $v_{\mathrm{open}}$ と負荷短絡時の出力電流（**短絡出力電流**） $i_{\mathrm{short}}$ より求めることもできることがわかる．

$$v_{\mathrm{open}} \triangleq v_{\mathrm{out}}\Big|_{R_{\mathrm{L}}\to\infty} \tag{8.6}$$

$$i_{\mathrm{short}} \triangleq i_{\mathrm{out}}\Big|_{R_{\mathrm{L}}=0} \tag{8.7}$$

$$Z_{\mathrm{out}} \triangleq \frac{v_{\mathrm{open}}}{i_{\mathrm{short}}} \tag{8.8}$$

なお，以上で述べた各種特性量を求めるときに，バイアス回路の抵抗を考慮する場合 [3] と，考慮しない場合 [4] があるので注意が必要である．

以上の特性量を用いた増幅回路の等価回路を図 **8.4** に示す．この等価回路では入力電圧 $v_{\mathrm{in}}$ により電圧源の電源電圧 $Av_{\mathrm{in}}$ が制御されている．このような電圧源を，**電圧制御電圧源**（**VCVS** [5]）という．

[3] 例えば文献 [6]，文献 [7]，文献 [9] など．
[4] 例えば文献 [1]，文献 [5] など．
[5] Voltage Controlled Voltage Source.

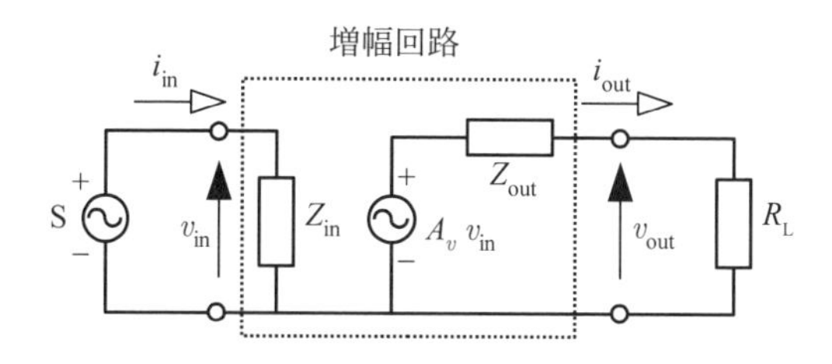


図 **8.4** 増幅回路の等価回路

以下の 8.2 節および 8.3 節では，基本的な増幅回路を解析して，各特性量を小信号等価回路のパラメータを用いて表す．

## 8.2 バイポーラトランジスタ基本増幅回路

本節ではバイポーラトランジスタを用いた基本的な増幅回路に関して，小信号等価回路を用いた解析をする．ただし，バイポーラトランジスタの出力抵抗 $r_{\mathrm{o}}$（出力コンダクタンス $h_{\mathrm{oe}}$）は原則として無視するものとする．出力抵抗 $r_{\mathrm{o}}$ を考慮した解析を 144 ページの図 8.8 の回路に対して行った例を付録 E.1 で示す．

### 8.2.1 エミッタ接地増幅回路

図 **8.5** に**エミッタ接地増幅回路**の回路図を示す．図中の $R_{\mathrm{L}}$ は負荷抵抗であり，$C_{\mathrm{C1}}$ および $C_{\mathrm{C2}}$ は**カップリングコンデンサ**（**結合コンデンサ**，**直流阻止コンデンサ**）と呼ばれるコンデンサである．カップリングコンデンサは入力信号・出力信号に用いられる交流とバイアス電圧・バイアス電流に用いられる直流を分離するために用いられる．また，$C_{\mathrm{E}}$ は**バイパスコンデンサ**と呼ばれ，信号成分に対してエミッタが直接接地されるように用いられる．

カップリングコンデンサおよびバイパスコンデンサの静電容量は信号の周波数に対してコンデンサのインピーダンスの大きさが十分に小さくなる

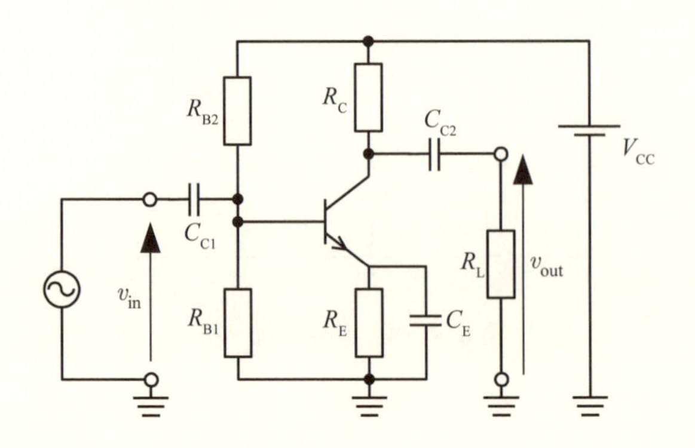


図 **8.5** エミッタ接地増幅回路

ように設定する．ディスクリート回路 [6] では，カップリングコンデンサは $0.1 \sim 1\,\mu$F 程度，バイパスコンデンサは $100\,\mu$F 以上のものを用いることが多い．コンデンサは直流を通さないので，直流に対してはコンデンサは開放されたものとして扱うことができる．したがって，図 8.5 の直流等価回路は**図 8.6** (a) のようになり，113 ページの図 7.1 に示した電流帰還バイアス回路と同じになる．信号の周波数に対してコンデンサのインピーダンスが十分に小さいとしたので，交流に対してはコンデンサは短絡と同じ扱いができる．つまり，図 8.5 の交流等価回路は図 8.6 (b) のようになる．

図 8.6 (b) の交流等価回路中のトランジスタを 102 ページの図 6.10 に示した小信号等価回路に置き換えて変形すると，**図 8.7** の小信号等価回路が得られる．ただし，図 8.7 中の $R_B$ は，$R_{B1}$ と $R_{B2}$ の並列合成抵抗であり，以下の式で表される．

$$R_B = R_{B1} \parallel R_{B2} = \frac{R_{B1} R_{B2}}{R_{B1} + R_{B2}} \tag{8.9}$$

バイポーラトランジスタの出力抵抗 $r_o$ を考慮するときは，コレクタ抵抗 $R_C$ を出力抵抗との並列合成抵抗 $R_C \parallel r_o$ に置き換える．

以下，図 8.7 の小信号等価回路を用いて，エミッタ接地増幅回路の特性量

[6] 36 ページを参照．

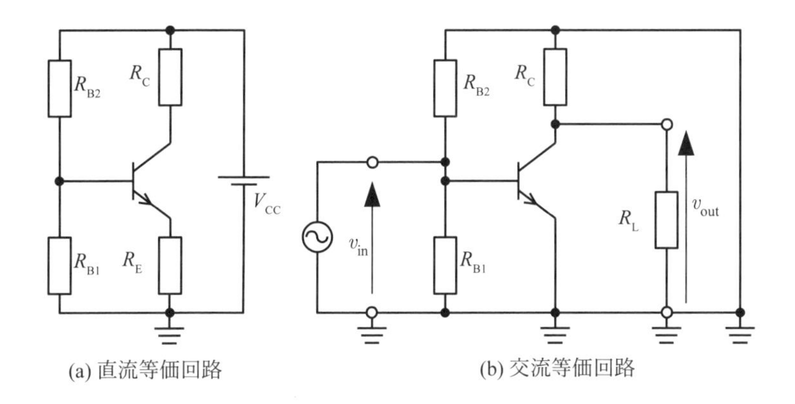


図 **8.6** エミッタ接地増幅回路の直流等価回路と交流等価回路

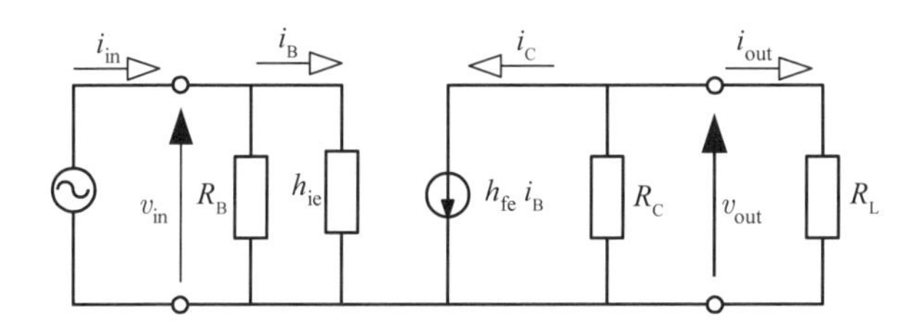


図 **8.7** エミッタ接地増幅回路の小信号等価回路

を求める．そのために，まず出力電圧 $v_{\mathrm{out}}$，入力電流 $i_{\mathrm{in}}$，出力電流 $i_{\mathrm{out}}$ を入力電圧 $v_{\mathrm{out}}$ で表すことを考える．

入力電圧 $v_{\mathrm{in}}$ と出力電圧 $v_{\mathrm{out}}$ に関して，オームの法則より以下の式が成立する．このとき，抵抗 $R_{\mathrm{L}}$ と $R_{\mathrm{C}}$ を流れる電流の向きに注意する．

$$v_{\mathrm{in}} = h_{\mathrm{ie}} i_{\mathrm{B}} \tag{8.10}$$

$$v_{\mathrm{out}} = -R'_{\mathrm{C}} i_{\mathrm{C}} = -R'_{\mathrm{C}} h_{\mathrm{fe}} i_{\mathrm{B}} = -\frac{R'_{\mathrm{C}} h_{\mathrm{fe}}}{h_{\mathrm{ie}}} v_{\mathrm{in}} \tag{8.11}$$

式中の $R'_{\mathrm{C}}$ は $R_{\mathrm{C}}$ と $R_{\mathrm{L}}$ の並列合成抵抗であり，以下の式で表される．

$$R'_{\mathrm{C}} = R_{\mathrm{C}} \parallel R_{\mathrm{L}} = \frac{R_{\mathrm{C}} R_{\mathrm{L}}}{R_{\mathrm{C}} + R_{\mathrm{L}}} \tag{8.12}$$

また，入力電流 $i_{\mathrm{in}}$ と出力電流 $i_{\mathrm{out}}$ は，

$$i_{\mathrm{in}} = \frac{v_{\mathrm{in}}}{R_{\mathrm{B}} \parallel h_{\mathrm{ie}}} \tag{8.13}$$

$$i_{\mathrm{out}} = \frac{v_{\mathrm{out}}}{R_{\mathrm{L}}} = -\frac{R'_{\mathrm{C}} h_{\mathrm{fe}}}{R_{\mathrm{L}} h_{\mathrm{ie}}} v_{\mathrm{in}} = -\frac{R_{\mathrm{C}} h_{\mathrm{fe}}}{(R_{\mathrm{C}} + R_{\mathrm{L}}) h_{\mathrm{ie}}} v_{\mathrm{in}} \tag{8.14}$$

となる．

まず，電圧増幅度 $A_v$ と電流増幅度 $A_i$ を求めると，以下のようになる．

$$A_v = \frac{v_{\mathrm{out}}}{v_{\mathrm{in}}} = -\frac{R'_{\mathrm{C}} h_{\mathrm{fe}}}{h_{\mathrm{ie}}} \tag{8.15}$$

$$A_i = \frac{i_{\mathrm{out}}}{i_{\mathrm{in}}} = -\frac{R_{\mathrm{C}} h_{\mathrm{fe}} \left(R_{\mathrm{B}} \parallel h_{\mathrm{ie}}\right)}{(R_{\mathrm{C}} + R_{\mathrm{L}}) h_{\mathrm{ie}}} = -\frac{R_{\mathrm{C}} R_{\mathrm{B}} h_{\mathrm{fe}}}{(R_{\mathrm{C}} + R_{\mathrm{L}})(R_{\mathrm{B}} + h_{\mathrm{ie}})} \tag{8.16}$$

入力インピーダンス $Z_{\mathrm{in}}$ を求めると，以下のようになる．

$$Z_{\mathrm{in}} = \frac{v_{\mathrm{in}}}{i_{\mathrm{in}}} = R_{\mathrm{B}} \parallel h_{\mathrm{ie}} \tag{8.17}$$

次に，出力インピーダンス $Z_{\mathrm{out}}$ を求める．負荷抵抗を開放する，つまり $R_{\mathrm{L}}$ が無限大の極限では，

$$\lim_{R_{\mathrm{L}} \to \infty} R'_{\mathrm{C}} = R_{\mathrm{C}} \tag{8.18}$$

となることに注意すると [7]，出力の開放電圧 $v_{\mathrm{open}}$ は

$$v_{\mathrm{open}} = v_{\mathrm{out}}\Big|_{R_{\mathrm{L}} \to \infty} = -\left.\frac{R'_{\mathrm{C}} h_{\mathrm{fe}}}{h_{\mathrm{ie}}} v_{\mathrm{in}}\right|_{R'_{\mathrm{C}} \to R_{\mathrm{C}}} = -\frac{R_{\mathrm{C}} h_{\mathrm{fe}}}{h_{\mathrm{ie}}} v_{\mathrm{in}} \tag{8.19}$$

である．一方で，短絡電流 $i_{\mathrm{short}}$ は

$$i_{\mathrm{short}} = i_{\mathrm{out}}\Big|_{R_{\mathrm{L}}=0} = -\left.\frac{R_{\mathrm{C}} h_{\mathrm{fe}}}{(R_{\mathrm{C}} + R_{\mathrm{L}}) h_{\mathrm{ie}}} v_{\mathrm{in}}\right|_{R_{\mathrm{L}}=0} = -\frac{h_{\mathrm{fe}}}{h_{\mathrm{ie}}} v_{\mathrm{in}} \tag{8.20}$$

である．式 (8.8) より，出力インピーダンス $Z_{\mathrm{in}}$ は

---

[7] 17 ページの式 (2.15) を参照．

$$Z_{\mathrm{out}} = \frac{v_{\mathrm{open}}}{i_{\mathrm{short}}} = R_{\mathrm{C}} \tag{8.21}$$

となる．

各特性量の具体的な数値を付録 B の表 B.2 と表 B.4 に示した値を用いて計算した例を以下に示す．負荷抵抗は開放しているものとする．

$$A_v \fallingdotseq -185 \tag{8.22}$$

$$Z_{\mathrm{in}} \fallingdotseq 680\,\Omega \tag{8.23}$$

$$Z_{\mathrm{out}} = 800\,\Omega \tag{8.24}$$

バイアス回路の抵抗 $R_{\mathrm{B1}}$，$R_{\mathrm{B2}}$，$R_{\mathrm{C}}$ を考慮しないときの各特性量は以下のようになる．

$$A_v = -\frac{R_{\mathrm{L}} h_{\mathrm{fe}}}{h_{\mathrm{ie}}} \quad \text{（バイアス抵抗無視）} \tag{8.25}$$

$$A_i = -h_{\mathrm{fe}} \quad \text{（バイアス抵抗無視）} \tag{8.26}$$

$$Z_{\mathrm{in}} = h_{\mathrm{ie}} \quad \text{（バイアス抵抗無視）} \tag{8.27}$$

$$Z_{\mathrm{out}} = \infty \quad \text{（バイアス抵抗無視）} \tag{8.28}$$

### 8.2.2 電流帰還エミッタ接地増幅回路

図 **8.8** に示した増幅回路は**電流帰還エミッタ接地増幅回路**あるいは**エミッタ帰還エミッタ接地増幅回路**と呼ばれるものである．

電流帰還エミッタ接地増幅回路の直流等価回路はエミッタ接地増幅回路と同じになる．小信号等価回路をエミッタ接地増幅回路と同じようにして作ると，図 **8.9** のようになる．ここではバイポーラトランジスタの出力抵抗 $r_{\mathrm{o}}$ を無視している．出力抵抗を考慮した解析は付録 E.1 に示す．

図 8.9 の小信号等価回路をもとにして，電流帰還エミッタ接地増幅回路の特性量を求める．まず，入力電圧 $v_{\mathrm{in}}$ は以下のように表される．

$$v_{\mathrm{in}} = h_{\mathrm{ie}} i_{\mathrm{B}} + R_{\mathrm{E}} \left(h_{\mathrm{fe}} + 1\right) i_{\mathrm{B}} = \left(h_{\mathrm{fe}} + R_{\mathrm{E}} \left(h_{\mathrm{fe}} + 1\right)\right) i_{\mathrm{B}} \tag{8.29}$$

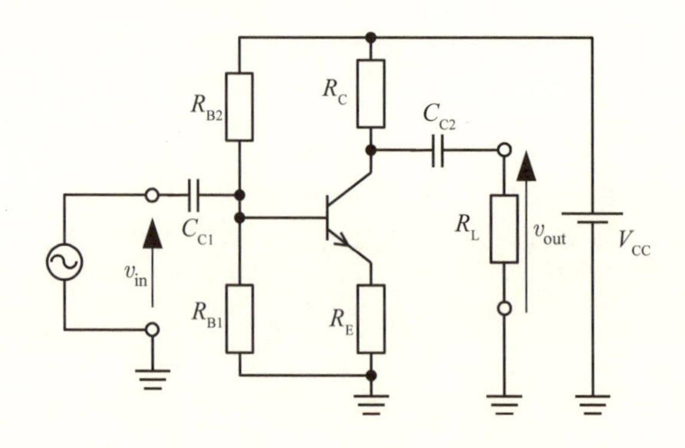


図 **8.8** 電流帰還エミッタ接地増幅回路

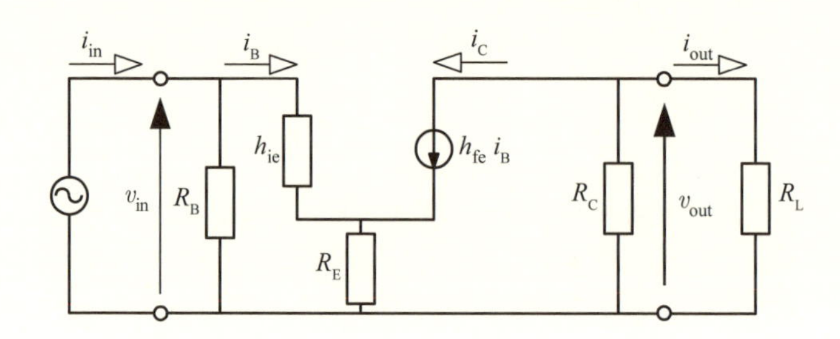


図 **8.9** 電流帰還エミッタ接地増幅回路の小信号等価回路

これより，

$$i_{\mathrm{B}} = \frac{v_{\mathrm{in}}}{h_{\mathrm{fe}} + R_{\mathrm{E}}\,(h_{\mathrm{fe}} + 1)} \tag{8.30}$$

である．出力電圧 $v_{\mathrm{out}}$ は以下のように表される．前の 8.2.1 項と同様に $R_{\mathrm{C}}$ と $R_{\mathrm{L}}$ の並列合成抵抗を $R'_{\mathrm{C}}$ としている．

$$v_{\mathrm{out}} = -R'_{\mathrm{C}} i_{\mathrm{C}} = -R'_{\mathrm{C}} h_{\mathrm{fe}} i_{\mathrm{B}} = -\frac{R'_{\mathrm{C}} h_{\mathrm{fe}}}{h_{\mathrm{ie}} + R_{\mathrm{E}}\,(h_{\mathrm{fe}} + 1)} v_{\mathrm{in}} \tag{8.31}$$

入力電流 $i_{\mathrm{in}}$ は

$$i_{\mathrm{in}} = \frac{v_{\mathrm{in}}}{R_{\mathrm{B}}} + i_{\mathrm{B}} = \frac{v_{\mathrm{in}}}{R_{\mathrm{B}}} + \frac{v_{\mathrm{in}}}{h_{\mathrm{ie}} + R_{\mathrm{E}}\,(h_{\mathrm{fe}} + 1)} = \frac{v_{\mathrm{in}}}{R_{\mathrm{B}} \parallel (h_{\mathrm{ie}} + R_{\mathrm{E}}\,(h_{\mathrm{fe}} + 1))} \tag{8.32}$$

と表され，出力電流 $i_{\mathrm{out}}$ は

$$i_{\mathrm{out}} = \frac{v_{\mathrm{out}}}{R_{\mathrm{L}}} = -\frac{R'_{\mathrm{C}} h_{\mathrm{fe}}}{R_{\mathrm{L}} \left(h_{\mathrm{ie}} + R_{\mathrm{E}} \left(h_{\mathrm{fe}} + 1\right)\right)} v_{\mathrm{in}}$$

$$= -\frac{R_{\mathrm{C}} h_{\mathrm{fe}}}{\left(R_{\mathrm{L}} + R_{\mathrm{C}}\right) \left(h_{\mathrm{ie}} + R_{\mathrm{E}} \left(h_{\mathrm{fe}} + 1\right)\right)} v_{\mathrm{in}} \tag{8.33}$$

と表される．電圧増幅度 $A_v$ は

$$A_v = \frac{v_{\mathrm{out}}}{v_{\mathrm{in}}} = -\frac{R'_{\mathrm{C}} h_{\mathrm{fe}}}{h_{\mathrm{ie}} + \left(h_{\mathrm{fe}} + 1\right) R_{\mathrm{E}}} \tag{8.34}$$

となり，電流増幅度 $A_i$ は

$$A_i = \frac{i_{\mathrm{out}}}{i_{\mathrm{in}}} = -\frac{R_{\mathrm{C}} h_{\mathrm{fe}} \left(R_{\mathrm{B}} \parallel \left(h_{\mathrm{ie}} + R_{\mathrm{E}} \left(h_{\mathrm{fe}} + 1\right)\right)\right)}{\left(R_{\mathrm{L}} + R_{\mathrm{C}}\right) \left(h_{\mathrm{ie}} + R_{\mathrm{E}} \left(h_{\mathrm{fe}} + 1\right)\right)}$$

$$= -\frac{R_{\mathrm{C}} R_{\mathrm{B}} h_{\mathrm{fe}}}{\left(R_{\mathrm{L}} + R_{\mathrm{C}}\right) \left(h_{\mathrm{ie}} + R_{\mathrm{E}} \left(h_{\mathrm{fe}} + 1\right) + R_{\mathrm{B}}\right)} \tag{8.35}$$

となる．

入力インピーダンス $Z_{\mathrm{in}}$ は以下のように求められる．

$$Z_{\mathrm{in}} = \frac{v_{\mathrm{in}}}{i_{\mathrm{in}}} = \left(h_{\mathrm{ie}} + \left(h_{\mathrm{fe}} + 1\right) R_{\mathrm{E}}\right) \parallel R_{\mathrm{B}} \tag{8.36}$$

出力の開放電圧 $v_{\mathrm{open}}$ が

$$v_{\mathrm{open}} = v_{\mathrm{out}} \Big|_{R_{\mathrm{L}} \to \infty} = -\frac{R_{\mathrm{C}} h_{\mathrm{fe}}}{h_{\mathrm{ie}} + R_{\mathrm{E}} \left(h_{\mathrm{fe}} + 1\right)} v_{\mathrm{in}} \tag{8.37}$$

であり，短絡電流 $i_{\mathrm{short}}$ が

$$i_{\mathrm{short}} = i_{\mathrm{out}} \Big|_{R_{\mathrm{L}} = 0} = -\frac{h_{\mathrm{fe}}}{h_{\mathrm{ie}} + R_{\mathrm{E}} \left(h_{\mathrm{fe}} + 1\right)} v_{\mathrm{in}} \tag{8.38}$$

であるので，出力インピーダンス $Z_{\mathrm{out}}$ は，式 (8.8) より，以下のようになる．

$$Z_{\mathrm{out}} = \frac{v_{\mathrm{open}}}{i_{\mathrm{short}}} = R_{\mathrm{C}} \tag{8.39}$$

各特性量の具体的な数値の例を以下に示す．計算には付録 B の表 B.2 と表 B.4 に示した値を用いた．143 ページに示した帰還のないエミッタ接地増幅回路における計算結果と比べると，増幅度は低下し，入力インピーダンスは増加することがわかる．

$$A_v \fallingdotseq -3.90 \tag{8.40}$$

$$Z_{\mathrm{in}} \fallingdotseq 2.97\,\mathrm{k\Omega} \tag{8.41}$$

$$Z_{\mathrm{out}} = 800\,\Omega \tag{8.42}$$

バイアス回路の抵抗 $R_{\mathrm{B1}}$，$R_{\mathrm{B2}}$，$R_{\mathrm{C}}$ を考慮しないときの特性量は以下のようになる．

$$A_v = -\frac{R_{\mathrm{L}} h_{\mathrm{fe}}}{h_{\mathrm{ie}} + (h_{\mathrm{fe}} + 1)\, R_{\mathrm{E}}} \quad \text{（バイアス抵抗無視）} \tag{8.43}$$

$$A_i = -h_{\mathrm{fe}} \quad \text{（バイアス抵抗無視）} \tag{8.44}$$

$$Z_{\mathrm{in}} = h_{\mathrm{ie}} + (h_{\mathrm{fe}} + 1)\, R_{\mathrm{E}} \quad \text{（バイアス抵抗無視）} \tag{8.45}$$

$$Z_{\mathrm{out}} = \infty \quad \text{（バイアス抵抗無視）} \tag{8.46}$$

145 ページの式 (8.34) に示した電圧増幅度 $A_v$ が $h_{\mathrm{fe}}$ と $h_{\mathrm{ie}}$ によりどのように変化するかを図 **8.10** に示す．エミッタ接地電流増幅率 $h_{\mathrm{fe}}$ が十分に大きいか，あるいはエミッタ接地入力インピーダンス $h_{\mathrm{ie}}$ が十分に小さいときは，式 (8.34) の電圧増幅度が 43 ページの式 (4.17) で与えられる電圧増幅度，この場合は $\dfrac{R'_{\mathrm{C}}}{R_{\mathrm{E}}}(= 4)$ に近づくことがわかる．

ここで，エミッタ接地電流増幅率 $h_{\mathrm{fe}}$ が十分に大きい場合を考える．これは，ベース電流 $i_{\mathrm{B}}$ を無視して，

$$i_{\mathrm{E}} = (h_{\mathrm{fe}} + 1)\, i_{\mathrm{B}} \fallingdotseq h_{\mathrm{fe}} i_{\mathrm{B}} = i_{\mathrm{C}} \tag{8.47}$$

という近似をすることになる．$h_{\mathrm{fe}}$ が十分に大きいときの各特性量は，7 ページの極限に関する式を参照すると，以下のようになる．

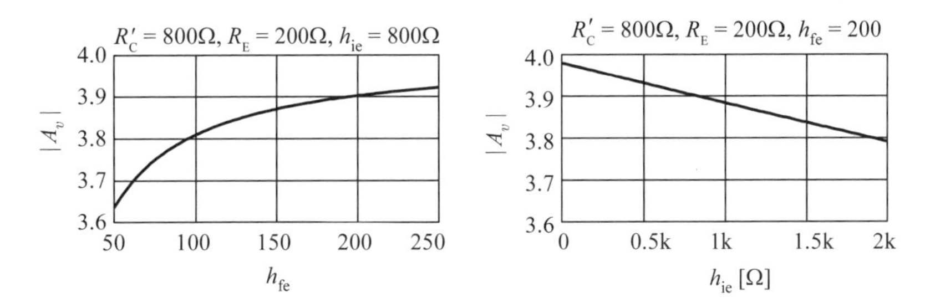


**図 8.10** 電流帰還エミッタ接地増幅回路の電圧増幅度 $A_v$ に $h_{\mathrm{fe}}$ と $h_{\mathrm{ie}}$ が与える影響

$$\lim_{h_{\mathrm{fe}}\to\infty} A_v = -\lim_{h_{\mathrm{fe}}\to\infty} \frac{R'_{\mathrm{C}} h_{\mathrm{fe}}}{h_{\mathrm{ie}} + (h_{\mathrm{fe}}+1)\,R_{\mathrm{E}}} = -\frac{R'_{\mathrm{C}}}{R_{\mathrm{E}}} \tag{8.48}$$

$$\begin{aligned}\lim_{h_{\mathrm{fe}}\to\infty} A_i &= -\lim_{h_{\mathrm{fe}}\to\infty} \frac{R_{\mathrm{C}} R_{\mathrm{B}} h_{\mathrm{fe}}}{(R_{\mathrm{L}}+R_{\mathrm{C}})\,(h_{\mathrm{ie}} + R_{\mathrm{E}}\,(h_{\mathrm{fe}}+1) + R_{\mathrm{B}})} \\ &= -\frac{R_{\mathrm{C}} R_{\mathrm{B}}}{(R_{\mathrm{L}}+R_{\mathrm{C}})\,R_{\mathrm{E}}}\end{aligned} \tag{8.49}$$

$$\lim_{h_{\mathrm{fe}}\to\infty} Z_{\mathrm{in}} = \lim_{h_{\mathrm{fe}}\to\infty} (h_{\mathrm{ie}} + (h_{\mathrm{fe}}+1)\,R_{\mathrm{E}}) \parallel R_{\mathrm{B}} = (h_{\mathrm{fe}} R_{\mathrm{E}}) \parallel R_{\mathrm{B}} \tag{8.50}$$

$$\lim_{h_{\mathrm{fe}}\to\infty} Z_{\mathrm{out}} = \lim_{h_{\mathrm{fe}}\to\infty} R_{\mathrm{C}} = R_{\mathrm{C}} \tag{8.51}$$

ここで得られた式 (8.48) は 43 ページの式 (4.17) に一致する．

次に，エミッタ抵抗 $R_{\mathrm{E}}$ の効果について考える．ただし，バイアス回路の抵抗 $R_{\mathrm{B1}}$，$R_{\mathrm{B2}}$ は無視するものとする．**図 8.11** に電流帰還エミッタ接地増幅回路の電圧増幅度 $A_v$ が，エミッタ抵抗 $R_{\mathrm{E}}$ とエミッタ接地電流増幅率 $h_{\mathrm{fe}}$ でどのように変化するかを示す．図中の点線は $h_{\mathrm{ie}}$ を無視したものである．図 8.11 より，エミッタ抵抗 $R_{\mathrm{E}}$ がないときに比べると電圧増幅度 $A_v$ の大きさは減少するが，$h_{\mathrm{ie}}$ や $h_{\mathrm{fe}}$ の影響をほとんど受けなくなることがわかる．特に，$h_{\mathrm{fe}}$ の変化が電圧増幅度 $A_v$ に与える影響は小さいものになる．

**図 8.12** に電流帰還エミッタ接地増幅回路の入力インピーダンス $Z_{\mathrm{in}}$ が，エミッタ抵抗 $R_{\mathrm{E}}$ とエミッタ接地電流増幅率 $h_{\mathrm{fe}}$ でどのように変化するか

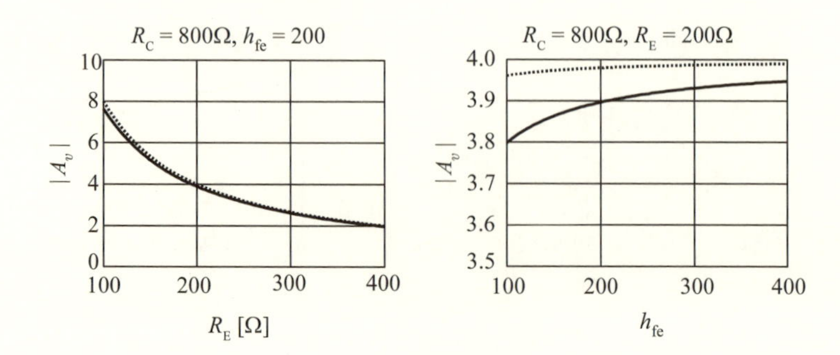


**図 8.11** エミッタ抵抗 $R_E$ とエミッタ接地電流増幅率 $h_{fe}$ による電圧増幅度 $A_v$ の変化

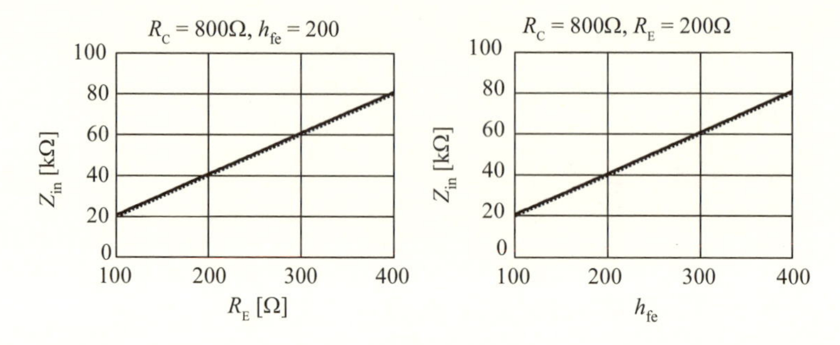


**図 8.12** エミッタ抵抗 $R_E$ とエミッタ接地電流増幅率 $h_{fe}$ による入力インピーダンス $Z_{in}$ の変化

を示す[8]．ここでも，バイアス回路の抵抗 $R_{B1}$，$R_{B2}$ は無視するものとする．図 8.11 と同様に図中の点線は $h_{ie}$ を無視したものである．

図 8.12 より，エミッタ抵抗 $R_E$ が存在することにより，入力インピーダンス $Z_{in}$ は大きく増加し，$h_{ie}$ の影響はほとんどなくなることがわかる．このときの，$Z_{in}$ は式 (8.50) で $R_B$ を無視したものであり，エミッタ抵抗 $R_E$ とエミッタ接地電流増幅率 $h_{fe}$ の積により与えられる．

[8] ここで計算に用いた値では図 8.12 (a) と図 8.12 (b) の違いはほとんど無くなる．

### 8.2.3　コレクタ接地増幅回路（エミッタフォロワ）

図 **8.13** にコレクタ接地増幅回路（エミッタフォロワ [9]）の回路図を示す．

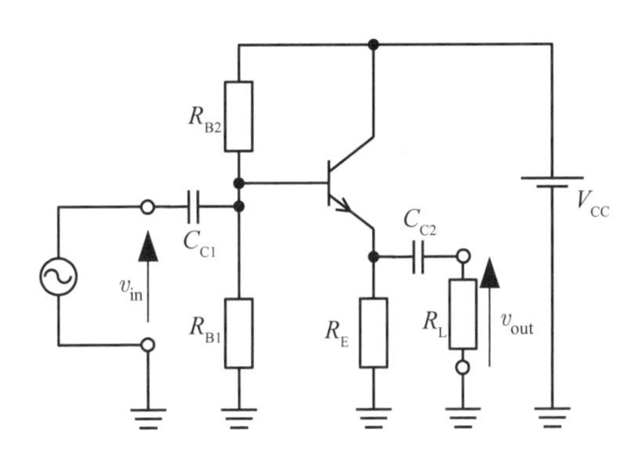


図 **8.13** コレクタ接地回路（エミッタフォロワ）

図 8.13 のコレクタ接地増幅回路の小信号等価回路を作ると，図 **8.14** のようになる．以下，この小信号等価回路にもとづいてコレクタ接地増幅回路の各特性量を求める．

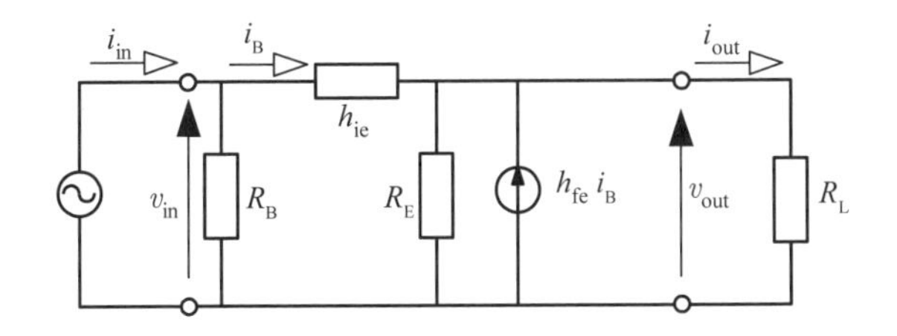


図 **8.14** コレクタ接地増幅回路の小信号等価回路

図 8.14 において，以下の式が成立する．

[9] エミッタホロワと表記することもある．

$$v_{\text{in}} - v_{\text{out}} = h_{\text{ie}} i_{\text{B}} \tag{8.52}$$

$$v_{\text{out}} = R'_{\text{E}} (h_{\text{fe}} + 1)\, i_{\text{B}} \tag{8.53}$$

ただし，$R_{\text{E}}$ と $R_{\text{L}}$ の並列合成抵抗を $R'_{\text{E}}$ とした．

$$R'_{\text{E}} = R_{\text{E}} \parallel R_{\text{L}} \tag{8.54}$$

式 (8.52) と式 (8.53) から

$$v_{\text{in}} = h_{\text{ie}} i_{\text{B}} + v_{\text{out}} = \left(h_{\text{ie}} + (h_{\text{fe}} + 1)\, R'_{\text{E}}\right) i_{\text{B}} \tag{8.55}$$

となるので，

$$v_{\text{out}} = R'_{\text{E}} (h_{\text{fe}} + 1)\, i_{\text{B}} = \frac{R'_{\text{E}} (h_{\text{fe}} + 1)\, v_{\text{in}}}{h_{\text{ie}} + (h_{\text{fe}} + 1)\, R'_{\text{E}}} \tag{8.56}$$

となる．入力電流 $i_{\text{in}}$ は

$$i_{\text{in}} = i_{\text{B}} + \frac{v_{\text{in}}}{R_{\text{B}}} = \frac{v_{\text{in}}}{h_{\text{ie}} + (h_{\text{fe}} + 1)\, R'_{\text{E}}} + \frac{v_{\text{in}}}{R_{\text{B}}} = \frac{v_{\text{in}}}{\left(h_{\text{ie}} + (h_{\text{fe}} + 1)\, R'_{\text{E}}\right) \parallel R_{\text{B}}} \tag{8.57}$$

となり，出力電流 $i_{\text{out}}$ は

$$i_{\text{out}} = \frac{v_{\text{out}}}{R_{\text{L}}} = \frac{R'_{\text{E}} (h_{\text{fe}} + 1)\, v_{\text{in}}}{R_{\text{L}} \left(h_{\text{ie}} + (h_{\text{fe}} + 1)\, R'_{\text{E}}\right)} = \frac{R_{\text{E}} (h_{\text{fe}} + 1)\, v_{\text{in}}}{(R_{\text{L}} + R_{\text{E}}) \left(h_{\text{ie}} + (h_{\text{fe}} + 1)\, R'_{\text{E}}\right)} \tag{8.58}$$

となる．

電圧増幅度 $A_v$ は以下のようになる．

$$A_v = \frac{v_{\text{out}}}{v_{\text{in}}} = \frac{(h_{\text{fe}} + 1)\, R'_{\text{E}}}{h_{\text{ie}} + (h_{\text{fe}} + 1)\, R'_{\text{E}}} \tag{8.59}$$

電流増幅度 $A_i$ は以下のようになる．

$$
\begin{aligned}
A_i = \frac{i_{\mathrm{out}}}{i_{\mathrm{in}}} &= \frac{R'_{\mathrm{E}}\left(h_{\mathrm{fe}}+1\right)}{R_{\mathrm{L}}\left(h_{\mathrm{ie}}+\left(h_{\mathrm{fe}}+1\right)R'_{\mathrm{E}}\right)}\left[\left(h_{\mathrm{ie}}+\left(h_{\mathrm{fe}}+1\right)R'_{\mathrm{E}}\right)\parallel R_{\mathrm{B}}\right] \\
&= \frac{R'_{\mathrm{E}}\left(h_{\mathrm{fe}}+1\right)R_{\mathrm{B}}}{R_{\mathrm{L}}\left(h_{\mathrm{ie}}+\left(h_{\mathrm{fe}}+1\right)R'_{\mathrm{E}}+R_{\mathrm{B}}\right)} \\
&= \frac{R_{\mathrm{E}}\left(h_{\mathrm{fe}}+1\right)R_{\mathrm{B}}}{\left(R_{\mathrm{L}}+R_{\mathrm{E}}\right)\left(h_{\mathrm{ie}}+\left(h_{\mathrm{fe}}+1\right)R'_{\mathrm{E}}+R_{\mathrm{B}}\right)}
\end{aligned}
\tag{8.60}
$$

入力インピーダンス $Z_{\mathrm{in}}$ は以下のようになる．

$$
Z_{\mathrm{in}} = \frac{v_{\mathrm{in}}}{i_{\mathrm{in}}} = R_{\mathrm{B}} \parallel \left(h_{\mathrm{ie}}+\left(h_{\mathrm{fe}}+1\right)R'_{\mathrm{E}}\right) \tag{8.61}
$$

負荷を開放すると，

$$
\lim_{R_{\mathrm{L}}\to\infty} R'_{\mathrm{E}} = R_{\mathrm{E}} \tag{8.62}
$$

となるので[10]，式 (8.56) より，出力の開放電圧 $v_{\mathrm{out}}$ は

$$
v_{\mathrm{open}} = v_{\mathrm{out}}\Big|_{R_{\mathrm{L}}\to\infty} = \frac{\left(h_{\mathrm{fe}}+1\right)R_{\mathrm{E}}}{h_{\mathrm{ie}}+\left(h_{\mathrm{fe}}+1\right)R_{\mathrm{E}}}v_{\mathrm{in}} \tag{8.63}
$$

となる．短絡電流 $i_{\mathrm{short}}$ は式 (8.58) より

$$
i_{\mathrm{short}} = i_{\mathrm{out}}\Big|_{R_{\mathrm{L}}=0} = \frac{\left(h_{\mathrm{fe}}+1\right)v_{\mathrm{in}}}{h_{\mathrm{ie}}} \tag{8.64}
$$

となる．これより出力インピーダンス $Z_{\mathrm{out}}$ を求めると以下のようになる．

$$
Z_{\mathrm{out}} = \frac{v_{\mathrm{open}}}{i_{\mathrm{short}}} = \frac{R_{\mathrm{E}}h_{\mathrm{ie}}}{h_{\mathrm{ie}}+\left(h_{\mathrm{fe}}+1\right)R_{\mathrm{E}}} \tag{8.65}
$$

各特性量の具体的な数値の例を以下に示す．計算には付録 B の表 B.2 と表 B.4 に示した値を用いた．

$$
A_v \fallingdotseq 0.996 \tag{8.66}
$$

$$
Z_{\mathrm{in}} \fallingdotseq 3.15\,\mathrm{k\Omega} \tag{8.67}
$$

$$
Z_{\mathrm{out}} \fallingdotseq 4.28\,\Omega \tag{8.68}
$$

[10] 17 ページの式 (2.15) を参照．

バイアス回路の抵抗 $R_{\mathrm{B1}}$，$R_{\mathrm{B2}}$ を考慮しないときの特性量は以下のようになる．

$$A_v = \frac{(h_{\mathrm{fe}}+1)\,R'_{\mathrm{E}}}{h_{\mathrm{ie}}+(h_{\mathrm{fe}}+1)\,R'_{\mathrm{E}}} \quad \text{（バイアス抵抗無視）} \tag{8.69}$$

$$A_i = \frac{R_{\mathrm{E}}\,(h_{\mathrm{fe}}+1)}{R_{\mathrm{L}}+R_{\mathrm{E}}} \quad \text{（バイアス抵抗無視）} \tag{8.70}$$

$$Z_{\mathrm{in}} = h_{\mathrm{ie}}+(h_{\mathrm{fe}}+1)\,R'_{\mathrm{E}} \quad \text{（バイアス抵抗無視）} \tag{8.71}$$

$$Z_{\mathrm{out}} = \frac{R_{\mathrm{E}}h_{\mathrm{ie}}}{h_{\mathrm{ie}}+(h_{\mathrm{fe}}+1)\,R_{\mathrm{E}}} \quad \text{（バイアス抵抗無視）} \tag{8.72}$$

式 (8.59) で示した電圧増幅度 $A_v$ が $h_{\mathrm{fe}}$ と $h_{\mathrm{ie}}$ によりどのように変化するかを，**図 8.15** に示す．エミッタ接地電流増幅率 $h_{\mathrm{fe}}$ が十分に大きいか，あるいはエミッタ接地入力インピーダンス $h_{\mathrm{ie}}$ が十分に小さいときは，式 (8.59) の電圧増幅度が 45 ページの式 (4.30) の電圧増幅度の値 1 で近似できることがわかる．

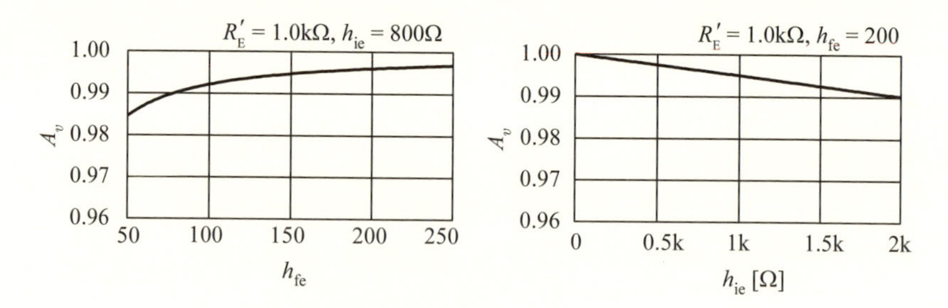


**図 8.15** コレクタ接地増幅回路の電圧増幅度 $A_v$ に $h_{\mathrm{fe}}$ と $h_{\mathrm{ie}}$ が与える影響

そこで，エミッタ接地電流増幅率 $h_{\mathrm{fe}}$ が十分に大きいときの各特性量は，7 ページの極限に関する式を参照すると，以下のようになる．

$$\lim_{h_{\mathrm{fe}}\to\infty} A_v = \lim_{h_{\mathrm{fe}}\to\infty} \frac{(h_{\mathrm{fe}}+1)\,R'_{\mathrm{E}}}{h_{\mathrm{ie}}+(h_{\mathrm{fe}}+1)\,R'_{\mathrm{E}}} = \frac{R'_{\mathrm{E}}}{R'_{\mathrm{E}}} = 1 \tag{8.73}$$

$$\lim_{h_{\mathrm{fe}}\to\infty} A_i = \lim_{h_{\mathrm{fe}}\to\infty} \frac{R_{\mathrm{E}}\,(h_{\mathrm{fe}}+1)\,R_{\mathrm{B}}}{(R_{\mathrm{L}}+R_{\mathrm{E}})\left(h_{\mathrm{ie}}+(h_{\mathrm{fe}}+1)\,R'_{\mathrm{E}}+R_{\mathrm{B}}\right)}$$

$$= \frac{R_{\mathrm{E}}R_{\mathrm{B}}}{(R_{\mathrm{L}}+R_{\mathrm{E}})\,R'_{\mathrm{E}}} = \frac{R_{\mathrm{B}}}{R_{\mathrm{L}}} \tag{8.74}$$

$$\lim_{h_{\mathrm{fe}}\to\infty} Z_{\mathrm{in}} = \lim_{h_{\mathrm{fe}}\to\infty} R_{\mathrm{B}} \parallel \left(h_{\mathrm{ie}}+(h_{\mathrm{fe}}+1)\,R'_{\mathrm{E}}\right) = R_{\mathrm{B}} \parallel \left(h_{\mathrm{fe}}R'_{\mathrm{E}}\right)(\to R_{\mathrm{B}}) \tag{8.75}$$

$$\lim_{h_{\mathrm{fe}}\to\infty} Z_{\mathrm{out}} = \lim_{h_{\mathrm{fe}}\to\infty} \frac{R_{\mathrm{E}}h_{\mathrm{ie}}}{h_{\mathrm{ie}}+(h_{\mathrm{fe}}+1)\,R_{\mathrm{E}}} = \frac{h_{\mathrm{ie}}}{h_{\mathrm{fe}}}(\to 0) \tag{8.76}$$

ここで得られた式 (8.73) は，45 ページの式 (4.30) に一致している．

コレクタ接地増幅回路は出力インピーダンスが小さいので，負荷による出力電圧の変動が小さくなる．また，入力インピーダンスが大きいので，入力信号源の内部インピーダンスの影響が小さくなる．このため，前後に接続された回路間の影響を小さくするために用いられる．このような回路を **緩衝増幅器**（バッファ）とよぶ．

### 8.2.4 ベース接地増幅回路

**図 8.16** に示した増幅回路は**ベース接地増幅回路**とよばれる．この回路では $C_{\mathrm{B}}$ がバイパスコンデンサであり，信号成分に対してベースを直接接地する働きをする．

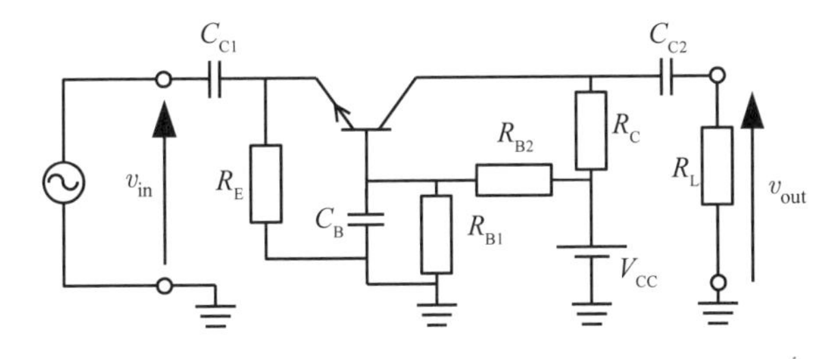


**図 8.16** ベース接地増幅回路

図 8.16 の回路の小信号等価回路を作ると，図 **8.17** のようになる [11]．ここではトランジスタの出力抵抗を無視している．トランジスタの出力抵抗を考慮した解析は付録 E.2 に示す．

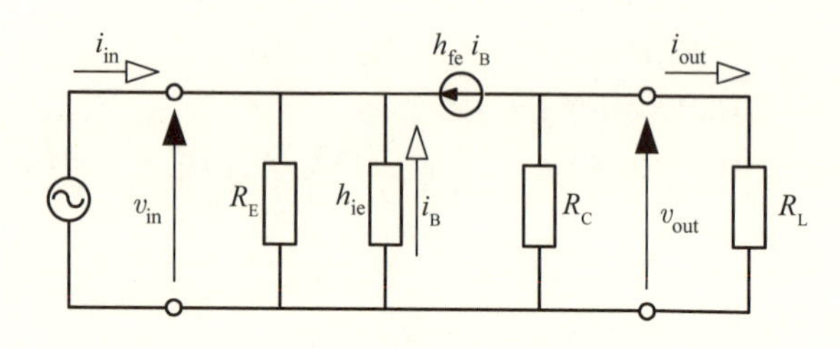


**図 8.17** ベース接地増幅回路の小信号等価回路

図 8.17 の回路の小信号等価回路をもとにして，ベース接地増幅回路の特性量を求める．

$$v_{\mathrm{in}} = -h_{\mathrm{ie}} i_{\mathrm{B}} \tag{8.77}$$

であるので，出力電圧 $v_{\mathrm{out}}$ は

$$v_{\mathrm{out}} = -R'_{\mathrm{C}} h_{\mathrm{fe}} i_{\mathrm{B}} = \frac{R'_{\mathrm{C}} h_{\mathrm{fe}} v_{\mathrm{in}}}{h_{\mathrm{ie}}} \tag{8.78}$$

となる．ここで，$R'_{\mathrm{C}}$ は $R_{\mathrm{C}}$ と $R_{\mathrm{L}}$ の並列合成抵抗である．キルヒホッフの電流則より，

$$i_{\mathrm{in}} - \frac{v_{\mathrm{in}}}{R_{\mathrm{E}}} + i_{\mathrm{B}} + h_{\mathrm{ie}} i_{\mathrm{B}} = 0 \tag{8.79}$$

なので，入力電流 $i_{\mathrm{in}}$ は

$$\begin{aligned} i_{\mathrm{in}} &= -\left(h_{\mathrm{fe}} + 1\right) i_{\mathrm{B}} + \frac{v_{\mathrm{in}}}{R_{\mathrm{E}}} = \left(h_{\mathrm{fe}} + 1\right) \frac{v_{\mathrm{in}}}{h_{\mathrm{ie}}} + \frac{v_{\mathrm{in}}}{R_{\mathrm{E}}} \\ &= \frac{\left(h_{\mathrm{ie}} + \left(h_{\mathrm{fe}} + 1\right) R_{\mathrm{E}}\right) v_{\mathrm{in}}}{h_{\mathrm{ie}} R_{\mathrm{E}}} \end{aligned} \tag{8.80}$$

[11] ベース電流 $i_{\mathrm{B}}$ の向きに注意する．

となる．出力電流 $i_{\mathrm{out}}$ は

$$i_{\mathrm{out}} = \frac{v_{\mathrm{out}}}{R_{\mathrm{L}}} = \frac{R'_{\mathrm{C}} h_{\mathrm{fe}} v_{\mathrm{in}}}{R_{\mathrm{L}} h_{\mathrm{ie}}} = \frac{R_{\mathrm{C}} h_{\mathrm{fe}} v_{\mathrm{in}}}{(R_{\mathrm{L}} + R_{\mathrm{C}})\, h_{\mathrm{ie}}} \tag{8.81}$$

となる．

以上の結果から電圧増幅度 $A_v$ を求めると，以下のようになる．

$$A_v = \frac{v_{\mathrm{out}}}{v_{\mathrm{in}}} = \frac{R'_{\mathrm{C}} h_{\mathrm{fe}}}{h_{\mathrm{ie}}} \tag{8.82}$$

また，電流増幅度 $A_i$ は以下のようになる．

$$\begin{aligned} A_i = \frac{i_{\mathrm{out}}}{i_{\mathrm{in}}} &= \frac{R_{\mathrm{C}} h_{\mathrm{fe}}}{(R_{\mathrm{L}} + R_{\mathrm{C}})\, h_{\mathrm{ie}}} \cdot \frac{h_{\mathrm{ie}} R_{\mathrm{E}}}{(h_{\mathrm{ie}} + (h_{\mathrm{fe}} + 1)\, R_{\mathrm{E}})} \\ &= \frac{R_{\mathrm{C}} h_{\mathrm{fe}} R_{\mathrm{E}}}{(R_{\mathrm{L}} + R_{\mathrm{C}})\,(h_{\mathrm{ie}} + (h_{\mathrm{fe}} + 1)\, R_{\mathrm{E}})} \end{aligned} \tag{8.83}$$

入力インピーダンス $Z_{\mathrm{in}}$ は以下のようになる．

$$Z_{\mathrm{in}} = \frac{v_{\mathrm{in}}}{i_{\mathrm{in}}} = \frac{h_{\mathrm{ie}} R_{\mathrm{E}}}{(h_{\mathrm{fe}} + 1)\, R_{\mathrm{E}} + h_{\mathrm{ie}}} \tag{8.84}$$

出力の開放電圧 $v_{\mathrm{open}}$ が

$$v_{\mathrm{open}} = v_{\mathrm{out}}\Big|_{R_{\mathrm{L}} \to \infty} = \frac{R_{\mathrm{C}} h_{\mathrm{fe}} v_{\mathrm{in}}}{h_{\mathrm{ie}}} \tag{8.85}$$

であり，短絡電流 $i_{\mathrm{short}}$ が

$$i_{\mathrm{short}} = i_{\mathrm{out}}\Big|_{R_{\mathrm{L}} = 0} = \frac{h_{\mathrm{fe}} v_{\mathrm{in}}}{h_{\mathrm{ie}}} \tag{8.86}$$

であるので，出力インピーダンス $Z_{\mathrm{out}}$ は以下のようになる．

$$Z_{\mathrm{out}} = \frac{v_{\mathrm{open}}}{i_{\mathrm{short}}} = R_{\mathrm{C}} \tag{8.87}$$

各特性量の具体的な数値の例を以下に示す．計算には付録 B の表 B.3 と表 B.5 に示した値を用いた．

$$A_v \fallingdotseq 185 \tag{8.88}$$

$$Z_{\text{in}} \fallingdotseq 4.20\,\Omega \tag{8.89}$$

$$Z_{\text{out}} = 800\,\Omega \tag{8.90}$$

バイアス回路の抵抗 $R_{\text{B1}}$，$R_{\text{B2}}$，$R_{\text{E}}$，$R_{\text{C}}$ を考慮しないときの特性量は以下のようになる．

$$A_v = \frac{R_{\text{L}} h_{\text{fe}}}{h_{\text{ie}}} \quad \text{（バイアス抵抗無視）} \tag{8.91}$$

$$A_i = \frac{h_{\text{fe}}}{h_{\text{fe}} + 1} \quad \text{（バイアス抵抗無視）} \tag{8.92}$$

$$Z_{\text{in}} = \frac{h_{\text{ie}}}{h_{\text{fe}} + 1} \quad \text{（バイアス抵抗無視）} \tag{8.93}$$

$$Z_{\text{out}} = \infty \quad \text{（バイアス抵抗無視）} \tag{8.94}$$

ベース接地回路は出力インピーダンスが大きいので，外部から見ると電流源として扱える．また，他の接地方式と比較して高い周波数の信号の増幅が行える[12]．

### 8.2.5　バイポーラトランジスタ増幅回路の特性量の比較

**表 8.1** に本節で計算したバイポーラトランジスタ増幅回路の特性量の比較を示す．

また，各増幅回路の特性量の数値例を**表 8.2** に示す．計算には付録 B の表 B.3 と表 B.5 に示した値を用いた．

[12] 本書の範囲を超えるので，理由の説明は省略する．

表 **8.1** バイポーラトランジスタ増幅回路の特性量の比較

| 特性量 | 電圧増幅率 $A_v$ |
|---|---|
| エミッタ接地 | $-\dfrac{R'_{\mathrm{C}} h_{\mathrm{fe}}}{h_{\mathrm{ie}}}$ |
| 電流帰還エミッタ接地 | $-\dfrac{R'_{\mathrm{C}} h_{\mathrm{fe}}}{h_{\mathrm{ie}} + (h_{\mathrm{fe}} + 1) R_{\mathrm{E}}}$ |
| コレクタ接地 | $\dfrac{(h_{\mathrm{fe}} + 1) R'_{\mathrm{E}}}{h_{\mathrm{ie}} + (h_{\mathrm{fe}} + 1) R'_{\mathrm{E}}}$ |
| ベース接地 | $\dfrac{R'_{\mathrm{C}} h_{\mathrm{fe}}}{h_{\mathrm{ie}}}$ |
| 特性量 | 入力インピーダンス $Z_{\mathrm{in}}$ [Ω] |
| エミッタ接地 | $R_{\mathrm{B}} \parallel h_{\mathrm{ie}}$ |
| 電流帰還エミッタ接地 | $R_{\mathrm{B}} \parallel (h_{\mathrm{ie}} + (h_{\mathrm{fe}} + 1) R_{\mathrm{E}})$ |
| コレクタ接地 | $R_{\mathrm{B}} \parallel \left(h_{\mathrm{ie}} + (h_{\mathrm{fe}} + 1) R'_{\mathrm{E}}\right)$ |
| ベース接地 | $\dfrac{h_{\mathrm{ie}} R_{\mathrm{E}}}{h_{\mathrm{ie}} + (h_{\mathrm{fe}} + 1) R_{\mathrm{E}}}$ |
| 特性量 | 出力インピーダンス $Z_{\mathrm{out}}$ [Ω] |
| エミッタ接地 | $R_{\mathrm{C}}$ |
| 電流帰還エミッタ接地 | $R_{\mathrm{C}}$ |
| コレクタ接地 | $\dfrac{h_{\mathrm{ie}} R_{\mathrm{E}}}{h_{\mathrm{ie}} + (h_{\mathrm{fe}} + 1) R_{\mathrm{E}}}$ |
| ベース接地 | $R_{\mathrm{C}}$ |

$R'_{\mathrm{C}} = R_{\mathrm{C}} \parallel R_{\mathrm{L}}, \quad R'_{\mathrm{E}} = R_{\mathrm{E}} \parallel R_{\mathrm{L}}$

表 **8.2** バイポーラトランジスタ増幅回路の特性量の数値による比較

| 特性量 | $A_v$ | $Z_{\mathrm{in}}$ [Ω] | $Z_{\mathrm{out}}$ [Ω] |
|---|---|---|---|
| エミッタ接地 | −185 | 680 | 800 |
| 電流帰還エミッタ接地 | −3.90 | 2.97 k | 800 |
| コレクタ接地 | 0.996 | 3.15 k | 4.28 |
| ベース接地 | 185 | 4.20 | 800 |

## 8.3 MOSFET 基本増幅回路

本節では MOSFET を用いた基本的な増幅回路に対して小信号等価回路を用いた解析をする．ただし， MOSFET の出力抵抗 $r_\mathrm{o}$ は原則として無視するものとする．図 8.21 の回路に対して出力抵抗 $r_\mathrm{o}$ を考慮した解析を行った結果は付録 E.3 に示す．

### 8.3.1 ソース接地増幅回路

**図 8.18** に**ソース接地増幅回路**の回路図を示す．ここで，$C_\mathrm{C1}$ と $C_\mathrm{C2}$ は**カップリングコンデンサ**，$C_\mathrm{S}$ は**バイパスコンデンサ**であり，それぞれ 139 ページのエミッタ接地増幅回路で説明したものと同じ働きをする．

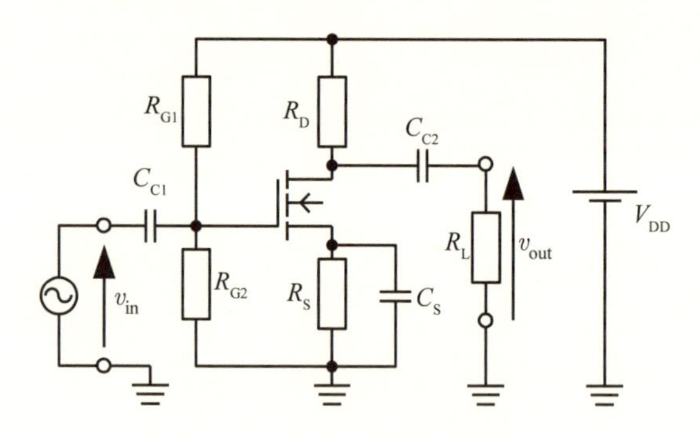


図 **8.18** ソース接地増幅回路

8.2.1 項のエミッタ接地増幅回路の場合と同様に，直流に対してはコンデンサを開放して扱い，交流に対してはコンデンサを短絡して扱うと，**図 8.19** (a) の直流等価回路と図 8.19 (b) の交流等価回路が得られる．直流等価回路は 128 ページの図 7.8 に示した電流帰還バイアス回路である．

図 8.19 (b) の交流等価回路中の MOSFET を 107 ページの図 6.14 に示した小信号等価回路に置き換えて得られるソース接地増幅回路の小信号等価回路を**図 8.20** に示す．ただし，$R_\mathrm{G}$ は $R_\mathrm{G1}$ と $R_\mathrm{G2}$ の並列合成抵抗であ

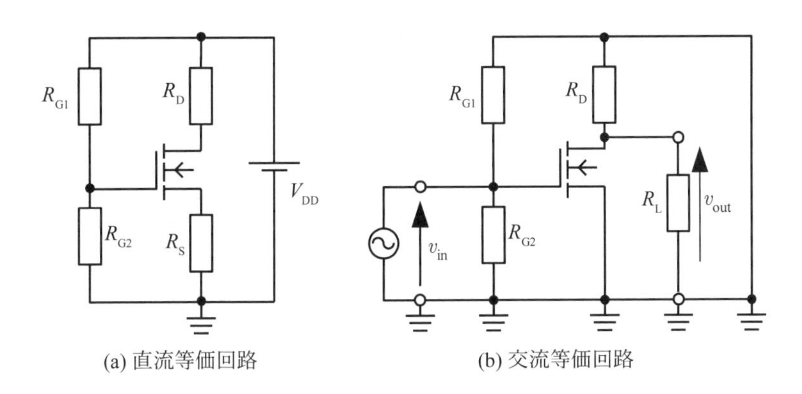


図 **8.19** ソース接地増幅回路の等価回路

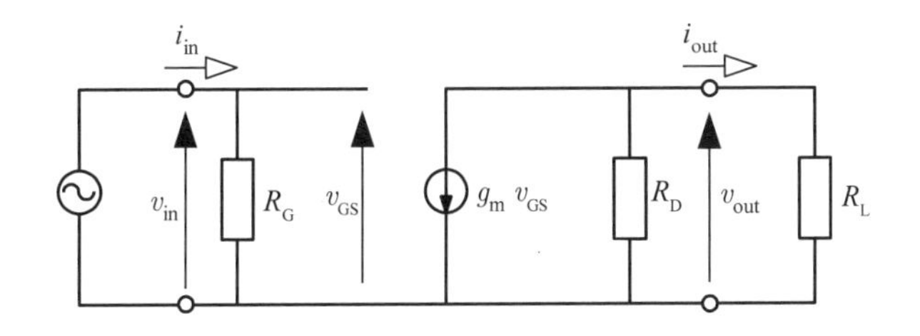


図 **8.20** ソース接地増幅回路の小信号等価回路

る．MOSFET の出力抵抗 $r_o$ を考慮するときは，ドレイン抵抗 $R_D$ を出力抵抗との並列合成抵抗 $R_D \parallel r_o$ に置き換えればよい．

図 8.20 の小信号等価回路を用いてソース接地増幅回路の特性量を求める．まず，入力電圧 $v_{in}$ と出力電圧 $v_{out}$ に対して，以下の式が成立する．

$$v_{in} = v_{GS} \tag{8.95}$$

$$v_{out} = -R'_D g_m v_{GS} = -R'_D g_m v_{in} \tag{8.96}$$

ただし，

$$R'_D = R_D \parallel R_L \tag{8.97}$$

とした．入力電流 $i_{in}$ は

$$i_{\text{in}} = \frac{v_{\text{in}}}{R_{\text{G}}} \tag{8.98}$$

である．また，出力電流 $i_{\text{out}}$ は，電流の向きに注意して，

$$i_{\text{out}} = -\frac{v_{\text{out}}}{R_{\text{L}}} = -\frac{R_{\text{D}} g_{\text{m}} v_{\text{in}}}{R_{\text{D}} + R_{\text{L}}} \tag{8.99}$$

となる．電圧増幅度 $A_v$ を求めると，以下のようになる．

$$A_v = \frac{v_{\text{out}}}{v_{\text{in}}} = -R'_{\text{D}} g_{\text{m}} \tag{8.100}$$

入力インピーダンス $Z_{\text{in}}$ は

$$Z_{\text{in}} = \frac{v_{\text{in}}}{i_{\text{in}}} = R_{\text{G}} \tag{8.101}$$

となる．出力の開放電圧 $v_{\text{open}}$ と短絡電流 $i_{\text{short}}$ が

$$v_{\text{open}} = -\lim_{R_{\text{L}} \to \infty} R'_{\text{D}} g_{\text{m}} v_{\text{in}} = -R_{\text{D}} g_{\text{m}} v_{\text{GS}} \tag{8.102}$$

$$i_{\text{short}} = -\lim_{R_{\text{L}} \to 0} i_{\text{out}} = -g_{\text{m}} v_{\text{in}} \tag{8.103}$$

であるので，出力インピーダンス $Z_{\text{out}}$ は

$$Z_{\text{out}} = \frac{v_{\text{open}}}{i_{\text{short}}} = R_{\text{D}} \tag{8.104}$$

となる．

各特性量の具体的な数値の例を以下に示す．計算には付録 B の表 B.3 と表 B.5 に示した値を用いた．

$$A_v = -5.0 \tag{8.105}$$

$$Z_{\text{in}} = 80\,\text{k}\Omega \tag{8.106}$$

$$Z_{\text{out}} = 2.5\,\text{k}\Omega \tag{8.107}$$

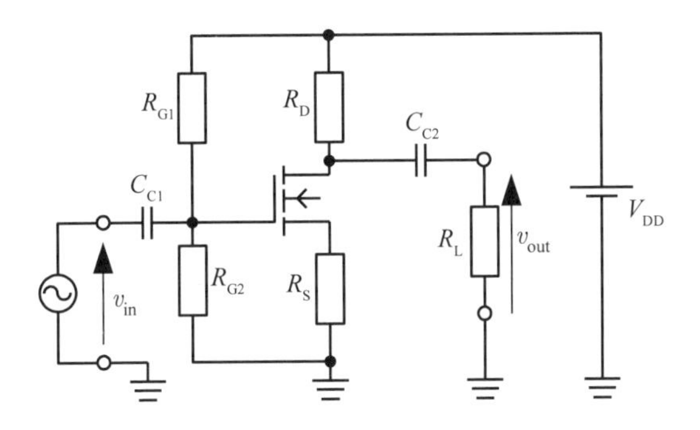


図 **8.21** 電流帰還ソース接地増幅回路

## 8.3.2 電流帰還ソース接地増幅回路

図 **8.21** に示した増幅回路は**電流帰還ソース接地増幅回路**あるいは**ソース帰還ソース接地増幅回路**と呼ばれるものである．

ソース接地増幅回路と同様にして小信号等価回路を作ると，図 **8.22** のようになる．ここでは MOSFET の出力抵抗 $r_o$ を無視している．出力抵抗を考慮した解析は付録 E.3 に示す．

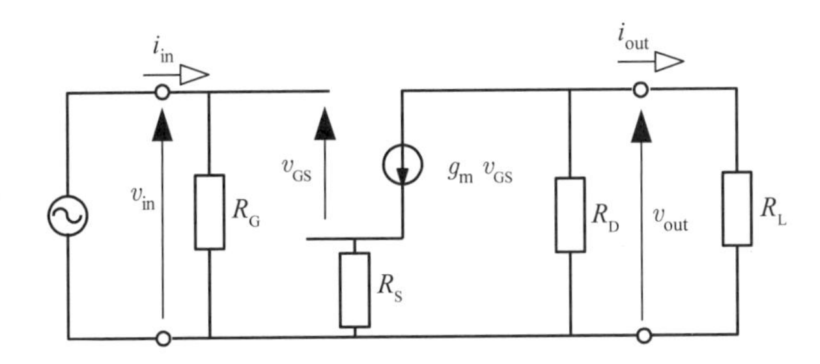


図 **8.22** ソース帰還ソース接地増幅回路の小信号等価回路

図 8.22 において，$R_S$ を流れる電流は $g_m v_{GS}$ であるので，$R_S$ 両端の電圧は $R_S g_m v_{GS}$ になる．このことを考慮すると，以下の式が成立する．

$$v_{\mathrm{in}} = v_{\mathrm{GS}} + R_{\mathrm{S}} g_{\mathrm{m}} v_{\mathrm{GS}} \tag{8.108}$$

$$v_{\mathrm{out}} = -R'_{\mathrm{D}} g_{\mathrm{m}} v_{\mathrm{GS}} \tag{8.109}$$

また，入力電流 $i_{\mathrm{in}}$ 出力電流 $i_{\mathrm{out}}$ とは，

$$i_{\mathrm{in}} = \frac{v_{\mathrm{in}}}{R_{\mathrm{G}}} \tag{8.110}$$

$$i_{\mathrm{out}} = -\frac{v_{\mathrm{out}}}{R_{\mathrm{L}}} = -\frac{R_{\mathrm{D}} g_{\mathrm{m}} v_{\mathrm{GS}}}{R_{\mathrm{D}} + R_{\mathrm{L}}} \tag{8.111}$$

となる．電圧増幅度 $A_v$ は以下のようになる．

$$A_v = \frac{v_{\mathrm{out}}}{v_{\mathrm{in}}} = -\frac{R'_{\mathrm{D}} g_{\mathrm{m}}}{1 + R_{\mathrm{S}} g_{\mathrm{m}}} \tag{8.112}$$

入力インピーダンス $Z_{\mathrm{in}}$ はソース接地増幅回路と同様に

$$Z_{\mathrm{in}} = \frac{v_{\mathrm{in}}}{i_{\mathrm{in}}} = R_{\mathrm{G}} \tag{8.113}$$

となる．出力の開放電圧 $v_{\mathrm{open}}$ と短絡電流 $i_{\mathrm{short}}$ が

$$v_{\mathrm{open}} = \lim_{R_{\mathrm{L}} \to \infty} v_{\mathrm{out}} = -R_{\mathrm{D}} g_{\mathrm{m}} v_{\mathrm{GS}} \tag{8.114}$$

$$i_{\mathrm{short}} = \lim_{R_{\mathrm{L}} \to 0} i_{\mathrm{out}} = -g_{\mathrm{m}} v_{\mathrm{GS}} \tag{8.115}$$

なので，出力インピーダンス $Z_{\mathrm{out}}$ は

$$Z_{\mathrm{out}} = R_{\mathrm{D}} \tag{8.116}$$

となる．

各特性量の具体的な数値の例を以下に示す．計算には付録 B の表 B.2 と表 B.4 に示した値を用いた．

$$A_v = -4.0 \tag{8.117}$$

$$Z_{\mathrm{in}} = 88\,\mathrm{k\Omega} \tag{8.118}$$

$$Z_{\mathrm{out}} = 2.4\,\mathrm{k\Omega} \tag{8.119}$$

160 ページの計算結果と比較してわかるように，入力インピーダンスはほとんど変わらないのにもかかわらず，増幅度は低下する．このために，電流帰還ソース接地増幅回路を用いることは少ない．

負荷抵抗 $R_{\mathrm{L}}$ が十分に大きいときは，

$$\lim_{R_{\mathrm{L}}\to\infty} R'_{\mathrm{D}} = R_{\mathrm{D}} \tag{8.120}$$

なので [13]，電流帰還ソース接地増幅回路の電圧増幅度 $A_v$ は

$$\lim_{R_{\mathrm{L}}\to\infty} A_v = -\lim_{R_{\mathrm{L}}\to\infty} \frac{R'_{\mathrm{D}}g_{\mathrm{m}}}{1+R_{\mathrm{S}}g_{\mathrm{m}}} = -\frac{R_{\mathrm{D}}g_{\mathrm{m}}}{1+R_{\mathrm{S}}g_{\mathrm{m}}} \tag{8.121}$$

となる．

ここで，ソース抵抗 $R_{\mathrm{S}}$ の効果について考える．ただし，バイアス回路の抵抗 $R_{\mathrm{G1}}$，$R_{\mathrm{G2}}$ は無視する．図 **8.23** に電流帰還ソース接地増幅回路の電圧増幅度 $A_v$ が，ソース抵抗 $R_{\mathrm{S}}$ と相互コンダクタンス $g_{\mathrm{m}}$ でどのように変化するかを示す．

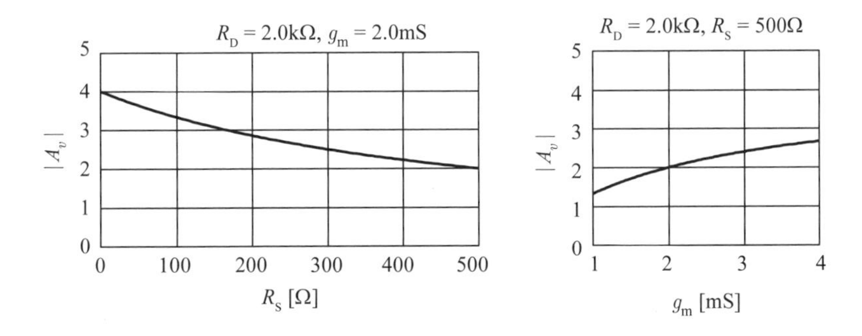


図 **8.23** ソース抵抗 $R_{\mathrm{S}}$ と相互コンダクタンス $g_{\mathrm{m}}$ による電圧増幅度 $A_v$ の変化

図 8.23 より，ソース抵抗 $R_{\mathrm{S}}$ が存在すると電圧増幅度 $A_v$ の大きさは減少するが，$g_{\mathrm{m}}$ の影響をほとんど受けなくなることがわかる．ただし，もともとのソース接地増幅回路の電圧増幅度が小さいため，148 ページで示した

[13] 17 ページの式 (2.15) を参照．

電流帰還エミッタ接地増幅回路におけるエミッタ抵抗ほど大きな効果はない．このため，電流帰還ソース接地増幅回路は電流帰還エミッタ接地増幅回路ほど広く用いられていない．

### 8.3.3 ドレイン接地増幅回路（ソースフォロワ）

図 **8.24** にドレイン接地増幅回路（ソースフォロワ[14]）の回路図を示す．

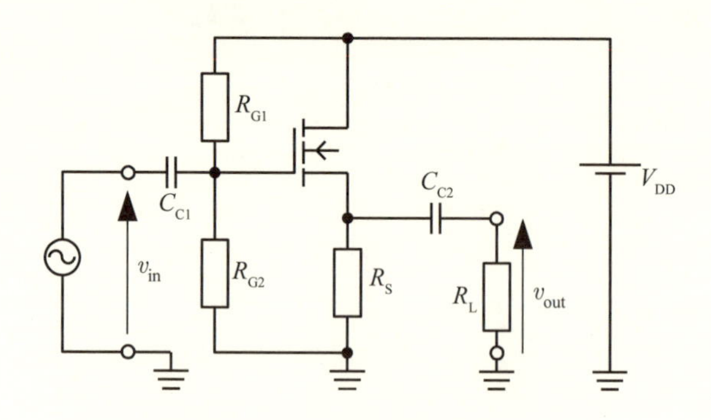


図 **8.24** ドレイン接地増幅回路の回路図

図 8.24 のドレイン接地増幅回路の小信号等価回路を作ると，図 **8.25** のようになる．以下，この小信号等価回路にもとづいてドレイン接地増幅回路の各特性量を求める．MOSFET の出力抵抗 $r_o$ を考慮するときは，ソース抵抗 $R_S$ を出力抵抗 $r_o$ との並列合成抵抗 $R_S \parallel r_o$ に置き換える．

入力電圧 $v_{in}$ と出力電圧 $v_{out}$ は以下のようになる．

$$v_{in} = v_{GS} + v_{out} \tag{8.122}$$

$$v_{out} = R'_S g_m v_{GS} \tag{8.123}$$

ただし，$R'_S$ は，以下のように $R_S$ と $R_L$ の並列接続抵抗である．

$$R'_S = R_S \parallel R_L \tag{8.124}$$

[14] ソースホロワと表記することもある．

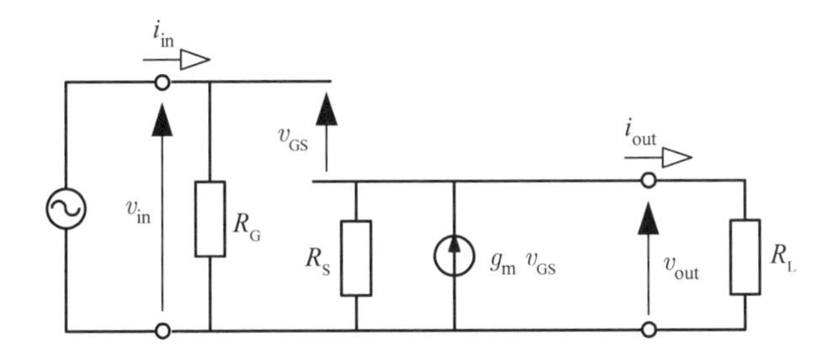


**図 8.25** ドレイン接地増幅回路の小信号等価回路

入力電流 $i_{\text{in}}$ と出力電流 $i_{\text{out}}$ は以下のようになる．

$$i_{\text{in}} = \frac{v_{\text{in}}}{R_{\text{G}}} \tag{8.125}$$

$$i_{\text{out}} = \frac{v_{\text{out}}}{R_{\text{L}}} = \frac{R_{\text{S}} g_{\text{m}} v_{\text{GS}}}{R_{\text{S}} + R_{\text{L}}} \tag{8.126}$$

式 (8.123) より

$$v_{\text{GS}} = \frac{v_{\text{out}}}{R'_{\text{S}} g_{\text{m}}} \tag{8.127}$$

となるので，これを式 (8.122) に代入すると，

$$v_{\text{in}} = \frac{v_{\text{out}}}{R'_{\text{S}} g_{\text{m}}} + v_{\text{out}} = \frac{1 + R'_{\text{S}} g_{\text{m}}}{R'_{\text{S}} g_{\text{m}}} v_{\text{out}} \tag{8.128}$$

となる．これより，電圧増幅度 $A_v$ は

$$A_v = \frac{v_{\text{out}}}{v_{\text{in}}} = \frac{R'_{\text{S}} g_{\text{m}}}{1 + R'_{\text{S}} g_{\text{m}}} \tag{8.129}$$

となる．入力インピーダンス $Z_{\text{in}}$ は

$$Z_{\text{in}} = \frac{v_{\text{in}}}{i_{\text{in}}} = R_{\text{G}} \tag{8.130}$$

となる．出力の開放電圧 $v_{\text{open}}$ と短絡電流 $i_{\text{short}}$ が

$$v_{\mathrm{open}} = \lim_{R_{\mathrm{L}} \to \infty} v_{\mathrm{out}} = R_{\mathrm{S}} g_{\mathrm{m}} v_{\mathrm{GS}} \tag{8.131}$$

$$i_{\mathrm{short}} = \lim_{R_{\mathrm{L}} \to 0} i_{\mathrm{out}} = g_{\mathrm{m}} v_{\mathrm{GS}} \tag{8.132}$$

なので，出力インピーダンス $Z_{\mathrm{out}}$ は

$$Z_{\mathrm{out}} = \frac{v_{\mathrm{open}}}{i_{\mathrm{short}}} = R_{\mathrm{S}} \tag{8.133}$$

となる．

各特性量の具体的な数値の例を以下に示す．計算には付録 B の表 B.2 と表 B.4 に示した値を用いた．

$$A_v \fallingdotseq 0.83 \tag{8.134}$$

$$Z_{\mathrm{in}} = 80\,\mathrm{k\Omega} \tag{8.135}$$

$$Z_{\mathrm{out}} = 2.5\,\mathrm{k\Omega} \tag{8.136}$$

### 8.3.4　ゲート接地増幅回路

**図 8.26** に回路図を示した増幅回路は**ゲート接地増幅回路**と呼ばれる．ここでは，$C_{\mathrm{G}}$ がバイパスコンデンサとなり，信号成分に対してゲートを直接接地する働きをする．

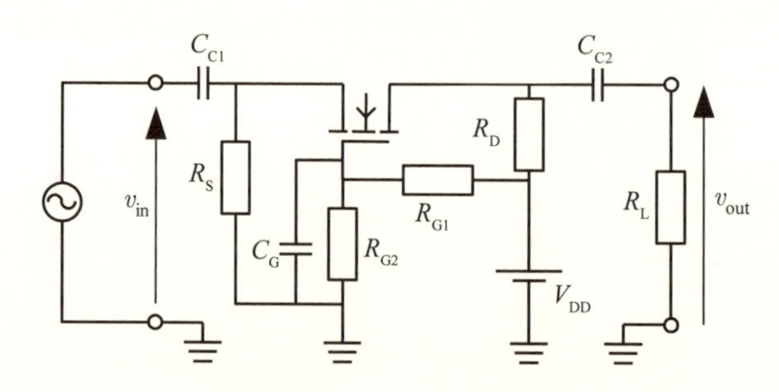


**図 8.26** ゲート接地増幅回路

図 8.26 のゲート接地等価回路の小信号等価回路を**図 8.27** に示す．ここ

では MOSFET の出力抵抗を無視している．出力抵抗を考慮した解析は付録 E.4 で行う．以下，図 8.27 の小信号等価回路を用いて特性量を求める．

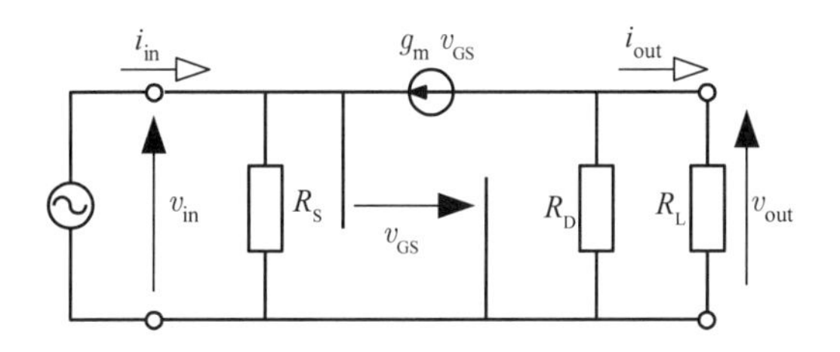


**図 8.27** ゲート接地回路の小信号等価回路

図 8.27 において，入力電圧 $v_{\rm in}$ と出力電圧 $v_{\rm out}$ は以下のように表せる．

$$v_{\rm in} = -v_{\rm GS} \tag{8.137}$$

$$v_{\rm out} = -R'_{\rm D} g_{\rm m} v_{\rm GS} \tag{8.138}$$

ただし，

$$R'_{\rm D} = R_{\rm D} \parallel R_{\rm L} \tag{8.139}$$

である．出力電流 $i_{\rm out}$ は

$$i_{\rm out} = -\frac{v_{\rm out}}{R_{\rm L}} = -\frac{R_{\rm D} g_{\rm m} v_{\rm GS}}{R_{\rm D} + R_{\rm L}} \tag{8.140}$$

となる．電圧増幅度 $A_v$ を求めると，以下のようになる．

$$A_v = \frac{v_{\rm out}}{v_{\rm in}} = R'_{\rm D} g_{\rm m} \tag{8.141}$$

また，キルヒホッフの電流則より，

$$i_{\rm in} + g_{\rm m} v_{\rm GS} - \frac{v_{\rm in}}{R_{\rm S}} = i_{\rm in} - g_{\rm m} v_{\rm in} - \frac{v_{\rm in}}{R_{\rm S}} = 0 \tag{8.142}$$

なので，入力インピーダンス $Z_{\rm in}$ は

$$Z_{\mathrm{in}} = \frac{v_{\mathrm{in}}}{i_{\mathrm{in}}} = \frac{v_{\mathrm{in}}}{\dfrac{v_{\mathrm{in}}}{R_{\mathrm{S}}} + g_{\mathrm{m}} v_{\mathrm{in}}} = \frac{1}{\dfrac{1}{R_{\mathrm{S}}} + g_{\mathrm{m}}} = \frac{R_{\mathrm{S}}}{1 + R_{\mathrm{S}} g_{\mathrm{m}}} \tag{8.143}$$

となる．出力の開放電圧 $v_{\mathrm{open}}$ と短絡電流 $i_{\mathrm{short}}$ が

$$v_{\mathrm{open}} = \lim_{R_{\mathrm{L}} \to \infty} v_{\mathrm{out}} = -R_{\mathrm{D}} g_{\mathrm{m}} v_{\mathrm{GS}} \tag{8.144}$$

$$i_{\mathrm{short}} = \lim_{R_{\mathrm{L}} \to 0} i_{\mathrm{out}} = -g_{\mathrm{m}} v_{\mathrm{GS}} \tag{8.145}$$

であるので，出力インピーダンス $Z_{\mathrm{out}}$ は

$$Z_{\mathrm{out}} = R_{\mathrm{D}} \tag{8.146}$$

となる．

各特性量の具体的な数値の例を以下に示す．計算には付録 B の表 B.2 と表 B.4 に示した値を用いた．

$$A_v = 4.8 \tag{8.147}$$

$$Z_{\mathrm{in}} \fallingdotseq 83.3\,\Omega \tag{8.148}$$

$$Z_{\mathrm{out}} = 2.4\,\mathrm{k}\Omega \tag{8.149}$$

### 8.3.5　MOSFET 増幅回路の特性量の比較

表 **8.3** にここまで述べた MOSFET を用いた増幅回路の特性量の比較を示す．

また，増幅回路の特性量の数値例を表 **8.4** に示す．計算には付録 B の表 B.2 と表 B.4 に示した値を用いた．カッコ内はバイアス抵抗 $R_{\mathrm{G1}}$ と $R_{\mathrm{G2}}$ を無視したときの値である．

ドレイン接地増幅回路の利用例としてはバッファがあり，ゲート接地増幅回路の利用例としては同軸ケーブルなどの伝送線路の終端における無反射増幅がある．

**表 8.3** MOSFET 増幅回路の特性量の比較

| 特性量 | $A_v$ | $Z_{\rm in}$ [Ω] | $Z_{\rm out}$ [Ω] |
|---|---|---|---|
| ソース接地 | $-R'_{\rm D}g_{\rm m}$ | $R_{\rm G}$ | $R_{\rm D}$ |
| 電流帰還ソース接地 | $-\dfrac{R'_{\rm D}g_{\rm m}}{1+R_{\rm S}g_{\rm m}}$ | $R_{\rm G}$ | $R_{\rm D}$ |
| ドレイン接地 | $\dfrac{R'_{\rm S}g_{\rm m}}{1+R'_{\rm S}g_{\rm m}}$ | $R_{\rm G}$ | $R_{\rm S}$ |
| ゲート接地 | $R'_{\rm D}g_{\rm m}$ | $\dfrac{R_{\rm S}}{1+R_{\rm S}g_{\rm m}}$ | $R_{\rm D}$ |

$R'_{\rm D} = R_{\rm D} \parallel R_{\rm L}$,　$R'_{\rm S} = R_{\rm S} \parallel R_{\rm L}$

**表 8.4** MOSFET 増幅回路の特性量の数値例

| 特性量 | $A_v$ | $Z_{\rm in}$ [Ω] | $Z_{\rm out}$ [Ω] |
|---|---|---|---|
| ソース接地 | −5.0 | 80 k (∞) | 2.5 k |
| 電流帰還ソース接地 | −4.0 | 88 k (∞) | 2.4 k |
| ドレイン接地 | 0.83 | 80 k (∞) | 2.5 k |
| ゲート接地 | 4.8 | 83.3 | 2.4 k |

## 8.4　エミッタ接地増幅回路の最大出力信号電圧

本節では，エミッタ接地増幅回路の出力信号電圧の最大値を求める．ここまでの各節とは異なり，電流・電圧は直流バイアス電流・電圧に角周波数 $\omega$ の交流信号が加わったものとして扱い，直流と交流に分けることはしない．解析を簡単にするために，ベース電流 $I_{\rm B}$ およびコレクタ・エミッタ間飽和電圧 $V_{\rm CES}$ は無視できるほど小さいものと仮定する．つまり，以下の式に示す近似をする．

$$I_{\rm B} \fallingdotseq 0 \tag{8.150}$$

$$V_{\rm CES} \fallingdotseq 0 \tag{8.151}$$

まず，図 **8.28** に示す単純なエミッタ接地増幅回路の最大出力を考える．

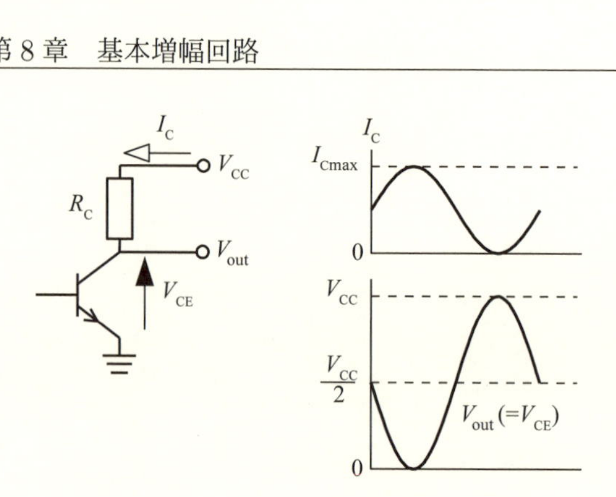


**図 8.28** エミッタ接地増幅回路の最大出力

図 8.28 の回路において，

$$I_C = \frac{V_{CC} - V_{CE}}{R_C} \tag{8.152}$$

である．コレクタ・エミッタ間電圧 $V_{CE}$ が $V_{CES}$ のとき，コレクタ電流 $I_C$ は最大値になる．ここでは，$V_{CES} \fallingdotseq 0$ としているので，コレクタ電流の最大値は $\dfrac{V_{CC}}{R_C}$ である．コレクタ・エミッタ間電圧 $V_{CE}$ が $V_{CC}$ のとき，コレクタ電流 $I_C$ は最小値 0 になる．これより，交流成分が正弦波であるとき，コレクタ電流 $I_C$ の変化は以下の式で与えられることになる．

$$I_C = \frac{I_{Cmax}}{2}(1 + \sin \omega t) \tag{8.153}$$

$$I_{Cmax} = \frac{V_{CC}}{R_C} \tag{8.154}$$

また，出力電圧 $V_{out}$ は以下の式で与えられる．

$$V_{out} = V_{CC} - R_C I_C = V_{CC} - \frac{V_{CC}}{2}(1 + \sin \omega t) = \frac{V_{CC}}{2}(1 - \sin \omega t) \tag{8.155}$$

これより，出力信号電圧の最大値 $|v_{max}|$ は

$$|v_{max}| = \frac{V_{CC}}{2} \tag{8.156}$$

となる．

次に，図 **8.29** に示す電流帰還エミッタ接地増幅回路について考える．

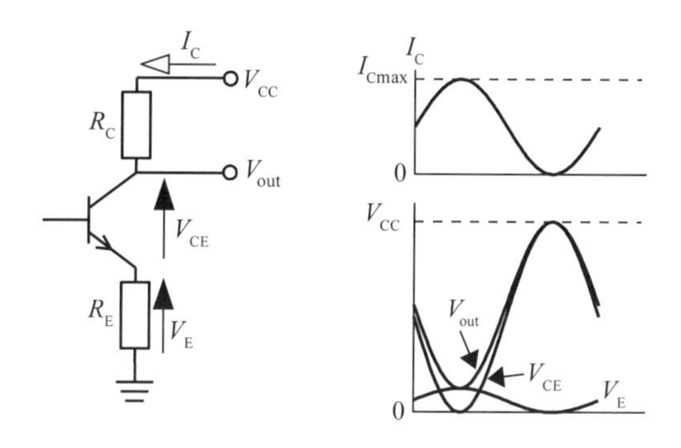


図 **8.29** 電流帰還エミッタ接地増幅回路の最大出力

図 8.29 の回路では，

$$I_C = \frac{V_{CC} - V_{CE}}{R_C + R_E} \tag{8.157}$$

である．コレクタ・エミッタ間飽和電圧 $V_{CES}$ を 0 であると仮定したので，図 8.29 の回路において，コレクタ・エミッタ間電圧 $V_{CE}$ が 0 のとき，コレクタ電流 $I_C$ が最大になる．これより，コレクタ電流 $I_C$ は以下の式で与えられる．

$$I_C = \frac{I_{Cmax}}{2}(1 + \sin \omega t) \tag{8.158}$$

$$I_{Cmax} = \frac{V_{CC}}{R_C + R_E} \tag{8.159}$$

出力電圧 $V_{out}$ は以下の式で与えられる．

$$\begin{aligned} V_{out} &= V_{CC} - R_C I_C = V_{CC} - \frac{R_C V_{CC}}{2(R_C + R_E)}(1 + \sin \omega t) \\ &= \frac{R_C + 2R_E}{2(R_C + R_E)} V_{CC} - \frac{R_C V_{CC}}{2(R_C + R_E)} \sin \omega t \end{aligned} \tag{8.160}$$

これより，出力信号電圧の最大値 $|v_{max}|$ は以下のようになる．

$$|v_{\max}| = \frac{R_C V_{CC}}{2(R_C + R_E)} \tag{8.161}$$

ここで，エミッタ電圧 $V_E$ を求めると，

$$V_E = R_E I_C = \frac{R_E V_{CC}}{2(R_C + R_E)}(1 + \sin\omega t) \tag{8.162}$$

となり，エミッタ・コレクタ間電圧 $V_{CE}$ は

$$\begin{aligned} V_{CE} &= V_C - V_E \\ &= \frac{R_C + 2R_E}{2(R_C + R_E)} V_{CC} - \frac{R_C V_{CC}}{2(R_C + R_E)} \sin\omega t \\ &\quad - \frac{R_E V_{CC}}{2(R_C + R_E)}(1 + \sin\omega t) \\ &= \frac{V_{CC}}{2}(1 - \sin\omega t) \end{aligned} \tag{8.163}$$

となる．つまり，エミッタ・コレクタ間電圧の振幅は単純なエミッタ接地増幅回路と同じく $\dfrac{V_{CC}}{2}$ であるが，エミッタ電圧の振幅の分だけ減少したものが出力信号電圧の最大値になることがわかる．

最後に，図 **8.30** のバイパスコンデンサ付き電流帰還エミッタ接地増幅回路について考える．

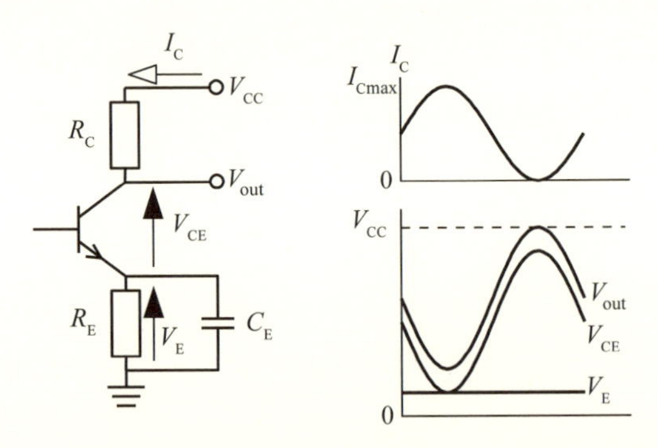


図 **8.30** バイパスコンデンサ付き電流帰還エミッタ接地増幅回路の最大出力

図 8.30 の回路においても図 8.29 と同様にコレクタ電流 $I_C$ は以下の式で与えられる．

$$I_{\mathrm{C}} = \frac{I_{\mathrm{Cmax}}}{2}(1+\sin\omega t) \tag{8.164}$$

$$I_{\mathrm{Cmax}} = \frac{V_{\mathrm{CC}}}{R_{\mathrm{C}}+R_{\mathrm{E}}} \tag{8.165}$$

出力電圧 $V_{\mathrm{out}}$ は以下の式で与えられる．

$$\begin{aligned} V_{\mathrm{out}} &= V_{\mathrm{CC}} - R_{\mathrm{C}}I_{\mathrm{C}} = V_{\mathrm{CC}} - \frac{R_{\mathrm{C}}V_{\mathrm{CC}}}{2(R_{\mathrm{C}}+R_{\mathrm{E}})}(1+\sin\omega t) \\ &= \frac{R_{\mathrm{C}}+2R_{\mathrm{E}}}{2(R_{\mathrm{C}}+R_{\mathrm{E}})}V_{\mathrm{CC}} - \frac{R_{\mathrm{C}}V_{\mathrm{CC}}}{2(R_{\mathrm{C}}+R_{\mathrm{E}})}\sin\omega t \end{aligned} \tag{8.166}$$

これより，出力信号電圧の最大値 $|v_{\mathrm{max}}|$ は，図 8.29 と同じく，以下のようになる．

$$|v_{\mathrm{max}}| = \frac{R_{\mathrm{C}}V_{\mathrm{CC}}}{2(R_{\mathrm{C}}+R_{\mathrm{E}})} \tag{8.167}$$

図 8.30 の回路ではバイパスコンデンサがあるため，抵抗 $R_{\mathrm{E}}$ に流れる電流 $I_{\mathrm{RE}}$ はコレクタ電流 $I_{\mathrm{C}}$ 直流分のみであり，

$$I_{\mathrm{RE}} = \frac{I_{\mathrm{Cmax}}}{2} \tag{8.168}$$

となる．エミッタ電圧 $V_{\mathrm{E}}$ は

$$V_{\mathrm{E}} = R_{\mathrm{E}}\frac{I_{\mathrm{Cmax}}}{2} = \frac{R_{\mathrm{E}}V_{\mathrm{CC}}}{2(R_{\mathrm{C}}+R_{\mathrm{E}})} \tag{8.169}$$

となる．これより，コレクタ・エミッタ間電圧は

$$V_{\mathrm{CE}} = V_{\mathrm{C}} - V_{\mathrm{E}} = \frac{V_{\mathrm{CC}}}{2} - \frac{R_{\mathrm{C}}V_{\mathrm{CC}}}{2(R_{\mathrm{C}}+R_{\mathrm{E}})}\sin\omega t \tag{8.170}$$

となる．図 8.29 と異なり，図 8.30 の回路ではコレクタ・エミッタ間電圧そのものが減少していることがわかる．

図 8.30 のバイパスコンデンサ付き電流帰還エミッタ接地増幅回路の最大出力は，通常は図 **8.31** のように交流負荷線という考えで説明される．

図 8.30 の回路の負荷線の式は，

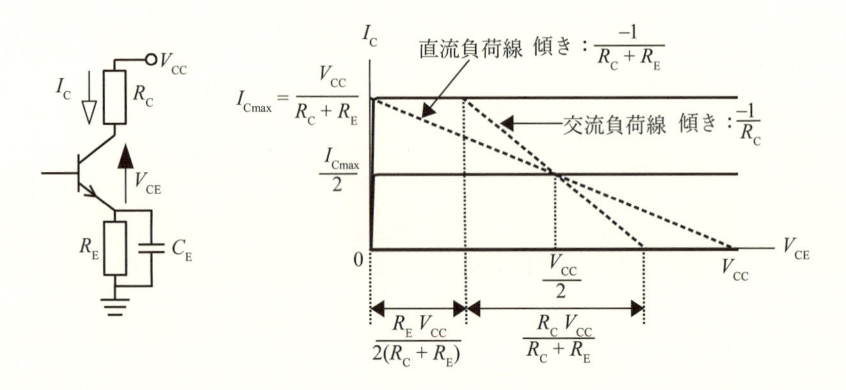


**図 8.31** バイポーラトランジスタの直流負荷線と交流負荷線

$$V_{CE} = V_{CC} - R_C I_C - R_E I_E \fallingdotseq V_{CC} - (R_C + R_E)\, I_C \qquad (8.171)$$

となる．これを，次に示す交流負荷線と区別するときは，**直流負荷線**と呼ぶ．交流に対してはエミッタ抵抗 $R_E$ が無視できるので，負荷線の傾きは $-\dfrac{1}{R_C}$ となる．ここで，図 8.31 に示すように傾きが $-\dfrac{1}{R_C}$ で直流バイアスの動作点 $\left(\dfrac{V_{CC}}{2}, \dfrac{I_{Cmax}}{2}\right)$ を通る直線を考え，これを**交流負荷線**と呼ぶ．交流負荷線が $I_C = 0$ および $I_C = I_{Cmax}$ と交わる点の電圧がコレクタ・エミッタ間電圧の変化になり，その半分が最大出力電圧 $|v_{max}|$ であり，

$$|v_{max}| = \frac{R_C V_{CC}}{2\,(R_C + R_E)} \qquad (8.172)$$

となる．当然ながら，計算で求めた結果である式 (8.167) と一致する．

# 展開編

第3部

# 第 9 章

# 各種電子回路

## 9.1　定電流回路

79 ページの図 5.24 や 82 ページの図 5.26 に示した差動増幅回路では電流源を用いていた．この他にも後の 9.2 節（183 ページ）で説明する能動負荷など電子回路，特に集積回路に用いられる電子回路においては電流源が必要になることが多い．本節では，電流源を作るために必要な定電流回路の説明をする．

まず，図 **9.1** (a) のような回路を考える．ベース・エミッタ間電圧が一定の値 $V_{\mathrm{BE0}}$ であると仮定すると，コレクタとベースが接続されていることにより，コレクタ・エミッタ間電圧も $V_{\mathrm{BE0}}$ となる．これより，

$$I_{\mathrm{ref}} = I_{\mathrm{B}} + I_{\mathrm{C}} = \frac{V_{\mathrm{CC}} - V_{\mathrm{BE0}}}{R_{\mathrm{ref}}} \tag{9.1}$$

となる．これは，電流 $I_{\mathrm{ref}}$ が一定になることを示している．

図 9.1 (b) に示す回路では，ゲートとドレインが接続されているのでゲート・ソース間電圧 $V_{\mathrm{GS}}$ とドレイン・ソース間電圧 $V_{\mathrm{DS}}$ が等しくなる．特に，この図の場合は

$$V_{\mathrm{GS}} = V_{\mathrm{DS}} = V_{\mathrm{DD}} \tag{9.2}$$

となる．図 9.1 (b) 中の MOSFET は飽和領域での動作条件

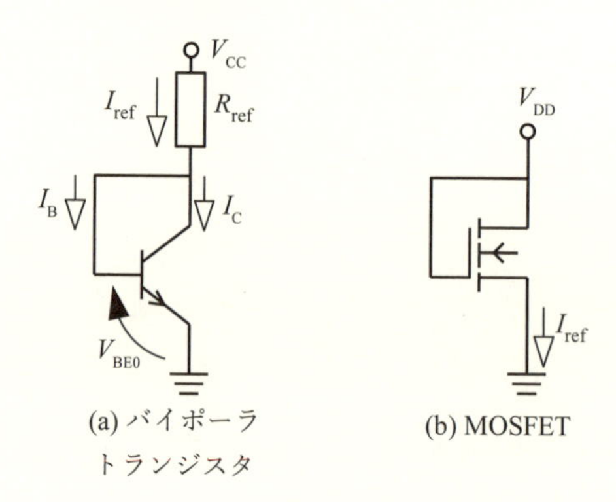


図 **9.1** トランジスタを用いた定電流回路

$$V_{DS} > V_{GS} - V_{th} \tag{9.3}$$

を満たしているので，MOSFET を流れる電流は，33 ページの式 (3.16) より，

$$I_{ref} = \frac{\beta}{2}(V_{GS} - V_{th})^2 = \frac{\beta}{2}(V_{DS} - V_{th})^2 = \frac{\beta}{2}(V_{DD} - V_{th})^2 \tag{9.4}$$

となる．この場合も電流 $I_{ref}$ は一定となる．

図 9.1 に示した回路で作られた一定電流 $I_{ref}$ を外部に取り出せれば定電流源になるが，図 9.1 のままでは一定の電流を外部に取り出すのは困難である．そこで，図 **9.2** に示すような回路が用いられる．この回路は**カレントミラー回路**と呼ばれ，**参照電流源**と呼ばれる定電流回路で作った電流 $I_{ref}$ をもとにして定電流 $I_o$ を外部に流すための回路である[1]．ここでは，バイポーラトランジスタを使ったカレントミラー回路を示した．MOSFET を使ったカレントミラー回路は後に 181 ページの図 9.4 で示す．

カレントミラー回路の動作を図 9.2 (a) の npn トランジスタを用いた場合をもとにして説明する．図中の 2 つのトランジスタの特性は同一であり，どちらも能動領域で動作しているものと仮定する．各バイポーラトランジス

[1] 参照電流源は回路外部に存在してもよい．

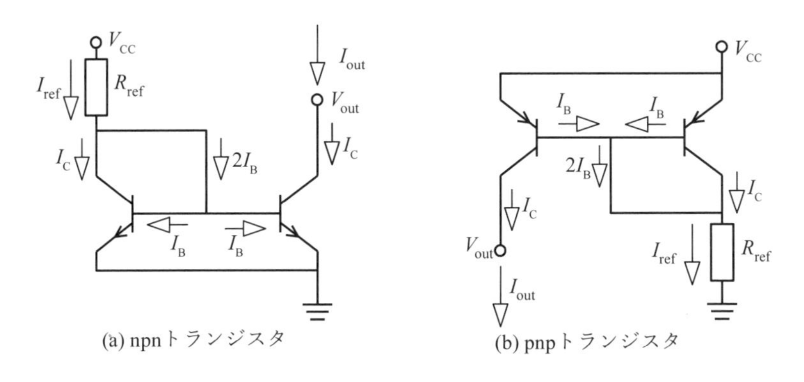


**図 9.2** カレントミラー回路（バイポーラトランジスタ）

タのベース同士，エミッタ同士が接続されているので，ベース・エミッタ間電圧 $V_{BE}$ は等しくなる．これより，各トランジスタのベース電流 $I_B$ とコレクタ電流 $I_C$ は同じ値になる．キルヒホッフの電流則より，

$$I_{ref} = I_C + 2I_B \tag{9.5}$$

であり，能動領域で動作していることにより

$$I_{ref} = I_C + \frac{2I_C}{\beta} = \frac{\beta + 2}{\beta} I_C \tag{9.6}$$

となる．これより，出力電流 $I_{out}$ は

$$I_{out} = I_C = \frac{\beta}{\beta + 2} I_{ref} \tag{9.7}$$

となる．トランジスタのエミッタ接地電流増幅率 $\beta$ が十分に大きいときは，

$$\lim_{\beta \to \infty} I_{out} \fallingdotseq I_{ref} \tag{9.8}$$

となる [2]．

[2] 7 ページの式 (1.9) 参照.

バイポーラトランジスタには30ページで述べたアーリー効果があるため，厳密には出力電圧 $V_{\mathrm{out}}$ が変化すると，出力電流 $I_{\mathrm{out}}$ も変化する．そのため，カレントミラー回路は104ページの式 (6.45) で与えられる内部抵抗 $r_{\mathrm{o}}$ を持つ電流源となる．また，図 9.2 (a) の回路で出力電圧 $V_{\mathrm{out}}$ がエミッタ・コレクタ間飽和電圧 $V_{\mathrm{CES}}$ より小さくなったとき，あるいは図 9.2 (b) の回路で出力電圧と電源電圧の差（$V_{\mathrm{CC}} - V_{\mathrm{out}}$）がエミッタ・コレクタ間飽和電圧 $V_{\mathrm{CES}}$ より小さくなったときはバイポーラトランジスタは飽和領域で動作するようになる．その結果，出力電流 $I_{\mathrm{out}}$ は減少する．以上のことを考慮した図 9.2 のカレントミラー回路の電圧電流特性を図 **9.3** に示す．これは，$I_{\mathrm{B}} = \dfrac{I_{\mathrm{ref}}}{\beta}$ であるとき[3]のバイポーラトランジスタの出力特性である．

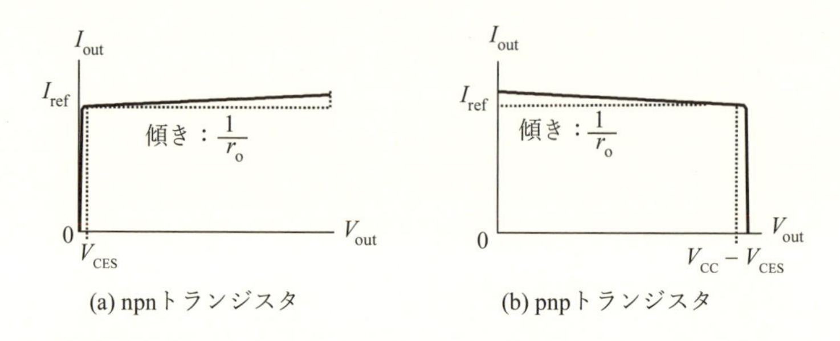


**図 9.3** カレントミラー回路（バイポーラトランジスタ）の電圧電流特性

図 **9.4** に MOSFET を用いたカレントミラー回路を示す．

ここでは，図 9.4 (a) に示した n チャネル MOSFET を使った回路をもとにして動作を説明する．MOSFET ではゲートに電流が流れないので，

$$I_{\mathrm{D1}} = I_{\mathrm{ref}} \tag{9.9}$$

$$I_{\mathrm{D2}} = I_{\mathrm{out}} \tag{9.10}$$

となる．2 つの MOSFET のドレイン同士を接続しているので，$V_{\mathrm{GS1}}$ と $V_{\mathrm{GS2}}$ が等しくなる．MOSFET $M_1$ ではドレインとゲートを接続している

[3] より正確には $I_{\mathrm{B}} = \dfrac{I_{\mathrm{ref}}}{\beta + 2}$.

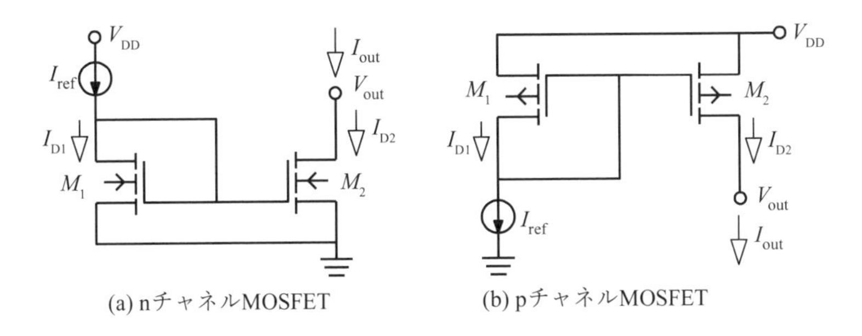


図 **9.4** カレントミラー回路（MOSFET）

ので，$V_{DS1}$ と $V_{GS1}$ が等しくなる．これより以下に示す電圧間の関係式が得られる．

$$V_{out} = V_{DS2} \tag{9.11}$$

$$V_{GS1} = V_{GS2} = V_{DS1} \tag{9.12}$$

ここで，2 つの MOSFET のしきい値電圧は同じ値 $V_{th}$ であると仮定し，さらにどちらの MOSFET も飽和領域で動作すると仮定すると，電圧電流特性は，

$$I_{D1} = \frac{\beta_1}{2}(V_{GS1} - V_{th})^2 \tag{9.13}$$

$$I_{D2} = \frac{\beta_2}{2}(V_{GS2} - V_{th})^2 = \frac{\beta_2}{2}(V_{GS1} - V_{th})^2 \tag{9.14}$$

となる．これより，これらの式と式 (9.9) と式 (9.10) より，

$$I_{out} = I_{D2} = \frac{\beta_2}{\beta_1} I_{D1} = \frac{\beta_2}{\beta_1} I_{ref} \tag{9.15}$$

となる．

MOSFET には 34 ページで述べたチャネル長変調効果があるために，厳密には内部抵抗 $r_o$ を持つ電流源となる．簡単のため，図 9.4 (a) の 2 つの MOSFET のチャネル長変調係数 $\lambda$ が等しいと仮定すると，

$$I_{\mathrm{D1}} = \frac{\beta_1}{2}(V_{\mathrm{GS1}} - V_{\mathrm{th}})^2(1 + \lambda V_{\mathrm{GS1}}) \tag{9.16}$$

$$I_{\mathrm{D2}} = \frac{\beta_2}{2}(V_{\mathrm{GS1}} - V_{\mathrm{th}})^2(1 + \lambda V_{\mathrm{DS2}}) \tag{9.17}$$

となる．これらの式と式 (9.9) と式 (9.10) より，

$$I_{\mathrm{out}} = I_{\mathrm{D2}} = \frac{\beta_2(1 + \lambda V_{\mathrm{DS2}})}{\beta_1(1 + \lambda V_{\mathrm{GS1}})} I_{\mathrm{D1}} = \frac{\beta_2(1 + \lambda V_{\mathrm{DS2}})}{\beta_1(1 + \lambda V_{\mathrm{GS1}})} I_{\mathrm{ref}} \tag{9.18}$$

となる．ここで，式 (9.11) および式 (9.10) から

$$V_{\mathrm{out}} + \Delta V_{\mathrm{out}} = V_{\mathrm{DS2}} + \Delta V_{\mathrm{DS2}}, \quad I_{\mathrm{out}} + \Delta I_{\mathrm{out}} = I_{\mathrm{out}} + \Delta I_{\mathrm{D2}} \tag{9.19}$$

となることを用いると，

$$I_{\mathrm{out}} + \Delta I_{\mathrm{out}} = \frac{\beta_2(1 + \lambda(V_{\mathrm{out}} + \Delta V_{\mathrm{out}}))}{\beta_1(1 + \lambda V_{\mathrm{GS1}})} I_{\mathrm{ref}} \tag{9.20}$$

$$\Delta I_{\mathrm{out}} = \frac{\beta_2 \lambda \Delta V_{\mathrm{out}}}{\beta_1(1 + \lambda V_{\mathrm{GS1}})} I_{\mathrm{ref}} \tag{9.21}$$

となる．これより，MOSFET を用いたカレントミラー回路の出力抵抗 $r_{\mathrm{o}}$ は以下の式で与えられる．

$$r_{\mathrm{o}} = \frac{\Delta V_{\mathrm{out}}}{\Delta I_{\mathrm{out}}} = \frac{\Delta V_{\mathrm{DS2}}}{\Delta I_{\mathrm{D2}}} = \frac{\beta_1(1 + \lambda V_{\mathrm{GS1}})}{\beta_2 \lambda I_{\mathrm{ref}}} \tag{9.22}$$

MOSFET を用いたカレントミラー回路の電圧電流特性は図 **9.5** のようになる．これは $V_{\mathrm{GS2}} = V_{\mathrm{GS1}}$ であるときの MOSFET の出力特性である．n チャネル MOSFET を使ったカレントミラー回路で出力電圧 $V_{\mathrm{out}}$ が小さくなりすぎたときは，MOSFET $M_2$ が線形領域で動作するようになり，定電流源として動作しなくなる．逆に，p チャネル MOSFET を使ったカレントミラー回路では出力電圧 $V_{\mathrm{out}}$ が大きくなりすぎると定電流源として動作しなくなる．

ここで，図 9.5 (a) に示した，n チャネル MOSFET を使ったカレントミラー回路が定電流源として動作する最小の出力電圧 $V_{\mathrm{min}}$ を求める．33 ページの式 (3.15) に示したピンチオフ電圧の条件および式 (9.12) から，

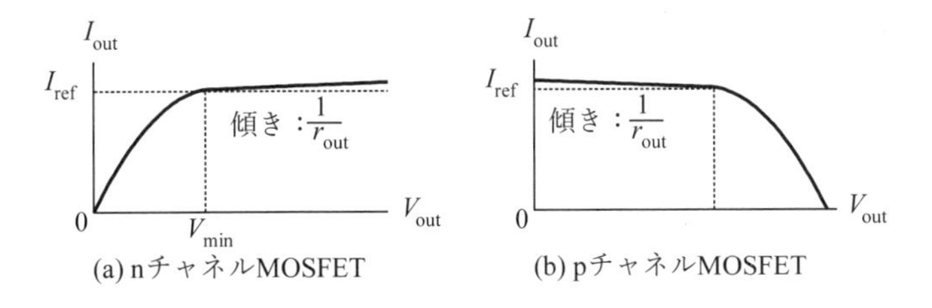


**図 9.5** カレントミラー回路（MOSFET）の電圧電流特性

$$V_{\text{min}} = V_{\text{GS2}} - V_{\text{th}} = V_{\text{GS1}} - V_{\text{th}} \tag{9.23}$$

である．また，式 (9.13) および式 (9.9) から，

$$V_{\text{GS1}} = \sqrt{\frac{2I_{\text{D1}}}{\beta_1}} + V_{\text{th}} = \sqrt{\frac{2I_{\text{ref}}}{\beta_1}} + V_{\text{th}} \tag{9.24}$$

である．これより，

$$V_{\text{min}} = \sqrt{\frac{2I_{\text{ref}}}{\beta_1}} \tag{9.25}$$

となる．

## 9.2 能動負荷

まず，図 **9.6** に示した簡単なエミッタ接地回路について考える．この回路の電圧増幅度 $A_v$ は 142 ページの式 (8.15) に示したように，

$$A_v = -\frac{R_{\text{C}} h_{\text{fe}}}{h_{\text{ie}}} \tag{9.26}$$

となる．増幅度を大きくするためにはコレクタ抵抗 $R_{\text{C}}$ を大きくすればよいが，そうするとコレクタ電流 $I_{\text{C}}$ が減少する．コレクタ電流 $I_{\text{C}}$ の減少を防ぐためには電源電圧 $V_{\text{CC}}$ を増やせばよいが，そうすると消費電力が増加する．

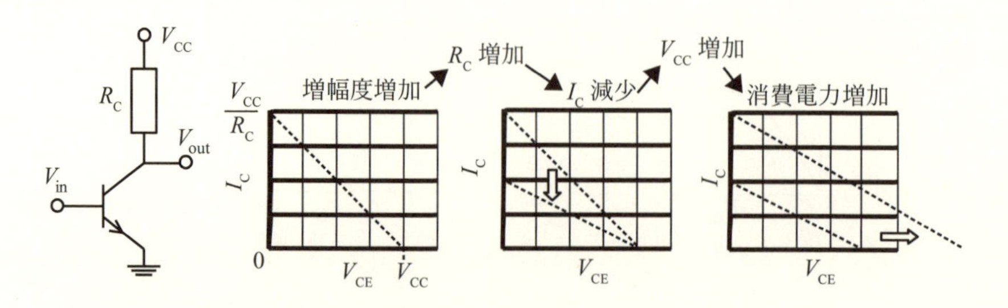


図 **9.6** 受動負荷（抵抗負荷）増幅回路

この問題を解決するためには，図 **9.7** のようにコレクタ抵抗 $R_C$ の代わりに定電流源を負荷として用いればよい．これにより，電源電圧に関係なくコレクタ電流を設定することができる．

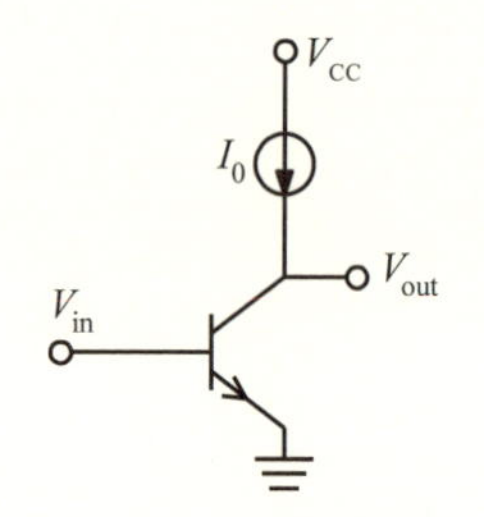


図 **9.7** 能動負荷増幅回路

図 **9.8** に電流源として 179 ページの図 9.2 に示したカレントミラー回路を用いた例を示す．このような能動素子を用いた負荷を**能動負荷**と呼ぶ．

能動負荷を用いた場合，コレクタ電流 $I_C$ は電源電流 $I_0$ に等しくなるので，負荷線は図 **9.9** 中に破線で示したように水平線になる．しかし，これではベース電流 $I_B$ も一定になり，ベース・エミッタ間電圧 $V_{BE}$ も一定であり，なにも変化が起きないことになる．じつは，能動負荷の解析においては，30 ページで述べたアーリー効果によるバイポーラトランジスタの出力抵抗を考慮しなくてはいけないのである．

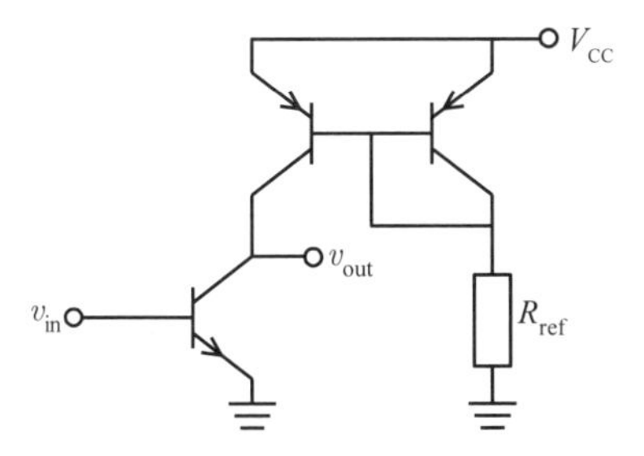


図 **9.8** カレントミラー回路を用いた能動負荷増幅回路（バイポーラトランジスタ）

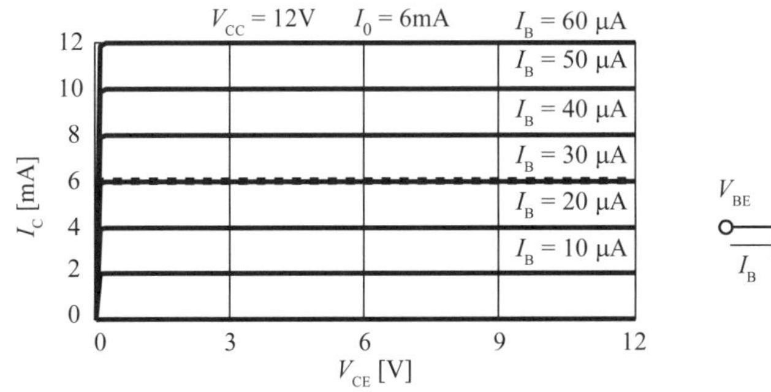


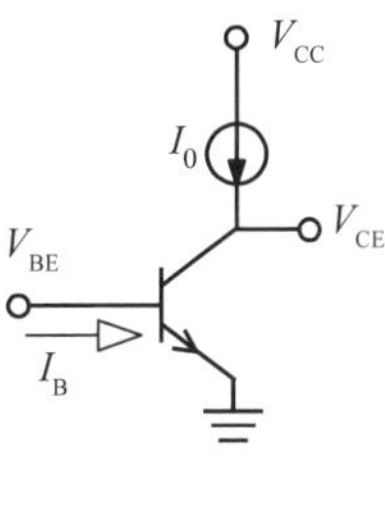


図 **9.9** 能動負荷増幅回路の負荷線（間違い）

図 **9.10** に示したものが，バイポーラトランジスタの出力特性にアーリー効果を考慮した，能動負荷増幅回路の正しい負荷線になる．

30 ページの式 (3.12) で与えられるアーリー効果を考慮した出力特性の電流と，定電流源の電流 $I_{\mathrm{C0}}$ が等しいことから，

$$I_{\mathrm{C0}} = \beta I_{\mathrm{BS}} \exp\left(\frac{V_{\mathrm{BE}}}{V_T}\right) \cdot \left[1 + \frac{V_{\mathrm{CE}}}{V_{\mathrm{A}}}\right] \tag{9.27}$$

となる．これより，以下に示す能動負荷回路の入出力特性が得られる．

$$V_{\mathrm{CE}} = \left[\frac{I_{\mathrm{C0}}}{\beta I_{\mathrm{B}}} - 1\right] V_{\mathrm{A}} = \left[\frac{I_{\mathrm{C0}}}{\beta I_{\mathrm{BS}}} \exp\left(-\frac{V_{\mathrm{BE}}}{V_T}\right) - 1\right] V_{\mathrm{A}} \tag{9.28}$$

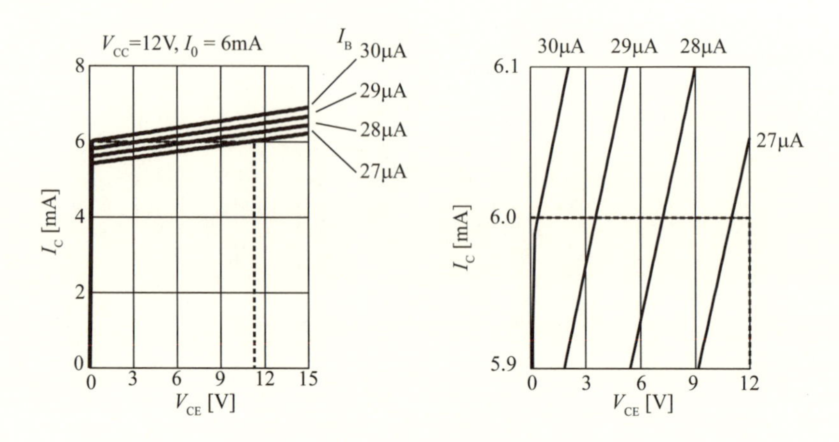


図 **9.10** 能動負荷増幅回路の負荷線

この式 (9.28) にもとづいて能動負荷回路の入出力特性を計算した結果を**図 9.11** に示す．能動負荷を用いたときも，コレクタ・エミッタ間電圧が変化できる範囲は $V_{\mathrm{CES}}$ から $V_{\mathrm{CC}}$ になる．

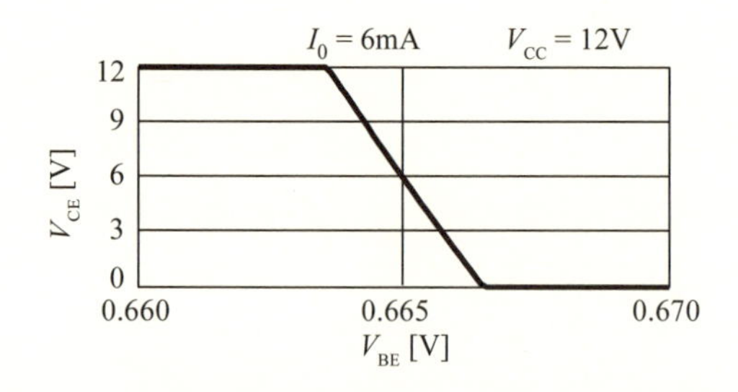


図 **9.11** 能動負荷増幅回路（バイポーラトランジスタ）の入出力特性

図 9.11 より $V_{\mathrm{BE}}$ が 0.6636 V のとき $V_{\mathrm{CE}}$ は 12 V であり，$V_{\mathrm{BE}}$ が 0.6665 V のとき $V_{\mathrm{CE}}$ は 0.0 V となる．これより，増幅度 $A_v$ は

$$A_v = \frac{-12\,\mathrm{V}}{2.9\,\mathrm{mV}} = -4.14 \times 10^3 \tag{9.29}$$

となる．

次に，小信号等価回路を用いて能動負荷増幅回路を解析する．92 ページの図 6.1 に示したように，理想定電流源は電流の大きさが変化しないので小信号（交流）に対しては開放状態になる．このことに注意すると，図 **9.12** に示す能動負荷増幅回路の小信号等価回路を得ることができる．

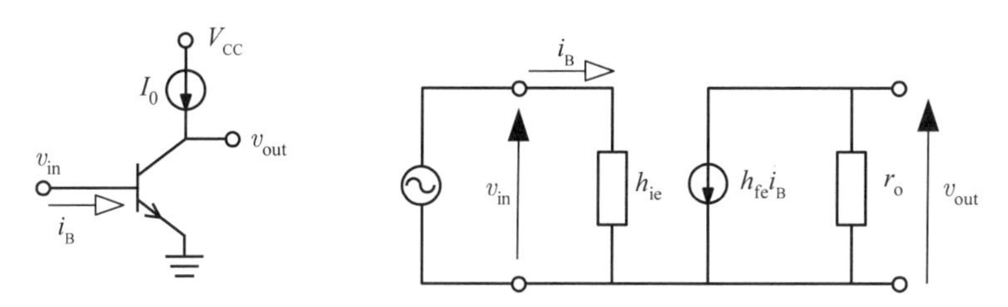


図 **9.12** 能動負荷増幅回路の小信号等価回路

図 9.12 に示す小信号等価回路より，

$$v_{\text{in}} = h_{\text{ie}} i_{\text{B}} \tag{9.30}$$

$$v_{\text{out}} = -r_{\text{o}} h_{\text{fe}} i_{\text{B}} \tag{9.31}$$

であるので，電圧増幅度 $A_v$ は，

$$A_v = -\frac{h_{\text{fe}} r_{\text{o}}}{h_{\text{ie}}} \tag{9.32}$$

である．ここで，103 ページの式 (6.41) および 104 ページの式 (6.45) を用いると，

$$A_v = -\frac{h_{\text{fe}} r_{\text{o}}}{h_{\text{ie}}} = -\frac{h_{\text{fe}} \dfrac{V_A}{I_{\text{C}}}}{\dfrac{V_T}{I_{\text{B}}}} = -\frac{V_A}{V_T} \tag{9.33}$$

となる．たとえば，アーリー電圧 $V_{\text{A}}$ が 100 V のときは，

$$A_v \fallingdotseq -\frac{100\,\text{V}}{25.9\,\text{mV}} \fallingdotseq 3.9 \times 10^3 \tag{9.34}$$

となり，大きな電圧増幅度を実現できることがわかる．図 9.11 から求めた結果との誤差は，6.1％ である．能動負荷増幅回路の入力インピーダンス $Z_{\mathrm{in}}$ と出力インピーダンス $Z_{\mathrm{out}}$ は図 9.12 より，

$$Z_{\mathrm{in}} = h_{\mathrm{ie}} = \frac{V_T}{I_{\mathrm{B}}} \tag{9.35}$$

$$Z_{\mathrm{out}} = r_{\mathrm{o}} = \frac{V_{\mathrm{A}}}{I_{\mathrm{C}}} \tag{9.36}$$

となる．電流源が理想電流源ではなく，内部抵抗が $R_0$ であるときは，各式の $r_{\mathrm{o}}$ を

$$r_{\mathrm{o}}' = r_{\mathrm{o}} \parallel R_0 \tag{9.37}$$

で置き換えて，

$$A_v = -\frac{h_{\mathrm{fe}} r_{\mathrm{o}}'}{h_{\mathrm{ie}}} \tag{9.38}$$

$$Z_{\mathrm{in}} = h_{\mathrm{ie}} \tag{9.39}$$

$$Z_{\mathrm{out}} = r_{\mathrm{o}}' \tag{9.40}$$

となる．

能動負荷増幅回路の特徴として電圧増幅度が大きいことのほかに，歪みが小さいことがあげられる．これを示すために，まず抵抗に負荷を用いた増幅回路を考える．**図 9.13** に抵抗負荷を用いた増幅回路の波形を示す．$V_{\mathrm{BE}}$ が小さいときは，$V_{\mathrm{BE}}$ の変化に対して $V_{\mathrm{CE}}$ が直線的に変化しない．そのため，入力信号 $v_{\mathrm{BE}}$ が正弦波であっても，出力信号 $v_{\mathrm{CE}}$ に歪みが発生する．

これに対して，**図 9.14** に示した能動負荷を用いた増幅回路の波形では，$V_{\mathrm{BE}}$ の変化に対して $V_{\mathrm{CE}}$ がほぼ直線的に変化するので，出力に歪みが発生しない．その反面，能動負荷を用いたときは図 9.11 に示したように増幅可能な入力電圧の範囲が狭い範囲に限られているため，バイアス電圧の設定に注意が必要になる．

**図 9.15** には MOSFET を使った能動負荷増幅回路を示す．この回路では，MOSFET $M$ に対して，

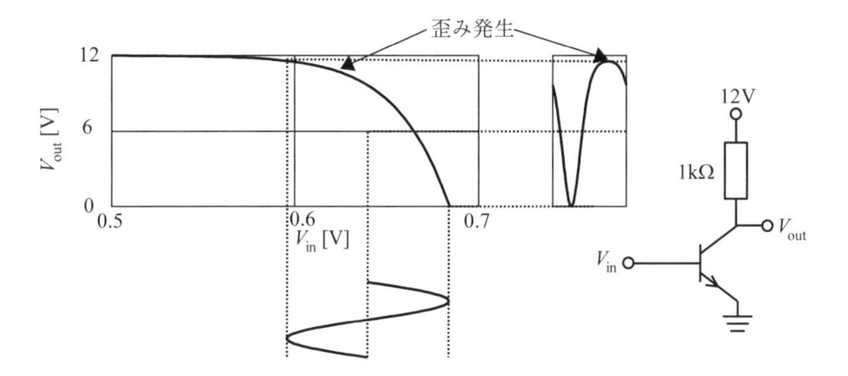


図 **9.13** 抵抗負荷を用いた増幅回路の波形

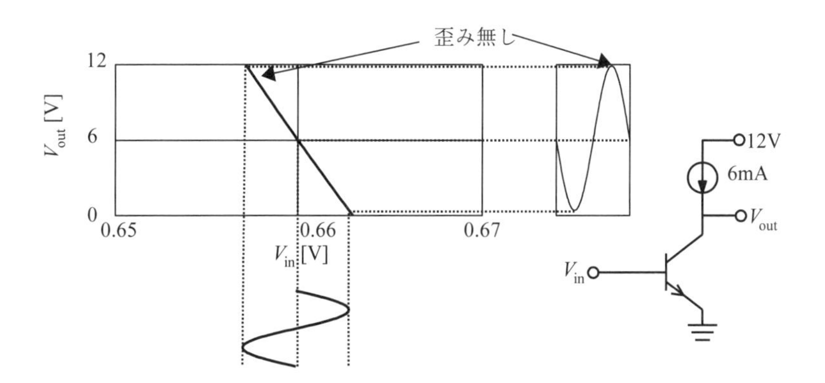


図 **9.14** 能動負荷を用いた増幅回路の波形

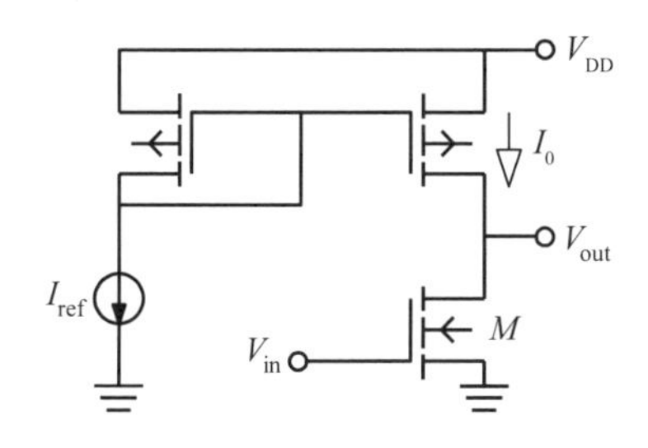


図 **9.15** 能動負荷増幅回路（MOSFET）

$$V_{\mathrm{GS}} = V_{\mathrm{in}} \tag{9.41}$$

$$V_{\mathrm{DS}} = V_{\mathrm{out}} \tag{9.42}$$

となる．

電流源の電源電流を $I_0$ とすると，MOSFET が飽和領域で動作しているときは，

$$I_0 = \frac{\beta}{2} (V_{\mathrm{in}} - V_{\mathrm{th}})^2 (1 + \lambda V_{\mathrm{out}}) \tag{9.43}$$

となる．バイポーラトランジスタのときと同様に，MOSFET を用いた能動負荷増幅回路では 34 ページで述べたチャネル長変調効果が無視できない．これより，能動負荷増幅回路の入出力特性は，

$$V_{\mathrm{out}} = \frac{1}{\lambda} \left( \frac{2I_0}{\beta (V_{\mathrm{in}} - 1)^2} - 1 \right) \tag{9.44}$$

となる．MOSFET が線形領域で動作しているときは，

$$I_0 = \beta \left( V_{\mathrm{in}} - V_{\mathrm{th}} - \frac{V_{\mathrm{out}}}{2} \right) V_{\mathrm{out}} \tag{9.45}$$

であるので，能動負荷増幅回路の入出力特性は，

$$V_{\mathrm{out}} = V_{\mathrm{in}} - V_{\mathrm{th}} + \sqrt{(V_{\mathrm{in}} - V_{\mathrm{th}})^2 - \frac{2I_0}{\beta}} \tag{9.46}$$

となる．MOSFET の動作において飽和領域と線形領域の境界となる電圧は 33 ページの式 (3.15) を用いて，

$$V_{\mathrm{out}} = V_{\mathrm{in}} - V_{\mathrm{th}} \tag{9.47}$$

であるので

$$V_{\mathrm{in}} = V_{\mathrm{th}} + \sqrt{\frac{2I_0}{\beta}} \tag{9.48}$$

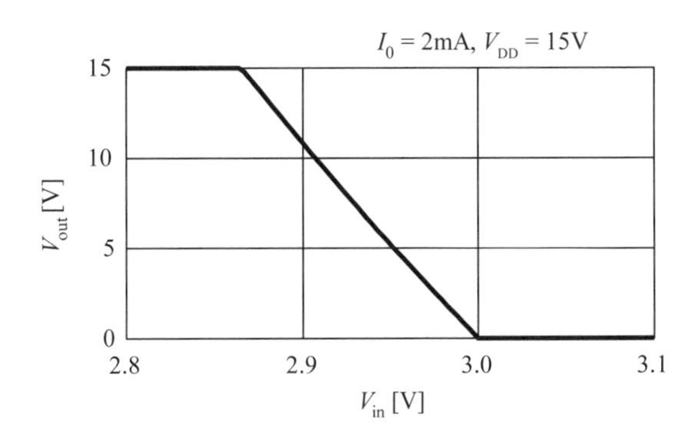


図 **9.16** 能動負荷増幅回路（MOSFET）の入出力特性

となる．これらの式より，入出力特性を計算したものが図 **9.16** である．なお，図 9.16 を計算した条件では MOSFET は常に飽和領域で動作する．

図 9.16 より，$V_{\mathrm{in}}$ が 2.865 V のとき $V_{\mathrm{out}}$ が 15 V であり，$V_{\mathrm{in}}$ が 3.0 V のとき $V_{\mathrm{out}}$ が 0.0 V であるので，電圧増幅度 $A_v$ は

$$A_v = \frac{0.0\,\mathrm{V} - 15\,\mathrm{V}}{3.0\,\mathrm{V} - 2.865\,\mathrm{V}} \fallingdotseq -111 \tag{9.49}$$

となる．

MOSFET を用いた能動負荷増幅回路の小信号等価回路を図 **9.17** に示す．バイポーラトランジスタの場合と同じく定電流源は小信号に対しては開放になる．

$$v_{\mathrm{out}} = -r_{\mathrm{o}} g_{\mathrm{m}} v_{\mathrm{in}} \tag{9.50}$$

となるので，電圧増幅度 $A_v$ は

$$A_v = \frac{v_{\mathrm{out}}}{v_{\mathrm{in}}} = -r_{\mathrm{o}} g_{\mathrm{m}} \tag{9.51}$$

となる．109 ページの式 (6.70) と 110 ページの式 (6.78) より，図 9.16 と同じ条件では

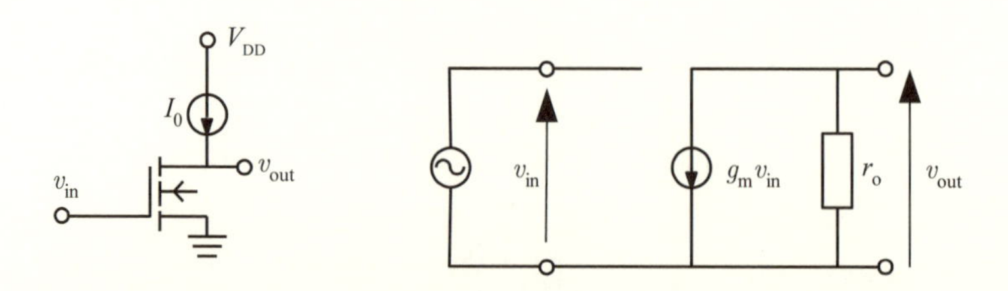


**図 9.17** 能動負荷増幅回路（MOSFET）の小信号等価回路

$$g_m = \sqrt{2I_0\beta} = 2.0\,\mathrm{mS} \tag{9.52}$$

$$r_o = \frac{1}{\lambda I_0} = 50\,\mathrm{k\Omega} \tag{9.53}$$

なので，

$$A_v = -100 \tag{9.54}$$

となり，図 9.16 から求めた式 (9.49) の結果とは 11％ の誤差がある．

MOSFET を用いた能動負荷増幅回路の入力インピーダンス $Z_{in}$ と出力インピーダンス $Z_{out}$ は

$$Z_{in} = \infty \tag{9.55}$$

$$Z_{out} = r_o \tag{9.56}$$

となる．電流源の内部抵抗 $R_0$ が無視できないときは，バイポーラトランジスタのときと同じように，$r_o$ を以下の $r'_o$ で置き換える．

$$r'_o = r_o \parallel R_0 \tag{9.57}$$

その結果，

$$A_v = -r'_o g_m \tag{9.58}$$

$$Z_{in} = \infty \tag{9.59}$$

$$Z_{out} = r'_o \tag{9.60}$$

となる．

## 9.3　定電圧回路

図 **9.18** (a) の回路において，トランジスタにコレクタ電流が流れているときは，ベース電流が無視できると仮定すると，

$$\frac{R_1}{R_1 + R_2}V = V_{\mathrm{BE}} \tag{9.61}$$

となる．さらに，ベース・エミッタ間電圧が一定値 $V_{\mathrm{BE0}}$ であると仮定すると，

$$V = \frac{R_1 + R_2}{R_1}V_{\mathrm{BE0}} = \left(1 + \frac{R_2}{R_1}\right)V_{\mathrm{BE0}} \tag{9.62}$$

となり，電圧 $V$ は電流 $I$ にかかわらず，一定の値になる．これより，一定電圧を得るために図 9.18 (a) の回路を用いることができることがわかる．このような回路を**定電圧回路**という．

図 9.18 (a) の回路が定電圧回路として動作するための条件は，

$$\frac{R_1}{R_1 + R_2}V > V_{\mathrm{BE0}} \tag{9.63}$$

である．

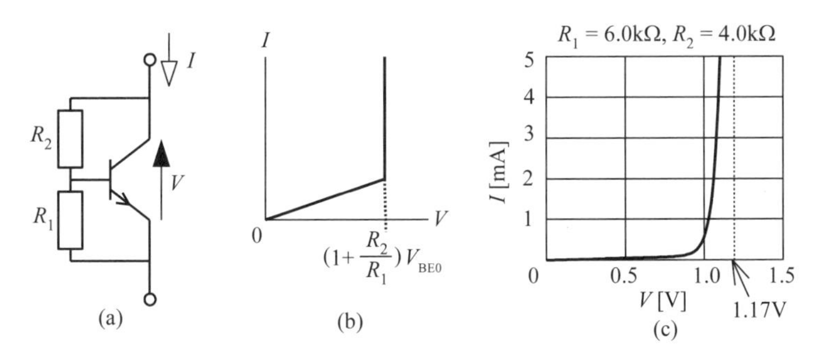


図 **9.18** バイポーラトランジスタを用いた定電圧回路

$$\frac{R_1}{R_1 + R_2} V < V_{\mathrm{BE0}} \tag{9.64}$$

のときはコレクタ電流が流れないので，電圧 $V$ は

$$V = (R_1 + R_2)\, I \tag{9.65}$$

となる．これより，図 9.18 (a) の回路の電圧電流特性は図 9.18 (b) のようになる．

ベース・エミッタ間電圧が一定であると仮定しないときの図 9.18 (a) の回路の電圧電流特性は，29 ページの式 (3.10) に示された入力特性，

$$I_{\mathrm{C}} = \beta I_{\mathrm{BS}} \exp\left(\frac{V_{\mathrm{BE}}}{V_T}\right) \tag{9.66}$$

に式 (9.61) を代入することで，以下の式のようになる．

$$I = \frac{V}{R_1 + R_2} + I_{\mathrm{C}} = \frac{V}{R_1 + R_2} + \beta I_{\mathrm{BS}} \exp\left(\frac{R_1 V}{(R_1 + R_2)\, V_T}\right) \tag{9.67}$$

ただし，ここではベース電流は無視できるものと仮定した．この式 (9.67) を用いて電圧電流特性を具体的に計算した結果を図 9.18 (c) に示す．式 (9.62) を用いると，$V_{\mathrm{BE0}}$ が 0.60 V のときの電圧 $V$ は 1.0 V，$V_{\mathrm{BE0}}$ が 0.70 V のときの電圧 $V$ は 1.17 V になる．これより，ある程度電流 $I$ が流れていれば，式 (9.67) は式 (9.62) で近似してもよいことがわかる．

図 9.18 (a) の定電圧回路の小信号等価回路は**図 9.19** のようになる．ここでは，バイポーラトランジスタの出力抵抗 $r_{\mathrm{o}}$ は省略している．

図 9.19 にもとづいて図 9.18 の定電圧回路の小信号に対するインピーダンス $z_0$ を求める．

$$i' = \frac{v}{R_2 + \dfrac{R_1 h_{\mathrm{ie}}}{R_1 + h_{\mathrm{ie}}}} = \frac{(R_1 + h_{\mathrm{ie}})\, v}{(R_1 + R_2)\, h_{\mathrm{ie}} + R_1 R_2} \tag{9.68}$$

であるので，ベース電流 $i_{\mathrm{B}}$ は

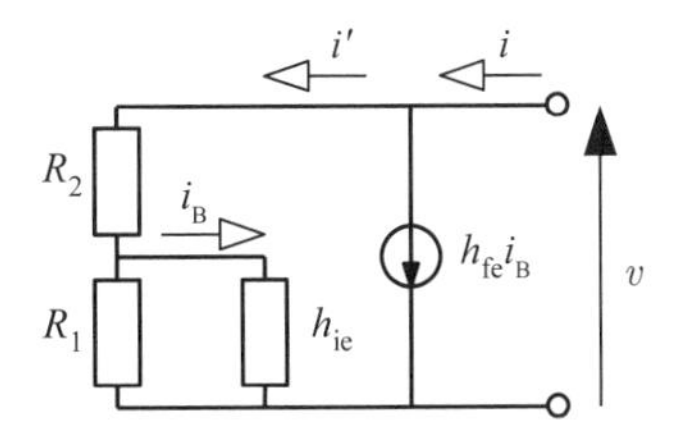


**図 9.19** 図 9.18 の小信号等価回路

$$i_{\mathrm{B}} = \frac{R_1}{R_1 + h_{\mathrm{ie}}} i' = \frac{R_1 v}{(R_1 + R_2)\, h_{\mathrm{ie}} + R_1 R_2} \tag{9.69}$$

となる．これより，

$$i = i' + h_{\mathrm{fe}} i_{\mathrm{B}} = \left[ \frac{R_1 + h_{\mathrm{ie}}}{(R_1 + R_2)\, h_{\mathrm{ie}} + R_1 R_2} + \frac{h_{\mathrm{fe}} R_1}{(R_1 + R_2)\, h_{\mathrm{ie}} + R_1 R_2} \right] v \tag{9.70}$$

であるので，求めるインピーダンス $z_0$ は以下のようになる．

$$z_0 = \frac{v}{i} = \frac{(R_1 + R_2)\, h_{\mathrm{ie}} + R_1 R_2}{(h_{\mathrm{fe}} + 1)\, R_1 + h_{\mathrm{ie}}} \tag{9.71}$$

図 9.18 の定電圧回路に対して $r_{\mathrm{o}}$ の値を具体的に求める．電流 $I$ が 4.0 mA，$h_{\mathrm{fe}}$ が 200 であるとすると，$h_{\mathrm{ie}}$ が 1.3 kΩ になるので，

$$r_{\mathrm{o}} \fallingdotseq 30.6\,\Omega \tag{9.72}$$

となる．バイポーラトランジスタの $h_{\mathrm{fe}}$ が十分に大きいときは，

$$\lim_{h_{\mathrm{fe}} \to \infty} z_0 \fallingdotseq \frac{(R_1 + R_2)\, h_{\mathrm{ie}} + R_1 R_2}{h_{\mathrm{fe}} R_1} = \left(1 + \frac{R_2}{R_1}\right) \frac{h_{\mathrm{ie}}}{h_{\mathrm{fe}}} + \frac{R_2}{h_{\mathrm{fe}}} \tag{9.73}$$

となる．バイポーラトランジスタの出力抵抗 $r_{\mathrm{o}}$ を考慮するときは，ここで求めたインピーダンス $z_0$ と出力抵抗 $r_{\mathrm{o}}$ の並列合成抵抗 $r_{\mathrm{o}} \parallel z_0$ が定電圧回路の小信号に対するインピーダンスになる．

定電圧回路には演算増幅器を用いたものもある．これについては，246 ページの 10.3.2 項で説明する．

## 9.4 差動増幅回路

**差動増幅回路**は図 **9.20** のように 2 つの入力と，2 つの出力を持ち，2 つの入力電圧 $V_{\mathrm{in1}}$ と $V_{\mathrm{in2}}$ の差を増幅し，2 つの出力電圧 $V_{\mathrm{out1}}$ と $V_{\mathrm{out2}}$ の差として出力する．したがって，直流分を含んだ信号であっても増幅することができる．このような増幅回路を**直流増幅回路**という．差動増幅回路以外の直流増幅回路には，直接結合形増幅回路や変調形直流増幅回路と呼ばれる回路があるが，ここでは説明を省略する．

差動増幅回路を用いる他の目的として，差動伝送がある．**差動伝送**とは，伝送する信号を同一振幅逆位相の 2 つの信号に分けて，2 つの信号線で伝送するものである [4]．差動伝送では 2 つの信号線の間の電圧の差が重要になる．図 **9.21** のように 2 つの信号線に対して同じ雑音が加わっても，差動増幅回路では入力信号間の電圧差を増幅するので雑音の影響がなくなる．

差動増幅回路の入出力特性は 5.7 節（78 ページ）ですでに解析しているが，ここでは入力電圧が微小であると仮定して小信号等価回路を用いた解析を行う．

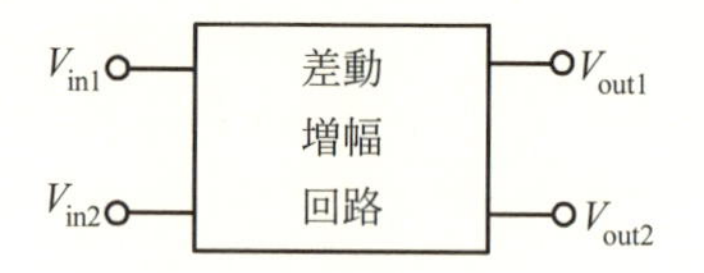


図 **9.20** 差動増幅回路

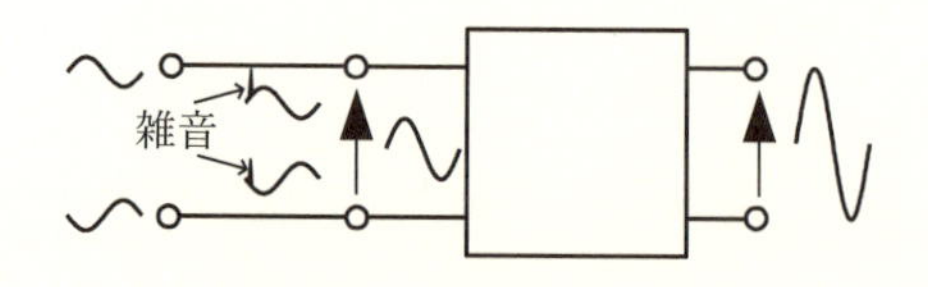


図 **9.21** 差動伝送と雑音

[4] これに対して 1 つの信号線で信号を伝送するものを**シングルエンド伝送**と呼ぶ．

差増増幅回路の解析では，入力電圧を以下の式で定義される 2 つの成分，**差動入力電圧** $v_{\mathrm{id}}$ と**同相入力電圧** $v_{\mathrm{is}}$ に分けることが多い．

$$v_{\mathrm{in1}} = v_{\mathrm{is}} + v_{\mathrm{id}} \tag{9.74}$$

$$v_{\mathrm{in2}} = v_{\mathrm{is}} - v_{\mathrm{id}} \tag{9.75}$$

つまり，

$$v_{\mathrm{id}} \triangleq \frac{v_{\mathrm{in1}} - v_{\mathrm{in2}}}{2} \tag{9.76}$$

$$v_{\mathrm{is}} \triangleq \frac{v_{\mathrm{in1}} + v_{\mathrm{in2}}}{2} \tag{9.77}$$

と定義される．入力電圧と同様に，出力電圧に対しても以下のように，**差動出力電圧** $v_{\mathrm{od}}$ と**同相出力電圧** $v_{\mathrm{os}}$ を定義する．

$$v_{\mathrm{od}} \triangleq \frac{v_{\mathrm{out1}} - v_{\mathrm{out2}}}{2} \tag{9.78}$$

$$v_{\mathrm{os}} \triangleq \frac{v_{\mathrm{out1}} + v_{\mathrm{out2}}}{2} \tag{9.79}$$

差動増幅回路の特性量として，以下の式で**差動利得** $A_{\mathrm{d}}$，**同相利得** $A_{\mathrm{c}}$，および**同相信号除去比**（**CMRR** [5]）を定義する．

$$A_{\mathrm{d}} \triangleq \frac{v_{\mathrm{od}}}{v_{\mathrm{id}}} \tag{9.80}$$

$$A_{\mathrm{c}} \triangleq \frac{v_{\mathrm{os}}}{v_{\mathrm{ic}}} \tag{9.81}$$

$$\mathrm{CMRR} \triangleq \left|\frac{A_{\mathrm{c}}}{A_{\mathrm{d}}}\right| \tag{9.82}$$

**図 9.22** にバイポーラトランジスタを用いた差動増幅回路を示す．図 9.22 (a) はエミッタ電流を流すために抵抗を使った回路であり，図 9.22 (b) はエミッタ電流を流すために定電流源を使った回路である．

**図 9.23** に抵抗形の差動増幅回路とその小信号等価回路を示す．以下，この小信号等価回路を用いて差動増幅回路の特性量を求める．解析を簡単にするために，2 つのバイポーラトランジスタの $h_{\mathrm{ie}}$ と $h_{\mathrm{fe}}$ は等しいものとする．

[5] Common Mode Rejection Ratio

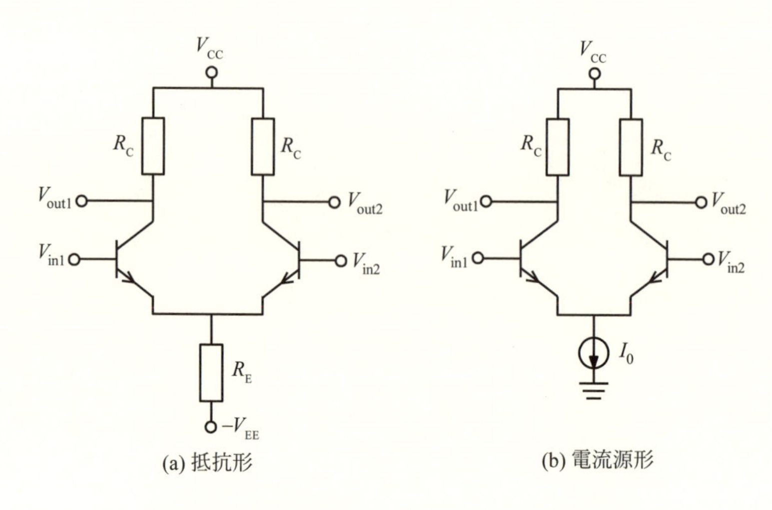


(a) 抵抗形　　(b) 電流源形

図 **9.22** 差動増幅回路（バイポーラトランジスタ）

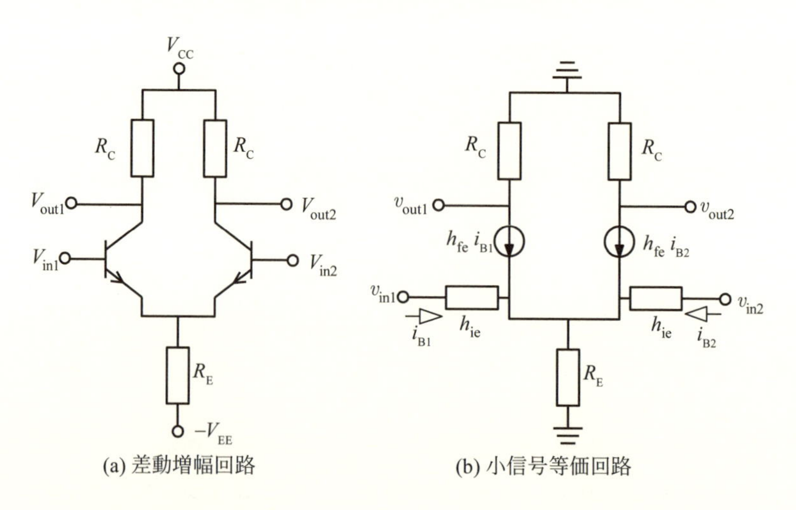


(a) 差動増幅回路　　(b) 小信号等価回路

図 **9.23** 差動増幅回路（バイポーラトランジスタ）の小信号等価回路

各小信号入力電圧 $v_{\mathrm{in1}}$，$v_{\mathrm{in2}}$ と各小信号ベース電流 $i_{\mathrm{B1}}$，$i_{\mathrm{B2}}$ の関係は

$$v_{\mathrm{in1}} = h_{\mathrm{ie}} i_{\mathrm{B1}} + (h_{\mathrm{fe}} + 1) R_{\mathrm{E}} (i_{\mathrm{B1}} + i_{\mathrm{B2}}) \tag{9.83}$$

$$v_{\mathrm{in2}} = h_{\mathrm{ie}} i_{\mathrm{B2}} + (h_{\mathrm{fe}} + 1) R_{\mathrm{E}} (i_{\mathrm{B1}} + i_{\mathrm{B2}}) \tag{9.84}$$

であるので，差動入力 $v_{\mathrm{id}}$ は

$$v_{\mathrm{id}} = \frac{v_{\mathrm{in1}} - v_{\mathrm{in2}}}{2} = \frac{h_{\mathrm{ie}}}{2} (i_{\mathrm{B1}} - i_{\mathrm{B2}}) \tag{9.85}$$

となる．また，各小信号出力 $v_{\mathrm{out1}}$，$v_{\mathrm{out2}}$ と各小信号ベース電流 $i_{\mathrm{B1}}$，$i_{\mathrm{B2}}$ の関係は

$$v_{\mathrm{out1}} = -R_{\mathrm{C}} h_{\mathrm{fe}} i_{\mathrm{B1}} \tag{9.86}$$

$$v_{\mathrm{out2}} = -R_{\mathrm{C}} h_{\mathrm{fe}} i_{\mathrm{B2}} \tag{9.87}$$

であるので差動出力 $v_{\mathrm{od}}$ は

$$v_{\mathrm{od}} = \frac{v_{\mathrm{out1}} - v_{\mathrm{out2}}}{2} = -\frac{R_{\mathrm{C}} h_{\mathrm{fe}}}{2} (i_{\mathrm{B1}} - i_{\mathrm{B2}}) = -\frac{R_{\mathrm{C}} h_{\mathrm{fe}}}{h_{\mathrm{ie}}} v_{\mathrm{id}} \tag{9.88}$$

となる．これより，差動利得 $A_{\mathrm{d}}$ は

$$A_{\mathrm{d}} = \frac{v_{\mathrm{od}}}{v_{\mathrm{id}}} = -\frac{R_{\mathrm{C}} h_{\mathrm{fe}}}{h_{\mathrm{ie}}} = -R_{\mathrm{C}} g_{\mathrm{m}} \tag{9.89}$$

となる [6]．これは，51 ページの式 (4.63) に一致する．また，103 ページの式 (6.41) より，

$$h_{\mathrm{ie}} = \frac{V_T}{I_{\mathrm{B}}} = \frac{V_T h_{\mathrm{fe}}}{I_{\mathrm{C}}} \tag{9.90}$$

であるので，差動利得 $A_{\mathrm{d}}$ は

$$A_{\mathrm{d}} = -\frac{R_{\mathrm{C}} I_{\mathrm{C}}}{V_T} \tag{9.91}$$

[6] 最後は 104 ページの式 (6.43) を用いて書き換えた．

とも表せる．これより，差動利得を大きくするためには $R_C I_C$ を大きくすればよいことがわかる．

一方で，同相入力 $v_{ic}$ は

$$v_{ic} = \frac{v_{in1} + v_{in2}}{2} = \frac{(h_{ie} + 2(h_{fe} + 1) R_E)}{2} (i_{B1} + i_{B2}) \tag{9.92}$$

であり，同相出力 $v_{oc}$ は

$$v_{oc} = \frac{v_{out1} + v_{out2}}{2} = -R_C h_{fe} (i_{B1} + i_{B2}) \tag{9.93}$$

である．これより，同相利得 $A_c$ は

$$A_c = \frac{v_{oc}}{v_{ic}} = -\frac{R_C h_{fe}}{h_{ie} + 2(h_{fe} + 1) R_E} \tag{9.94}$$

となる．同相信号除去比 CMRR は

$$\mathrm{CMRR} = \left| \frac{A_c}{A_d} \right| = \frac{h_{ie}}{h_{ie} + 2(h_{fe} + 1) R_E} \tag{9.95}$$

となる．これより，同相利得 $A_c$ を下げ，同相信号除去比 CMRR を小さくするためにはエミッタ抵抗 $R_E$ を大きくすればよいことがわかる．

式 (9.91) より差動利得 $A_d$ を上げるためにはコレクタ電流 $I_C$ を増やす必要がある．しかし，式 (9.94) より同相利得 $A_c$ を下げるためにエミッタ抵抗 $R_E$ を大きくすると，コレクタ電流 $I_C$ を増やせなくなる．この問題を解決するために，図 9.22 (b) のように，エミッタ抵抗 $R_E$ の代わりに定電流源を用いる．定電流源を用いたときの特性量は，エミッタ抵抗 $R_E$ を定電流源の内部抵抗 $r_o$ に置き換えることで得られ，以下のようになる．

$$A_d = -\frac{R_C h_{fe}}{h_{ie}} \tag{9.96}$$

$$A_c = -\frac{R_C h_{fe}}{h_{ie} + 2(h_{fe} + 1) r_o} \tag{9.97}$$

$$\mathrm{CMRR} = \frac{h_{ie}}{h_{ie} + 2(h_{fe} + 1) r_o} \tag{9.98}$$

特に，差動入力 $v_{\mathrm{id}}$ が小さいときは，回路の対称性から各トランジスタのコレクタ電流 $I_{\mathrm{C}}$ は $\dfrac{I_0}{2}$ にほぼ等しいとしてよい．このときの $h_{\mathrm{ie}}$ は，式 (9.90) より，

$$h_{\mathrm{ie}} \fallingdotseq \frac{V_T h_{\mathrm{fe}}}{I_{\mathrm{C}}} = \frac{2V_T h_{\mathrm{fe}}}{I_0} \tag{9.99}$$

となる．これより，差動利得 $A_{\mathrm{d}}$ は

$$A_{\mathrm{d}} \fallingdotseq -\frac{R_{\mathrm{C}} I_0}{2V_T} \tag{9.100}$$

となる．これは 81 ページの式 (5.88) の結果と等しくなる．

81 ページの図 5.25 と同じ条件（$I_0 = 10\,\mathrm{mA}$，$R_{\mathrm{C}} = 1.0\,\mathrm{k\Omega}$，$h_{\mathrm{fe}} = 200$）で計算すると，小信号に対する特性量は以下のようになる．

$$h_{\mathrm{ie}} = \frac{h_{\mathrm{fe}} V_T}{I_{\mathrm{C}}} \fallingdotseq 1.04\,\Omega \tag{9.101}$$

$$r_{\mathrm{o}} = \frac{V_A}{I_0} = 10\,\mathrm{k\Omega} \tag{9.102}$$

$$A_{\mathrm{d}} = -\frac{R_{\mathrm{C}} h_{\mathrm{fe}}}{h_{\mathrm{ie}}} \fallingdotseq -192 \tag{9.103}$$

$$A_{\mathrm{c}} \fallingdotseq -4.97 \times 10^{-2} \tag{9.104}$$

$$\mathrm{CMRR} = 2.57 \times 10^{-4} \tag{9.105}$$

図 **9.24** に MOSFET を用いた差動増幅回路の回路図を示す．

図 9.24 に示した MOSFET 差動増幅回路の小信号等価回路を図 **9.25** に示す．ただし，$r_{\mathrm{o}}$ は電流源 $I_0$ の出力抵抗である．以下，この小信号等価回路を用いて MOSFET 差動増幅回路の特性量を求める．

各小信号入力電圧 $v_{\mathrm{in1}}$，$v_{\mathrm{in2}}$ と各ゲート・ソース間小信号電圧 $v_{\mathrm{GS1}}$，$v_{\mathrm{GS2}}$ の関係は以下の式のようになる．

$$v_{\mathrm{in1}} = v_{\mathrm{GS1}} + r_{\mathrm{o}} g_{\mathrm{m}} \left(v_{\mathrm{GS1}} + v_{\mathrm{GS2}}\right) \tag{9.106}$$

$$v_{\mathrm{in2}} = v_{\mathrm{GS1}} + r_{\mathrm{o}} g_{\mathrm{m}} \left(v_{\mathrm{GS1}} + v_{\mathrm{GS'2}}\right) \tag{9.107}$$

これより差動入力 $v_{\mathrm{id}}$ と同相入力 $v_{\mathrm{is}}$ を求めると，以下のようになる．

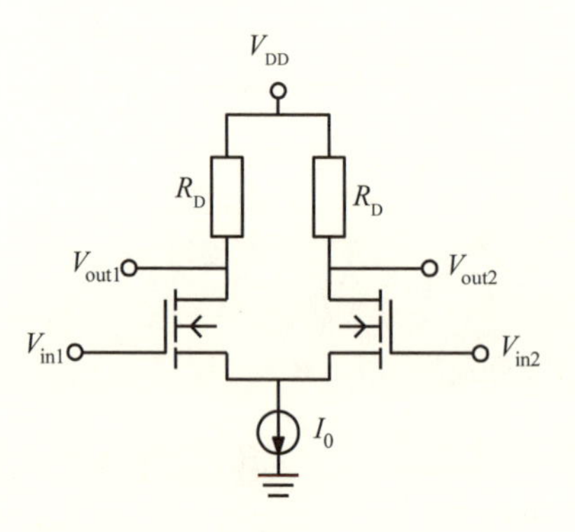


図 **9.24** 差動増幅回路（MOSFET）

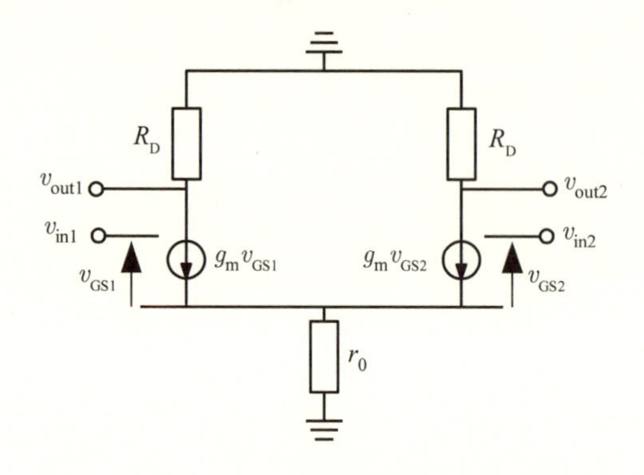


図 **9.25** MOSFET 差動増幅回路の小信号等価回路

$$v_{\mathrm{id}} = \frac{v_{\mathrm{in1}} - v_{\mathrm{in2}}}{2} = \frac{v_{\mathrm{GS1}} - v_{\mathrm{GS2}}}{2} \tag{9.108}$$

$$v_{\mathrm{is}} = \frac{v_{\mathrm{in2}} + v_{\mathrm{in2}}}{2} = \frac{(1 + 2r_{\mathrm{o}}g_{\mathrm{m}})\,(v_{\mathrm{GS1}} + v_{\mathrm{GS2}})}{2} \tag{9.109}$$

また，各小信号出力 $v_{\mathrm{out1}}$，$v_{\mathrm{out2}}$ と各ゲート・ソース間小信号電圧 $v_{\mathrm{GS1}}$，$v_{\mathrm{GS2}}$ の関係は

$$v_{\mathrm{out1}} = -R_{\mathrm{D}}g_{\mathrm{m}}v_{\mathrm{GS1}} \tag{9.110}$$

$$v_{\mathrm{out2}} = -R_{\mathrm{D}}g_{\mathrm{m}}v_{\mathrm{GS2}} \tag{9.111}$$

であるので，差動出力 $v_{\mathrm{od}}$ と同相出力 $v_{\mathrm{os}}$ は以下のようになる．

$$v_{\mathrm{od}} = \frac{v_{\mathrm{out1}} - v_{\mathrm{out2}}}{2} = -\frac{R_{\mathrm{D}} g_{\mathrm{m}} (v_{\mathrm{GS1}} - v_{\mathrm{GS2}})}{2} \tag{9.112}$$

$$v_{\mathrm{os}} = \frac{v_{\mathrm{out1}} + v_{\mathrm{out2}}}{2} = -\frac{R_{\mathrm{D}} g_{\mathrm{m}} (v_{\mathrm{GS1}} + v_{\mathrm{GS2}})}{2} \tag{9.113}$$

これらの式より，差動利得 $A_{\mathrm{d}}$，同相利得 $A_{\mathrm{s}}$，同相信号除去比 CMRR を求めると以下のようになる．

$$A_{\mathrm{d}} = \frac{v_{\mathrm{od}}}{v_{\mathrm{in}}} = -R_{\mathrm{D}} g_{\mathrm{m}} \tag{9.114}$$

$$A_{\mathrm{s}} = \frac{v_{\mathrm{os}}}{v_{\mathrm{os}}} = -\frac{R_{\mathrm{D}} g_{\mathrm{m}}}{1 + 2r_{\mathrm{o}} g_{\mathrm{m}}} \tag{9.115}$$

$$\mathrm{CMRR} = \left| \frac{A_{\mathrm{s}}}{A_{\mathrm{d}}} \right| = \frac{1}{1 + 2r_{\mathrm{o}} g_{\mathrm{m}}} \tag{9.116}$$

ここで得られた式 (9.114) は 85 ページの式 (5.112) に一致する．差動入力 $v_{\mathrm{id}}$ が 0 付近のときは回路の対称性より各 MOSFET のドレイン電流は $\frac{I_0}{2}$ にほぼ等しくなる．このとき $g_{\mathrm{m}}$ は，109 ページの式 (6.70) を用いて，

$$g_{\mathrm{m}} = \sqrt{2\beta I_{\mathrm{D}}} \fallingdotseq \sqrt{\beta I_0} \tag{9.117}$$

となる．85 ページの図 5.27 と同じ条件（$R_{\mathrm{D}}$ が $3.75\,\mathrm{k\Omega}$，$I_0$ が $4.0\,\mathrm{mA}$，$\beta$ が $1.0\,\mathrm{mS/V}$）で計算すると，微小信号に対する特性量は以下のようになる．ただし，電流源の内部抵抗 $r_{\mathrm{o}}$ は $25\,\mathrm{k\Omega}$ とした．

$$g_{\mathrm{m}} \fallingdotseq \sqrt{\beta I_0} = 2.0\,\mathrm{mS} \tag{9.118}$$

$$A_{\mathrm{d}} = -7.5 \tag{9.119}$$

$$A_{\mathrm{s}} \fallingdotseq -7.43 \times 10^{-2} \tag{9.120}$$

$$\mathrm{CMRR} = 9.9 \times 10^{-3} \tag{9.121}$$

## 9.5　電力増幅回路とプッシュプル増幅回路

本節では，出力として大きな電力を取り出すための**電力増幅回路**について説明する．電力増幅回路では単に電圧や電流を増幅するだけではなく，電力の形で出力を取り出す必要がある．

**図 9.26** のように増幅回路を通して信号源 S から負荷抵抗 $R_{\mathrm{L}}$ に取り出せる電力を最大にするためには，増幅回路入力と出力において，22 ページの式 (2.38) に示したインピーダンス整合条件を満たす必要がある．

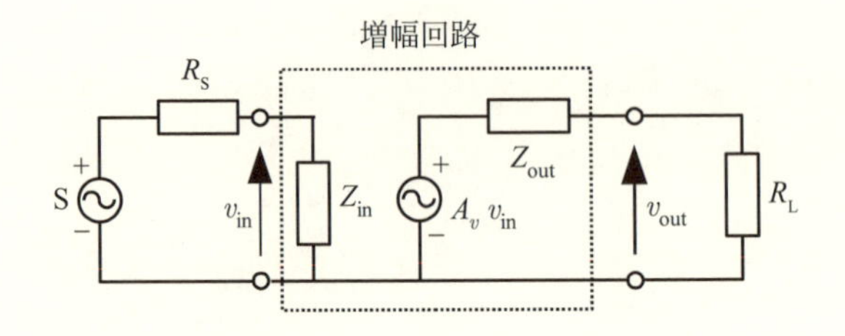


**図 9.26** 増幅回路における入出力整合

図 9.26 のインピーダンス整合条件は，

$$R_{\mathrm{S}} = Z_{\mathrm{in}} \tag{9.122}$$

$$R_{\mathrm{L}} = Z_{\mathrm{out}} \tag{9.123}$$

となる．このとき，信号源から増幅回路に与えられる最大電力 $P_{\mathrm{in,max}}$ は

$$P_{\mathrm{in,max}} = \frac{v_{\mathrm{in}}^2}{Z_{\mathrm{in}}} = \frac{v_{\mathrm{in}}^2}{R_{\mathrm{S}}} \tag{9.124}$$

であり，負荷抵抗の最大消費電力 $P_{\mathrm{out,max}}$ は，22 ページの式 (2.37) より，

$$P_{\mathrm{out,max}} = \frac{(A_v v_{\mathrm{in}})^2}{4R_{\mathrm{L}}} = \frac{A_v^2 v_{\mathrm{in}}^2}{4R_{\mathrm{L}}} \tag{9.125}$$

となる．インピーダンス整合条件が満たされているときの電力利得は

$$A_{\mathrm{a}} = \frac{P_{\mathrm{out,max}}}{P_{\mathrm{in,max}}} = \frac{A_v^2 R_{\mathrm{S}}}{4R_{\mathrm{L}}} = \frac{A_v^2 Z_{\mathrm{in}}}{4Z_{\mathrm{out}}} \tag{9.126}$$

となる．この電力利得 $A_{\mathrm{a}}$ を**有能利得**あるいは**有能電力利得**と呼ぶ．

まず，簡単な電力増幅回路として**図 9.27** の回路を考える．負荷抵抗 $R_{\mathrm{L}}$ にコレクタ電流 $I_{\mathrm{C}}$ を流すことで出力を取り出すようになっている．

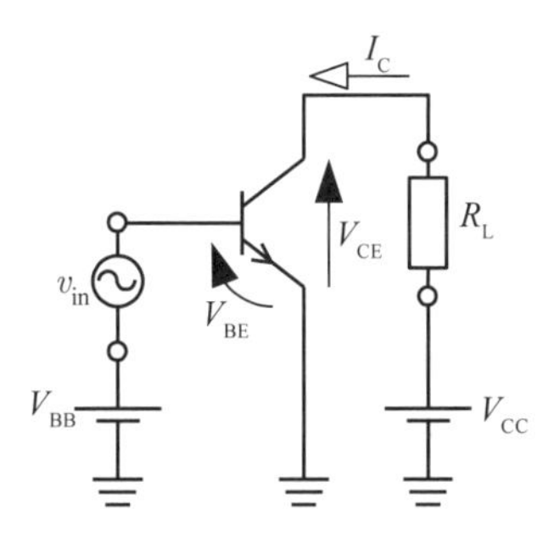


図 **9.27** 抵抗負荷電力増幅回路

大電力を出力するためには，出力信号の振幅を大きくする必要がある．振幅が大きいため第 6 章で説明した小信号等価回路は使えないので，第 5 章で扱った入出力特性を基本にした解析を行う．図 9.27 の回路において正弦波出力の振幅を最大にするためには，169 ページの 8.4 節で述べたように，動作点を負荷線の中央 $\left(\dfrac{V_{CC}}{2}, \dfrac{I_{Cmax}}{2}\right)$ にする．このとき出力正弦波電圧の振幅の最大値は図 **9.28** (a) に示すように，$\dfrac{V_{CC}}{2}$ となる．このようにバイアスを設定した電力増幅回路を **A 級増幅回路**という．

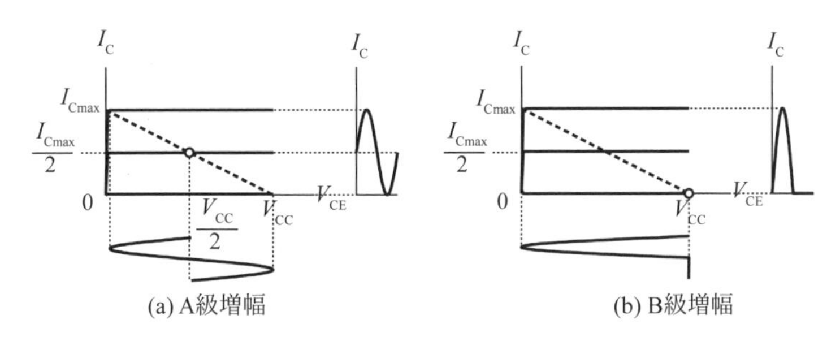


図 **9.28** A 級増幅と B 級増幅

図 9.28 (b) のように動作点を負荷線の端 $(V_{CC}, 0)$ にすると，コレクタ電流が流れるのが半周期だけになり，出力信号も正弦波の半周期だけになる．その代わり，振幅の最大値が $V_{CC}$ になる．このようにバイアスを設定した

電力増幅回路を**B級増幅回路**という．

実際のA級増幅回路で負荷として抵抗を用いたときは，図**9.29**に示すように，バイポーラトランジスタの入力特性，特にベース電流が流れ始めるときの入力特性の影響が無視できなくなる．そのため，最大出力電圧は $\frac{V_{\rm CC}}{2}$ よりも小さい値になる．このまま，最大出力電圧を大きくしようとすると，189ページの図9.13に示したように歪みが発生する．負荷として抵抗ではなく能動負荷を用いると，189ページの図9.14に示したように出力の最大振幅がはほぼ，$\frac{V_{\rm CC}}{2}$ となる[7]．

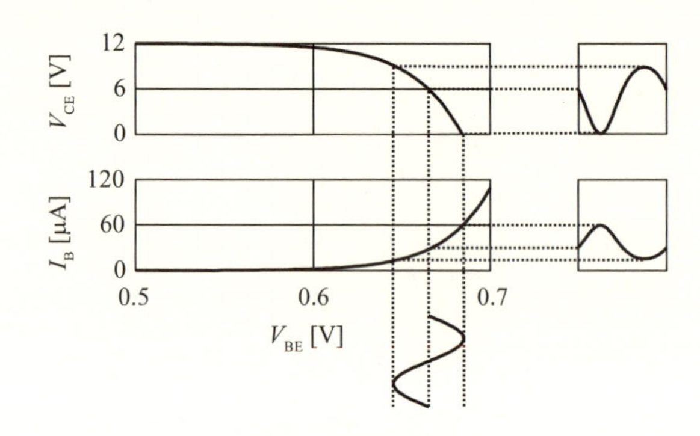


図**9.29** 抵抗負荷A級増幅回路の入出力波形

また，B級増幅回路の入出力波形は，バイポーラトランジスタの入力特性の影響により図**9.30**のようになり，入力電圧が0付近で出力波形に歪みが生じる．

ここで，電力増幅回路の電力効率について計算する．**電力効率** $\eta$ は，電源から供給された直流電力 $P_{\rm DC}$ に対する出力信号の電力 $P_{\rm AC}$ の比として定義され，式で表すと以下のようになる．

$$\eta \triangleq \frac{P_{\rm AC}}{P_{\rm DC}} \tag{9.127}$$

以下の電力効率の計算においては数学で学ぶ積分が必要になる．積分を学ん

[7] 実際には，コレクタ・エミッタ間飽和電圧 $V_{\rm CES}$ の分だけ最大振幅は小さくなる．

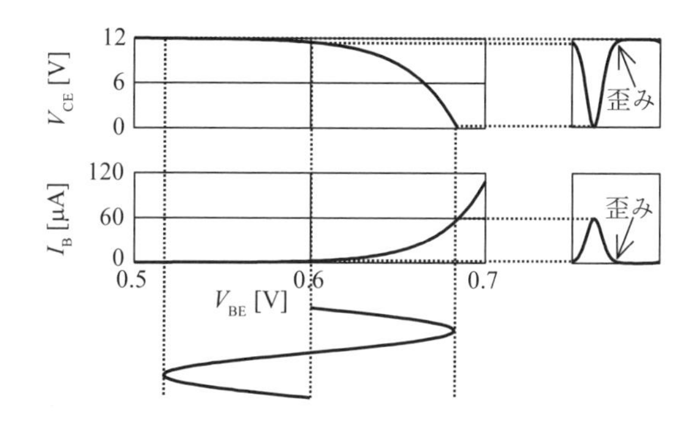


図 **9.30** 抵抗負荷 B 級増幅回路の入出力波形

でいないときは，まず計算結果だけを見てほしい．積分の計算では $\theta$ で $\omega t$ を表すものとし，積分の計算結果については付録 A を参照するものとする．また，回路は図 9.27 で与えられ，出力波形は図 **9.31** のように理想的なものとする．したがって，実際の回路の電力効率はここで求めた効率よりも低下する．ベース電流は無視できるほど小さいものとする．

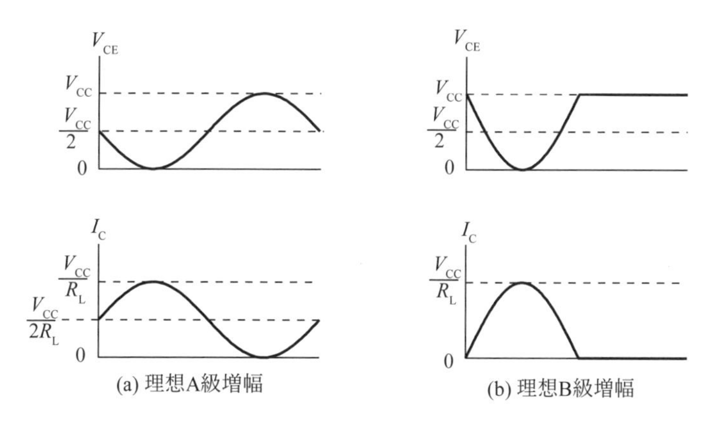


図 **9.31** 電力増幅回路の出力波形

まず，A 級増幅回路について考える．A 級増幅回路の出力電圧・電流を直流バイアス成分と交流信号成分に分けると以下のようになる．

$$V_{\mathrm{CE}} = \frac{V_{\mathrm{CC}}}{2} - \frac{V_{\mathrm{CC}}}{2}\sin\theta = V_{\mathrm{CE0}} - v_{\mathrm{AC}} \tag{9.128}$$

$$I_{\mathrm{C}} = \frac{V_{\mathrm{CC}}}{2R_{\mathrm{L}}} + \frac{V_{\mathrm{CC}}}{2R_{\mathrm{L}}}\sin\theta = I_{\mathrm{C0}} + i_{\mathrm{AC}} \tag{9.129}$$

つまり，直流バイアス成分は，

$$V_{\mathrm{CE0}} = \frac{V_{\mathrm{CC}}}{2}, \quad I_{\mathrm{C0}} = \frac{V_{\mathrm{CC}}}{2R_{\mathrm{L}}} \tag{9.130}$$

であり，交流信号成分は，

$$v_{\mathrm{AC}} = \frac{V_{\mathrm{CC}}}{2}\sin\theta, \quad i_{\mathrm{AC}} = \frac{V_{\mathrm{CC}}}{2R_{\mathrm{L}}}\sin\theta \tag{9.131}$$

である．A 級増幅回路において，直流電源から供給される電力 $P_{\mathrm{DC}}$ は，

$$\begin{aligned} P_{\mathrm{DC}} &= \frac{1}{2\pi}\int_0^{2\pi} V_{\mathrm{CC}} \cdot I_{\mathrm{C}}\,\mathrm{d}\theta = \frac{{V_{\mathrm{CC}}}^2}{4\pi R_{\mathrm{L}}}\int_0^{2\pi} (1+\sin\theta)\ \mathrm{d}\theta = \frac{{V_{\mathrm{CC}}}^2}{4\pi R_{\mathrm{L}}} \cdot 2\pi \\ &= \frac{{V_{\mathrm{CC}}}^2}{2R_{\mathrm{L}}} \end{aligned} \tag{9.132}$$

となる．A 級増幅回路における出力信号の電力 $P_{\mathrm{AC}}$ は

$$\begin{aligned} P_{\mathrm{AC}} &= \frac{1}{2\pi}\int_0^{2\pi} v_{\mathrm{AC}} i_{\mathrm{AC}}\,\mathrm{d}\theta = \frac{{V_{\mathrm{CC}}}^2}{8\pi R_{\mathrm{L}}}\int_0^{2\pi} \sin^2\theta\,\mathrm{d}\theta = \frac{{V_{\mathrm{CC}}}^2}{8\pi R_{\mathrm{L}}} \cdot \pi \\ &= \frac{{V_{\mathrm{CC}}}^2}{8R_{\mathrm{L}}} \end{aligned} \tag{9.133}$$

となる．これは，出力信号電圧の最大値が $\dfrac{V_{\mathrm{CC}}}{2}$，つまり実効値が $\dfrac{V_{\mathrm{CC}}}{2\sqrt{2}}$ であることから，

$$P_{\mathrm{AC}} = \frac{\left(\frac{V_{\mathrm{CC}}}{2\sqrt{2}}\right)^2}{R_{\mathrm{L}}} = \frac{{V_{\mathrm{CC}}}^2}{8R_{\mathrm{L}}} \tag{9.134}$$

としても求められる．これより，A 級増幅回路の電力効率 $\eta$ を求めると，

$$\eta = \frac{P_{\mathrm{AC}}}{P_{\mathrm{DC}}} = \frac{1}{4} = 25\% \tag{9.135}$$

となる．また，A 級増幅回路における抵抗 $R_{\mathrm{C}}$ のバイアス電流による消費電力 $P_{\mathrm{bias}}$ は

$$P_{\mathrm{bias}} = R_{\mathrm{L}} {I_{\mathrm{C0}}}^2 = R_{\mathrm{L}} \left( \frac{V_{\mathrm{CC}}}{2R_{\mathrm{L}}} \right)^2 = \frac{{V_{\mathrm{CC}}}^2}{4R_{\mathrm{C}}} \tag{9.136}$$

である．A 級増幅回路におけるトランジスタの発熱電力 $P_{\mathrm{C}}$ は

$$\begin{aligned} P_{\mathrm{C}} &= \frac{1}{2\pi} \int_0^{2\pi} V_{\mathrm{CE}} I_{\mathrm{C}} \, \mathrm{d}\theta = \frac{{V_{\mathrm{CC}}}^2}{8\pi R_{\mathrm{L}}} \int_0^{2\pi} (1 - \sin\theta)\,(1 + \sin\theta)\, \mathrm{d}\theta \\ &= \frac{{V_{\mathrm{CC}}}^2}{8\pi R_{\mathrm{L}}} \int_0^{2\pi} \cos^2 \, \mathrm{d}\theta = \frac{{V_{\mathrm{CC}}}^2}{8\pi R_{\mathrm{L}}} \cdot \pi = \frac{{V_{\mathrm{CC}}}^2}{8R_{\mathrm{L}}} \end{aligned} \tag{9.137}$$

である．この電力 $P_{\mathrm{C}}$ は**コレクタ損失**と呼ばれる．コレクタ損失が大きくなると発熱によりバイポーラトランジスタが破壊されるので，決められた最大値（**許容コレクタ損失**）を超えないようにしなければいけない．

ここまで求めた各の電力の間には以下の関係が成立する．つまり，直流電源から供給された電力 $P_{\mathrm{DC}}$ は，以下の式のように，出力電力 $P_{\mathrm{AC}}$・バイアス抵抗の消費電力 $P_{\mathrm{bias}}$・コレクタ損失 $P_{\mathrm{C}}$ に分かれて消費されることになる．

$$P_{\mathrm{DC}} = P_{\mathrm{AC}} + P_{\mathrm{bias}} + P_{\mathrm{C}} \tag{9.138}$$

各電力の比は

$$P_{\mathrm{DC}} : P_{\mathrm{AC}} : P_{\mathrm{bias}} : P_{\mathrm{C}} = 1 : 0.25 : 0.5 : 0.25 \tag{9.139}$$

となる．A 級増幅回路では常にバイアス電流が流れているため，直流電源から供給された電力の半分がバイアスのために消費されることになる[8]．

次に，B 級増幅回路について考える．B 級増幅回路の 1 周期分の出力電圧・電流を直流バイアス成分と交流信号成分に分けると以下のようになる．

[8] 変成器結合 A 級増幅回路と呼ばれる回路では，バイアス抵抗を省略することで，効率が 50% まで上昇する．

$$V_{\mathrm{CE}} = V_{\mathrm{CE0}} - v_{\mathrm{AC}} = \begin{cases} V_{\mathrm{CC}} - V_{\mathrm{CC}} \sin\theta & (0 \le \theta \le \pi) \\ V_{\mathrm{CC}} + 0 \sin\omega t & (\pi \le \theta \le 2\pi) \end{cases} \tag{9.140}$$

$$I_{\mathrm{C}} = I_{\mathrm{C0}} + i_{\mathrm{AC}} = \begin{cases} 0 + \dfrac{V_{\mathrm{CC}}}{R_{\mathrm{L}}} \sin\theta & (0 \le \theta \le \pi) \\ 0 + 0 \sin\theta & (\pi \le \theta \le 2\pi) \end{cases} \tag{9.141}$$

つまり，直流バイアス成分は

$$V_{\mathrm{CE0}} = V_{\mathrm{CC}}, \quad I_{\mathrm{C0}} = 0 \tag{9.142}$$

であり，交流信号成分は

$$v_{\mathrm{AC}} = \begin{cases} V_{\mathrm{CC}} \sin\theta & (0 \le \theta \le \pi) \\ 0 & (\pi \le \theta \le 2\pi) \end{cases} \tag{9.143}$$

$$i_{\mathrm{AC}} = \begin{cases} \dfrac{V_{\mathrm{CC}}}{R_{\mathrm{L}}} \sin\theta & (0 \le \theta \le \pi) \\ 0 & (\pi \le \theta \le 2\pi) \end{cases} \tag{9.144}$$

である．B 級増幅回路において直流電源から供給される電力 $P_{\mathrm{DC}}$ は

$$P_{\mathrm{DC}} = \frac{1}{2\pi} \int_0^{2\pi} V_{\mathrm{CC}} \cdot I_{\mathrm{C}} \, \mathrm{d}\theta = \frac{{V_{\mathrm{CC}}}^2}{2\pi R_{\mathrm{L}}} \int_0^{\pi} \sin\theta \, \mathrm{d}\theta = \frac{{V_{\mathrm{CC}}}^2}{2\pi R_{\mathrm{L}}} \cdot 2 = \frac{V_{\mathrm{CC}}^2}{\pi R_{\mathrm{L}}} \tag{9.145}$$

となる．B 級増幅回路における出力信号の電力 $P_{\mathrm{AC}}$ は

$$P_{\mathrm{AC}} = \frac{1}{2\pi} \int_0^{2\pi} v_{\mathrm{AC}} i_{\mathrm{AC}} \, \mathrm{d}\theta = \frac{{V_{\mathrm{CC}}}^2}{4\pi R_{\mathrm{L}}} \int_0^{\pi} \sin^2\theta \, \mathrm{d}\theta = \frac{{V_{\mathrm{CC}}}^2}{4\pi R_{\mathrm{L}}} \cdot \frac{\pi}{2} = \frac{{V_{\mathrm{CC}}}^2}{4R_{\mathrm{L}}} \tag{9.146}$$

となる．この結果は，出力電圧の最大値が $V_{\mathrm{CC}}$ であり，実効値が $\dfrac{V_{\mathrm{CC}}}{\sqrt{2}}$ であることと，信号が存在するのは半周期だけであることを用いると，

$$P_{\mathrm{AC}} = \frac{1}{2} \frac{\left(\frac{V_{\mathrm{CC}}}{\sqrt{2}}\right)^2}{R_{\mathrm{L}}} = \frac{{V_{\mathrm{CC}}}^2}{4R_{\mathrm{L}}} \tag{9.147}$$

としても求められる．これより，B 級増幅回路の電力効率 $\eta$ は

$$\eta = \frac{P_{\mathrm{AC}}}{P_{\mathrm{DC}}} = \frac{\pi}{4} \fallingdotseq 78.5\% \tag{9.148}$$

となる．コレクタ電流の直流バイアス成分 $I_{\mathrm{C0}}$ は 0 なので，B 級増幅回路における抵抗 $R_{\mathrm{C}}$ のバイアス電流による消費電力 $P_{\mathrm{bias}}$ は 0 になる．

$$P_{\mathrm{bias}} = R_{\mathrm{C}} {I_{\mathrm{C0}}}^2 = 0 \tag{9.149}$$

B 級増幅回路におけるコレクタ損失 $P_{\mathrm{C}}$ は以下のようになる[9]．

$$\begin{aligned} P_{\mathrm{C}} &= \frac{1}{2\pi}\int_0^{\pi} (V_{\mathrm{CC}} - V_{\mathrm{CC}}\sin\theta)\cdot\frac{V_{\mathrm{CC}}}{R_{\mathrm{L}}}\sin\theta\,\mathrm{d}\theta \\ &= \frac{{V_{\mathrm{CC}}}^2}{2\pi R_{\mathrm{L}}}\int_0^{\pi}(1-\sin\theta)\sin\theta\,\mathrm{d}\theta \\ &= \frac{{V_{\mathrm{CC}}}^2}{2\pi R_{\mathrm{L}}}\left[2-\frac{\pi}{2}\right] = \frac{(4-\pi)\,{V_{\mathrm{CC}}}^2}{4\pi R_{\mathrm{L}}} \end{aligned} \tag{9.150}$$

各電力の比は

$$P_{\mathrm{DC}} : P_{\mathrm{AC}} : P_{\mathrm{bias}} : P_{\mathrm{C}} = 1 : \frac{\pi}{4} : 0 : \frac{4-\pi}{4} \fallingdotseq 1 : 0.785 : 0 : 0.215 \tag{9.151}$$

となる．

B 級増幅回路 1 つでは半周期しか増幅しないが，2 つの B 級増幅回路を組み合わせて，半周期ごとに交互に出力を行うことで，全周期にわたる正弦波を得る増幅回路を作ることができる．このような増幅回路を**プッシュプル増幅回路**という．プッシュプル増幅回路では図 **9.32** に示すように半周期ごとに npn トランジスタによる増幅と pnp トランジスタによる増幅を行うことにより，全周期にわたる増幅を実現する．

出力波形を正負対称にするためには，図 9.32 の回路で用いられる npn トランジスタと pnp トランジスタは特性がそろっているもの，つまり電圧・電流の正負を逆にすると特性が一致するもの，を使用する必要がある．このよ

[9] 209 ページの式 (9.138) を用いてもよい．

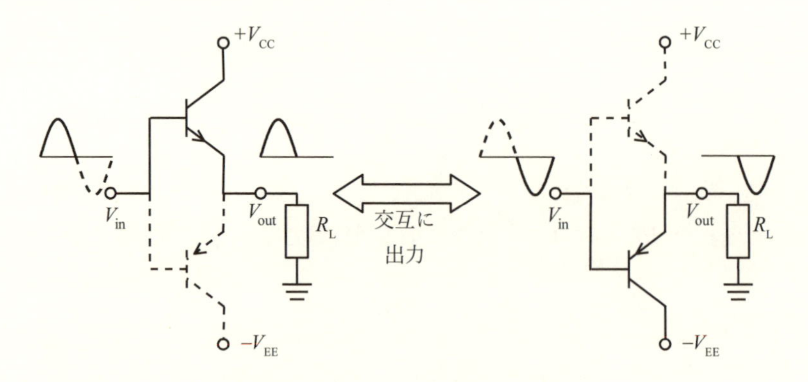


図 **9.32** プッシュプル増幅回路の原理

うな特性のそろったトランジスタの組を**コンプリメンタリトランジスタ**（**相補トランジスタ**）という．

図 9.32 の回路の入出力特性は図 **9.33** (a) のようになる．ここで，$V_{\mathrm{BE(on)}}$ はトランジスタが遮断領域から能動領域へ移行するときのベース・エミッタ間電圧である．この特性からわかるように，入力の大きさが小さいときは，両方のトランジスタが遮断領域になるため出力が 0 となる．つまり，入力電圧 $V_{\mathrm{in}}$ の大きさが $V_{\mathrm{BE(on)}}$ 以下のときは，コレクタ電流が流れないために増幅ができない．このため，図 9.33 (b) に示したように，各トランジスタの動作が切り替わるときに出力に歪みが生じる．この歪みを**クロスオーバ歪み**という．

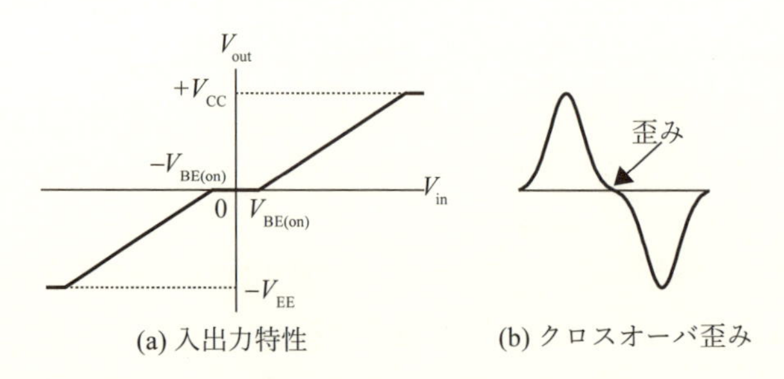


図 **9.33** プッシュプル増幅回路の入出力特性とクロスオーバ歪み

クロスオーバ歪みを解消するためには，図 **9.34** (a) のようにダイオードと電流源を用いて，入力電圧 $V_{\mathrm{in}}$ が 0 付近のときでも小さなバイアス電流[10]が流れるようにする．このような動作を **AB 級動作**という．ダイオードの代わりに 193 ページの図 9.18 に示した定電圧回路を用いることもある．

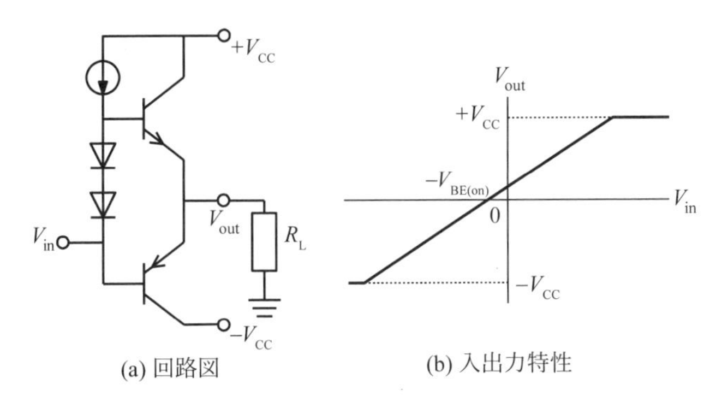


図 **9.34** AB 級プッシュプル増幅回路

電流が流れているときのダイオードの端子間電圧 $V_{\mathrm{D(on)}}$ とトランジスタの動作時のベース・エミッタ間電圧 $V_{\mathrm{BE(on)}}$ が等しいと仮定する．ダイオードには電流源よりバイアス電流が流れていることから，図 9.34 (a) において，入力電圧 $V_{\mathrm{in}}$ が $-V_{\mathrm{BE(on)}}$ のときの npn トランジスタのベース電圧は，

$$V_{\mathrm{in}} + 2V_{\mathrm{D(on)}} = -V_{\mathrm{BE(on)}} + 2V_{\mathrm{BE(on)}} = V_{\mathrm{BE(on)}} \tag{9.152}$$

である．入力電圧 $V_{\mathrm{in}}$ が $-V_{\mathrm{BE(on)}}$ より大きくなると，npn トランジスタのベース・エミッタ間電圧が $V_{\mathrm{BE(on)}}$ より大きくなり，npn トランジスタが能動領域で動作するようになる．これにより図 9.34 (b) の入出力特性のように出力が連続的に変化するようになる．

図 9.32 の回路には，もう一つ問題点がある．図 9.32 に示した回路はコレクタ接地増幅回路であるため，電圧の増幅を行っていないことである．こ

[10] アイドリング電流と呼ぶ．

れは，入力にエミッタ接地増幅回路を配置し，電圧増幅を行うことで解決する．このようにして作られたプッシュプル増幅回路の例を図 **9.35** に示す．

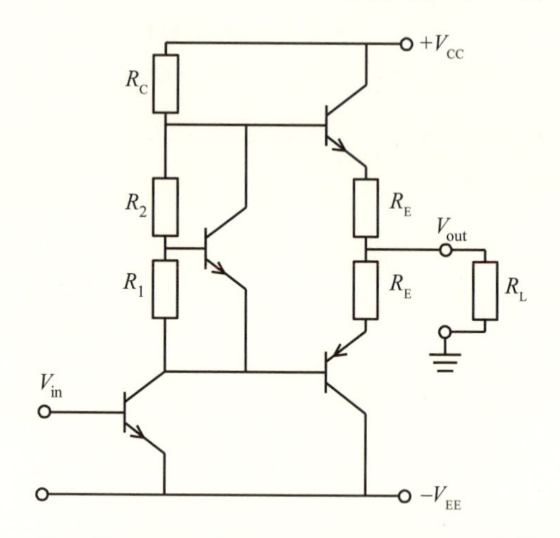


図 **9.35** プッシュプル増幅回路

伝統的なプッシュプル増幅回路として図 **9.36** に示す変成器結合プッシュプル増幅回路があるが，本書では取り扱わない．

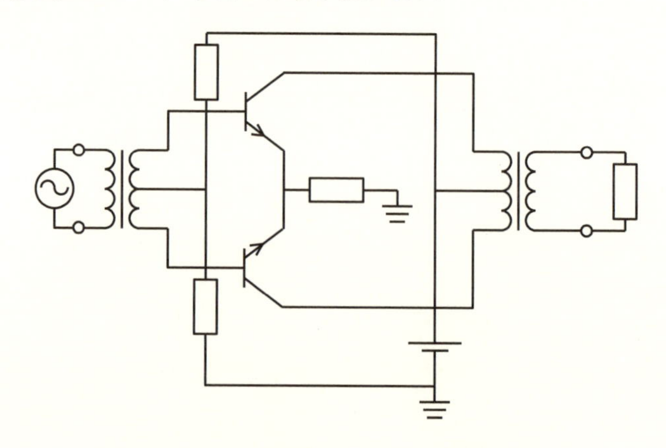

図 **9.36** 変成器結合プッシュプル増幅回路

なお，図 9.36 の変成器結合プッシュプル増幅回路に対して，図 9.35 の回路は **OTL** [11] **電力増幅回路**と呼ばれる．

## 9.6 電流制限回路

増幅回路などで出力が短絡されると過大な電流が流れて素子が破壊されることがある．このようなことを防止するために用いられるのが**出力保護回路**（**過負荷保護回路**）である．出力保護回路として用いられる回路の 1 つが**図 9.37** に示す**電流制限回路**である．

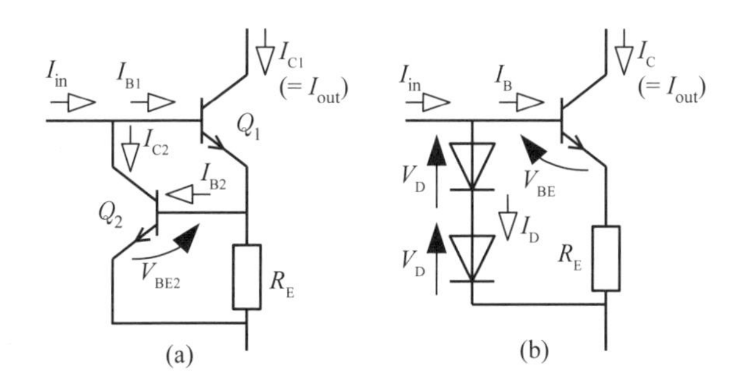


**図 9.37** 電流制限回路

以下，図 9.37 の回路の動作を説明する．ここでは，各トランジスタのベース電流はコレクタ電流と比較すると無視できるほど小さいと仮定する．また，各トランジスタが能動領域で動作を始めるときのベース・エミッタ間電圧を $V_{BE(on)}$，各ダイオードに電流が流れているときの端子間電圧を $V_{D(on)}$ とする．

まず，図 9.37 (a) の回路の動作を簡単に説明する．ベース電流が無視できるので，抵抗 $R_E$ を流れる電流はコレクタ電流 $I_C$ と等しくなる．トランジスタ $Q_1$ のコレクタ電流 $I_{C1}$ が増加すると，抵抗 $R_E$ 両端の電圧も増加する．抵抗 $R_E$ 両端の電圧が $V_{BE(on)}$ になる，つまり

[11] Output Transformer-Less

$$R_{\mathrm{E}} I_{\mathrm{C1}} = V_{\mathrm{BE(on)}} \tag{9.153}$$

という条件を満たすと，トランジスタ $Q_2$ が能動領域になり，コレクタ電流 $I_{\mathrm{C2}}$ が流れることにより，ベース電流 $I_{\mathrm{B1}}$ の増加，すなわちコレクタ電流 $I_{\mathrm{C1}}$ の増加が抑えられる．コレクタ電流 $I_{\mathrm{C1}}$ の最大値 $I_{\mathrm{Cmax}}$ は式 (9.153) より以下のようになる．

$$I_{\mathrm{Cmax}} \fallingdotseq \frac{V_{\mathrm{BE(on)}}}{R_{\mathrm{E}}} \fallingdotseq \frac{0.6\,\mathrm{V} \sim 0.7\,\mathrm{V}}{R_{\mathrm{E}}} \tag{9.154}$$

もう少し詳しく図 9.37 (a) の回路の動作を解析する．各トランジスタの特性は，能動領域で動作すると仮定すると，29 ページの式 (3.10) より，

$$I_{\mathrm{C1}} = \beta_1 I_{\mathrm{B1}} \tag{9.155}$$

$$I_{\mathrm{C2}} = \beta_2 I_{\mathrm{B2}} = \beta_2 I_{\mathrm{BS2}} \exp\left(\frac{V_{\mathrm{BE2}}}{V_T}\right) \tag{9.156}$$

となる．また，各トランジスタのベース電流がコレクタ電流と比べて無視できると仮定しているので，抵抗 $R_{\mathrm{E}}$ を流れる電流は $I_{\mathrm{C1}}$ となり，以下の式が成立する．

$$V_{\mathrm{BE2}} = R_{\mathrm{E}} I_{\mathrm{C1}} \tag{9.157}$$

キルヒホッフの電流則より

$$I_{\mathrm{in}} = I_{\mathrm{B1}} + I_{\mathrm{C2}} \tag{9.158}$$

であるので，以下の式が得られる．ここで，$I_{\mathrm{C1}}$ を $I_{\mathrm{out}}$ と書き換えた．

$$I_{\mathrm{in}} = \frac{I_{\mathrm{out}}}{\beta_1} + \beta_2 I_{\mathrm{BS2}} \exp\left(\frac{R_{\mathrm{E}} I_{\mathrm{out}}}{V_T}\right) \tag{9.159}$$

式 (9.159) にもとづいて図 9.37 (a) の電流制限回路の入出力特性を計算した結果を図 **9.38** に示す．ただし，$\beta_1$ と $\beta_2$ は 200，$I_{\mathrm{BS2}}$ は $2 \times 10^{-16}$ A とした．図中の点線はトランジスタ $Q_2$ がない場合である．トランジスタ

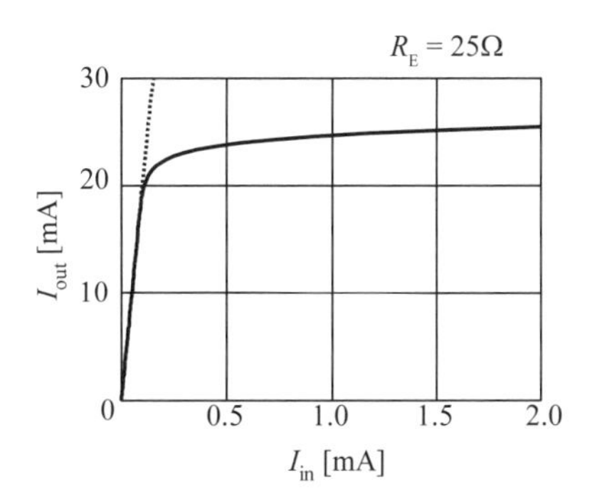


図 **9.38** 電流制限回路の入出力特性

$Q_2$ の存在により $I_{out}$ は 25 mA 程度以上に増加しなくなっている．これは式 (9.154) から求めた $I_{out}$ の最大値， 24 mA ～ 28 mA と一致している．

次に，図 9.37 (b) の回路の動作を簡単に説明する．ベース電流が無視できるので，抵抗 $R_E$ を流れる電流はコレクタ電流 $I_C$ と等しくなる．コレクタ電流 $I_C$ が増加して，

$$V_{BE(on)} + R_E I_C = 2V_{D(on)} \tag{9.160}$$

となると，ダイオードに電流 $I_D$ が流れるようになる．その結果，ベース電流 $I_B$ の増加が抑えられ，コレクタ電流 $I_C$ の増加も抑えられる．$V_{BE(on)}$ と $V_{D(on)}$ が等しいと仮定すると，この回路でもコレクタ電流 $I_{C1}$ の最大値 $I_{Cmax}$ は式 (9.154) で与えられる．

もう少し詳しく図 9.37 (a) の回路の動作を解析する．25 ページの式 (3.2) および 29 ページの式 (3.9) より，

$$I_D \fallingdotseq I_S \exp\left(\frac{V_D}{V_T}\right) \tag{9.161}$$

$$I_B \fallingdotseq I_{BS} \exp\left(\frac{V_{BE}}{V_T}\right) \tag{9.162}$$

であるので，

$$V_{\mathrm{D}} = V_T \ln \frac{I_{\mathrm{D}}}{I_{\mathrm{S}}} \tag{9.163}$$

$$V_{\mathrm{BE}} = V_T \ln \frac{I_{\mathrm{B}}}{I_{\mathrm{BS}}} \tag{9.164}$$

となる．これらの式を，

$$2V_{\mathrm{D}} \fallingdotseq V_{\mathrm{BE}} + R_{\mathrm{E}} I_{\mathrm{C}} = V_{\mathrm{BE}} + R_{\mathrm{E}} \beta I_{\mathrm{B}} \tag{9.165}$$

に代入すると，

$$2V_T \ln \frac{I_{\mathrm{D}}}{I_{\mathrm{S}}} = V_T \ln \frac{I_{\mathrm{B}}}{I_{\mathrm{BS}}} + R_{\mathrm{E}} \beta I_{\mathrm{B}} \tag{9.166}$$

となる．これより，ダイオードを流れる電流 $I_{\mathrm{D}}$ は

$$I_{\mathrm{D}} = \sqrt{\frac{I_{\mathrm{C}}}{\beta I_{\mathrm{BS}}}} \cdot I_{\mathrm{S}} \exp\left(\frac{R_{\mathrm{E}} I_{\mathrm{C}}}{2V_T}\right) \tag{9.167}$$

と表せる．したがって，

$$I_{\mathrm{in}} = I_{\mathrm{B}} + I_{\mathrm{D}} = \frac{I_{\mathrm{out}}}{\beta} + \sqrt{\frac{I_{\mathrm{out}}}{\beta I_{\mathrm{BS}}}} \cdot I_{\mathrm{S}} \exp\left(\frac{R_{\mathrm{E}} I_{\mathrm{out}}}{2V_T}\right) \tag{9.168}$$

となる．式 (9.168) にもとづいて図 9.37 (b) の電流制限回路の入出力特性を計算した結果を図 **9.39** に示す．ただし，$\beta$ は 200，$I_{\mathrm{S}}$ は $1.6 \times 10^{-14}$ A，$I_{\mathrm{BS}}$ は $2 \times 10^{-16}$ A とした．図中の点線はダイオードがない場合である．

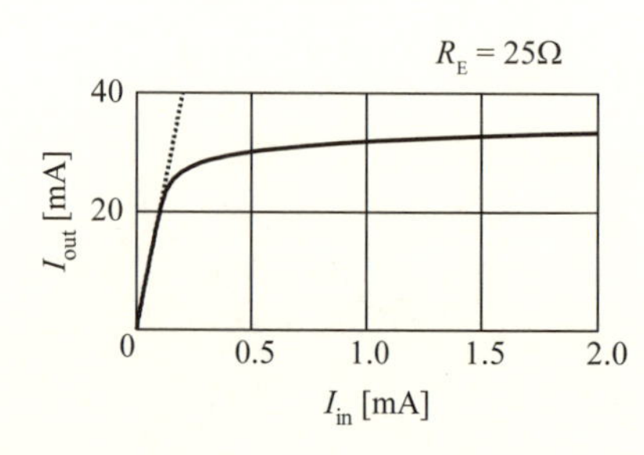


**図 9.39** 電流制限回路（ダイオード使用）の入出力特性

図 9.37 (a) のトランジスタを使った電流制限回路よりも特性は悪くなっていることがわかる.

## 9.7 カスコード増幅回路

**図 9.40** に示す回路はカスコード増幅回路と呼ばれ，高い周波数の信号でも増幅可能な増幅回路になる．カスコード増幅回路は，バイポーラトランジスタの場合はエミッタ接地増幅回路とベース接地増幅回路を接続したものであり，MOSFET の場合はソース接地回路とゲート接地回路を接続したものになる．図 9.40 (b) 中の電圧 $V_b$ は MOSFET $M_2$ のバイアス電圧である.

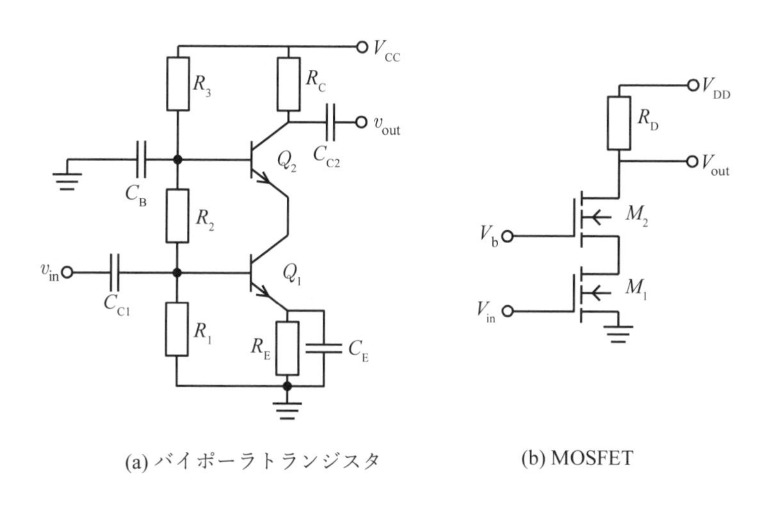


**図 9.40** カスコード増幅回路

### 9.7.1 バイポーラカスコード増幅回路

まず，**図 9.41** のバイポーラトランジスタカスコード増幅回路のバイアス回路の設計をする．トランジスタの動作時のベース・エミッタ間電圧 $V_{BE0}$ は 0.6 V で一定であり，ベース電流は無視できると仮定する．電源電圧 $V_{CC}$

は 18 V とする．121 ページの図 7.5 に示したエミッタ接地増幅回路に合わせて，コレクタバイアス電流 $I_{C0}$ は 6.0 mA，コレクタ抵抗 $R_C$ は 800 Ω，エミッタ抵抗 $R_E$ は 200 Ω とする．

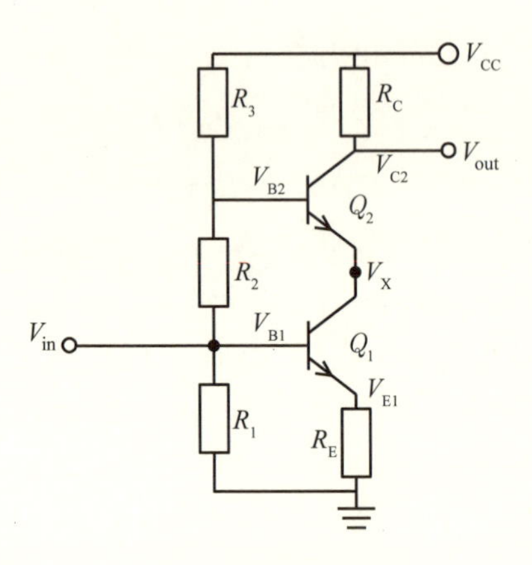


**図 9.41** カスコード増幅回路のバイアス設計

エミッタバイアス電圧 $V_{E1}$ は

$$V_{E1} = R_E I_{C0} = 200\,\Omega \times 6.0\,\text{mA} = 1.2\,\text{V} \tag{9.169}$$

となる．コレクタバイアス電圧 $V_{C2}$ は

$$V_{C2} = V_{CC} - R_C I_{C0} = 18\,\text{V} - 800\,\Omega \times 6.0\,\text{mA} = 13.2\,\text{V} \tag{9.170}$$

バイアスとなる．トランジスタ $Q_1$ のコレクタバイアス電圧（$Q_2$ のエミッタ電圧） $V_X$ を $V_{C2}$ と $V_{E1}$ の中間の値になるようにすると，

$$V_X = \frac{V_{C2} + V_{E1}}{2} = 7.2\,\text{V} \tag{9.171}$$

になる．各トランジスタのベースバイアス電圧 $V_{B1}$ と $V_{B2}$ は

$$V_{B1} = V_{E1} + V_{BE0} = 1.8\,\text{V} \tag{9.172}$$

$$V_{B2} = V_X + V_{BE0} = 7.8\,\text{V} \tag{9.173}$$

となる．抵抗 $R_1$ から $R_3$ に流す電流をコレクタバイアス電流の 10 分の 1 である 0.60 mA になるようにすると，

$$R_1 = 17\,\mathrm{k\Omega}, \quad R_2 = 10\,\mathrm{k\Omega}, \quad R_3 = 3.0\,\mathrm{k\Omega} \tag{9.174}$$

になる．

図 9.41 の回路において入力直流電圧 $V_{\mathrm{in}}$ を変えたときの出力直流電圧 $V_{\mathrm{out}}$ の変化は図 **9.42** のようになる．

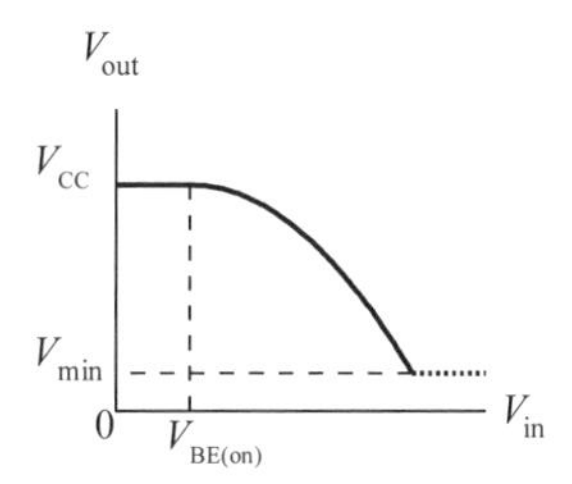


図 **9.42** カスコード増幅回路の直流入出力特性

入力電圧 $V_{\mathrm{in}}$ が 0 付近ではバイポーラトランジスタは遮断領域であるので，コレクタ電流は流れず，出力電圧 $V_{\mathrm{out}}$ は電源電圧 $V_{\mathrm{CC}}$ に等しい．入力電圧 $V_{\mathrm{in}}$ が増加しバイポーラトランジスタの動作電圧 $V_{\mathrm{BE(on)}}$ を超えると，能動領域で動作し始め，出力電圧 $V_{\mathrm{out}}$ が減少する[12]．出力電圧が最小値 $V_{\mathrm{min}}$ になるのはトランジスタ $Q_1$ と $Q_2$ の両方が飽和領域で動作している状態[13]のときである．このときのコレクタ電流 $I_{\mathrm{Cmax}}$ は，コレクタ・エミッタ間飽和電圧を $V_{\mathrm{CES}}$ とすると，

$$I_{\mathrm{Cmax}} = \frac{V_{\mathrm{CC}} - 2V_{\mathrm{CES}}}{R_{\mathrm{E}} + R_{\mathrm{C}}} \tag{9.175}$$

となる．コレクタ・エミッタ間飽和電圧 $V_{\mathrm{CES}}$ が 0 であると近似すると，

[12] 58 ページの図 5.5 で示したエミッタ接地回路の増幅作用と同じである．

[13] 図 9.42 中では点線で示している．

$$V_{\mathrm{min}} = V_{\mathrm{CC}} - R_{\mathrm{C}} I_{\mathrm{Cmax}} = V_{\mathrm{CC}} - R_{\mathrm{C}} \frac{V_{\mathrm{CC}} - 2V_{\mathrm{CES}}}{R_{\mathrm{E}} + R_{\mathrm{C}}} \fallingdotseq \frac{R_{\mathrm{E}}}{R_{\mathrm{E}} + R_{\mathrm{C}}} V_{\mathrm{CC}} \tag{9.176}$$

となる．

次に，小信号等価回路を用いて増幅回路の特性量を求める．バイポーラトランジスタを用いたカスコード増幅回路の小信号等価回路を図 **9.43** に示す．なお，バイアス回路を構成する抵抗 $R_1$ から $R_3$ は省略している．図 9.43 (a) はバイポーラトランジスタの出力抵抗 $r_{\mathrm{o}}$ が無視できる場合の簡易等価回路であり，図 9.43 (b) はバイポーラトランジスタの出力抵抗 $r_{\mathrm{o}}$ を考慮した等価回路である．また，$v_{\mathrm{x}}$ はトランジスタ $Q_1$ のコレクタ小信号電圧（$Q_2$ のエミッタ小信号電圧）である．以下，この等価回路を用いた解析をする．

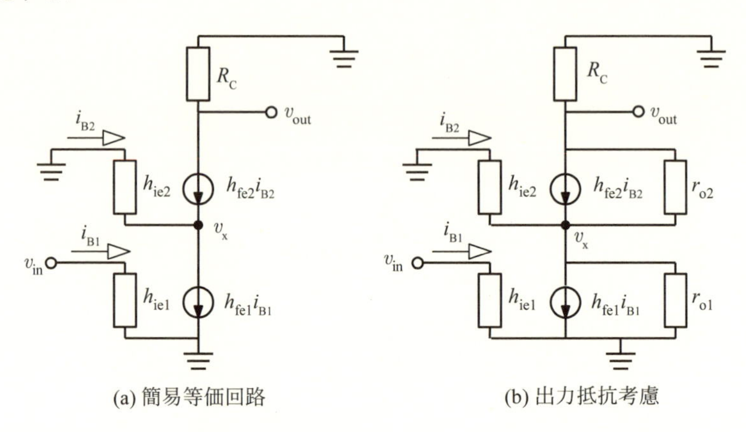


**図 9.43** カスコード増幅回路（バイポーラトランジスタ）の小信号等価回路

まず，入力インピーダンス $Z_{\mathrm{in}}$ を求める．図 9.43 (a) と図 9.43 (b) のどちらの等価回路でも，

$$v_{\mathrm{in}} = h_{\mathrm{ie1}} i_{\mathrm{B1}} \tag{9.177}$$

であるので，入力インピーダンス $Z_{\mathrm{in}}$ は

$$Z_{\rm in} = \frac{v_{\rm in}}{i_{\rm B1}} = h_{\rm ie1} \tag{9.178}$$

である．これはトランジスタ $Q_1$ だけで作られたエミッタ接地増幅回路のものと同じである[14]．

次に，図 9.43 (a) に示すトランジスタの出力抵抗が無視できるときの電圧増幅度 $A_v$ を求める．図 9.43 (a) では以下の式が成立する．

$$h_{\rm fe1} i_{\rm B1} = h_{\rm fe2} i_{\rm B2} + i_{\rm B2} = (h_{\rm fe2}+1)\, i_{\rm B2} \tag{9.179}$$

式 (9.177) および式 (9.179) より，$i_{\rm B1}$ を消去して，

$$i_{\rm B2} = \frac{h_{\rm fe1}}{(h_{\rm fe2}+1)\, h_{\rm ie1}} v_{\rm in} \tag{9.180}$$

となる．これより，出力電圧 $v_{\rm out}$ は

$$v_{\rm out} = -R_{\rm C} h_{\rm fe2} i_{\rm B2} = -\frac{R_{\rm C} h_{\rm fe1} h_{\rm fe2}}{(h_{\rm fe2}+1)\, h_{\rm ie1}} v_{\rm in} \tag{9.181}$$

となるので，電圧増幅度 $A_v$ は

$$A_v = \frac{v_{\rm out}}{v_{\rm in}} = -\frac{h_{\rm fe1} h_{\rm fe2} R_{\rm C}}{(h_{\rm fe2}+1)\, h_{\rm ie1}} \tag{9.182}$$

となる．$h_{\rm fe2}$ が十分に大きいときは，

$$A_v \fallingdotseq -\frac{h_{\rm fe1} R_{\rm C}}{h_{\rm ie1}} \tag{9.183}$$

と近似でき，トランジスタ $Q_1$ だけで作られたエミッタ接地増幅回路の電圧増幅度に等しくなる[15]．

次に，トランジスタの出力抵抗 $r_{\rm o1}$ と $r_{\rm o2}$ が無視できないときの電圧増幅度を求める．図 9.43 (b) の小信号等価回路にキルヒホッフの電流則を適用すると，

[14] 143 ページの式 (8.27) を参照．
[15] 142 ページの式 (8.15) を参照．

$$h_{fe2} i_{B2} + \frac{v_{out} - v_x}{r_{o2}} + \frac{v_{out}}{R_C} = 0 \tag{9.184}$$

$$h_{fe1} i_{B1} + \frac{v_x}{r_{o1}} - h_{fe2} i_{B2} - i_{B2} + \frac{v_x - v_{out}}{r_{o2}} = 0 \tag{9.185}$$

となる．また，各ベース電流は

$$i_{B1} = \frac{v_{in}}{h_{ie1}} \tag{9.186}$$

$$i_{B2} = \frac{-v_x}{h_{ie2}} \tag{9.187}$$

である．これらの式より，$i_{B1}$，$i_{B2}$ および $v_x$ を消去すると，

$$\frac{\left(\dfrac{1}{r_{o2}} + \dfrac{1}{R_C}\right) v_{out}}{\dfrac{h_{fe2}}{h_{ie2}} + \dfrac{1}{r_{o2}}} = \frac{-\dfrac{h_{fe1}}{h_{ie1}} v_{in} + \dfrac{1}{r_{o2}} v_{out}}{\dfrac{1}{r_{o1}} + \dfrac{1}{r_{o2}} + \dfrac{h_{fe2}+1}{h_{ie2}}} (= v_x) \tag{9.188}$$

となる．この式を整理すると，

$$\begin{aligned} &\left[\frac{1}{r_{o2}}\left(\frac{1}{r_{o1}} + \frac{1}{h_{ie2}}\right) + \frac{1}{R_C}\left(\frac{1}{r_{o1}} + \frac{1}{r_{o2}} + \frac{h_{fe2}+1}{h_{ie2}}\right)\right] v_{out} \\ &\quad = -\frac{h_{fe1}}{h_{ie1}}\left(\frac{h_{fe2}}{h_{ie2}} + \frac{1}{r_{o2}}\right) v_{in} \end{aligned} \tag{9.189}$$

となるので，電圧増幅度 $A_v$ は

$$\begin{aligned} A_v &= \frac{v_{out}}{v_{in}} \\ &= -\frac{h_{fe1} R_C r_{o1} (h_{fe2} r_{o2} + h_{ie2})}{h_{ie1}\left[(h_{fe2}+1) r_{o1} r_{o2} + h_{ie2}(r_{o1} + r_{o2}) + (r_{o1} + h_{ie2}) R_C\right]} \end{aligned} \tag{9.190}$$

となる．

カスコード増幅回路の出力インピーダンス $Z_{out}$ を求めるために，開放出力電圧 $v_{open}$ と短絡出力電流 $i_{short}$ を求める．図 9.43 の小信号等価回路では負荷は開放されているので，開放出力電圧 $v_{open}$ は出力電圧 $v_{out}$ に等しい．図 9.43 (a) の小信号等価回路では，

$$v_{\mathrm{open}} = -R_{\mathrm{C}} h_{\mathrm{fe2}} i_{\mathrm{B2}} \tag{9.191}$$

$$i_{\mathrm{short}} = -h_{\mathrm{fe2}} i_{\mathrm{B2}} \tag{9.192}$$

なので，

$$Z_{\mathrm{out}} = \frac{v_{\mathrm{open}}}{i_{\mathrm{short}}} = R_{\mathrm{C}} \tag{9.193}$$

となる．これは トランジスタ $Q_2$ だけで作られたベース接地回路の出力インピーダンスに等しい [16]．

トランジスタの出力抵抗が無視できないときの出力インピーダンスを求める．図 9.43 (b) の小信号等価回路では

$$\begin{aligned} v_{\mathrm{open}} &= v_{\mathrm{out}} = A_v v_{\mathrm{in}} \\ &= -\frac{h_{\mathrm{fe1}} R_{\mathrm{C}} r_{\mathrm{o1}} \left(h_{\mathrm{fe2}} r_{\mathrm{o2}} + h_{\mathrm{ie2}}\right)}{h_{\mathrm{ie1}} \left[\left(h_{\mathrm{fe2}} + 1\right) r_{\mathrm{o1}} r_{\mathrm{o2}} + h_{\mathrm{ie2}} \left(r_{\mathrm{o1}} + r_{\mathrm{o2}}\right) + \left(r_{\mathrm{o1}} + h_{\mathrm{ie2}}\right) R_{\mathrm{C}}\right]} v_{\mathrm{in}} \end{aligned} \tag{9.194}$$

となる．また，図 **9.44** に示す負荷短絡時の小信号等価回路にキルヒホッフの電流則を適用することで，

$$h_{\mathrm{fe2}} i_{\mathrm{B2}} + \frac{-v_{\mathrm{x}}}{r_{\mathrm{o2}}} + i_{\mathrm{short}} = 0 \tag{9.195}$$

$$-i_{\mathrm{B2}} - h_{\mathrm{fe2}} i_{\mathrm{B2}} + \frac{v_{\mathrm{x}}}{r_{\mathrm{o2}}} + h_{\mathrm{fe1}} i_{\mathrm{B1}} + \frac{v_{\mathrm{x}}}{r_{\mathrm{o1}}} = 0 \tag{9.196}$$

となる．ここで，式 (9.186) と式 (9.187) を用いることにより，

$$-\frac{h_{\mathrm{fe2}} v_{\mathrm{x}}}{h_{\mathrm{ie2}}} - \frac{v_{\mathrm{x}}}{r_{\mathrm{o2}}} + i_{\mathrm{short}} = 0 \tag{9.197}$$

$$\frac{h_{\mathrm{fe1}} v_{\mathrm{in}}}{h_{\mathrm{ie1}}} + \frac{v_{\mathrm{x}}}{r_{\mathrm{o1}}} + \frac{\left(h_{\mathrm{fe2}} + 1\right) v_{\mathrm{x}}}{h_{\mathrm{ie2}}} + \frac{v_{\mathrm{x}}}{r_{\mathrm{o2}}} = 0 \tag{9.198}$$

となる．

これより，短絡開放電流 $i_{\mathrm{short}}$ は

[16] 155 ページの式 (8.87) を参照．

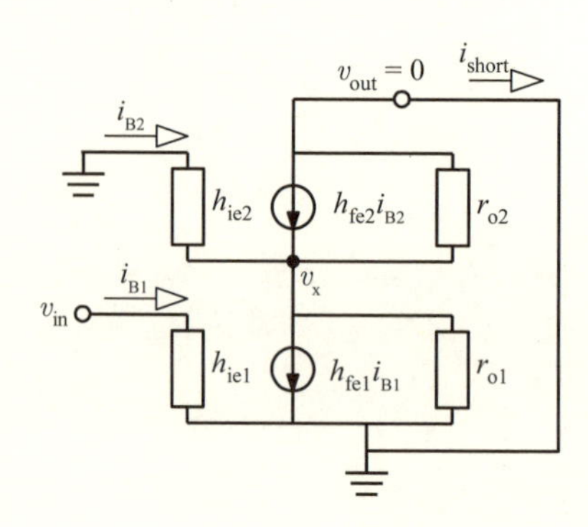


**図 9.44** カスコード増幅回路の出力短絡時小信号等価回路

$$
\begin{aligned}
i_{\mathrm{short}} &= \left(\frac{h_{\mathrm{fe2}}}{h_{\mathrm{ie2}}} + \frac{1}{r_{\mathrm{o2}}}\right) v_x = -\left(\frac{h_{\mathrm{fe2}}}{h_{\mathrm{ie2}}} + \frac{1}{r_{\mathrm{o2}}}\right) \frac{\dfrac{h_{\mathrm{fe1}}}{h_{\mathrm{ie1}}}}{\dfrac{1}{r_{\mathrm{o1}}} + \dfrac{1}{r_{\mathrm{o2}}} + \dfrac{h_{\mathrm{fe2}}+1}{h_{\mathrm{ie2}}}} v_{\mathrm{in}} \\
&= -\frac{h_{\mathrm{fe1}} r_{\mathrm{o1}} \left(h_{\mathrm{fe2}} r_{\mathrm{o2}} + h_{\mathrm{ie2}}\right)}{h_{\mathrm{ie1}} \left[h_{\mathrm{ie2}} \left(r_{\mathrm{o1}} + r_{\mathrm{o2}}\right) + \left(h_{\mathrm{fe2}} + 1\right) r_{\mathrm{o1}} r_{\mathrm{o2}}\right]} v_{\mathrm{in}} \qquad (9.199)
\end{aligned}
$$

となる．出力インピーダンス $Z_{\mathrm{out}}$ は

$$
Z_{\mathrm{out}} = \frac{v_{\mathrm{open}}}{i_{\mathrm{short}}} = \frac{R_{\mathrm{C}} \left[h_{\mathrm{ie2}} \left(r_{\mathrm{o1}} + r_{\mathrm{o2}}\right) + \left(h_{\mathrm{fe2}} + 1\right) r_{\mathrm{o1}} r_{\mathrm{o2}}\right]}{\left(h_{\mathrm{fe2}} + 1\right) r_{\mathrm{o1}} r_{\mathrm{o2}} + h_{\mathrm{ie2}} \left(r_{\mathrm{o1}} + r_{\mathrm{o2}}\right) + \left(r_{\mathrm{o1}} + h_{\mathrm{ie2}}\right) R_{\mathrm{C}}} \qquad (9.200)
$$

となる．トランジスタの入力インピーダンス $h_{\mathrm{ie2}}$ が十分に小さく，$h_{\mathrm{fe2}}$ が十分に大きいときは，$h_{\mathrm{ie2}} \to 0$，$h_{\mathrm{fe2}} + 1 \to h_{\mathrm{fe2}}$ として近似することで，

$$
Z_{\mathrm{out}} \fallingdotseq \frac{R_{\mathrm{C}} h_{\mathrm{fe2}} r_{\mathrm{o1}} r_{\mathrm{o2}}}{h_{\mathrm{fe2}} r_{\mathrm{o1}} r_{\mathrm{o2}} + r_{\mathrm{o1}} R_{\mathrm{C}}} = \frac{R_{\mathrm{C}} h_{\mathrm{fe2}} r_{\mathrm{o2}}}{h_{\mathrm{fe2}} r_{\mathrm{o2}} + R_{\mathrm{C}}} = R_{\mathrm{C}} \parallel \left(h_{\mathrm{fe2}} r_{\mathrm{o2}}\right) \qquad (9.201)
$$

となる．

図 9.40 (a) のカスコード増幅回路で抵抗 $R_{\mathrm{C}}$ の代わりに定電流源（能動負荷）を用いたときは，式 (9.190) および式 (9.200) において，$R_{\mathrm{C}}$ を定電流源の内部抵抗 $R_{\mathrm{o}}$ に置き換えればよい．特に理想定電流源の場合は，

$$\lim_{R_C \to \infty} A_v = -\frac{h_{fe1} r_{o1} (h_{fe2} r_{o2} + h_{ie2})}{h_{ie1} (r_{o1} + h_{ie2})} \fallingdotseq -\frac{h_{fe1} h_{fe2} r_{o2}}{h_{ie1}} \tag{9.202}$$

$$\lim_{R_C \to \infty} Z_{out} = \frac{h_{ie2} (r_{o1} + r_{o2}) + (h_{fe2} + 1) r_{o1} r_{o2}}{r_{o1} + h_{ie2}} \fallingdotseq h_{fe2} r_{o2} \tag{9.203}$$

となる．カスコード増幅回路（バイポーラトランジスタ）の特性量を計算した例を表 **9.1** に示す．バイポーラトランジスタの特性はどちらも同じであるとしている．カッコ内は近似を使って求めたものである．

**表 9.1** カスコード増幅回路（バイポーラトランジスタ）の特性量の計算例

| 特性量 | 出力抵抗無視 | 出力抵抗考慮 | 理想能動負荷 |
|---|---|---|---|
| 電圧増幅度 $A_v$ | $-184.5$<br>$(-185.4)$ | $-184.3$ | $-7.35 \times 10^5$<br>$(-7.73 \times 10^5)$ |
| 出力インピーダンス<br>$Z_{out}$ | $800\,\Omega$ | $799.8\,\Omega$<br>$(799.8\,\Omega)$ | $3.19\,\mathrm{M\Omega}$<br>$(3.33\,\mathrm{M\Omega})$ |

$R_1 = 3.0\,\mathrm{k\Omega}$, $R_2 = 10\,\mathrm{k\Omega}$, $R_3 = 17\,\mathrm{k\Omega}$, $R_E = 200\,\Omega$
$R_C = 800\,\Omega$, $I_C = 6.0\,\mathrm{mA}$, $h_{fe} = 200$, $r_o = 16.7\,\mathrm{k\Omega}$

### 9.7.2 MOS カスコード増幅回路

図 **9.45** に MOSFET を用いたカスコード増幅回路を示す．$V_b$ はバイアス電圧であり， MOSFET $M_2$ のドレイン電流 $I_D$ を MOSFET $M_1$ のバイアス電流として使うために使われる．

まず，図 9.45 の回路の直流入出力特性を考える．2 つの MOSFET の接続点の電圧を $V_X$ と仮定すると，各 MOSFET のゲート・ソース間電圧とドレイン・ソース間電圧は以下のようになる．

$$V_{GS1} = V_{in} \tag{9.204}$$

$$V_{GS2} = V_b - V_X \tag{9.205}$$

$$V_{DS1} = V_X \tag{9.206}$$

$$V_{DS2} = V_{out} - V_X \tag{9.207}$$

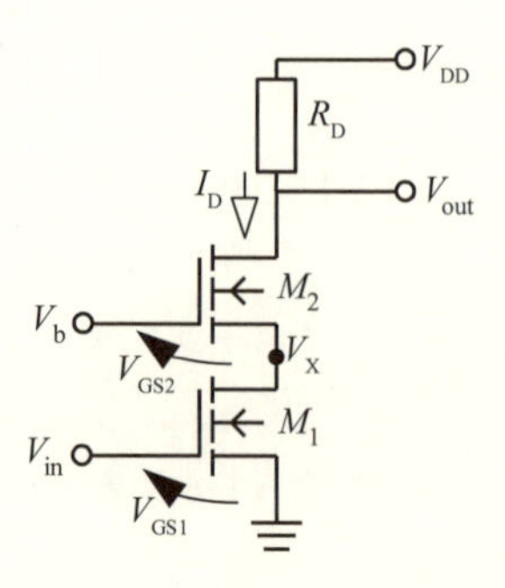


図 **9.45** カスコード増幅回路 (MOSFET)

$V_{\rm in} < V_{\rm th1}$ のときは $M_1$ が遮断領域なので，ドレイン電流 $I_{\rm D}$ は流れず，

$$V_{\rm out} = V_{\rm DD} \tag{9.208}$$

となる．入力電圧 $V_{\rm in}$ が増加して，MOSFET $M_1$ が飽和領域で動作するようになると，

$$I_{\rm D} = \frac{\beta_1}{2}(V_{\rm GS1} - V_{\rm th1})^2 = \frac{\beta_1}{2}(V_{\rm in} - V_{\rm th1})^2 \tag{9.209}$$

なので，

$$V_{\rm out} = V_{\rm DD} - R_{\rm D}I_{\rm D} = V_{\rm DD} - \frac{R_{\rm D}\beta_1}{2}(V_{\rm in} - V_{\rm th1})^2 \tag{9.210}$$

となる．$V_{\rm in}$ が十分に大きくなると $M_1$ あるいは $M_2$ の少なくとも片方が線形領域で動作するようになる．この状態での特性の解析は複雑になるので，省略する．図 **9.46** に MOSFET カスコード増幅回路の入出力特性を示す．図中点線の部分は $M_1$ あるいは $M_2$ の少なくとも片方が線形領域で動作している状態の特性である．

出力電圧の最大値は $V_{\rm DD}$ である．両方の MOSFET が飽和領域で動作しているときの出力電圧の最小値は図 9.46 中では $V_{\rm min}$ で表した．以下，$V_{\rm min}$ を求める．入力電圧 $V_{\rm in}$ が増加して，出力電圧 $V_{\rm out}$ が減少すると，以

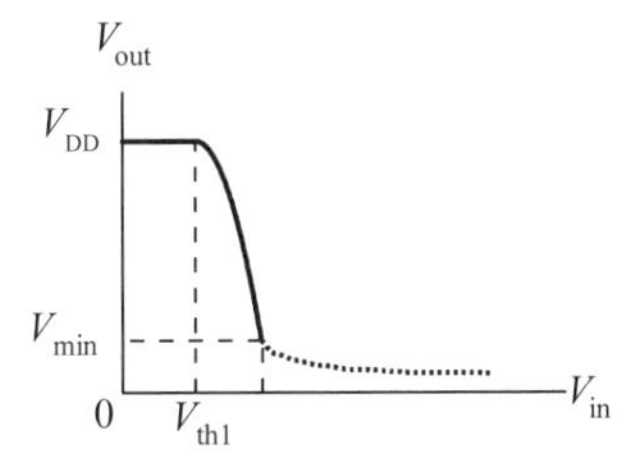


図 **9.46** MOSFET カスコード増幅回路の入出力特性

下の条件のどちらかが成立するようになり，少なくとも片方の MOSFET が線形領域で動作しはじめる．

$$V_{GS1} - V_{th1} = V_{DS1} \tag{9.211}$$
$$V_{GS2} - V_{th2} = V_{DS2} \tag{9.212}$$

これらの式に，式 (9.204) から式 (9.207) を代入すると，

$$V_{in} = V_X + V_{th1} \quad (M_1) \tag{9.213}$$
$$V_{out} = V_b - V_{th2} \quad (M_2) \tag{9.214}$$

となる．まず，式 (9.213) から入力電圧 $V_{in}$ の満たす条件を求めるために，$V_X$ を求めて式 (9.213) から消去する．両方の MOSFET が飽和領域で動作していると仮定すると，ドレイン電流は同じであるので，

$$\begin{aligned} I_D &= \frac{\beta_1}{2}(V_{GS1} - V_{th1})^2 = \frac{\beta_1}{2}(V_{in} - V_{th1})^2 \\ &= \frac{\beta_1}{2}(V_{GS2} - V_{th2})^2 = \frac{\beta_1}{2}(V_b - V_X - V_{th2})^2 \end{aligned} \tag{9.215}$$

となる．これより，

$$V_X = V_b - V_{th2} - \sqrt{\frac{\beta_1}{\beta_2}}(V_{in} - V_{th1}) \tag{9.216}$$

となる．式 (9.213) に式 (9.216) を代入して整理すると，

$$V_{\mathrm{in}} = \frac{V_{\mathrm{b}} - V_{\mathrm{th2}}}{1 + \sqrt{\frac{\beta_1}{\beta_2}}} + V_{\mathrm{th1}} \tag{9.217}$$

となる．次に，式 (9.214) から入力電圧 $V_{\mathrm{in}}$ の満たす条件を求めるために，式 (9.214) を式 (9.210) を代入すると，

$$V_{\mathrm{DD}} - \frac{R_{\mathrm{D}}\beta_1}{2}\left(V_{\mathrm{in}} - V_{\mathrm{th1}}\right)^2 = V_{\mathrm{b}} - V_{\mathrm{th2}} \tag{9.218}$$

となる．これより，

$$V_{\mathrm{in}} = V_{\mathrm{th1}} + \sqrt{\frac{2\left(V_{\mathrm{DD}} - V_{\mathrm{b}} + V_{\mathrm{th2}}\right)}{R_{\mathrm{D}}\beta_1}} \tag{9.219}$$

となる．入力電圧 $V_{\mathrm{in}}$ が式 (9.217) または式 (9.219) のどちらか小さい方の値のときの出力電圧 $V_{\mathrm{out}}$ が $V_{\mathrm{min}}$ になる．

2つの MOSFET が同一の特性を持つと仮定すると，式 (9.217) および式 (9.219) の条件は

$$V_{\mathrm{in}} = \frac{V_{\mathrm{b}} + V_{\mathrm{th}}}{2} \quad (M_1) \tag{9.220}$$

$$V_{\mathrm{in}} = V_{\mathrm{th}} + \sqrt{\frac{2\left(V_{\mathrm{DD}} - V_{\mathrm{b}} + V_{\mathrm{th}}\right)}{R_{\mathrm{D}}\beta}} \quad (M_2) \tag{9.221}$$

となる．このとき，式 (9.216) は

$$V_{\mathrm{X}} = V_{\mathrm{b}} - V_{\mathrm{in}} \tag{9.222}$$

となる．ここで，$V_{\mathrm{DD}} = 10\,\mathrm{V}$，$V_{\mathrm{b}} = 6.0\,\mathrm{V}$，$V_{\mathrm{th}} = 1.0\,\mathrm{V}$，$R_{\mathrm{D}} = 2.5\,\mathrm{k\Omega}$ および $\beta = 1.0\,\mathrm{mS/V}$ として具体的な値を計算すると，式 (9.217) と式 (9.219) は

$$V_{\mathrm{in}} = 3.5\,\mathrm{V} \tag{9.223}$$

$$V_{\mathrm{in}} = 3.0\,\mathrm{V} \tag{9.224}$$

となるので，$V_{\mathrm{in}} = 3.0\,\mathrm{V}$ のとき $V_{\mathrm{min}} = 5.0\,\mathrm{V}$ であるという結果が得られる．

次に，MOSFET を用いたカスコード増幅回路の小信号動作を解析する．**図 9.47** に MOSFET を用いたカスコード増幅回路の小信号等価回路を示す．図中の $v_2$ は MOSFET $M_2$ のゲート・ソース間小信号電圧である．図 9.47 (a) は MOSFET の出力抵抗 $r_o$ が無視できる場合の簡易等価回路である．図 9.47 (b) は MOSFET の出力抵抗 $r_o$ を考慮した場合の等価回路である．以下，この等価回路を用いた解析をする．

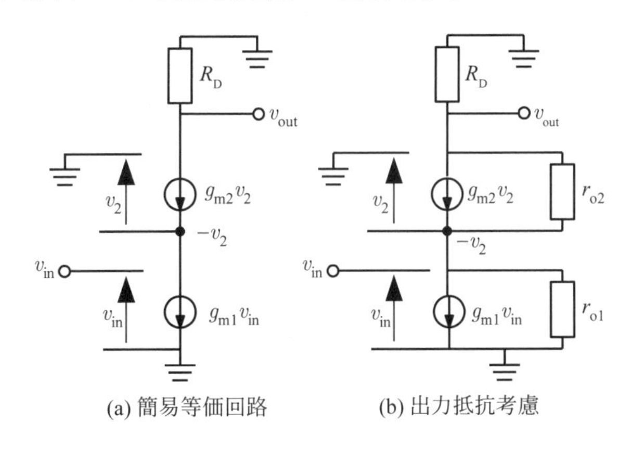


**図 9.47** カスコード増幅回路 (MOSFET) の小信号等価回路

入力インピーダンス $Z_{in}$ は図 9.47 (a) と (b) どちらの等価回路でも無限大になる．これは，160 ページの式 (8.101) に示したソース接地増幅回路の入力インピーダンスでバイアス抵抗 $R_G$ を無視した場合と等しい．

まず，図 9.47 (a) の出力抵抗 $r_o$ が無視できる場合の電圧増幅度を求める．ゲートには電流が流れないことから，2 つの MOSFET のドレイン電流が等しくなるので，

$$g_{m1}v_{in} = g_{m2}v_2 \tag{9.225}$$

であり，

$$v_{out} = -R_D g_{m2}v_2 = -R_D g_{m1}v_{in} \tag{9.226}$$

となる．これより，電圧増幅度 $A_v$ は

$$A_v = \frac{v_{\text{out}}}{v_{\text{in}}} = -R_{\text{D}} g_{\text{m1}} \tag{9.227}$$

となり，MOSFET $M_1$ だけを用いたソース接地増幅回路と同じになる[17]．

次に，図 9.47 (b) の 出力抵抗 $r_{\text{o}}$ が無視できない場合の電圧増幅度を求める．キルヒホッフの電流則より，

$$g_{\text{m2}} v_2 + \frac{v_{\text{out}} - (-v_2)}{r_{\text{o2}}} + \frac{v_{\text{out}}}{R_{\text{D}}} = 0 \tag{9.228}$$

$$g_{\text{m1}} v_{\text{in}} + \frac{-v_2}{r_{\text{o1}}} - g_{\text{m2}} v_2 + \frac{-v_2 - v_{\text{out}}}{r_{\text{o2}}} = 0 \tag{9.229}$$

となる．これらの式から $v_2$ を消去すると，

$$\frac{g_{\text{m1}} v_{\text{in}} - \dfrac{v_{\text{out}}}{r_{\text{o2}}}}{\dfrac{1}{r_{\text{o1}}} + g_{\text{m2}} + \dfrac{1}{r_{\text{o2}}}} = -\frac{\left(\dfrac{1}{r_{\text{o2}}} + \dfrac{1}{R_{\text{D}}}\right) v_{\text{out}}}{g_{\text{m2}} + \dfrac{1}{r_{\text{o2}}}} (= v_2) \tag{9.230}$$

となり，整理すると，

$$R_{\text{D}} g_{\text{m1}} r_{\text{o1}} (1 + g_{\text{m2}} r_{\text{o2}}) v_{\text{in}} = -\left[R_{\text{D}} + (r_{\text{o1}} + r_{\text{o2}} + r_{\text{o1}} r_{\text{o2}} g_{\text{m2}})\right] v_{\text{out}} \tag{9.231}$$

となる．これより電圧増幅度 $A_v$ は

$$A_v = \frac{v_{\text{out}}}{v_{\text{in}}} = -\frac{R_{\text{D}} g_{\text{m1}} r_{\text{o1}} (1 + g_{\text{m2}} r_{\text{o2}})}{R_{\text{D}} + r_{\text{o1}} + r_{\text{o2}} + r_{\text{o1}} r_{\text{o2}} g_{\text{m2}}} \tag{9.232}$$

となる．

カスコード増幅回路の出力インピーダンスを求めるために，開放出力電圧 $v_{\text{open}}$ と短絡出力電流 $i_{\text{short}}$ を求める．図 9.47 の小信号等価回路では負荷は開放されているので，開放出力電圧 $v_{\text{open}}$ は出力電圧 $v_{\text{out}}$ に等しい．図 9.47 (a) の小信号等価回路では，

---

[17] 160 ページの式 (8.100) を参照．

$$v_{\mathrm{open}} = -R_{\mathrm{D}} g_{\mathrm{m2}} v_2 \tag{9.233}$$

$$i_{\mathrm{short}} = -g_{\mathrm{m2}} v_2 \tag{9.234}$$

なので，

$$Z_{\mathrm{out}} = \frac{v_{\mathrm{open}}}{i_{\mathrm{short}}} = R_{\mathrm{D}} \tag{9.235}$$

となる．これは 168 ページの式 (8.146) に示したゲート接地回路の出力インピーダンスに等しい．

図 9.47 (b) の小信号等価回路では

$$v_{\mathrm{open}} = v_{\mathrm{out}} = A_v v_{\mathrm{in}} = -\frac{R_{\mathrm{D}} g_{\mathrm{m1}} r_{\mathrm{o1}} (1 + g_{\mathrm{m2}} r_{\mathrm{o2}})}{R_{\mathrm{D}} + r_{\mathrm{o1}} + r_{\mathrm{o2}} + r_{\mathrm{o1}} r_{\mathrm{o2}} g_{\mathrm{m2}}} v_{\mathrm{in}} \tag{9.236}$$

となる．また，図 **9.48** の負荷短絡時の小信号等価回路にキルヒホッフの電流則を適用することにより，

$$g_{\mathrm{m2}} v_2 + \frac{v_2}{r_{\mathrm{o2}}} + i_{\mathrm{short}} = 0 \tag{9.237}$$

$$g_{\mathrm{m1}} v_{\mathrm{in}} + \frac{-v_2}{r_{\mathrm{o1}}} - g_{\mathrm{m2}} v_2 + \frac{-v_2}{r_{\mathrm{o2}}} = 0 \tag{9.238}$$

となるので，短絡出力電流 $i_{\mathrm{short}}$ は

$$\begin{aligned} i_{\mathrm{short}} &= -\left(g_{\mathrm{m2}} + \frac{1}{r_{\mathrm{o2}}}\right) v_2 = -\left(g_{\mathrm{m2}} + \frac{1}{r_{\mathrm{o2}}}\right) \frac{g_{\mathrm{m1}}}{\dfrac{1}{r_{\mathrm{o1}}} + \dfrac{1}{r_{\mathrm{o2}}} + g_{\mathrm{m2}}} v_{\mathrm{in}} \\ &= -\frac{g_{\mathrm{m1}} r_{\mathrm{o1}} (1 + g_{\mathrm{m2}} r_{\mathrm{o2}})}{r_{\mathrm{o1}} + r_{\mathrm{o2}} + r_{\mathrm{o1}} r_{\mathrm{o2}} g_{\mathrm{m2}}} \end{aligned} \tag{9.239}$$

となる．

これより，出力インピーダンス $Z_{\mathrm{out}}$ は

$$\begin{aligned} Z_{\mathrm{out}} &= \frac{v_{\mathrm{open}}}{i_{\mathrm{short}}} = \frac{R_{\mathrm{D}} g_{\mathrm{m1}} r_{\mathrm{o1}} (1 + g_{\mathrm{m2}} r_{\mathrm{o2}})}{R_{\mathrm{D}} + r_{\mathrm{o1}} + r_{\mathrm{o2}} + r_{\mathrm{o1}} r_{\mathrm{o2}} g_{\mathrm{m2}}} \cdot \frac{r_{\mathrm{o1}} + r_{\mathrm{o2}} + g_{\mathrm{m2}} r_{\mathrm{o1}} r_{\mathrm{o2}}}{g_{\mathrm{m1}} r_{\mathrm{o1}} (1 + g_{\mathrm{m2}} r_{\mathrm{o2}})} \\ &= \frac{R_{\mathrm{D}} (r_{\mathrm{o1}} + r_{\mathrm{o2}} + g_{\mathrm{m2}} r_{\mathrm{o1}} r_{\mathrm{o2}})}{R_{\mathrm{D}} + r_{\mathrm{o1}} + r_{\mathrm{o2}} + r_{\mathrm{o1}} r_{\mathrm{o2}} g_{\mathrm{m2}}} = R_{\mathrm{D}} \parallel (r_{\mathrm{o1}} + r_{\mathrm{o2}} + r_{\mathrm{o1}} r_{\mathrm{o2}} g_{\mathrm{m2}}) \end{aligned} \tag{9.240}$$

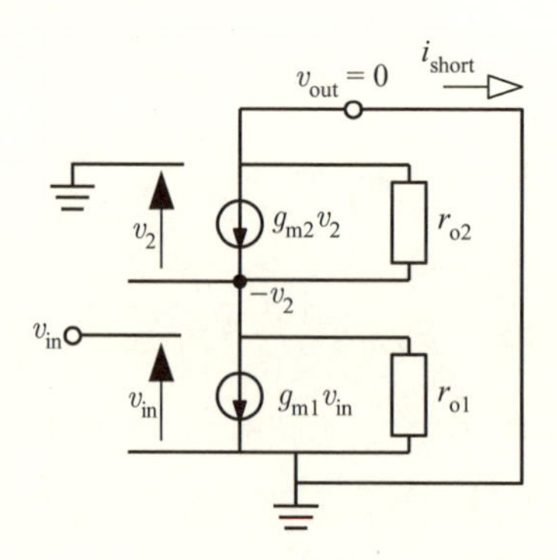


**図 9.48** カスコード増幅回路 (MOSFET) の出力短絡時小信号等価回路

となる．とくに，MOSFET の出力抵抗 $r_{o1}$ と $r_{o2}$ が十分大きいときは，

$$r_{o1} + r_{o2} + r_{o1}r_{o2}g_{m2} \fallingdotseq r_{o1}r_{o2}g_{m2} \tag{9.241}$$

と近似して，

$$Z_{out} \fallingdotseq R_D \parallel (r_{o1}r_{o2}g_{m2}) \tag{9.242}$$

となる．

図 9.40 (b) のカスコード増幅回路で抵抗 $R_D$ の代わりに定電流源（能動負荷）を用いたときは，式 (9.232) および式 (9.240) において，$R_D$ を定電流源の内部抵抗 $R_o$ に置き換えればよい．特に理想定電流源の場合は，式 (9.232) から

$$A_v = \lim_{R_D \to \infty} \frac{-R_D g_{m1} r_{o1} (1 + g_{m2} r_{o2})}{R_D + r_{o1} + r_{o2} + r_{o1} r_{o2} g_{m2}} = -g_{m1} r_{o1} (1 + g_{m2} r_{o2}) \tag{9.243}$$

となり，式 (9.240) より，

$$\begin{aligned} Z_{out} &= \lim_{R_D \to \infty} \bigl(R_D \parallel (r_{o1} + r_{o2} + r_{o1}r_{o2}g_{m2})\bigr) = r_{o1} + r_{o2} + r_{o1}r_{o2}g_{m2} \\ &\fallingdotseq r_{o1}r_{o2}g_{m2} \end{aligned} \tag{9.244}$$

となるので，高増幅度・高出力インピーダンスの増幅回路が実現できる．

カスコード増幅回路（MOSFET）の特性量を計算した例を表 **9.2** に示す．2 つの MOSFET の特性は同一とした．カッコ内は近似を使って求めたものである．

表 **9.2** カスコード増幅回路（MOSFET）の特性量の計算例

| 特性量 | 出力抵抗無視 | 出力抵抗考慮 | 理想能動負荷 |
|---|---|---|---|
| 電圧増幅度 $A_v$ | $-5.0$ | $-4.95$ | $-1.01 \times 10^4$ |
| 出力インピーダンス $Z_{\mathrm{out}}$ | $2.5\,\mathrm{k\Omega}$ | $2.499\,\mathrm{k\Omega}$<br>$(2.499\,\mathrm{k\Omega})$ | $5.1\,\mathrm{M\Omega}$<br>$(5.0\,\mathrm{M\Omega})$ |

$g_{\mathrm{m}} = 2.0\,\mathrm{mS}$，$r_{\mathrm{o}} = 50\,\mathrm{k\Omega}$，$R_{\mathrm{D}} = 2.5\,\mathrm{k\Omega}$

# 第 10 章

# 演算増幅器

本章では 5.8 節で取り上げた演算増幅器に関して，さらに詳しい説明をする．

## 10.1　演算増幅器の内部回路

**図 10.1** にフェアチャイルド社により作製され，広く用いられたバイポーラ演算増幅器 $\mu$A741 の回路図を示す．図中の $V_+$ が**非反転入力**，$V_-$ が**反転入力**，$V_{\mathrm{out}}$ が出力になる．外部の電源から $+V_{\mathrm{CC}}$ に +15 V，$-V_{\mathrm{EE}}$ に −15 V を加えて使用する．また，OFFSET と記した 2 つの端子は，差動増幅回路の非対称性を補償するものである．この端子間に加える電圧（**オフセット電圧**）を調整して，差動入力が 0 のときに出力電圧が 0 になるようにする．また，$C_{\mathrm{P}}$ は位相補償用コンデンサと呼ばれ，回路の動作を安定にするために用いられる．

**表 10.1** に図 10.1 中の各トランジスタがどのような回路を構成しているかを示す．

**図 10.2** に 2 段構成の CMOS 演算増幅器の回路図の例を示す．外部に接続する電源端子は $+V_{\mathrm{DD}}$ と $-V_{\mathrm{SS}}$ の 2 つである．p チャネル MOSFET $M_1$ と $M_2$ が差動増幅回路を構成している．n チャネル MOSFET $M_3$ と $M_4$ は定電流源による能動負荷である．n チャネル MOSFET $M_5$ はソース

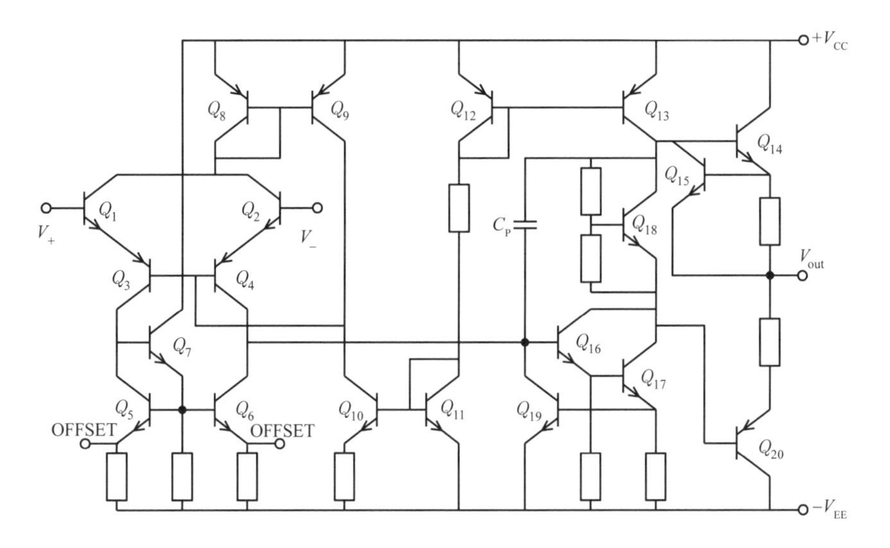


図 **10.1** 演算増幅器（$\mu$A741）の内部回路

表 **10.1** 図 10.1 の回路構成

| | |
|---|---|
| $Q_1$，$Q_2$ | エミッタフォロワ (p.149) |
| $Q_3$，$Q_4$ | 差動増幅回路 (p.196) |
| $Q_5$，$Q_6$，$Q_7$ | 能動負荷 (p.183) |
| $Q_8$，$Q_9$ | カレントミラー回路 (p.178) |
| $Q_{10}$，$Q_{11}$ | 定電流回路（p.177） |
| $Q_{12}$，$Q_{13}$ | カレントミラー回路 (p.178) |
| $Q_{14}$，$Q_{20}$ | B 級プッシュプル増幅回路 (p.203) |
| $Q_{15}$，$Q_{19}$ | 電流制限回路 (p.215) |
| $Q_{16}$ | エミッタフォロワ (p.149) |
| $Q_{17}$ | エミッタ接地増幅回路 (p.143) |
| $Q_{18}$ | 定電圧回路 (p.193) |

接地増幅回路を構成している．また，コンデンサ $C_{\mathrm{P}}$ は位相補償用のコンデンサであり，図 10.1 と同様に回路の安定化に用いられる．

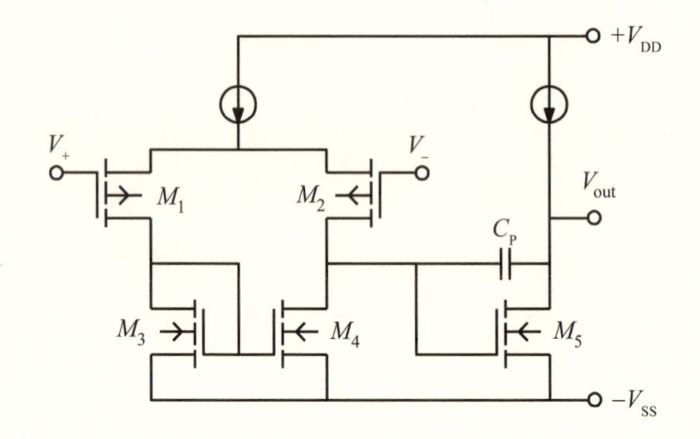


図 **10.2** 2 段構成 CMOS 演算増幅器の内部回路の例

# 10.2　演算増幅器の等価回路と基本回路の解析

## 10.2.1　等価回路

**図 10.3** に演算増幅器の等価回路を示す．$A$ は演算増幅器の電圧増幅度（差動利得）であり，$R_{\mathrm{in}}$ は演算増幅器の入力抵抗 および $R_{\mathrm{out}}$ は演算増幅器の出力抵抗である．

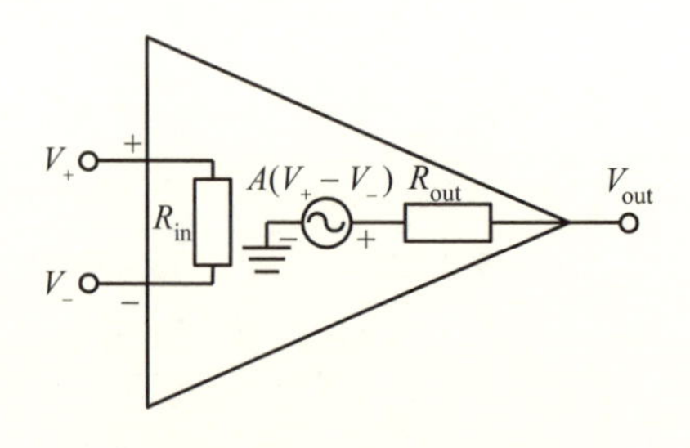


図 **10.3** 演算増幅器の等価回路

図 10.3 中の各パラメータの具体的な数値例を，$\mu$A741 の場合について，

**表 10.2** に示す．

**表 10.2** 演算増幅器の等価回路のパラメータ $\mu$A741

| パラメータ | 数値例 |
|---|---|
| $A$ | $2.0 \times 10^5$ |
| $R_{\mathrm{in}}$ | $2.0\,\mathrm{M\Omega}$ |
| $R_{\mathrm{out}}$ | $75\,\Omega$ |

図 10.3 の等価回路をそのまま用いると回路の解析が大変であることが多いので，**図 10.4** のように理想に近いものから何段階かに分けた近似等価回路を用いる．

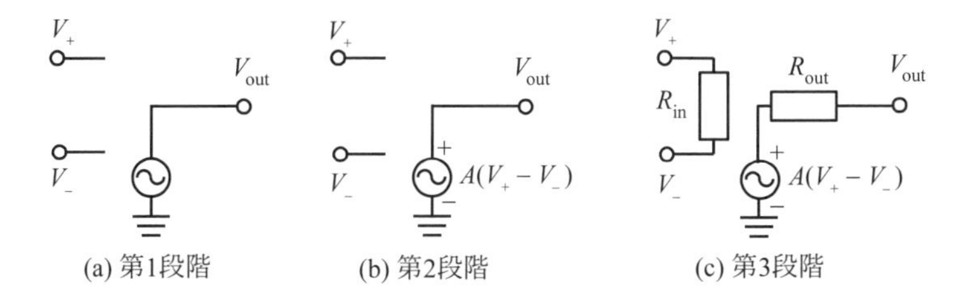


**図 10.4** 演算増幅器の近似等価回路

第 1 段階の図 10.4 (a) の等価回路は 5.8 節で取り扱った理想的な演算増幅器であり，以下のように近似する．

$$A = \infty \tag{10.1}$$

$$R_{\mathrm{in}} = \infty \tag{10.2}$$

$$R_{\mathrm{out}} = 0 \tag{10.3}$$

図 10.4 (b) の等価回路は第 2 段階の近似であり，電圧増幅度 $A$ は有限であるとしたものである．

$$V_{\mathrm{out}} = A\left(V_{+} - V_{-}\right) \tag{10.4}$$

$$R_{\mathrm{in}} = \infty \tag{10.5}$$

$$R_{\mathrm{out}} = 0 \tag{10.6}$$

第3段階の図 10.4 (c) の等価回路は図 10.3 に示した等価回路であり，演算増幅器自身の入力抵抗と出力抵抗を考慮するものである．第3段階の等価回路を用いた解析は付録 F に示す．

ここで示した等価回路の他に同相利得やオフセット電圧も考慮した等価回路を用いることもある．

### 10.2.2　基本回路の解析

ここでは，図 10.4 (b) の等価回路，つまり演算増幅器の電圧増幅度 $A$ が有限であるとした等価回路を用いて，反転増幅回路と非反転増幅回路の電圧増幅度を求める．

まず，**反転増幅回路（逆相増幅回路）**について考える．図 **10.5** に反転増幅回路とその等価回路を示す．

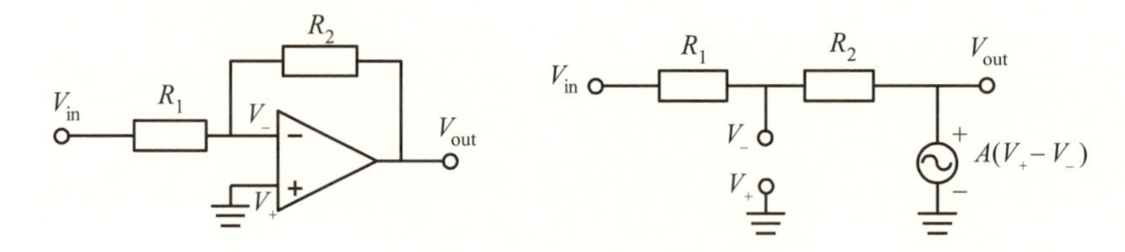


図 **10.5** 反転増幅回路の等価回路

図 10.5 の等価回路ではキルヒホッフの電流則より以下の式が成立する．

$$\frac{V_{-} - V_{\mathrm{in}}}{R_1} + \frac{V_{-} - V_{\mathrm{out}}}{R_2} = 0 \tag{10.7}$$

また，以下の式が成立する．

$$V_{\mathrm{out}} = A\left(V_{+} - V_{-}\right) \tag{10.8}$$

$$V_{+} = 0 \tag{10.9}$$

式 (10.7) より，

$$V_- = \frac{R_2 V_{\mathrm{in}} + R_1 V_{\mathrm{out}}}{R_1 + R_2} \tag{10.10}$$

であり，式 (10.8) と式 (10.9) より，

$$V_- = -\frac{V_{\mathrm{out}}}{A} \tag{10.11}$$

であるので，

$$\frac{R_2 V_{\mathrm{in}} + R_1 V_{\mathrm{out}}}{R_1 + R_2} = -\frac{V_{\mathrm{out}}}{A} (= V_-) \tag{10.12}$$

となる．これより，

$$-AR_2 V_{\mathrm{in}} = (R_1 + R_2 + AR_1) V_{\mathrm{out}} \tag{10.13}$$

となるので，電圧増幅度 $A_v$ は

$$A_v = \frac{V_{\mathrm{out}}}{V_{\mathrm{in}}} = -\frac{AR_2}{(A+1) R_1 + R_2} \tag{10.14}$$

となる．このときの反転入力電圧 $V_-$ は式 (10.11) から，

$$V_- = -\frac{V_{\mathrm{out}}}{A} = \frac{R_2}{(A+1) R_1 + R_2} V_{\mathrm{in}} \tag{10.15}$$

となる．つまり，図 10.5 の等価回路を用いた場合は 87 ページで述べた仮想短絡（仮想接地）は厳密には成立しないことがわかる．演算増幅器の増幅度 $A$ が十分に大きいときは，

$$\lim_{A \to \infty} A_v = -\frac{R_2}{R_1} \tag{10.16}$$

$$\lim_{A \to \infty} V_- = 0 \tag{10.17}$$

となり，電圧増幅度は 88 ページの式 (5.118) に等しくなり，仮想短絡（仮想接地）も成立するようになる．ここで求めた反転増幅回路の特性量の具体

的な値を表 10.2 の値を用いて計算すると以下のようになる．ただし，$R_1$ は $10\,\mathrm{k\Omega}$，$R_2$ は $100\,\mathrm{k\Omega}$ とした．

$$A_v \fallingdotseq -9.999 \tag{10.18}$$

$$V_- \fallingdotseq 5.000 \times 10^{-5} \times V_{\mathrm{in}} \tag{10.19}$$

次に，**非反転増幅回路（正相増幅回路）**について考える．図 **10.6** に非反転増幅回路とその等価回路を示す．

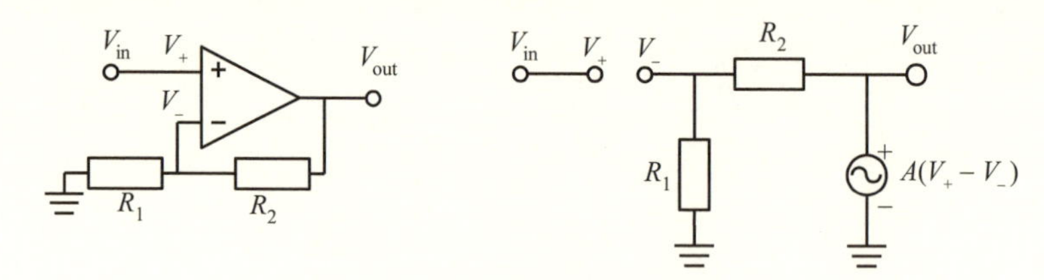


図 **10.6** 非反転増幅回路の等価回路

非反転増幅回路のときは，以下の関係式が成立する．

$$V_+ = V_{\mathrm{in}} \tag{10.20}$$

$$V_- = \frac{R_1}{R_1 + R_2} V_{\mathrm{out}} \tag{10.21}$$

$$V_{\mathrm{out}} = A\left(V_+ - V_-\right) \tag{10.22}$$

式 (10.20) と式 (10.21) を式 (10.22) に代入すると，

$$V_{\mathrm{out}} = A\left(V_+ - V_-\right) = A\left(V_{\mathrm{in}} - \frac{R_1}{R_1 + R_2} V_{\mathrm{out}}\right) \tag{10.23}$$

となる．これより

$$\left(R_1 + R_2 + AR_1\right) V_{\mathrm{out}} = A\left(R_1 + R_2\right) V_{\mathrm{in}} \tag{10.24}$$

となり，電圧増幅度 $A_v$ は

$$A_v = \frac{V_{\mathrm{out}}}{V_{\mathrm{in}}} = \frac{A\,(R_1 + R_2)}{(A+1)\,R_1 + R_2} \tag{10.25}$$

となる．この場合の反転入力電圧 $V_-$ は式 (10.21) と式 (10.25) より，

$$V_- = \frac{R_1}{R_1 + R_2} V_{\mathrm{out}} = \frac{AR_1}{(A+1)\,R_1 + R_2} V_{\mathrm{in}} \tag{10.26}$$

となる．反転増幅回路の場合と同様に，図 10.6 の等価回路を用いるときは仮想短絡は厳密には成立しない．演算増幅器の増幅度 $A$ が十分に大きいときは，

$$\lim_{A \to \infty} A_v = 1 + \frac{R_2}{R_1} \tag{10.27}$$

$$\lim_{A \to \infty} V_- = V_{\mathrm{in}} \tag{10.28}$$

となり，電圧増幅度は 89 ページの式 (5.123) に等しくなり，仮想短絡も成立するようになる．ここで求めた反転増幅回路の特性量の具体的な値を表 10.2 の値を用いて計算すると以下のようになる．ただし，$R_1$ は $10\,\mathrm{k\Omega}$，$R_2$ は $100\,\mathrm{k\Omega}$ とした．

$$A_v \fallingdotseq 10.999 \tag{10.29}$$

$$V_- \fallingdotseq 0.9999 \times V_{\mathrm{in}} \tag{10.30}$$

式 (10.25) において，$R_1$ を無限大，$R_2$ を 0 とすることで，ボルテージフォロワの電圧増幅度を求めることができ，

$$A_v = \frac{A}{A+1} \tag{10.31}$$

となる．

ここで，各増幅回路に対する演算増幅器自体の増幅度の影響を調べる．式 (10.14) と式 (10.25) より，反転増幅回路と非反転増幅回路の両方に対して，電圧増幅度 $A_v$ は

$$A_v = A_\infty \cdot \frac{A}{A + 1 + \dfrac{R_2}{R_1}} \tag{10.32}$$

と表せる．ただし，$A_\infty$ は以下の式で求められる理想演算増幅器を使ったときの電圧増幅度である．

$$A_\infty = \lim_{A\to\infty} A_v \tag{10.33}$$

**図 10.7** は式 (10.32) をグラフにしたものである．$\dfrac{R_2}{R_1}$ の値が，10，50 および 100 の 3 通りの場合について示している．

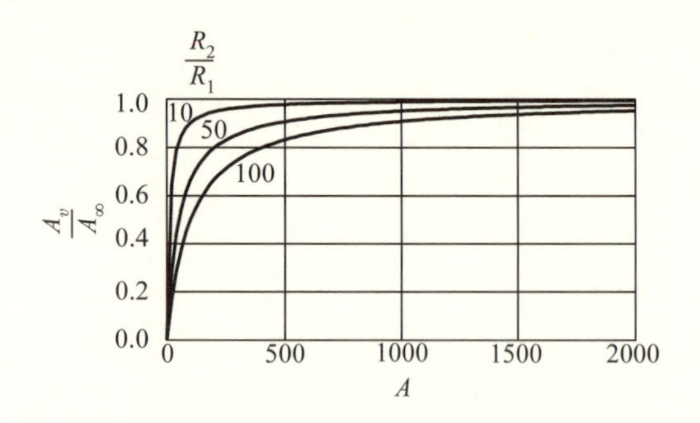


**図 10.7** 演算増幅器自体の増幅度 $A$ の回路の増幅度への影響

演算増幅器自体の増幅度の仮想短絡への影響を調べるために，式 (10.15) と式 (10.26) を用いて，入力電圧 $V_{\rm in}$ に対する演算増幅器の反転入力電圧 $V_-$ の比を求めると以下のようになる．

$$\frac{V_-}{V_{\rm in}} = \begin{cases} \dfrac{\dfrac{R_2}{R_1}}{A+1+\dfrac{R_2}{R_1}} & \text{（反転増幅回路）} \\ \dfrac{A}{A+1+\dfrac{R_2}{R_1}} & \text{（非反転増幅回路）} \end{cases} \tag{10.34}$$

**図 10.8** は式 (10.34) をグラフにしたものである．$\dfrac{R_2}{R_1}$ の値が，10，50 および 100 の 3 通りの場合について示している．

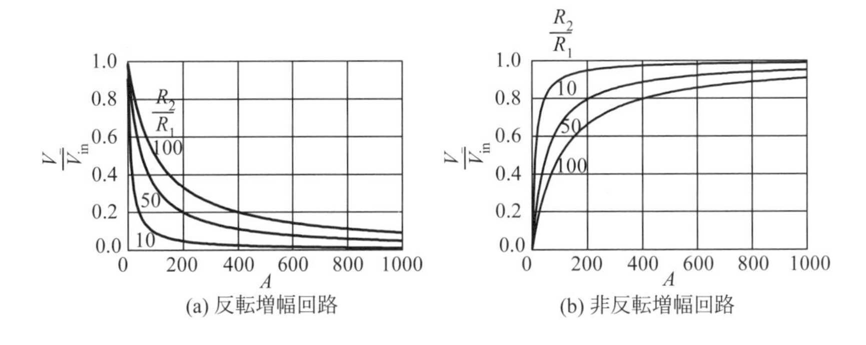


図 **10.8** 演算増幅器自体の増幅度 $A$ の仮想短絡への影響

## 10.3　演算増幅器の応用回路

本節からは等価回路として，図 10.4 (a) の第 1 段階の理想的なものを再び用いることにする．

### 10.3.1　コンパレータ

**図 10.9** (a) のような回路の動作を考える．電圧 $V_{\mathrm{ref}}$ は参照電圧と呼ばれる．入力電圧が参照電圧よりも小さいとき，すなわち $V_{\mathrm{in}} < V_{\mathrm{ref}}$ のときは，出力電圧は上限値 $+V_{\mathrm{CC}}$ になる．一方で，入力電圧が参照電圧よりも大きいとき，すなわち $V_{\mathrm{in}} > V_{\mathrm{ref}}$ のときは，出力電圧は下限値 $-V_{\mathrm{EE}}$ になる．この特性を図 10.9 (b) に示す．

このように，図 10.9 (a) の回路は入力電圧 $V_{\mathrm{in}}$ と参照電圧 $V_{\mathrm{ref}}$ の比較を行うものであり，**コンパレータ**（**比較回路**）と呼ばれる．図 10.9 (a) のように演算増幅器を直接用いた回路は出力変化の速度が遅いため，速い動作が必要なときはコンパレータ専用に作られた集積回路を用いる．

次に，**図 10.10** のような回路を考える．この回路は出力電圧を用いて参照電圧を作っているもので，**ヒステリシスコンパレータ**と呼ばれる．

入力電圧が十分に低いときの出力電圧は $+V_{\mathrm{CC}}$ であり，参照電圧 $V_{\mathrm{ref1}}$

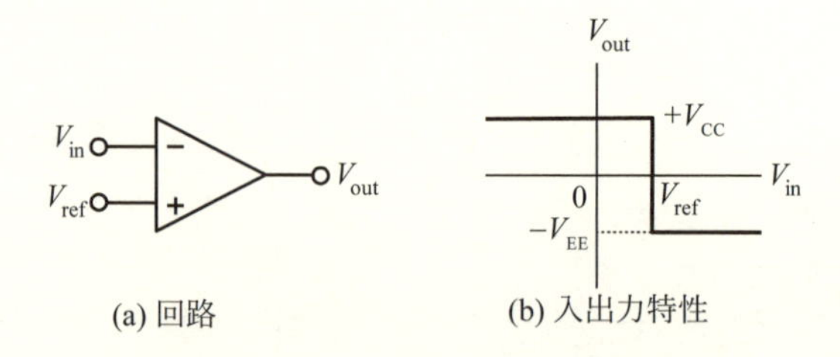


**図 10.9** 演算増幅器を用いたコンパレータ

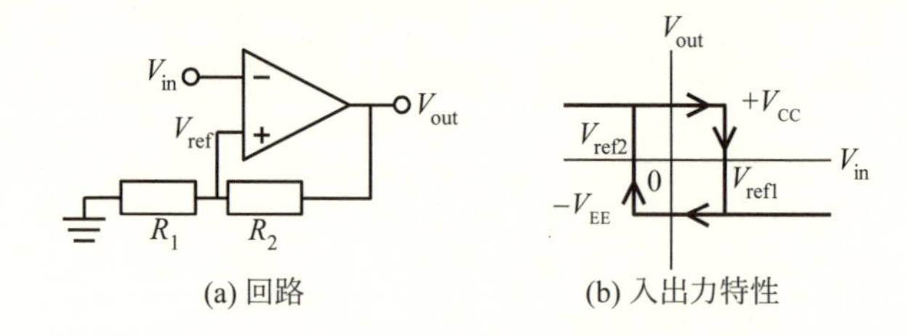


**図 10.10** ヒステリシスコンパレータ

は $\dfrac{R_1V_{CC}}{R_1+R_2}$ である．入力電圧が高くなり $V_{in} > \dfrac{R_1V_{CC}}{R_1+R_2}$ となると，出力電圧は $-V_{EE}$ に変わる．入力電圧が十分に高いときの出力電圧は $-V_{EE}$ であり，参照電圧 $V_{ref2}$ は $-\dfrac{R_1V_{EE}}{R_1+R_2}$ である．入力電圧が低くなり $V_{in} < -\dfrac{R_1V_{EE}}{R_1+R_2}$ となると，出力電圧は $+V_{CC}$ に変わる．この入出力特性を図示したものが図 10.10 (b) である．この特性は出力が変化するときの入力電圧が入力電圧の増減方向により異なるという特徴がある．このように変化の向きにより特性が異なるものを**ヒステリシス特性**と呼ぶ．

## 10.3.2　定電圧回路

**図 10.11** に定電圧ダイオードと演算増幅器を用いた**定電圧回路**を示す．定電圧ダイオードの降伏電圧を $V_B$ とすると，仮想短絡より，

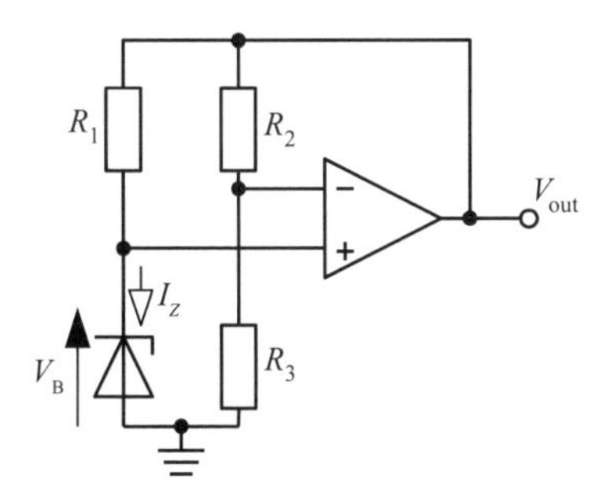


図 **10.11** 演算増幅器を用いた定電圧回路

$$\frac{R_3}{R_2 + R_3} V_{\mathrm{out}} = V_{\mathrm{B}} \tag{10.35}$$

であるので，出力電圧 $V_{\mathrm{out}}$ は

$$V_{\mathrm{out}} = \frac{R_2 + R_3}{R_3} V_{\mathrm{B}} \tag{10.36}$$

となり，一定の値に保たれる．定電圧ダイオードを流れる電流 $I_Z$ は抵抗 $R_1$ を流れる電流に等しく，

$$I_Z = \frac{V_{\mathrm{out}} - V_{\mathrm{B}}}{R_1} = \frac{R_2}{R_1 R_3} V_{\mathrm{B}} \tag{10.37}$$

となる．この電流 $I_Z$ は定電圧ダイオードが壊れないように設定しなければならない．

### 10.3.3　差動増幅回路と計装増幅器

図 **10.12** に示す回路は，**差動増幅回路**（**減算回路**）と呼ばれる回路である．

演算増幅器の増幅度が無限大であり，仮想短絡が成立する場合は，図 10.12 において，

$$\frac{R_2 V_1 + R_1 V_{\mathrm{out}}}{R_1 + R_2} = \frac{R_4 V_2}{R_3 + R_4} \tag{10.38}$$

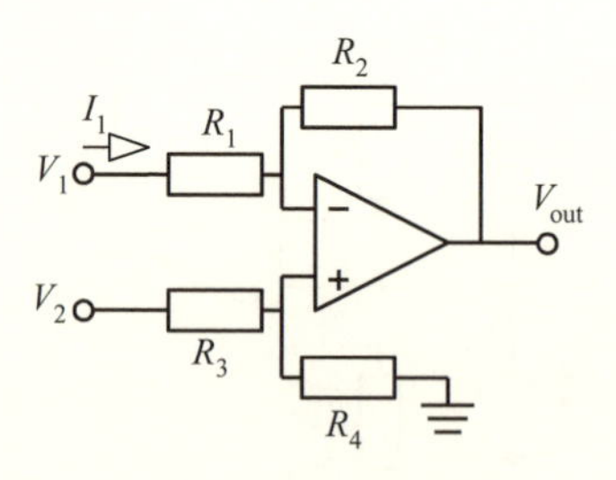


図 **10.12** 差動増幅回路

が成立し[1],

$$V_{\mathrm{out}} = -\frac{R_2}{R_1}V_1 + \frac{R_4\,(R_1+R_2)}{R_1\,(R_3+R_4)}V_2 \tag{10.39}$$

となる．特に，$R_2R_3 = R_1R_4$ のときは,

$$V_{\mathrm{out}} = -\frac{R_2}{R_1}\,(V_1 - V_2) \tag{10.40}$$

となり，出力 $V_{\mathrm{out}}$ は入力 $V_1$ と $V_2$ の差，つまり減算結果に比例する．差動増幅回路の入力 $V_2$ の入力インピーダンスは $R_3 + R_4$ である．一方で，入力 $V_1$ の入力インピーダンスは,

$$Z_{\mathrm{in1}} = \frac{V_1}{I_1} = \frac{V_1}{\dfrac{V_1 - V_-}{R_1}} = \frac{R_1V_1}{V_1 - V_+} = \frac{R_1}{1 - \dfrac{R_4}{R_3+R_4}\cdot\dfrac{V_2}{V_1}} \tag{10.41}$$

となる．これは入力 $V_1$ の入力インピーダンスがもう片方の入力 $V_2$ によって変化してしまうことを意味している.

上記の問題を解決したものに，図 **10.13** に示す**計装増幅器**（**計装アンプ**, **高入力抵抗高利得差動増幅器**，**高入力インピーダンス減算回路**）と呼ばれる回路がある．計装増幅器では 2 つの入力のどちらに対しても入力インピーダンスを高くすることができる.

---

[1] 反転入力電圧 $V_-$ は 241 ページの式 (10.10) を参照.

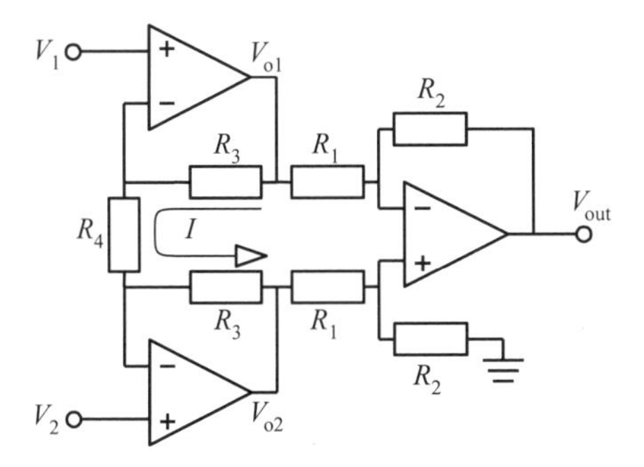


図 **10.13** 計装増幅器

図 10.13 のように電流 $I$ を仮定すると，$R_3$ と $R_4$ の両端間の電圧と，入力側の 2 つの演算増幅器の仮想短絡により，

$$I = \frac{V_{o1} - V_1}{R_3} = \frac{V_1 - V_2}{R_4} = \frac{V_2 - V_{o2}}{R_3} \tag{10.42}$$

であるので，入力側の 2 つの演算増幅器の出力電圧は

$$V_{o1} = \frac{R_3 V_1}{R_3 \parallel R_4} - \frac{R_3 V_2}{R_4} = \frac{(R_3 + R_4)\, V_1}{R_4} - \frac{R_3 V_2}{R_4} \tag{10.43}$$

$$V_{o2} = -\frac{R_3 V_1}{R_4} + \frac{R_3 V_2}{R_3 \parallel R_4} = -\frac{R_3 V_1}{R_4} + \frac{(R_3 + R_4)\, V_2}{R_4} \tag{10.44}$$

となる．また，出力側の演算増幅器の仮想短絡より，

$$\frac{R_2 V_{o1} + R_1 V_{out}}{R_1 + R_2} = \frac{R_2 V_{o2}}{R_1 + R_2} \tag{10.45}$$

であるので，

$$V_{out} = \frac{R_2}{R_1}\,(V_{o2} - V_{o1}) = -\frac{R_2}{R_1}\left(1 + \frac{2R_3}{R_4}\right)(V_1 - V_2) \tag{10.46}$$

となり，抵抗 $R_4$ の値を変えることにより電圧増幅度を変化させることができる．

ここで，各入力が以下の式のように同相成分 $V_{\mathrm{c}}$ と差動成分 $V_{\mathrm{d}}$ に分けられるとする．

$$V_1 = V_{\mathrm{c}} + V_{\mathrm{d}} \tag{10.47}$$

$$V_2 = V_{\mathrm{c}} - V_{\mathrm{d}} \tag{10.48}$$

このとき，式 (10.43) と式 (10.44) より

$$V_{\mathrm{o1}} = \frac{(R_3 + R_4)(V_{\mathrm{c}} + V_{\mathrm{d}})}{R_4} - \frac{R_3(V_{\mathrm{c}} - V_{\mathrm{d}})}{R_4} = V_{\mathrm{c}} + \left(1 + \frac{2R_3}{R_4}\right) V_{\mathrm{d}} \tag{10.49}$$

$$V_{\mathrm{o2}} = -\frac{R_3(V_{\mathrm{c}} + V_{\mathrm{d}})}{R_4} + \frac{(R_3 + R_4)(V_{\mathrm{c}} - V_{\mathrm{d}})}{R_4} = V_{\mathrm{c}} - \left(1 + \frac{2R_3}{R_4}\right) V_{\mathrm{d}} \tag{10.50}$$

であるので，単純な差動増幅回路に比べて，同相信号除去比 CMRR は $1 + \dfrac{2R_3}{R_4}$ 倍になる．

コンパレータと同様に，計装増幅器も専用に設計された集積回路が存在する．

# 第 11 章

# ディジタル回路

## 11.1 ディジタル回路と論理回路

ディジタル信号を扱う電子機器の代表例はコンピュータである．コンピュータなどの内部で使われる論理回路の設計では，論理ゲートを構成要素として，与えられた論理関数を実現するようにする．また，コンピュータと外部の信号の間でアナログ信号からディジタル信号への変換 [1] やディジタル信号からアナログ信号への変換 [2] が行われることもある．本書ではコンピュータ内部で用いられる論理ゲートを電子回路としてどのように実現しているかを簡単な場合について述べ，論理回路の設計に関しては他の書籍に譲る．

回路構成から見たディジタル回路のうち特に重要なものは，バイポーラトランジスタを用いて作られた **TTL** [3] と，n チャネル MOSFET と p チャネル MOSFET を組合わせて作られた **CMOS** [4] である [5]．TTL には，標準 TTL，STTL (Schottky TTL)，LTTL (Low-power TTL)，ASTTL

[1] AD 変換と呼ばれる．

[2] DA 変換と呼ばれる．

[3] Transistor Transistor Logic

[4] Complementary CMOS

[5] アナログの CMOS 回路もあるが，本書では扱わない．

(Advanced STTL)，ALSTTL (Advanced Low-power STTL) などがある．論理ゲートのもっとも簡単なものはインバータ（NOT ゲート）である．ここでは，TTL インバータと CMOS インバータの解析を行う．

## 11.2　TTL インバータ

### 11.2.1　入出力特性

標準 TTL インバータの回路図を図 **11.1** に示す．

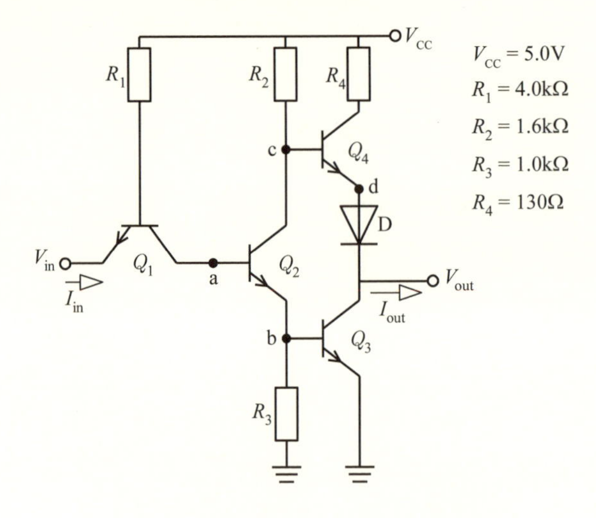


図 **11.1** 標準 TTL インバータの回路図

標準 TTL インバータの入出力特性，すなわち入力電圧 $V_{\mathrm{in}}$ と出力電圧 $V_{\mathrm{out}}$ の間の関係は図 **11.2** のようになる．図中の A 点のように出力電圧が高い状態をハイレベル，D 点のように出力電圧が低い状態をローレベルという．以下では，この入出力特性を導出する．ただし，順バイアス時のダイオードの端子間電圧 $V_{\mathrm{D(on)}}$ および能動領域・飽和領域のバイポーラトランジスタのベース・エミッタ間電圧 $V_{\mathrm{BE(on)}}$ はどちらも 0.70 V であると仮定し，飽和領域のコレクタ・エミッタ間電圧 $V_{\mathrm{CES}}$ は 0.10 V であると仮定

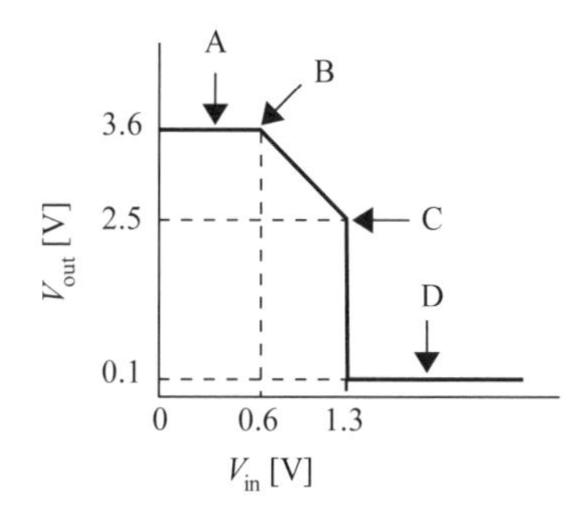


図 **11.2** 標準 TTL インバータの入出力特性

する．

入力電圧が 0 V から増えていったときに出力電圧 $V_{out}$ がどのようになるかを順番に考える．

(1) 図 11.2 の A 点のように入力電圧 $V_{in}$ が 0 V 付近のとき，図 11.1 の $Q_1$ は飽和領域，$Q_2$ と $Q_4$ は遮断領域になる．$Q_3$ のベース電流 $I_{B3}$ が無視できるほど小さいと仮定すると，以下のようにして出力電圧 $V_{out}$ が求まる．

$$V_c = V_{CC} - R_2 I_{B3} \fallingdotseq V_{CC} = 5.0\,\mathrm{V} \tag{11.1}$$

$$V_d = V_c - V_{BE(on)} = 4.3\,\mathrm{V} \tag{11.2}$$

$$V_{out} = V_d - V_{D(on)} = 3.6\,\mathrm{V} \tag{11.3}$$

(2) 入力電圧 $V_{in}$ が増加し，図 11.2 の B 点に達すると $Q_2$ が能動領域になる．B 点では，まだ $Q_2$ のコレクタ電流 $I_{C2}$ が無視できるほど小さいので，

$$V_b = R_3 I_{C2} \fallingdotseq 0.0\,\mathrm{V} \tag{11.4}$$

であり，$Q_4$ は遮断領域のままである．このとき，

$$V_a = V_b + V_{BE(on)} = 0.7\,\mathrm{V} \tag{11.5}$$

となる．$Q_1$ が飽和領域のままであるとすると，B 点の入力電圧 $V_{\rm in}$ は

$$V_{\rm in} = V_{\rm a} - V_{\rm CES} = 0.60\,{\rm V} \tag{11.6}$$

である．$Q_4$ は遮断領域であるので出力電圧 $V_{\rm out}$ は以下のようになる．

$$V_{\rm out} = 3.6\,{\rm V} \tag{11.7}$$

(3) B 点と C 点の間では，入力電圧 $V_{\rm in}$ が大きくなることで，$I_{\rm C2}$ が大きくなり，以下の式のように $V_{\rm out}$ は減少する．

$$V_{\rm c} = V_{\rm CC} - R_2 I_{\rm C2} = 5.0\,{\rm V} - R_2 I_{\rm C2} \tag{11.8}$$

$$V_{\rm d} = V_{\rm c} - V_{\rm BE(on)} = 4.3\,{\rm V} - R_2 I_{\rm C2} \tag{11.9}$$

$$V_{\rm out} = V_{\rm d} - V_{\rm D(on)} = 3.6\,{\rm V} - R_2 I_{\rm C2} \tag{11.10}$$

(4) 入力電圧 $V_{\rm in}$ がさらに大きくなると，$I_{\rm C2}$ が大きくなり，$V_{\rm b}$ が増加して，$V_{\rm BE(on)}$ に達する．これにより，$Q_4$ が能動領域になる．この点が図 11.2 の C 点である．$Q_1$ は飽和領域であり，$Q_2$ のベース電流 $I_{\rm B2}$ は無視できるほど小さいと仮定する．C 点の入力電圧は以下のように求まる．

$$V_{\rm b} = V_{\rm BE(on)} = 0.70\,{\rm V} \tag{11.11}$$

$$V_{\rm a} = V_{\rm b} + V_{\rm BE(on)} = 1.4\,{\rm V} \tag{11.12}$$

$$V_{\rm in} = V_{\rm a} - V_{\rm CES} = 1.3\,{\rm V} \tag{11.13}$$

$Q_3$ と $Q_4$ のベース電流を無視すると，$R_2$ を流れる電流および $R_3$ を流れる電流は両方とも $I_{\rm C2}$ に等しいので，

$$I_{\rm C2} \fallingdotseq \frac{V_{\rm b}}{R_3} = \frac{0.70\,{\rm V}}{1.0\,{\rm k\Omega}} = 0.70\,{\rm mA} \tag{11.14}$$

となる．したがって，出力電圧は

$$V_c = V_{CC} - R_2 I_{C2} = 3.88\,\mathrm{V} \tag{11.15}$$
$$V_d = V_c - V_{BE(on)} = 3.18\,\mathrm{V} \tag{11.16}$$
$$V_{out} = V_d - V_{BE(on)} = 2.48\,\mathrm{V} \fallingdotseq 2.5\,\mathrm{V} \tag{11.17}$$

となる．C 点では

$$V_c - V_b = 3.18\,\mathrm{V} > V_{CES} \tag{11.18}$$

であるので，$Q_2$ は能動領域で動作する．

(5) 入力電圧 $V_{in}$ がさらに大きくなると $Q_2$ と $Q_4$ が飽和領域で動作する．これが図 11.2 の D 点の状態になる．このときの各点の電圧は

$$V_{out} = V_{CES} = 0.10\,\mathrm{V} \tag{11.19}$$
$$V_b = V_{BE(on)} = 0.70\,\mathrm{V} \tag{11.20}$$
$$V_c = V_b + V_{CES} = 0.80\,\mathrm{V} \tag{11.21}$$

となる．$Q_3$ が動作するためには

$$V_c = V_{BE(on)} + V_{D(on)} + V_{out} = 1.5\,\mathrm{V} \tag{11.22}$$

が必要であるが，実際の $V_c$ は 0.80 V であるので $Q_3$ は遮断領域である．ここで，ダイオード D がないと，式 (11.22) の値が 0.8 V となり，$Q_3$ が完全な遮断領域にならず，雑音等で誤動作を起こす可能性が生じる．

### 11.2.2 出力特性

ここでは，標準 TTL インバータの出力特性，つまり出力電圧 $V_{out}$ と出力電流 $I_{out}$ の関係を解析する．

(1) まず，出力がハイレベルのとき出力電流 $I_{out}$ と出力電圧 $V_{out}$ の関係を求める．ここでは，$Q_4$ のベース電流 $I_{B4}$ が無視できないとする．TTL インバータの出力部分は図 **11.3** のようになる．$Q_2$ と $Q_3$ は遮断状態なので電流は流れないことに注意する．

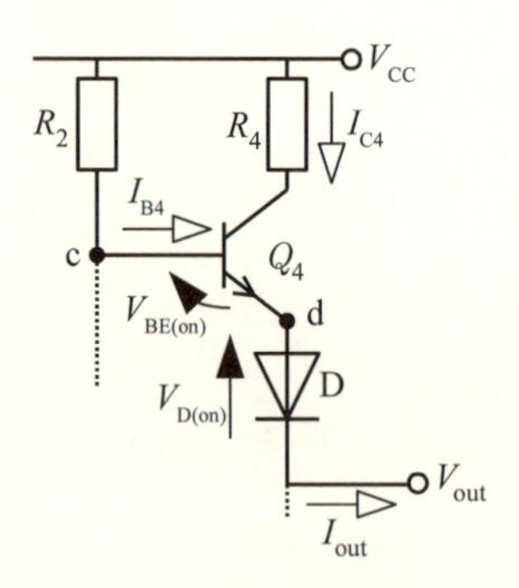


**図 11.3** TTL インバータの出力部分（ハイレベル）

（a）$Q_4$ が能動領域で動作しているときは，$Q_3$ が遮断状態なので，

$$I_{out} = I_{B3} + I_{C3} = (\beta + 1)\, I_{B3} \tag{11.23}$$

であり，$Q_2$ も遮断状態なので，

$$\begin{aligned} V_{out} &= V_{CC} - R_2 I_{B4} - V_{BE(on)} - V_{D(on)} \\ &= V_{CC} - V_{BE(on)} - V_D - \frac{R_2}{\beta + 1} I_{out} \end{aligned} \tag{11.24}$$

となる．これより，出力抵抗 $R_o$ は

$$R_{out} = \frac{R_2}{\beta + 1} \tag{11.25}$$

となり，その値が小さくなることがわかる．具体的な値を代入すると，

$$V_{out} = (3.6 - 32 I_{out})\ [\mathrm{V}] \tag{11.26}$$

となる．ただし，ここでは $\beta$ を 49 とした．

（b）$Q_4$ が飽和領域で動作しているときは，$R_2$ と $R_4$ の端子間電圧を考えて

$$I_{\text{out}} = I_{\text{B4}} + I_{\text{C4}} \tag{11.27}$$

$$I_{\text{B4}} = \frac{V_{\text{CC}} - V_{\text{BE(on)}} - V_{\text{D(on)}} - V_{\text{out}}}{R_2} \tag{11.28}$$

$$I_{\text{C4}} = \frac{V_{\text{CC}} - V_{\text{CES}} - V_{\text{D(on)}} - V_{\text{out}}}{R_4} \tag{11.29}$$

より

$$V_{\text{out}} = (4.16 - 120 I_{\text{out}})\,[\text{V}] \tag{11.30}$$

となる．

以上よりハイレベル時の出力特性は図 **11.4** のようになる．ただし，この図は概略図であり，寸法は不正確なものである．

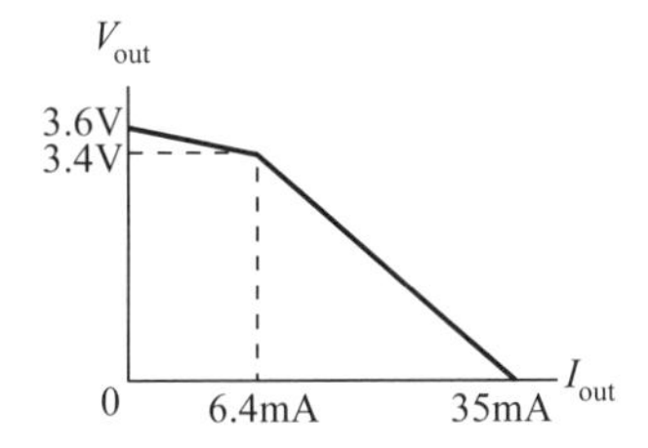


**図 11.4** TTL インバータの出力特性（ハイレベル）

(2) 次に，出力がローレベルの時の出力電流 $I_{\text{out}}$ と出力電圧 $V_{\text{out}}$ の関係は，**図 11.5** (a) に示すように，$Q_3$ のコレクタ電流 $I_{\text{C3}}$ とコレクタ・エミッタ間電圧 $V_{\text{CE3}}$ の関係に等しくなる．図 11.5 (b) に $Q_3$ の出力特性を示す．コレクタ電流すなわち出力電流が小さいときは $Q_3$ は飽和領域で動作し，出力電圧 $V_{\text{out}}$ はコレクタ・エミッタ間飽和電圧 $V_{\text{CES}}$ になる．コレクタ電流が大きくなると $Q_3$ は能動領域で動作するようになり，出力電圧が急上昇する．これより，ローレベル時の出力特性は図 11.5 (c) のようになる．入力電圧 $V_{\text{in}}$ がハイレベルであり，入力電流 $I_{\text{in}}$ が無視できるほど小さいものとする．このとき，

$$V_{\text{a}} = 1.40\,\text{V}, \quad V_{\text{b}} = 0.70\,\text{V}, \quad V_{\text{c}} = 0.80\,\text{V} \tag{11.31}$$

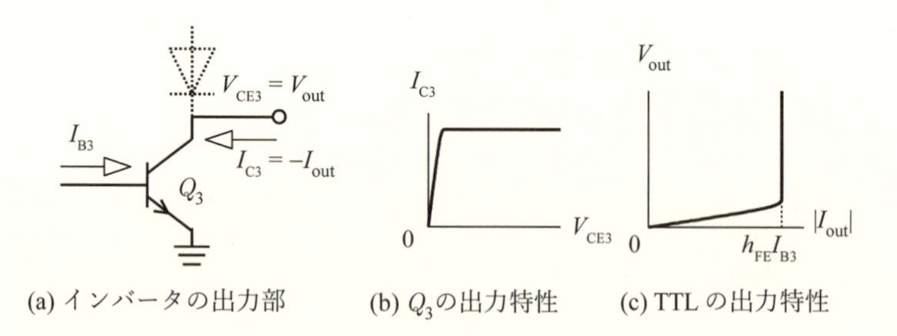


(a) インバータの出力部　(b) $Q_3$の出力特性　(c) TTL の出力特性

**図 11.5** TTL インバータの出力特性（ローレベル）

であるので, $R_1$ を流れる電流は 0.73 mA, $R_2$ を流れる電流は 2.63 mA および $R_3$ を流れる電流は 0.70 mA となる．トランジスタ $Q_3$ のベース電流 $I_{B3}$ は 2.65 mA であるので，$\beta$ が 49 であるとすると，ローレベル時の最大出力電流は $\beta I_{B3}$ であり，その値は 130 mA となる [6].

## 11.2.3 入力特性

ここでは，標準 TTL インバータの入力特性，すなわち入力電圧 $V_{in}$ と入力電流 $I_{in}$ の関係を求める．ただし，$I_{in}$ の向きは，図 11.1 のように TTL インバータに入る方向を正とする．

入力電圧 $V_{in}$ が 1.3 V より小さいときは，$Q_1$ が飽和領域，$Q_2$ が遮断領域で動作をするので，$R_1$ を流れる電流が入力電流 $I_{in}$ に等しくなり，以下の式で表される．

$$I_{in} = -\frac{V_{CC} - V_{BE1} - V_{in}}{R_1} \tag{11.32}$$

$V_{in}$ が大きくなると，$Q_1$ のベース・コレクタ間が順バイアス，ベース・エミッタ間が逆バイアスになる [7]．この状態では，トランジスタは通常の増幅

[6] 実際の標準 TTL インバータでは 60 mA 程度である．

[7] このような状態を “逆活性状態” と呼ぶ．

動作をせずに，エミッタ電流とベース電流がほぼ等しい状態になり，入力電流は数十マイクロアンペア程度になる [8]．この状態になるための入力電圧はb 点の電圧が 0.70 V，a 点の電圧が 1.4 V であることから，

$$V_{\mathrm{in}} = V_{\mathrm{a}} + V_{\mathrm{CES}} = 1.5\,\mathrm{V} \tag{11.33}$$

である．以上の解析により得られた入力特性を図 **11.6** に示す．

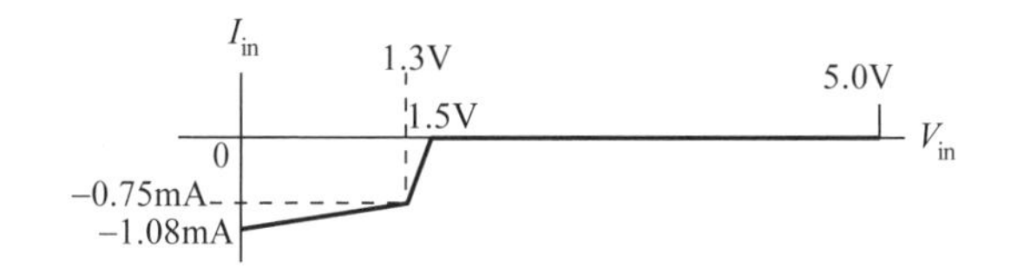


図 **11.6** TTL インバータの入力特性

## 11.3 CMOS インバータ

図 **11.7** に CMOS インバータの回路図を示す．入力電圧 $V_{\mathrm{in}}$ が 0 のときは，n チャネル MOSFET がオフ状態 [9]，p チャネル MOSFET がオン状態 [10] になるので，出力電圧 $V_{\mathrm{out}}$ は $V_{\mathrm{DD}}$ となる．入力電圧 $V_{\mathrm{in}}$ が $V_{\mathrm{DD}}$ のときは，n チャネル MOSFET がオン状態，p チャネル MOSFET がオフ状態になるので，出力電圧 $V_{\mathrm{out}}$ は 0 となる．どちらか一方の MOSFET がオフ状態であるので，CMOS インバータを電流が流れることはない．266 ページで述べるように，CMOS インバータが電力を消費するのは各 MOSFET のオン・オフの切り替え時のみであるので，CMOS インバータの消費電力は極めて小さいものになる．

以下では，図 11.7 の CMOS インバータの入出力特性を解析する．ただし，負荷には電流は流れないものとする．33 ページの式 (3.16) に示したよ

[8] 実際の標準 TTL インバータでは 40 $\mu$A 程度である．

[9] ドレイン電流が流れることができない状態．

[10] ドレイン電流が流れることができる状態．

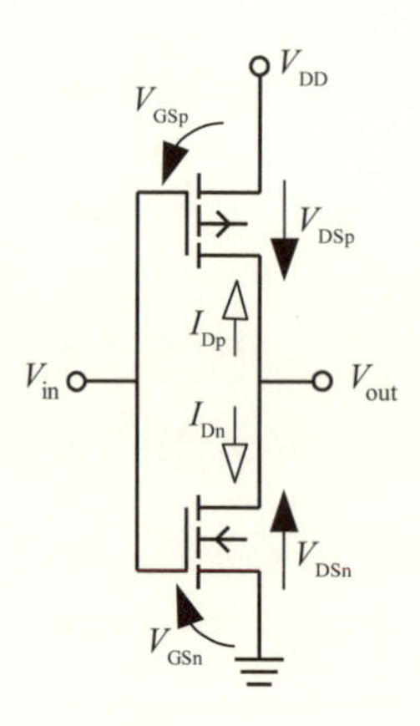


図 **11.7** CMOS インバータの回路図

うに，n チャネル MOSFET の電圧電流特性は，以下の式で与えられる．

$$I_{\mathrm{Dn}} = \begin{cases} 0, & \text{（遮断領域）} \\ \beta_{\mathrm{n}} \left[ V_{\mathrm{GSn}} - V_{\mathrm{thn}} - \frac{V_{\mathrm{DSn}}}{2} \right] V_{\mathrm{DSn}}, & \text{（線形領域）} \\ \frac{\beta_{\mathrm{n}}}{2} \left( V_{\mathrm{GSn}} - V_{\mathrm{thn}} \right)^2, & \text{（飽和領域）} \end{cases} \tag{11.34}$$

また，p チャネル MOSFET の電圧電流特性は，35 ページで述べたように，n チャネル MOSFET の電圧と電流の符号を変えることで得られ，以下の式で与えられる．

$$I_{\mathrm{Dp}} = \begin{cases} 0, & \text{（遮断領域）} \\ -\beta_{\mathrm{p}} \left[ V_{\mathrm{GSp}} - V_{\mathrm{thp}} - \frac{V_{\mathrm{DSp}}}{2} \right] V_{\mathrm{DSp}}, & \text{（線形領域）} \\ -\frac{\beta_{\mathrm{p}}}{2} \left( V_{\mathrm{GSp}} - V_{\mathrm{thp}} \right)^2, & \text{（飽和領域）} \end{cases} \tag{11.35}$$

各 MOSFET の動作領域の条件を表 **11.1** に示す．これを図示すると図 **11.8** のようになる．

図 11.7 において，各 MOSFET のゲート・ソース間電圧，ドレイン・ソース間電圧は以下のようになる．

表 **11.1** MOSFET の動作領域

| | n チャネル MOSFET | p チャネル MOSFET |
|---|---|---|
| 遮断領域 | $V_{\mathrm{GSn}} < V_{\mathrm{thn}}$ | $V_{\mathrm{GSp}} > V_{\mathrm{thp}}$ |
| 線形領域 | $V_{\mathrm{DSn}} < V_{\mathrm{GSn}} - V_{\mathrm{thn}}$ | $V_{\mathrm{DSp}} > V_{\mathrm{GSp}} - V_{\mathrm{thp}}$ |
| 飽和領域 | $V_{\mathrm{DSn}} > V_{\mathrm{GSn}} - V_{\mathrm{thn}}$ | $V_{\mathrm{DSp}} < V_{\mathrm{GSp}} - V_{\mathrm{thp}}$ |

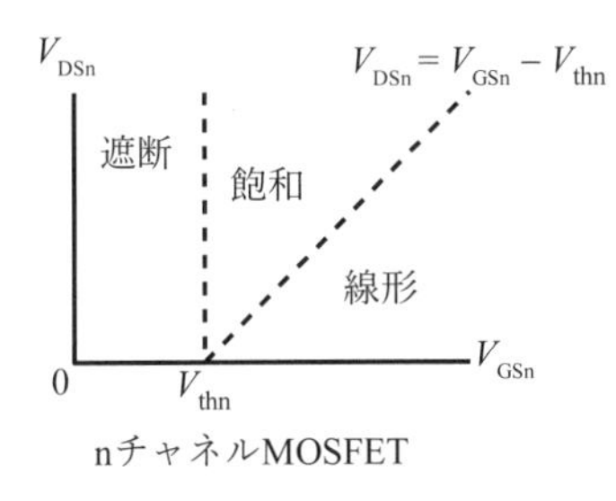


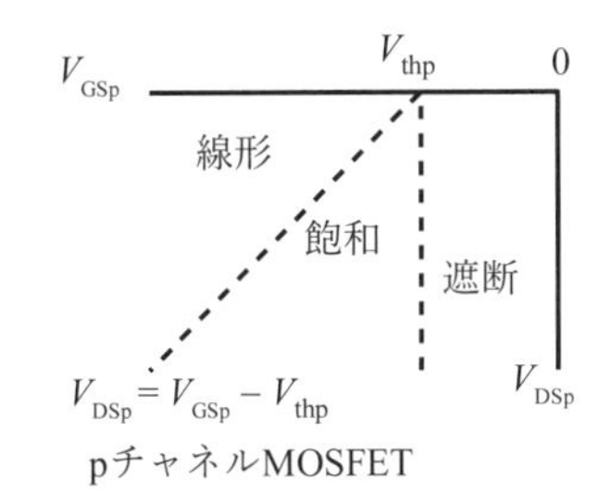


図 **11.8** MOSFET の動作領域

$$V_{\mathrm{GSn}} = V_{\mathrm{in}}, \quad V_{\mathrm{DSn}} = V_{\mathrm{out}} \tag{11.36}$$

$$V_{\mathrm{GSp}} = V_{\mathrm{in}} - V_{\mathrm{DD}}, \quad V_{\mathrm{DSp}} = V_{\mathrm{out}} - V_{\mathrm{DD}} \tag{11.37}$$

また，負荷には電流が流れないので，

$$I_{\mathrm{Dn}} = -I_{\mathrm{Dp}} \tag{11.38}$$

となる．

解析を容易にするために，以下の条件が成立するものと仮定する．

$$\beta_{\mathrm{n}} = \beta_{\mathrm{p}} = \beta \tag{11.39}$$

$$V_{\mathrm{thn}} = -V_{\mathrm{thp}} = V_{\mathrm{th}} \tag{11.40}$$

CMOS インバータの入出力特性は図 **11.9** のようになる．

図 11.9 の A の範囲では，入力電圧 $V_{\mathrm{in}}$ が小さく，

$$V_{\mathrm{GSn}} = V_{\mathrm{in}} < V_{\mathrm{th}} \tag{11.41}$$

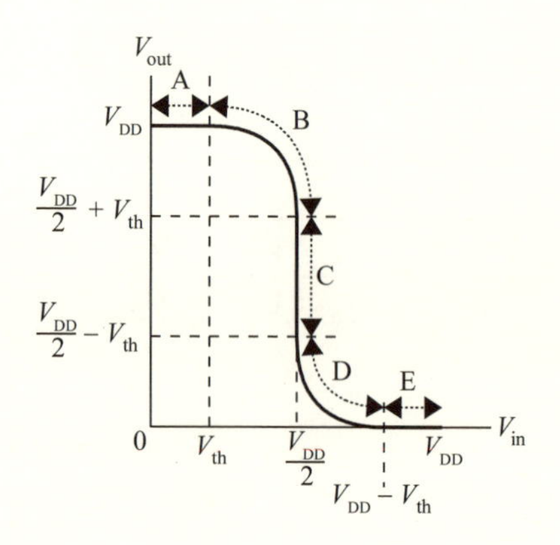


**図 11.9** CMOS インバータの入出力特性

である．このときは，n チャネル MOSFET は遮断領域で動作し，p チャネル MOSFET は線形領域で動作する．

$$I_{\mathrm{Dn}} = 0 \tag{11.42}$$

$$I_{\mathrm{Dp}} = -\beta\left[V_{\mathrm{in}} - V_{\mathrm{DD}} + V_{\mathrm{th}} - \frac{V_{\mathrm{out}} - V_{\mathrm{DD}}}{2}\right](V_{\mathrm{out}} - V_{\mathrm{DD}}) \tag{11.43}$$

$$I_{\mathrm{Dn}} = -I_{\mathrm{Dp}} \tag{11.44}$$

より，

$$V_{\mathrm{out}} = V_{\mathrm{DD}} \tag{11.45}$$

となる．

入力電圧 $V_{\mathrm{in}}$ がしきい値電圧 $V_{\mathrm{th}}$ より大きくなると，図 11.9 の B の範囲になる．ここでは，n チャネル MOSFET は飽和領域で動作するようになる．このとき各ドレイン電流に関して以下の式が成立する．

$$I_{\mathrm{Dn}} = \frac{\beta}{2}\left(V_{\mathrm{in}} - V_{\mathrm{th}}\right)^2 \tag{11.46}$$

$$I_{\mathrm{Dp}} = -\beta\left[V_{\mathrm{in}} - V_{\mathrm{DD}} + V_{\mathrm{th}} - \frac{V_{\mathrm{out}} - V_{\mathrm{DD}}}{2}\right]\left(V_{\mathrm{out}} - V_{\mathrm{DD}}\right) \tag{11.47}$$

$$I_{\mathrm{Dn}} = -I_{\mathrm{Dp}} \tag{11.48}$$

これらの式から以下のように $V_{\mathrm{in}}$ と $V_{\mathrm{out}}$ の関係が求まる．

$$\left[V_{\mathrm{in}} - V_{\mathrm{DD}} + V_{\mathrm{th}} - \frac{V_{\mathrm{out}} - V_{\mathrm{DD}}}{2}\right]\left(V_{\mathrm{out}} - V_{\mathrm{DD}}\right) = \frac{1}{2}\left(V_{\mathrm{in}} - V_{\mathrm{th}}\right)^2 \tag{11.49}$$

この式を $V_{\mathrm{out}}$ の 2 次方程式と考えて，$V_{\mathrm{in}} = V_{\mathrm{th}}$ で $V_{\mathrm{out}} = V_{\mathrm{DD}}$ となる解を選ぶと，

$$V_{\mathrm{out}} = V_{\mathrm{in}} + V_{\mathrm{th}} + \sqrt{\left(V_{\mathrm{DD}} - 2V_{\mathrm{in}}\right)\left(V_{\mathrm{DD}} - 2V_{\mathrm{th}}\right)} \tag{11.50}$$

となる．

入力電圧 $V_{\mathrm{in}}$ が大きく，

$$V_{\mathrm{GSp}} = V_{\mathrm{in}} - V_{\mathrm{DD}} > -V_{\mathrm{th}} \tag{11.51}$$

のときは，図 11.9 の E の範囲である．このとき，p チャネル MOSFET は遮断領域で，n チャネル MOSFET は線形領域で動作する．

$$I_{\mathrm{Dn}} = \beta\left[V_{\mathrm{in}} - V_{\mathrm{th}} - \frac{V_{\mathrm{out}}}{2}\right]V_{\mathrm{out}} \tag{11.52}$$

$$I_{\mathrm{Dp}} = 0 \tag{11.53}$$

$$I_{\mathrm{Dn}} = -I_{\mathrm{Dp}} \tag{11.54}$$

より，

$$V_{\mathrm{out}} = 0 \tag{11.55}$$

となる．

入力電圧 $V_{\mathrm{in}}$ が $V_{\mathrm{DD}}$ より減少していって，$V_{\mathrm{DD}} - V_{\mathrm{th}}$ より小さくなると，図 11.9 の D の範囲になる．このとき，p チャネル MOSFET は飽和領域で，n チャネル MOSFET は線形領域で動作するようになる．

$$I_{\mathrm{Dn}} = \beta \left[ V_{\mathrm{in}} - V_{\mathrm{th}} - \frac{V_{\mathrm{out}}}{2} \right] V_{\mathrm{out}} \tag{11.56}$$

$$I_{\mathrm{Dp}} = -\frac{\beta}{2} \left( V_{\mathrm{in}} - V_{\mathrm{DD}} + V_{\mathrm{th}} \right)^2 \tag{11.57}$$

$$I_{\mathrm{Dn}} = -I_{\mathrm{Dp}} \tag{11.58}$$

これらの式から以下のように $V_{\mathrm{in}}$ と $V_{\mathrm{out}}$ の関係が求まる．

$$\left[ V_{\mathrm{in}} - V_{\mathrm{th}} - \frac{V_{\mathrm{out}}}{2} \right] V_{\mathrm{out}} = \frac{1}{2} \left( V_{\mathrm{in}} - V_{\mathrm{DD}} + V_{\mathrm{th}} \right)^2 \tag{11.59}$$

この式を $V_{\mathrm{out}}$ の 2 次方程式と考えて，$V_{\mathrm{in}} = V_{\mathrm{DD}} - V_{\mathrm{th}}$ のときに $V_{\mathrm{out}} = 0$ となる解を求めると，

$$V_{\mathrm{out}} = V_{\mathrm{in}} - V_{\mathrm{th}} - \sqrt{\left( 2V_{\mathrm{in}} - V_{\mathrm{DD}} \right) \left( V_{\mathrm{DD}} - 2V_{\mathrm{th}} \right)} \tag{11.60}$$

となる．

図 11.9 の C の範囲では，n チャネル MOSFET と p チャネル MOSFET の両方が飽和領域で動作する．このときは，

$$I_{\mathrm{Dn}} = \frac{\beta}{2} \left( V_{\mathrm{in}} - V_{\mathrm{th}} \right)^2 \tag{11.61}$$

$$I_{\mathrm{Dp}} = -\frac{\beta}{2} \left( V_{\mathrm{in}} - V_{\mathrm{DD}} + V_{\mathrm{th}} \right)^2 \tag{11.62}$$

より，

$$V_{\mathrm{in}} - V_{\mathrm{th}} = \left| V_{\mathrm{in}} - V_{\mathrm{DD}} + V_{\mathrm{th}} \right| \tag{11.63}$$

$$\therefore V_{\mathrm{in}} = \frac{V_{\mathrm{DD}}}{2} \tag{11.64}$$

となる．このときの出力電圧 $V_{\mathrm{out}}$ は，飽和領域の条件

$$V_{\mathrm{DSn}} > V_{\mathrm{GSn}} - V_{\mathrm{th}} \tag{11.65}$$

$$V_{\mathrm{DSp}} < V_{\mathrm{GSp}} + V_{\mathrm{th}} \tag{11.66}$$

より，

$$V_{\mathrm{out}} > V_{\mathrm{in}} - V_{\mathrm{th}} \tag{11.67}$$

$$V_{\mathrm{out}} < V_{\mathrm{in}} - V_{\mathrm{DD}} + V_{\mathrm{th}} \tag{11.68}$$

すなわち

$$\frac{V_{\mathrm{DD}}}{2} - V_{\mathrm{th}} < V_{\mathrm{out}} < \frac{V_{\mathrm{DD}}}{2} + V_{\mathrm{th}} \tag{11.69}$$

である．ここで用いた解析では $V_{\mathrm{out}}$ の値は一意に定まらない．

以上で述べたことをまとめると，図 11.9 中の A から E の各範囲での MOSFET の動作領域は表 **11.2** のようになる．

**表 11.2** CMOS インバータ中の MOSFET の動作領域

| 図 11.9 中の範囲 | p チャネル MOSFET | n チャネル MOSFET |
|---|---|---|
| A | 線形領域 | 遮断領域 |
| B | 線形領域 | 飽和領域 |
| C | 飽和領域 | 飽和領域 |
| D | 飽和領域 | 線形領域 |
| E | 遮断領域 | 線形領域 |

電源から p チャネル MOSFET と n チャネル MOSFET を通過してアースに流れる電流を**貫通電流** $I_{\mathrm{sc}}$ [11] と呼ぶ．入力電圧 $V_{\mathrm{in}}$ と貫通電流 $I_{\mathrm{sc}}$ の関係をグラフで表すと図 **11.10** のようになる．

貫通電流を式で表すと，

[11] 添え字の sc は short circuit の略．

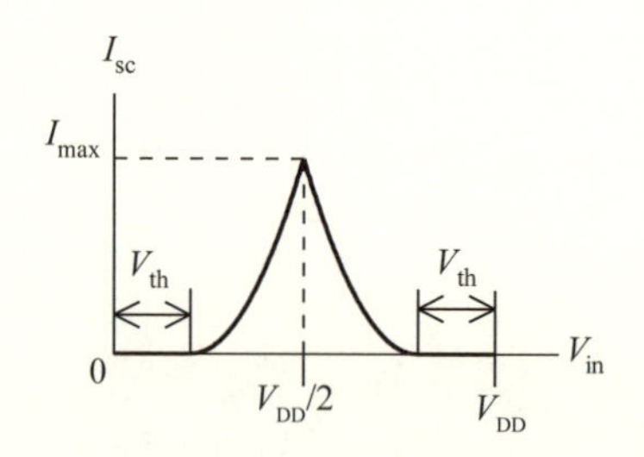


**図 11.10** CMOS インバータの貫通電流

$$I_{\mathrm{sc}} = \begin{cases} 0 & V_{\mathrm{in}} < V_{\mathrm{th}} \text{または} V_{\mathrm{DD}} - V_{\mathrm{th}} < V_{\mathrm{in}} \\ \dfrac{\beta}{2}(V_{\mathrm{in}} - V_{\mathrm{th}})^2 & V_{\mathrm{th}} < V_{\mathrm{in}} < \dfrac{\mathrm{DD}}{2} \\ \dfrac{\beta}{2}(V_{\mathrm{in}} - V_{\mathrm{DD}} + V_{\mathrm{th}})^2 & \dfrac{V_{\mathrm{DD}}}{2} < V_{\mathrm{in}} < V_{\mathrm{DD}} - V_{\mathrm{th}} \end{cases} \tag{11.70}$$

となる．図 11.10 中の $I_{\max}$ は貫通電流の最大値であり，

$$I_{\max} = \frac{\beta}{2}\left(\frac{V_{\mathrm{DD}}}{2} - V_{\mathrm{th}}\right)^2 \tag{11.71}$$

で与えられる．

CMOS インバータで貫通電流が流れるのは入力電圧が 0 から $V_{\mathrm{DD}}$ あるいは，$V_{\mathrm{DD}}$ から 0 に変化する途中だけである．つまり，入力電圧の変化がなければ貫通電流は流れず，消費電力は 0 となる．このため，CMOS 回路は消費電力が少ないという利点を持つ．

# 第 12 章

# 周波数特性の基礎

周波数の変化に対する回路の電圧・電流の変化を**周波数特性**と呼ぶ．本章では電子回路の周波数特性の基礎的事項，特に入出力間の振幅の比の周波数による変化（振幅特性）を考える．

## 12.1 $CR$ 回路の周波数特性

本節ではコンデンサ $C$ と抵抗 $R$ から構成される簡単な回路の周波数特性を示す．詳細に関しては電気回路に関する書籍を参考にしてほしい．**図 12.1** (a) に示すコンデンサ $C$ と抵抗 $R$ の直列接続回路に交流信号 $e$ を加えると，コンデンサ両端の交流信号 $v$ の波形は図 12.1 (b) のようになる．

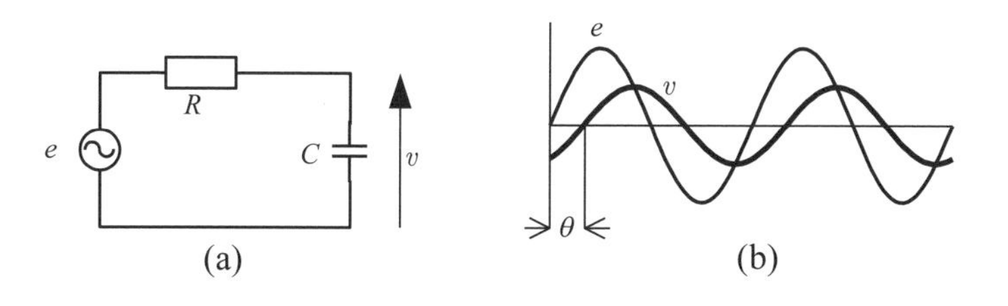


図 **12.1** 低域通過回路

ここで，電圧 $e$ と電圧 $v$ の大きさの比 $\left|\dfrac{v}{e}\right|$ の周波数 $f$ による変化を**振幅特性**，電圧 $e$ と電圧 $v$ の位相差 $\theta$ の周波数による変化を**位相特性**と呼ぶ．以下，本書では振幅特性のみを考える．

図 12.1 の回路の周波数特性のうち振幅特性は以下の式で表される．

$$\left|\frac{v}{e}\right| = \frac{1}{\sqrt{1+(2\pi fCR)^2}} = \frac{1}{\sqrt{1+(\omega CR)^2}} \tag{12.1}$$

以下の式で定義される周波数 $f_{\mathrm{c}}$ を**遮断周波数**，より正確には**高域遮断周波数**と呼ぶ．遮断周波数 $f_{\mathrm{c}}$ において，抵抗 $R$ とコンデンサのインピーダンスの大きさ $\dfrac{1}{\omega C}$ は等しくなる．

$$f_{\mathrm{c}} \triangleq \frac{1}{2\pi CR} \tag{12.2}$$

遮断周波数 $f_{\mathrm{c}}$ を用いると，振幅特性は以下の式のように表される．

$$\left|\frac{v}{e}\right| = \frac{1}{\sqrt{1+\left(\dfrac{f}{f_{\mathrm{c}}}\right)^2}} \tag{12.3}$$

周波数 $f$ が遮断周波数 $f_{\mathrm{c}}$ に等しいとき，入出力間の振幅の比は $\dfrac{1}{\sqrt{2}} \fallingdotseq 0.707$ になる．

図 12.1 の回路の振幅特性をグラフで表すと，**図 12.2** に示すようになる．周波数特性の解析では図 12.2 (b) の両対数目盛で表すことが多い．このようにして周波数特性を表した図を**ボード線図**あるいは**ボーデ線図**と呼ぶ．遮断周波数付近以外の領域では，ボード線図で表した振幅特性は直線になる．

図 12.1 の回路は周波数が低いときは入力がそのまま出力になるため，**低域通過回路**あるいは**低域通過フィルタ (LPF** [1]) と呼ばれる．

**図 12.3** (a) の回路の振幅特性は，鳳・テブナンの定理を用いて図 12.3 (b) のような等価回路を作ることにより，以下のようになることがわかる．

[1] Low Pass Filter

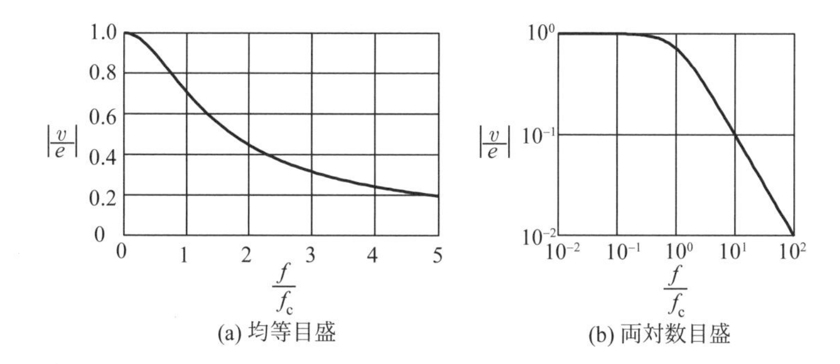


(a) 均等目盛　　(b) 両対数目盛

図 **12.2** 低域通過回路の振幅特性

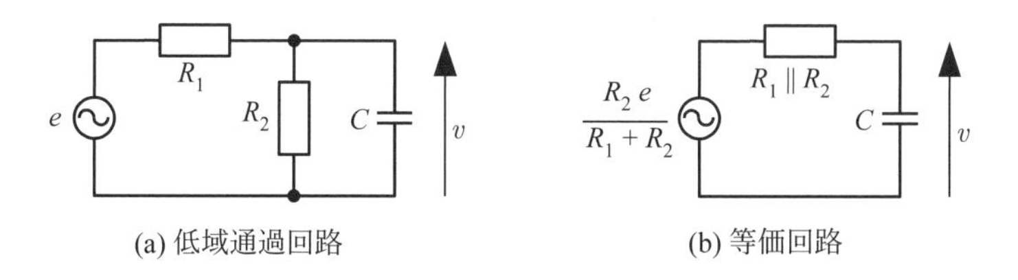


(a) 低域通過回路　　(b) 等価回路

図 **12.3** 低域通過回路（その 2）

$$|v| = \frac{1}{\sqrt{1 + \left(\omega C \left(R_1 \parallel R_2\right)\right)^2}} \cdot \frac{R_2 |e|}{R_1 + R_2} = \frac{R_2 |e|}{\sqrt{R_1 + R_2 + (\omega C R_1 R_2)^2}} \tag{12.4}$$

これより，図 12.3 (a) の回路の遮断周波数 $f_c$ は

$$f_c = \frac{1}{2\pi C \left(R_1 \parallel R_2\right)} = \frac{R_1 + R_2}{2\pi C R_1 R_2} \tag{12.5}$$

となることがわかる．

図 **12.4** (a) の回路の振幅特性は以下の式，

$$\left|\frac{v}{e}\right| = \frac{2\pi f C R}{\sqrt{1 + (2\pi f C R)^2}} = \frac{\omega C R}{\sqrt{1 + (\omega C R)^2}} \tag{12.6}$$

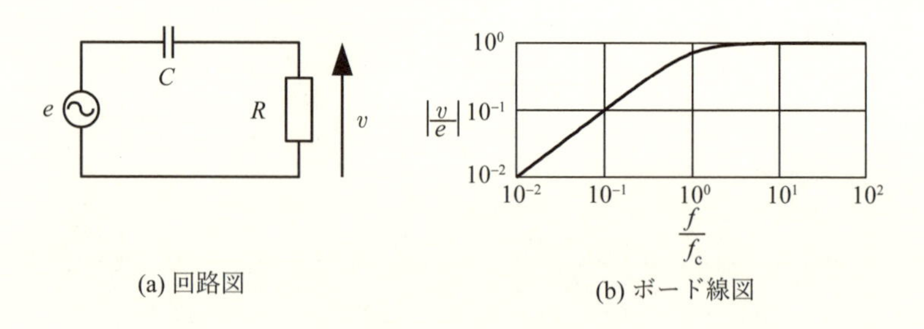


(a) 回路図　　(b) ボード線図

図 **12.4** 高域通過回路

で表され，ボード線図は図 12.4 (b) のようになる．この回路は周波数が高いときに入力がそのまま出力になるため**高域通過回路**あるいは**高域通過フィルタ**（**HPF** [2]）と呼ばれる．高域通過回路においても以下の周波数 $f_c$ を**遮断周波数**，より正確には**低域遮断周波数**と呼ぶ．

$$f_c = \frac{1}{2\pi CR} \tag{12.7}$$

高域通過回路でも遮断周波数 $f_c$ において，抵抗 $R$ とコンデンサ $C$ のインピーダンスの大きさ $\dfrac{1}{\omega C}$ は等しくなる．

高域遮断周波数 $f_{ch}$ を用いると，図 12.4 の高域通過回路の振幅特性は

$$\left|\frac{v}{e}\right| = \frac{\dfrac{f}{f_{ch}}}{\sqrt{1+\left(\dfrac{f}{f_{ch}}\right)^2}} = \frac{1}{\sqrt{\left(\dfrac{f_{ch}}{f}\right)^2+1}} \tag{12.8}$$

となる．

図 **12.5** の高域通過回路の振幅特性は，抵抗 $R_1$ と抵抗 $R_2$ の並列合成抵抗を考えることで，以下の式で与えられる．

$$\left|\frac{v}{e}\right| = \frac{\omega C\left(R_1 \parallel R_2\right)}{\sqrt{1+\left(\omega C\left(R_1 \parallel R_2\right)\right)^2}} \tag{12.9}$$

---

[2] High Pass Filter

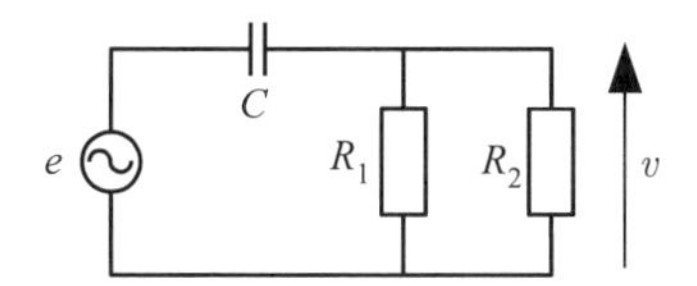


**図 12.5** 高域通過回路（その 2）

図 12.5 の回路の遮断周波数 $f_\mathrm{c}$ は

$$f_\mathrm{c} = \frac{1}{2\pi C\left(R_1 \parallel R_2\right)} = \frac{R_1 + R_2}{2\pi C R_1 R_2} \tag{12.10}$$

である．

## 12.2　高周波小信号等価回路

信号の周波数が高くなると半導体デバイス内の電子の移動時間が無視できなくなり，第 6 章で説明した小信号等価回路が使えなくなる．本節ではバイポーラトランジスタと MOSFET の高周波における小信号等価回路を説明する．ただし，ここでの説明は概要であるので，詳細は文献 [1] 第 1 章などを参考にしてほしい．

### 12.2.1　バイポーラトランジスタの高周波小信号等価回路

交流小信号の周波数 $f$ が高くなると，バイポーラトランジスタのエミッタ接地電流増幅率の大きさ $|\beta|$ は，**図 12.6** のように **$\boldsymbol{\beta}$ 遮断周波数**と呼ばれる周波数 $f_\beta$ 付近から減少していく．周波数 $f$ が**遷移周波数**（**トランジション周波数，特性周波数**）と呼ばれる周波数 $f_\mathrm{T}$ に達すると，エミッタ接地電流増幅率の大きさは 1 になる．

図 12.6 の特性は以下の式で与えられる．ただし，$\beta_0$ は低周波におけるエミッタ接地電流増幅率であり，本章では高周波のものと区別するために添え字 0 を付けてある．

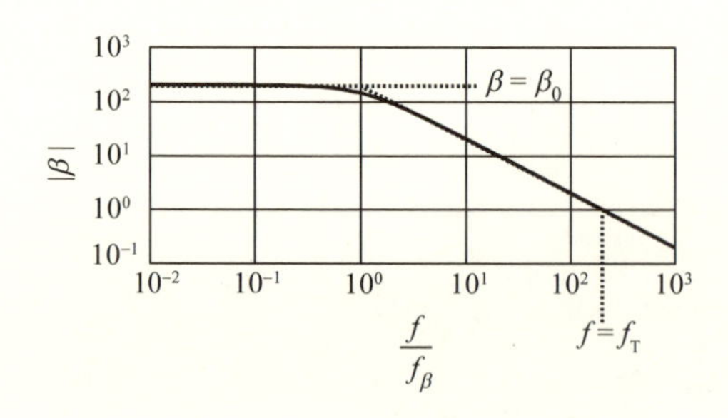


**図 12.6** エミッタ接地電流増幅率の振幅特性

$$|\beta| = \frac{\beta_0}{\sqrt{1 + \left(\dfrac{f}{f_\beta}\right)^2}} \tag{12.11}$$

交流信号の周波数 $f$ が $\beta$ 遮断周波数 $f_\beta$ に等しいときは，

$$|\beta| = \frac{\beta_0}{\sqrt{2}} \tag{12.12}$$

となり，エミッタ接地電流増幅率の大きさは低周波のときの $\dfrac{1}{\sqrt{2}}$ 倍になる．

遷移周波数 $f_\mathrm{T}$ は

$$\frac{\beta_0}{\sqrt{1 + \left(\dfrac{f_\mathrm{T}}{f_\beta}\right)^2}} = 1 \tag{12.13}$$

より，

$$f_\mathrm{T} = \sqrt{\beta_0^2 - 1}\, f_\beta \fallingdotseq \beta_0 f_\beta \tag{12.14}$$

となる．

図 12.6 に示したエミッタ接地電流増幅率の振幅特性を表現する等価回路を考えてみる．信号の周波数が高いときは，$h$ パラメータを用いた小信号等価回路は回路のパラメータが複素数になり扱いにくくなる．そのため，高周

波小信号等価回路として図 **12.7** に示す**ハイブリッド $\pi$ 形等価回路**と呼ばれるものが用いられる．この等価回路は図 6.11 に示した電圧制御電流源等価回路をもとにしたものである．

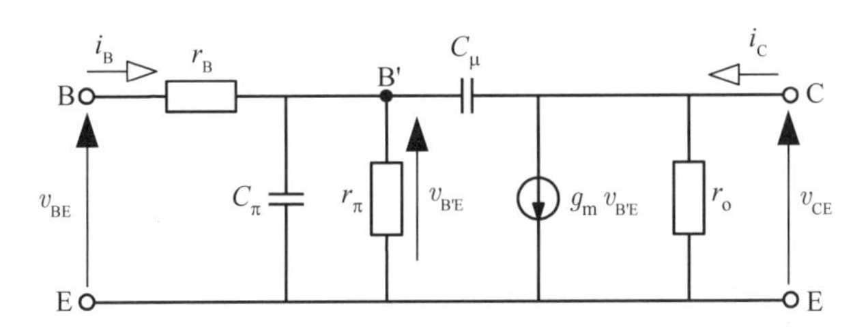


図 **12.7** バイポーラトランジスタの高周波小信号等価回路

図 12.7 中の相互コンダクタンス $g_\mathrm{m}$，入力抵抗 $r_\pi$ および出力抵抗 $r_\mathrm{o}$ は，104 ページに示した電圧制御電流源等価回路のものと同じであり，以下の式で与えられる．これらのパラメータは周波数に関係ないことに注意する．

$$g_\mathrm{m} = \frac{I_\mathrm{C}}{V_T} \tag{12.15}$$

$$r_\pi = \frac{\beta_0}{g_\mathrm{m}} \tag{12.16}$$

$$r_\mathrm{o} = \frac{V_\mathrm{A}}{I_\mathrm{C}} \tag{12.17}$$

また，図 12.7 中の $r_\mathrm{B}$ はベース領域の抵抗であり**広がり抵抗**と呼ばれ，$C_\mu$ はベース・コレクタ間の**接合容量**または**空乏層容量**と呼ばれる．$r_\mathrm{B}$ は 50 から 500 Ω 程度，$C_\mu$ は 10 fF 程度[3]の値になる．

$C_\pi$ は以下の式のように表される．

$$C_\pi = C_\mathrm{b} + C_\mathrm{BE} \tag{12.18}$$

ここで，$C_\mathrm{b}$ は**拡散容量**または**ベース蓄積容量**と呼ばれ，$C_\mathrm{BE}$ はベース・エミッタ間の**接合容量**または**空乏層容量**と呼ばれる．通常のバイポーラトラン

[3] fF = $10^{-15}$ F．10 ページの表 1.2 参照．

ジスタでは $C_\mathrm{b} \gg C_\mathrm{BE}$ であるので [4],

$$C_\pi \fallingdotseq C_\mathrm{b} \tag{12.19}$$

と近似できる．以下ではこの近似を用いるものとする．

図 12.7 の高周波小信号等価回路を用いてエミッタ接地電流増幅率の周波数特性を求める．103 ページの式 (6.40) と 102 ページの式 (6.39) より

$$|\beta| = |h_\mathrm{fe}| = \left.\frac{|i_\mathrm{C}|}{|i_\mathrm{B}|}\right|_{v_\mathrm{CE}=0} \tag{12.20}$$

となる．この式を使うために，図 12.7 においてコレクタ・エミッタ間を短絡することで，図 **12.8** のように $v_\mathrm{CE} = 0$ の条件を成立させる．両端が短絡されることにより出力抵抗 $r_\mathrm{o}$ には電流が流れなくなるので，図 12.8 では点線で示している．

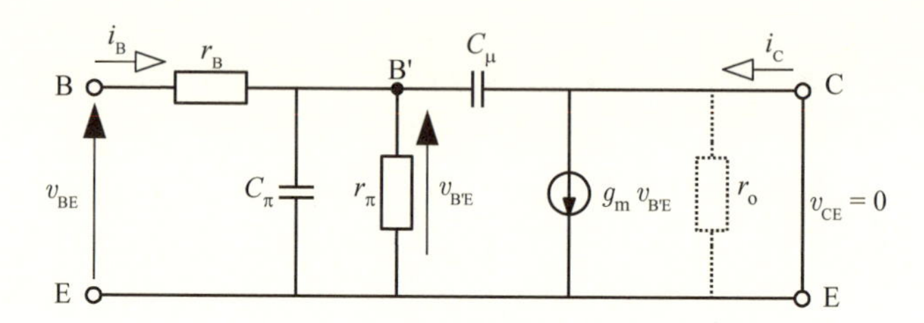


**図 12.8** $\beta$ 遮断周波数導出のための等価回路

入力抵抗 $r_\pi$ 両端の小信号電圧の大きさ $|v_\mathrm{B'E}|$ とベース小信号電流の大きさ $|i_\mathrm{B}|$ の関係は以下のようになる [5].

$$|v_\mathrm{B'E}| = \frac{r_\pi}{\sqrt{1 + \left(\omega\left(C_\pi + C_\mu\right) r_\pi\right)^2}} |i_\mathrm{B}| \tag{12.21}$$

[4] $C_\mathrm{b}$ は 1 pF 程度で，$C_\mathrm{BE}$ は 10 fF 程度である．pF = $10^{-12}$ F，fF = $10^{-15}$ F．10 ページの表 1.2 を参照．

[5] 導出は電気回路に関する書籍を参照．

また，コンデンサ $C_\mu$ を流れる電流の大きさが $g_\mathrm{m}\left|v_{\mathrm{B'E}}\right|$ よりも十分に小さいと仮定する．コレクタ・エミッタ間が短絡されているので，

$$\begin{aligned}\left|i_\mathrm{C}\right| = g_\mathrm{m}\left|v_{\mathrm{B'E}}\right| &= \frac{g_\mathrm{m} r_\pi}{\sqrt{1+\left(\omega\left(C_\pi + C_\mu\right) r_\pi\right)^2}}\left|i_\mathrm{B}\right| \\ &= \frac{\beta_0}{\sqrt{1+\left(\omega\left(C_\pi + C_\mu\right) r_\pi\right)^2}}\left|i_\mathrm{B}\right| \end{aligned} \tag{12.22}$$

となる．これより，エミッタ接地電流増幅率の大きさ $|\beta|$ は

$$|\beta| = \left.\frac{\left|i_\mathrm{C}\right|}{\left|i_\mathrm{B}\right|}\right|_{v_{\mathrm{CE}}=0} = \frac{\beta_0}{\sqrt{1+\left(\omega\left(C_\pi + C_\mu\right) r_\pi\right)^2}} \tag{12.23}$$

となる．272 ページの式 (12.11) と比較することにより $\beta$ 遮断周波数 $f_\beta$ を求めると，

$$f_\beta = \frac{1}{2\pi\left(C_\pi + C_\mu\right) r_\pi} \tag{12.24}$$

となる．また，式 (12.14) より，

$$f_\mathrm{T} \fallingdotseq \beta_0 f_\beta = \frac{\beta_0}{2\pi\left(C_\pi + C_\mu\right) r_\pi} \tag{12.25}$$

である．

たとえば，直流コレクタ電流 $I_\mathrm{C}$ が 6.0 mA のとき，直流エミッタ接地電流増幅率 $\beta_0$ が 200，$\beta$ 遮断周波数が 80 MHz であるバイポーラトランジスタでは，

$$g_\mathrm{m} = \frac{I_\mathrm{C}}{V_T} = 232\,\mathrm{mS} \tag{12.26}$$

$$r_\pi = \frac{\beta_0}{g_\mathrm{m}} = 863\,\Omega \tag{12.27}$$

であるので，

$$C_\pi + C_\mu = \frac{1}{2\pi f_\beta r_\pi} = 2.31\,\mathrm{pF} \tag{12.28}$$

となる．また，遷移周波数 $f_\mathrm{T}$ は

$$f_\mathrm{T} \fallingdotseq \beta_0 f_\beta = 16\,\mathrm{GHz} \tag{12.29}$$

となる．

273 ページで述べたように，$C_\mu$ は 10 fF 程度であるので，以下の近似式が成立する．

$$C_\pi + C_\mu \fallingdotseq C_\pi \fallingdotseq C_\mathrm{b} \tag{12.30}$$

これより，以下のように拡散容量 $C_\mathrm{b}$ を $\beta$ 遮断周波数 $f_\beta$ あるいは遷移周波数 $f_\mathrm{T}$ から求めることができる．

$$C_\mathrm{b} = \frac{1}{2\pi f_\beta r_\pi} = \frac{\beta_0}{2\pi f_\mathrm{T} r_\pi} \tag{12.31}$$

直流コレクタ電流 $I_\mathrm{C}$ が変化すると入力抵抗 $r_\pi$ が変化し，その結果，拡散容量 $C_\mathrm{b}$ の値も変化することに注意する．

バイポーラトランジスタの動作の解析に，図 **12.9** に示す簡易小信号等価回路が用いられることもある．これは図 12.7 中の $C_\mu$ と $C_\mathrm{BE}$ を省略したものである．

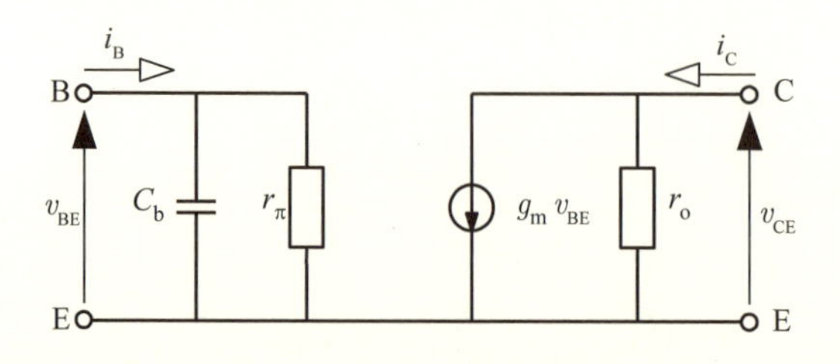


図 **12.9** 高周波におけるバイポーラトランジスタの簡易小信号等価回路

ここまで計算したものを含めて，図 12.7 のバイポーラトランジスタの高周波小信号等価回路のパラメータの例を表 **12.1** に示す．

**表 12.1** バイポーラトランジスタの高周波小信号等価回路のパラメータ（例）

| $r_B$ | $300\,\Omega$ | $C_b$ | $2.3\,\mathrm{pF}$ |
|---|---|---|---|
| $g_m$ | $232\,\mathrm{mS}$ | $C_{BE}$ | $20\,\mathrm{fF}$ |
| $r_o$ | $16.7\,\mathrm{k\Omega}$ | $C_\mu$ | $5.0\,\mathrm{fF}$ |

$I_{C0} = 6\,\mathrm{mA}$

## 12.2.2　MOSFET の高周波小信号等価回路

高周波における MOSFET の動作を解析するためには，ゲート・ソース間の静電容量 $C_{GS}$ とゲート・ドレイン間の静電容量 $C_{GD}$ を考慮する必要がある．これらの静電容量を考慮した MOSFET の高周波小信号等価回路を**図 12.10** に示す．

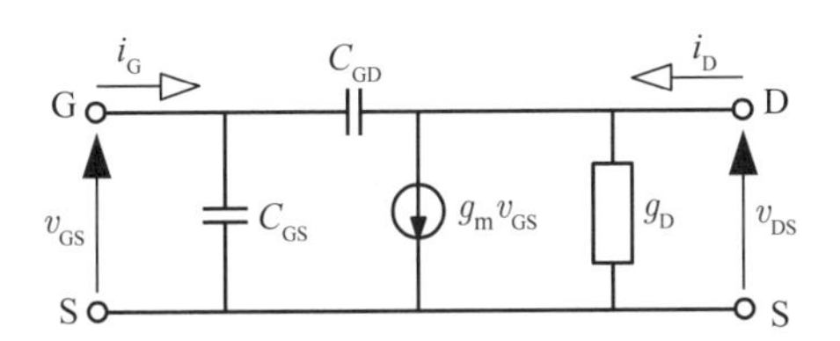


**図 12.10** MOSFET の高周波小信号等価回路

図 12.10 のパラメータの例を**表 12.2** に示す．

**表 12.2** MOSFET の高周波小信号等価回路のパラメータ（例）

| $C_{GS}$ | $24\,\mathrm{fF}$ | $g_m$ | $2.0\,\mathrm{mS}$ |
|---|---|---|---|
| $C_{GD}$ | $1.0\,\mathrm{fF}$ | $g_D$ | $20\,\mu\mathrm{S}$ |

$I_{D0} = 2\,\mathrm{mA}$

図 12.10 のゲート・ソース間を短絡して**図 12.11** のようにしたときの，ゲート小信号電流 $i_G$ とドレイン小信号電流 $i_D$ の比を短絡ソース接地電

流増幅率と呼ぶ[6]．短絡ソース接地電流増幅率の大きさが 1 になる周波数が MOSFET の**遷移周波数**である．以下，図 12.11 にもとづき，MOSFET の遷移周波数 $f_{\mathrm{T}}$ を求める．なお，両端が短絡されることによりドレイン・ソース間小信号電圧 $v_{\mathrm{DS}}$ が 0 になり，ドレインコンダクタンス $g_{\mathrm{D}}$ には電流が流れなくなるので，図 12.11 では点線で示している．

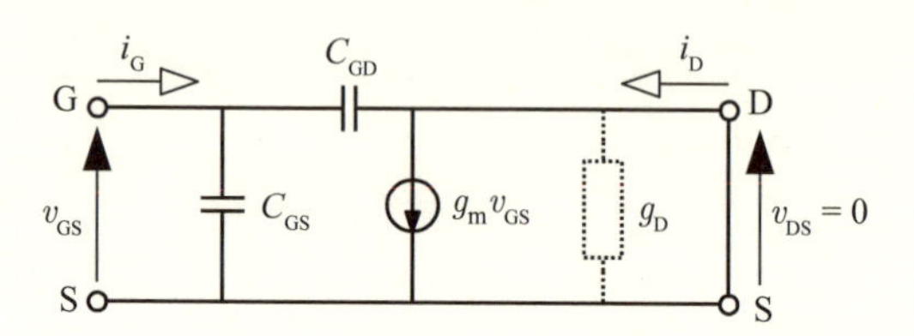


**図 12.11** MOSFET の遷移周波数導出用等価回路

図 12.11 に対して，15 ページの式 (2.9) とキルヒホッフの電流則を利用すると，ゲート小信号電流 $i_{\mathrm{G}}$ の大きさは，

$$|i_{\mathrm{G}}| = \omega C_{\mathrm{GS}}\,|v_{\mathrm{GS}}| + \omega C_{\mathrm{GD}}\,|v_{\mathrm{GS}}| = \omega\,(C_{\mathrm{GS}} + C_{\mathrm{GD}})\,|v_{\mathrm{GS}}| \tag{12.32}$$

となる．コンデンサ $C_{\mathrm{GD}}$ を流れる電流が $g_{\mathrm{m}}v_{\mathrm{GS}}$ よりも十分に小さいとすると，

$$|i_{\mathrm{D}}| \fallingdotseq g_{\mathrm{m}}\,|v_{\mathrm{GS}}| \tag{12.33}$$

と近似できるので，短絡ソース接地電流増幅率は

$$\frac{|i_{\mathrm{D}}|}{|i_{\mathrm{G}}|} = \frac{g_{\mathrm{m}}}{\omega\,(C_{\mathrm{GS}} + C_{\mathrm{GD}})} \tag{12.34}$$

となる．これより，遷移周波数 $f_{\mathrm{T}}$ は

$$f_{\mathrm{T}} = \frac{g_{\mathrm{m}}}{2\pi\,(C_{\mathrm{GS}} + C_{\mathrm{GD}})} \tag{12.35}$$

[6] 周波数が低いときはゲート小信号電流 $i_{\mathrm{G}}$ がほぼ 0 なので，短絡ソース接地電流増幅率は無限大に発散する．

となる．表 12.2 に示した値を用いると，

$$f_{\rm T} = 12.7\,{\rm GHz} \tag{12.36}$$

となる．109 ページの式 (6.70) に示したように，MOSFET の相互コンダクタンス $g_{\rm m}$ はゲート・ソース間電圧 $V_{\rm GS}$ により変化するので，遷移周波数 $f_{\rm T}$ もゲート・ソース間電圧 $V_{\rm GS}$ により変化することに注意する．

## 12.3 基本増幅回路の周波数特性

### 12.3.1 増幅回路の遮断周波数と帯域幅

多くの増幅回路では周波数が低すぎても，周波数が高すぎても増幅度が低下する．もっとも簡単な場合の増幅度の振幅特性は図 **12.12** のようになる．

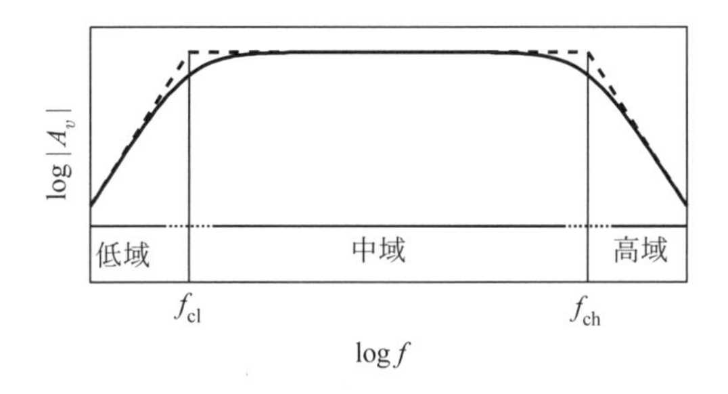


図 **12.12** 増幅回路の増幅度の振幅特性

増幅度が一定の周波数の範囲を**中域**と呼ぶ．中域よりも低い周波数の範囲を**低域**と呼び，中域よりも高い周波数の範囲を**高域**と呼ぶ．低域と中域の境界の周波数 $f_{\rm cl}$ を**低域遮断周波数**，中域と高域の境界の周波数 $f_{\rm ch}$ を**高域遮断周波数**と呼ぶ．また，以下の式で定義される高域遮断周波数 $f_{\rm ch}$ と低域遮断周波数 $f_{\rm cl}$ の差 $B$ を**帯域幅** と呼ぶ．

$$B \triangleq f_{\rm ch} - f_{\rm cl} \tag{12.37}$$

## 12.3.2　エミッタ接地増幅回路

ここでは，図 **12.13** に示すエミッタ接地増幅回路の周波数特性を考える．解析を簡単にするためにエミッタ抵抗 $R_{\mathrm{E}}$ とバイパスコンデンサ $C_{\mathrm{E}}$ を除いて設計している．また，バイポーラトランジスタの出力抵抗 $r_{\mathrm{o}}$ も無視できるものとする．中域での解析は第 8 章で行った解析と同じになるので，省略する．

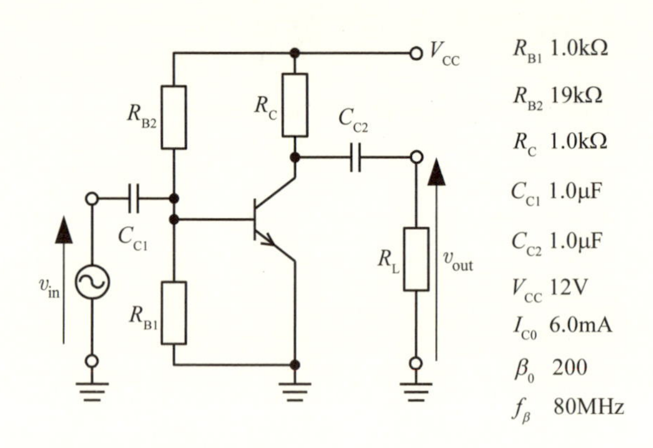


図 **12.13** エミッタ接地増幅回路

まず，高域特性の解析を行う．高域ではバイポーラトランジスタ自体の増幅率が減少するために，増幅回路の増幅度も減少する．図 12.7 に示したバイポーラトランジスタの高周波小信号等価回路を用いると，図 12.13 のエミッタ接地増幅回路の高域における等価回路は図 **12.14** のようになる．ここで，$R_{\mathrm{B}}$ は $R_{\mathrm{B1}}$ と $R_{\mathrm{B2}}$ の並列合成抵抗であり，$R'_{\mathrm{L}}$ は $R_{\mathrm{L}}$ と $R_{\mathrm{C}}$ の並列合成抵抗である．また，カップリングコンデンサ $C_{\mathrm{C1}}$，$C_{\mathrm{C2}}$ のインピーダンスは十分に小さいものと仮定して [7]，$C_{\mathrm{C1}}$ と $C_{\mathrm{C2}}$ は省略した．

ベース・コレクタ間の接合容量 $C_\mu$ の影響について考えてみる．接合容量 $C_\mu$ の両端の電圧は

[7] 後の 285 ページにおいて式 (12.59) で示すように，この仮定は成立する．

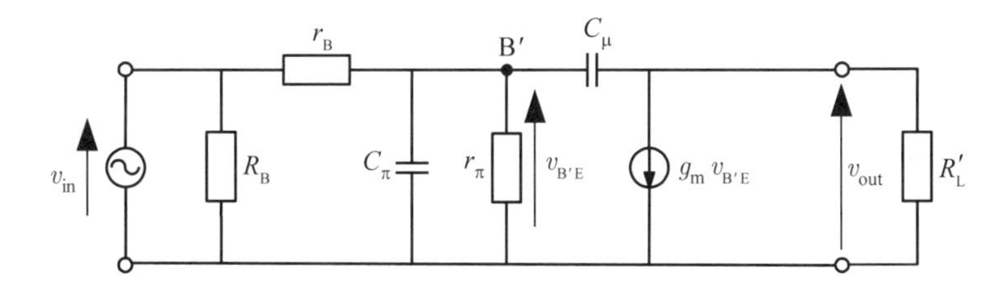


**図 12.14** エミッタ接地増幅回路の高域等価回路

$$v_{B'E} - v_{out} = v_{B'E} + g_m R'_L v_{B'E} = \left(1 + g_m R'_L\right) v_{B'E} \tag{12.38}$$

であるので，接合容量 $C_\mu$ を流れる電流 $i_\mu$ の大きさは

$$|i_\mu| = \omega C_\mu \left|v_{B'E} - v_{out}\right| = \omega C_\mu \left(1 + g_m R'_L\right) |v_{B'E}| \tag{12.39}$$

となる．これより，

$$\frac{|v_{B'E}|}{|i_\mu|} = \omega \left(1 + g_m R'_L\right) C_\mu \tag{12.40}$$

となる．これは見かけ上接合容量が $\left(1 + g_m R'_L\right)$ 倍になったことを表している．このように，増幅回路の入力と出力の間に存在する静電容量が見かけ上増加する現象を**ミラー効果** [8] という．図 12.9 に示したバイポーラトランジスタ単独の簡易小信号等価回路では接合容量 $C_\mu$ は無視できたが，図 12.14 の増幅回路の高周波小信号等価回路ではミラー効果のためにベース・コレクタ間の接合容量 $C_\mu$ は無視できなくなる．具体的な値を 277 ページの表 12.1 に示したパラメータで計算する．$R'_L$ が 1.0 kΩ，$C_\mu$ が 5.0 fF とすると，

$$\left(1 + g_m R'_L\right) C_\mu = 1.17\,\mathrm{pF} \tag{12.41}$$

となり，拡散容量 $C_b$ の値 2.3 pF と同程度になる．一方で，周波数 205 MHz [9] では

[8] この “ミラー” は鏡 (Mirror) ではなくて，人名 (Miller) である．

[9] 283 ページの式 (12.54) で求める高域遮断周波数．

$$|i_\mu| = \omega C_\mu \left(1 + g_{\mathrm{m}} R'_{\mathrm{L}}\right) |v_{\mathrm{B'E}}| = 1.5\,\mathrm{mS}\,|v_{\mathrm{B'E}}| \tag{12.42}$$

$$g_{\mathrm{m}}\,|v_{\mathrm{B'E}}| = 232\,\mathrm{mS}\,|v_{\mathrm{B'E}}| \tag{12.43}$$

となるので，図 12.14 中の電流源の電源電流の大きさ $|g_{\mathrm{m}} v_{\mathrm{B'E}}|$ と比べて，接合容量 $C_\mu$ を出力側に通過する電流の大きさ $|i_\mu|$ は非常に小さい．したがって，出力側から見ると 接合容量 $C_\mu$ は無視できることになる．以上で述べたことより，ミラー効果を考慮した高域等価回路は図 **12.15** のようになる．ただし，

$$C_{\mathrm{t}} = C_\pi + \left(1 + g_{\mathrm{m}} R'_{\mathrm{L}}\right) C_\mu \tag{12.44}$$

である．

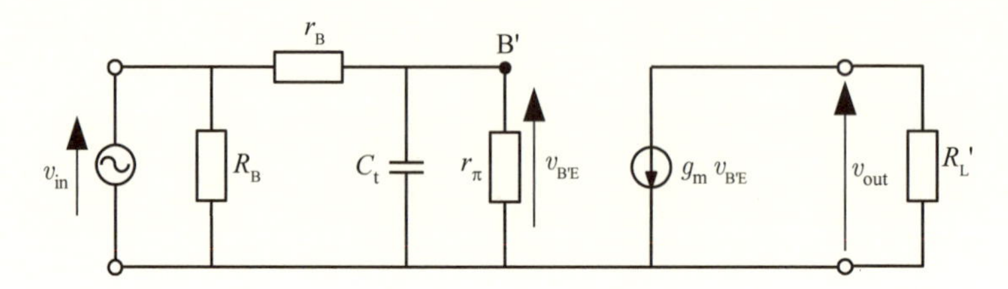


図 **12.15** ミラー効果を考慮したエミッタ接地増幅回路の高域等価回路

図 12.15 において入力側の回路は 269 ページの図 12.3 の低域通過回路と同じ形になるので，振幅特性は式 (12.4) を用いて

$$|v_{\mathrm{B'E}}| = \frac{1}{\sqrt{1 + \left(\omega C_{\mathrm{t}} \left(r_{\mathrm{B}} \parallel r_\pi\right)\right)^2}} \cdot \frac{r_\pi\,|v_{\mathrm{in}}|}{r_{\mathrm{B}} + r_\pi} \tag{12.45}$$

となる．出力電圧の大きさ $|v_{\mathrm{out}}|$ は

$$|v_{\mathrm{out}}| = g_{\mathrm{m}} R'_{\mathrm{L}}\,|v_{\mathrm{B'E}}| = \frac{g_{\mathrm{m}} R'_{\mathrm{L}}}{\sqrt{1 + \left(\omega C_{\mathrm{t}} \left(r_{\mathrm{B}} \parallel r_\pi\right)\right)^2}} \cdot \frac{r_\pi\,|v_{\mathrm{in}}|}{r_{\mathrm{B}} + r_\pi} \tag{12.46}$$

となる．これより，図 12.13 に示したエミッタ接地増幅回路の，高域における振幅特性は

$$\left|\frac{v_{\mathrm{out}}}{v_{\mathrm{in}}}\right| = \frac{g_{\mathrm{m}}R'_{\mathrm{L}}}{\sqrt{1+\left(\omega C_{\mathrm{t}}\left(r_{\mathrm{B}} \parallel r_{\pi}\right)\right)^2}} \cdot \frac{r_{\pi}}{r_{\mathrm{B}}+r_{\pi}} \tag{12.47}$$

となり，269 ページの式 (12.4) と比較して，高域遮断周波数 $f_{\mathrm{ch}}$ は

$$f_{\mathrm{ch}} = \frac{1}{2\pi C_{\mathrm{t}}\left(r_{\mathrm{B}} \parallel r_{\pi}\right)} \tag{12.48}$$

となる．図 12.13 の回路に対して高域遮断周波数の具体的な値を求めるために，

$$C_{\mu} = 5.0\,\mathrm{fF} \tag{12.49}$$

$$R'_{\mathrm{L}} = 1.0\,\mathrm{k\Omega} \tag{12.50}$$

$$r_{\mathrm{B}} = 300\,\Omega \tag{12.51}$$

とすると，277 ページの表 12.1 に示した値も用いて，

$$C_{\mathrm{t}} = C_{\pi} + \left(1+g_{\mathrm{m}}R'_{\mathrm{L}}\right)C_{\mu} = 2.3\,\mathrm{pF} + 233 \times 5.0\,\mathrm{fF} \fallingdotseq 3.48\,\mathrm{pF} \tag{12.52}$$

$$r_{\mathrm{B}} \parallel r_{\pi} = \left(300\,\Omega \parallel 863\,\Omega\right) \fallingdotseq 223\,\Omega \tag{12.53}$$

となる．これより高域遮断周波数 $f_{\mathrm{ch}}$ は

$$f_{\mathrm{ch}} = \frac{1}{2\pi C_{\mathrm{t}}\left(r_{\mathrm{B}} \parallel r_{\pi}\right)} \fallingdotseq 205\,\mathrm{MHz} \tag{12.54}$$

になる．

次に，低域特性の解析を行う．入力信号の周波数が低くなるとカップリングコンデンサ $C_{\mathrm{C1}}$ のインピーダンスが大きくなり，入力信号が通過しにくくなる．このため，低域において電圧増幅度の低下が起こる．図 12.13 のエミッタ接地増幅回路の低域における小信号等価回路のうち，入力の部分を示したものが図 **12.16** である．ただし，$C_{\mathrm{t}}$ のインピーダンスは十分に大きいものと仮定して [10]，$C_{\mathrm{t}}$ は省略した．

---

[10] 285 ページの式 (12.60) に示すように，この仮定は成立する．

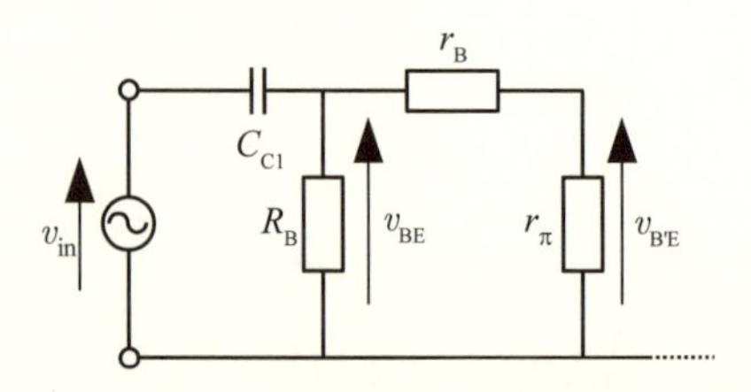


**図 12.16** エミッタ接地増幅回路の低域等価回路（入力部分）

271 ページの図 12.5 の高域通過回路と比較し，式 (12.9) を利用することで，図 12.16 の回路の周波数特性が

$$|v_{BE}| = \frac{2\pi C_{C1}\left(R_B \parallel (r_B + r_\pi)\right)}{\sqrt{1 + \left(2\pi C_{C1}\left(R_B \parallel (r_B + r_\pi)\right)\right)^2}} |v_{in}| \tag{12.55}$$

となることがわかる．さらに，

$$\begin{aligned} |v_{B'E}| &= \frac{r_\pi}{r_B + r_\pi} |v_{BE}| \\ &= \frac{2\pi C_{C1}\left(R_B \parallel (r_B + r_\pi)\right)}{\sqrt{1 + \left(2\pi C_{C1}\left(R_B \parallel (r_B + r_\pi)\right)\right)^2}} \frac{r_\pi}{r_B + r_\pi} |v_{in}| \end{aligned} \tag{12.56}$$

となる．これを 271 ページの式 (12.10) と比較することにより，低域遮断周波数 $f_{cl}$ が以下の式で与えられる．

$$f_{cl} = \frac{1}{2\pi C_{C1}\left(R_B \parallel (r_B + r_\pi)\right)} \tag{12.57}$$

図 12.13 の回路に対して低域遮断周波数の具体的な値を求めると，

$$f_{cl} = \frac{1}{2\pi C_{C1}\left(R_B \parallel (r_B + r_\pi)\right)} = 187\,\mathrm{Hz} \tag{12.58}$$

となる．

ここで，図 12.14 においてカップリングコンデンサ $C_{C1}$ を無視することや，図 12.16 において $C_t$ を無視することが可能であるかどうか検討してみる．高域遮断周波数 $f_{\mathrm{ch}}$ において，カップリングコンデンサ $C_{\mathrm{C1}}$，$C_{\mathrm{C2}}$ のインピーダンスは

$$\frac{1}{2\pi f_{\mathrm{ch}}C_{\mathrm{C1}}} = \frac{1}{2\pi f_{\mathrm{ch}}C_{\mathrm{C2}}} = 0.776\,\mathrm{m\Omega} \ll r_{\mathrm{B}}, r_{\pi}, R_{\mathrm{B}} \tag{12.59}$$

なので，高域の解析では $C_{\mathrm{C1}}$ は無視できる．また，低域遮断周波数 $f_{\mathrm{cl}}$ において，

$$\frac{1}{2\pi f_{\mathrm{cl}}C_{\mathrm{t}}} = 245\,\mathrm{M\Omega} \gg r_{\pi} \tag{12.60}$$

なので，低域の解析では $C_{\mathrm{t}}$ は無視できる．

### 12.3.3　ソース接地増幅回路

ここでは図 **12.17** に示すソース接地増幅回路の周波数特性を考える．中域での解析は第 8 章で行った解析と同じになるので，省略する．

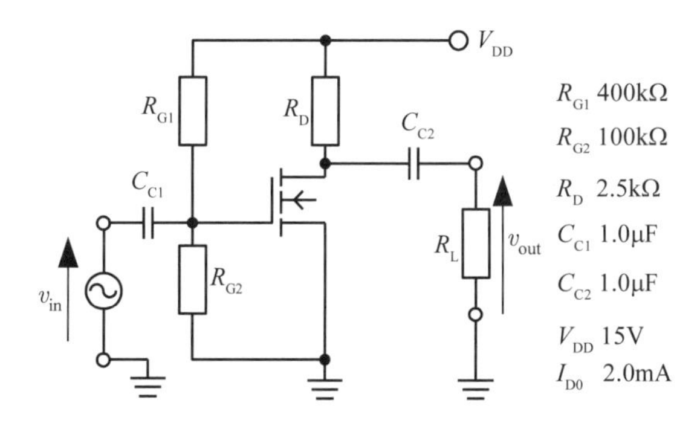


図 **12.17** ソース接地増幅回路

277 ページの図 12.10 に示した MOSFET の高周波小信号等価回路を用いると，図 12.17 のソース接地増幅回路の高周波等価回路は図 **12.18** のようになる．ただし，バイアス抵抗 $R_{\mathrm{G1}}$，$R_{\mathrm{G2}}$，カップリングコンデンサ $C_{\mathrm{C1}}$，$C_{\mathrm{C2}}$ および MOSFET のドレインコンダクタンス $g_{\mathrm{D}}$ は省略している．$R'_{\mathrm{L}}$

は $R_D$ と $R_L$ の並列合成抵抗である．また，$r_S$ は信号源の内部抵抗である [11].

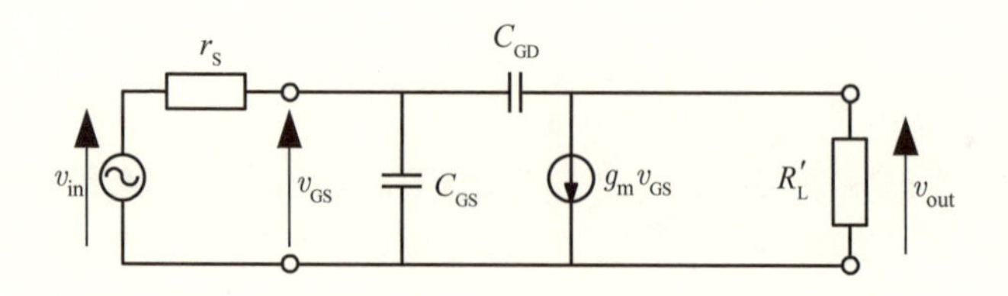


図 **12.18** ソース接地増幅回路の高周波小信号等価回路

まず，高域特性を解析する．ミラー効果 [12] を考慮した高周波小信号等価回路は図 **12.19** のようになる．

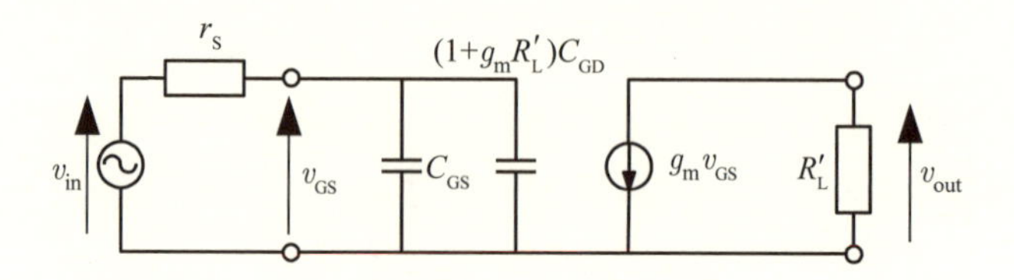


図 **12.19** ミラー効果を考慮したソース接地高周波小信号等価回路

277 ページの表 12.2 に示した用いた値を使い，$R'_L$ を $2.5\,\mathrm{k\Omega}$ とすると，図 12.19 中のパラメータは

$$g_m = 2.0\,\mathrm{mS} \tag{12.61}$$

$$C_{GS} = 24\,\mathrm{fF} \tag{12.62}$$

$$\left(1 + g_m R'_L\right) C_{GD} = 6.0\,\mathrm{fF} \tag{12.63}$$

となる．また，周波数 $f$ が $5.31\,\mathrm{GHz}$ のとき [13]，図 12.18 中で $C_{GD}$ を通過する電流の大きさと電流源の電源電流の大きさを比較すると，

[11] 287 ページの式 (12.69) に示すように，ここでは信号源の内部抵抗 $r_S$ は無視できない．

[12] 281 ページを参照．

[13] 287 ページの式 (12.70) で示す高域遮断周波数．

$$\omega C_{\mathrm{GD}}\left(1+g_{\mathrm{m}}R'_{\mathrm{L}}\right)|v_{\mathrm{GS}}| \fallingdotseq 0.20\,\mathrm{mS}\,|v_{\mathrm{GS}}| \tag{12.64}$$

$$g_{\mathrm{m}}|v_{\mathrm{GS}}| = 2.0\,\mathrm{mS}\,|v_{\mathrm{GS}}| \tag{12.65}$$

なので，出力側から見た $C_{\mathrm{GD}}$ は無視できるものとした．

図 12.19 において，入力側の回路は 267 ページの図 12.1 と同じ形になるので，入力電圧の大きさ $|v_{\mathrm{in}}|$ とゲート・ソース間電圧の大きさ $|v_{\mathrm{GS}}|$ の関係は，式 (12.1) を適用して，

$$|v_{\mathrm{GS}}| = \frac{|v_{\mathrm{in}}|}{\sqrt{1+\left(\omega\left(C_{\mathrm{GS}}+\left(1+g_{\mathrm{m}}R'_{\mathrm{L}}\right)C_{\mathrm{GD}}\right)r_{\mathrm{s}}\right)^2}} \tag{12.66}$$

となる．出力電圧の大きさ $|v_{\mathrm{out}}|$ とゲート・ソース間電圧の大きさ $|v_{\mathrm{GS}}|$ の関係は，

$$|v_{\mathrm{out}}| = g_{\mathrm{m}}R'_{\mathrm{L}}\,|v_{\mathrm{GS}}| \tag{12.67}$$

となる．これより，電圧増幅度の大きさ $|A_v|$ は

$$|A_v| = \frac{|v_{\mathrm{out}}|}{|v_{\mathrm{in}}|} = \frac{g_{\mathrm{m}}R'_{\mathrm{L}}}{\sqrt{1+\left[\omega\left(C_{\mathrm{GS}}+\left(1+g_{\mathrm{m}}R'_{\mathrm{L}}\right)C_{\mathrm{GD}}\right)r_{\mathrm{s}}\right]^2}} \tag{12.68}$$

となる．この式を 268 ページの式 (12.3) と比較すると，高域遮断周波数 $f_{\mathrm{ch}}$ は

$$f_{\mathrm{ch}} = \frac{1}{2\pi\left(C_{\mathrm{GS}}+\left(1+g_{\mathrm{m}}R'_{\mathrm{L}}\right)C_{\mathrm{GD}}\right)r_{\mathrm{s}}} \tag{12.69}$$

となる．具体的に，信号源の内部抵抗 $r_{\mathrm{s}}$ を $1.0\,\mathrm{k\Omega}$，$R'_{\mathrm{L}}$ を $2.5\,\mathrm{k\Omega}$ とし，277 ページの表 12.2 に示した値も用いて計算すると，

$$f_{\mathrm{ch}} = 5.31\,\mathrm{GHz} \tag{12.70}$$

となる．高域遮断周波数 $f_{\mathrm{ch}}$ において，

$$\frac{1}{2\pi f_{\mathrm{ch}}\left(C_{\mathrm{GS}}+\left(1+g_{\mathrm{m}}R'_{\mathrm{L}}\right)C_{\mathrm{GD}}\right)} = r_{\mathrm{S}} = 1.0\,\mathrm{k\Omega} \tag{12.71}$$

であり，

$$R_{\mathrm{G}} = R_{\mathrm{G1}} \parallel R_{\mathrm{G2}} = 80\,\mathrm{k\Omega} \tag{12.72}$$

$$\frac{1}{2\pi f_{\mathrm{ch}} C_{\mathrm{C1}}} = \frac{1}{2\pi f_{\mathrm{ch}} C_{\mathrm{C2}}} \fallingdotseq 30\,\mu\Omega \tag{12.73}$$

なので，図 12.18 においてバイアス抵抗 $R_{\mathrm{G1}}$，$R_{\mathrm{G2}}$，およびカップリングコンデンサ $C_{\mathrm{C1}}$，$C_{\mathrm{C2}}$ を無視しても問題はないことがわかる．

次に低域特性を解析する．図 12.17 のソース接地増幅回路の低域における小信号等価回路のうち，入力の部分を示したものが**図 12.20** である．低域ではバイアス抵抗 $R_{\mathrm{G1}}$ と $R_{\mathrm{G2}}$ を無視できない．

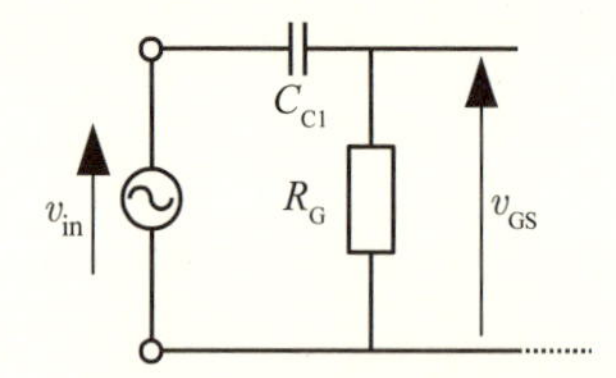


**図 12.20** ソース接地増幅回路の低域等価回路（入力部分）

図 12.20 の等価回路と，270 ページの図 12.4 に示した高域通過回路を比較することにより，低域遮断周波数 $f_{\mathrm{cl}}$ は

$$f_{\mathrm{cl}} = \frac{1}{2\pi C_{\mathrm{C1}} \left(R_{\mathrm{G1}} \parallel R_{\mathrm{G2}}\right)} \tag{12.74}$$

となる．カップリングコンデンサ $C_{\mathrm{C1}}$ の静電容量が $1.0\,\mu\mathrm{F}$ のときは

$$f_{\mathrm{cl}} = 2.0\,\mathrm{Hz} \tag{12.75}$$

となり，低域における増幅度の低下は無視してもよいほど小さいことがわかる．なお，低域遮断周波数 $f_{\mathrm{cl}}$ において，

$$\frac{1}{2\pi f_{\mathrm{cl}} \left(C_{\mathrm{GS}} + \left(1 + g_{\mathrm{m}} R'_{\mathrm{L}}\right) C_{\mathrm{GD}}\right)} = 2.65 \times 10^{12}\,\Omega \gg R_{\mathrm{G}} \tag{12.76}$$

であるので，図 12.20 では $C_{\mathrm{GS}}$ および $C_{\mathrm{GD}}$ は無視できる．

# 第 13 章

# 回路シミュレータ

## 13.1　回路シミュレータの概要

**回路シミュレータ**とはトランジスタやダイオード，抵抗，キャパシタ，インダクタなどの素子からなる回路の電圧や電流を計算するソフトウェアである．回路シミュレータとしては，カリフォルニア大学バークレー校により開発された **SPICE** [1] およびそこから派生したソフトウェアが広く用いられている．

コンピュータによる電子回路のシミュレーションは以下の手順にしたがい実行される．

(1) ネットリストと呼ばれる回路を記述したファイルを作成する．
(2) ネットリストを読み込み，要求された回路動作の解析（直流解析，交流解析，過渡解析など）を行ない，解析結果を保存する．
(3) 解析結果を表示する．

ここで，回路動作の解析は対象とする回路の節点方程式を解くことで行なう．このとき，半導体デバイス（トランジスタ等）は等価回路で近似する．一般には節点方程式は連立非線形微分方程式になる．SPICE では以下の手

[1] Simulation Program with Integrated Circuit Emphasis.

順で節点方程式を解いている.

(1) 節点方程式を差分化して連立非線形方程式とする.
(2) ニュートン法によって線形化して連立線形方程式にする.
(3) マトリクス法により求解する.

半導体デバイスの動作を等価回路で近似するためのモデルをデバイスモデルという. SPICE で用いられるバイポーラトランジスタのデバイスモデルの例には, 31 ページの式 (3.13) と式 (3.14) で示したエバース・モルモデルがある. 他のモデルとしてはガンメル・プーンモデルなどがある [2]. また, MOSFET のモデルの例には, レベル 1 モデル (Shichmna-Hodges モデル), レベル 2 モデル, レベル 3 モデルや BSIM [3] シリーズがある [4].

回路設計においてシミュレータを用いることの利点として以下の点が挙げられる.

(1) 試作回路を実際に作らなくてよくなるため費用の削減が図れる.
(2) 過渡現象など時間により状況が変化する場合でも解析が可能である.
(3) 高電圧や大電流などの, 危険が伴ったり, 回路が破壊されるような条件でも回路の動作を確認することができる.

逆に, 回路シミュレータの問題点としては以下のような点が挙げられる.

(1) 素子数の多い回路や詳細な時間変化をシミュレートしようとすると時間がかかる.
(2) 大規模なシミュレーションを実行すると CPU やメモリのリソース消費が大きくなる.
(3) あらかじめデバイスモデルが用意されていない素子を使うときは, 自分で設定する必要がある.
(4) 実際の素子の動作を正確に表そうとすると, デバイスモデルが複雑に

[2] 詳細は文献 [11] などを参照.
[3] Barkeley Short Channel IGFET Model
[4] 詳細は文献 [3] 第 16 章などを参照.

なる．

(5) 実際の素子配置を考慮していないので，素子間の熱的・電気的影響を反映できない．

回路シミュレータでは回路中の素子が接続されているかどうかはチェックするが，電子回路として正しいかどうかまではチェックしない．そのため，素子間の接続ミスなどの間違いがあってもシミュレーションが実行できてしまい，異常な結果が出ることがある．つまり，回路シミュレータを使うためには，単に操作できるだけではなく電子回路の動作に関する基本的な知識も持っていることが必要になる．電子回路を作製するときは，理想化した条件の下での理論的な設計，シミュレータを用いた動作の検証とパラメータの調整，実際に試作した回路の評価を組合わせることが必要になる．

## 13.2 回路シミュレーションの実行例

本節では，SPICE から派生したソフトウェアの一つである Linear Technology 社の LTspice ® IV を用いて電子回路のシミュレーションをした結果を示す[5]．回路シミュレータの使用法などの詳細については他の書籍[6]を参考にしてほしい．

[5] 最新版は LTspice XVII であるが，ここでは筆者が使い慣れている LTspice IV を用いた．

[6] 文献 [12]，[13]，[14] など．

ダイオードの電圧電流特性のシミュレーションの例は図 **13.1** のようになる.

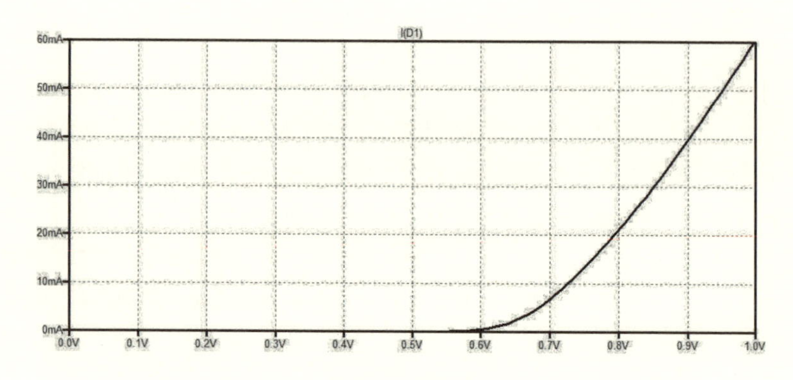


図 **13.1** ダイオードの電圧電流特性（シミュレーション）

バイポーラトランジスタの電圧電流特性のシミュレーションの例は図 **13.2** のようになる.

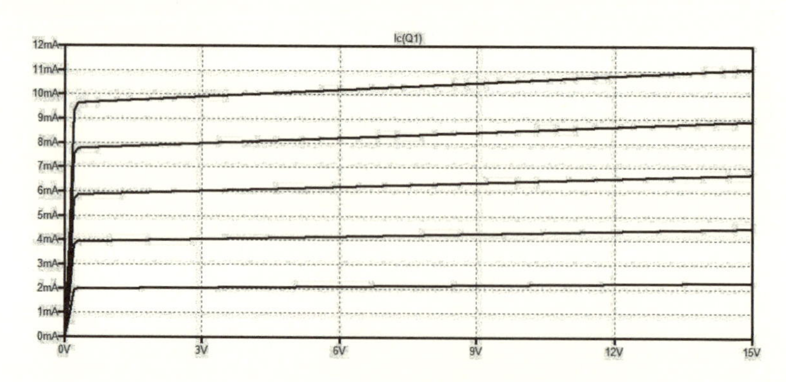


図 **13.2** バイポーラトランジスタの電圧電流特性（シミュレーション）

58 ページのバイポーラトランジスタの増幅作用をシミュレーションした結果が，図 **13.3** である．

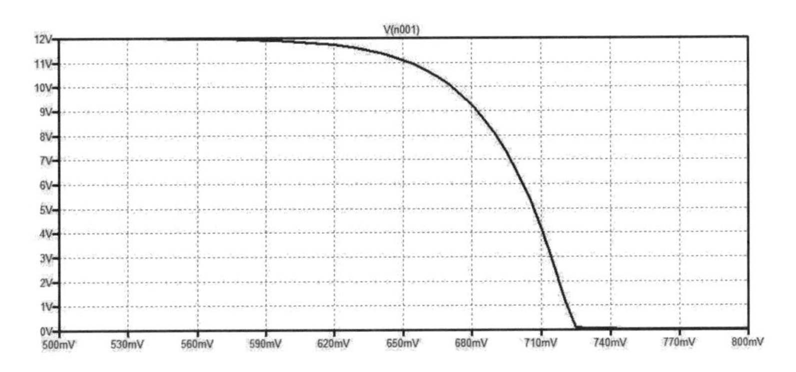


図 **13.3** バイポーラトランジスタの増幅作用（シミュレーション）

76 ページの帰還増幅回路（バイポーラトランジスタ）の入出力特性をシミュレーションした結果が，図 **13.4** である．入力電圧が約 1.9 V を超えると 76 ページで述べた逆活性状態による電圧の上昇がみられるようになる．

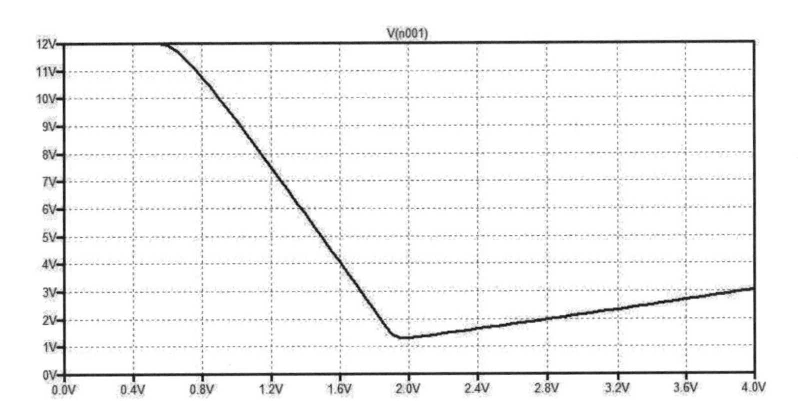


図 **13.4** 帰還増幅回路の入出力特性（シミュレーション）

81ページの差動増幅回路をシミュレーションした結果を図 **13.5** に示す．

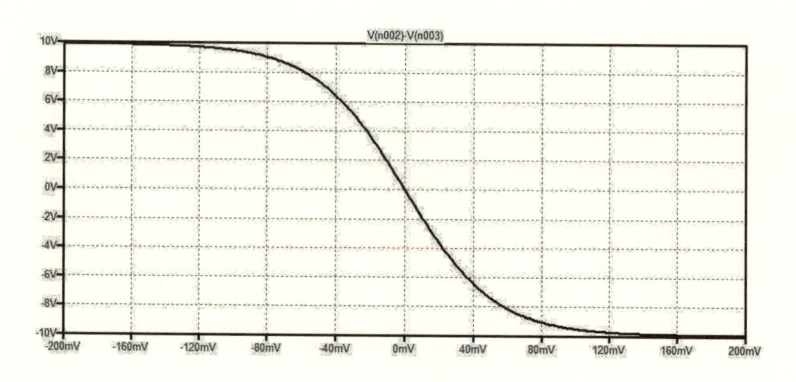


図 **13.5** 差動増幅回路の入出力特性（シミュレーション）

171ページの図8.29に示した電流帰還エミッタ接地増幅回路の最大出力をシミュレーションした結果を図 **13.6** に示す．

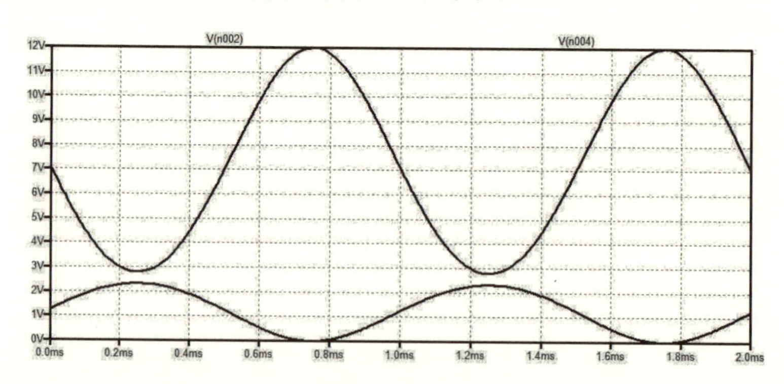


図 **13.6** 電流帰還エミッタ接地増幅回路の最大出力（シミュレーション）

215 ページの図 9.37 に示した電流制限回路の動作を調べるために，図 **13.7** の回路を用いてシミュレーションした結果が図 **13.8** である．理論的には抵抗を流れる電流 $I$ は 12 ～ 14 mA になるが，シミュレーションの結果では約 11 mA で一定になる．

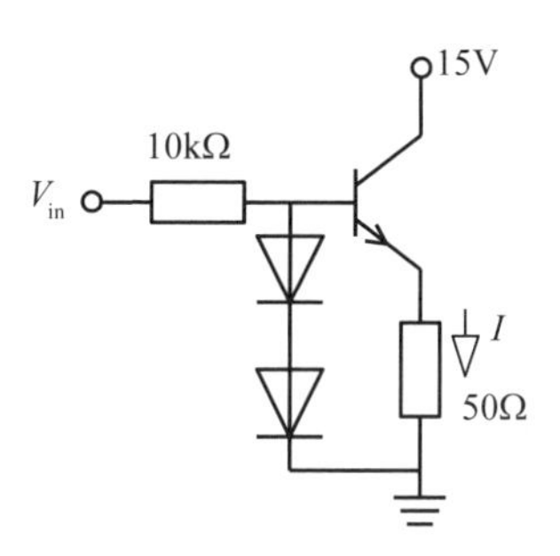


図 **13.7** 電流制限回路のシミュレーション回路

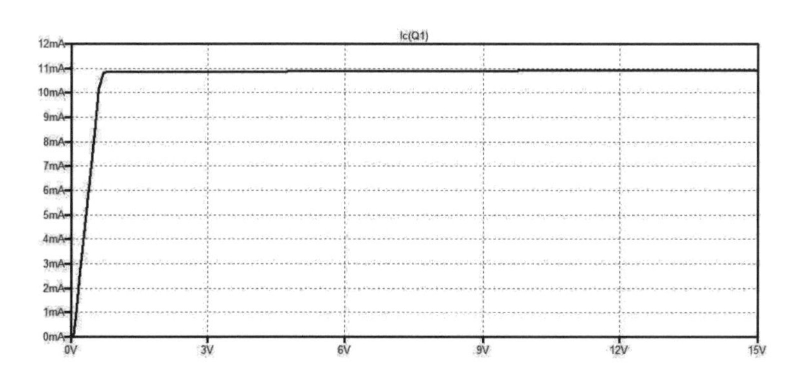


図 **13.8** 電流制限回路の入出力特性（シミュレーション）

229 ページの図 9.46 に示した MOSFET カスコード増幅回路の入出力特性をシミュレーションしたものが図 **13.9** である．図 9.46 中の $V_{\text{out}}$ と $V_{\text{X}}$ に対してシミュレーションを実行した結果を示している．

252 ページの TTL インバータの入出力特性をシミュレーションした結果は図 **13.10** のようになる．11.2.1 項では入出力特性を各種の理想化をして

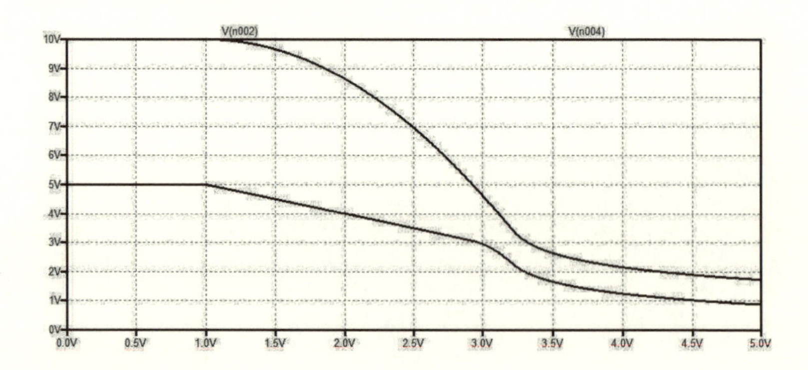


図 **13.9** MOSFET カスコード増幅回路の入出力特性（シミュレーション）

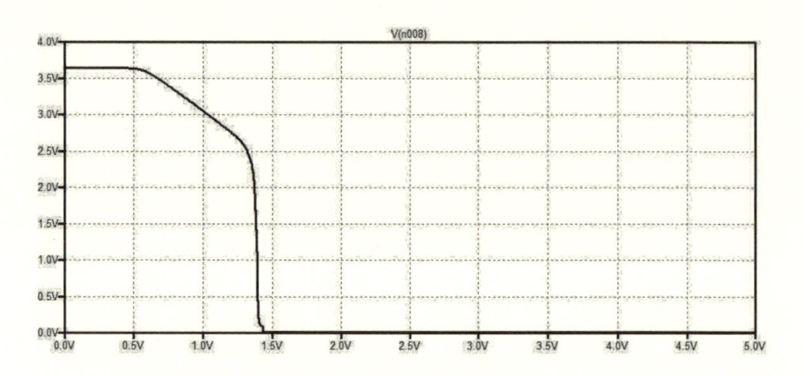


図 **13.10** TTL インバータの入出力特性（シミュレーション）

求めたが，シミュレーションで確認をしてみると，近似的な解析としては良い結果が得られていることがわかる．

# 付録 A

# 各種定積分

$$\int_0^{2\pi} \sin\theta \, \mathrm{d}\theta = \Big[-\cos\theta\Big]_0^{2\pi} = 0 \tag{A.1}$$

$$\int_0^{\pi} \sin\theta \, \mathrm{d}\theta = \Big[-\cos\theta\Big]_0^{\pi} = 2 \tag{A.2}$$

$$\int_0^{2\pi} \cos\theta \, \mathrm{d}\theta = \Big[\sin\theta\Big]_0^{2\pi} = 0 \tag{A.3}$$

$$\int_0^{\pi} \cos\theta \, \mathrm{d}\theta = \Big[\sin\theta\Big]_0^{\pi} = 0 \tag{A.4}$$

$$\int_0^{\frac{\pi}{2}} \sin^2\theta \, \mathrm{d}\theta = \int_0^{\frac{\pi}{2}} \frac{1-\cos 2\theta}{2} \, \mathrm{d}\theta = \left[\frac{2\theta - \sin 2\theta}{4}\right]_0^{\frac{\pi}{2}} = \frac{\pi}{4} \tag{A.5}$$

$$\int_0^{\frac{\pi}{2}} \cos^2\theta \, \mathrm{d}\theta = \int_0^{\frac{\pi}{2}} \frac{1+\cos 2\theta}{2} \, \mathrm{d}\theta = \left[\frac{2\theta + \sin 2\theta}{4}\right]_0^{\frac{\pi}{2}} = \frac{\pi}{4} \tag{A.6}$$

$$\int_0^{2\pi} \sin^2\theta\,\mathrm{d}\theta = 4\int_0^{\frac{\pi}{2}} \sin^2\theta\,\mathrm{d}\theta = \pi \tag{A.7}$$

$$\int_0^{2\pi} \cos^2\theta\,\mathrm{d}\theta = 4\int_0^{\frac{\pi}{2}} \cos^2\theta\,\mathrm{d}\theta = \pi \tag{A.8}$$

# 付録 B

# 計算に用いた各種パラメータ

本書において具体的な数値を計算するときは，別途指定しない限り，この付録に示した値を用いている．

まず，各半導体デバイスの電圧電流特性のパラメータを示す．25 ページの式 (3.1) に示したダイオードの電圧電流特性中のパラメータの値を表 **B.1** に示す．

**表 B.1** ダイオードのデバイスパラメータ

| $I_{\mathrm{s}}$ | $1.6 \times 10^{-14}$ A |
|---|---|

29 ページの式 (3.9) と式 (3.10)，30 ページの式 (3.12) に示したバイポーラトランジスタの電圧電流特性中のパラメータの値を表 **B.2** に示す．

**表 B.2** バイポーラトランジスタのデバイスパラメータ

| $\beta\,(h_{\mathrm{fe}})$ | 200 |
|---|---|
| $I_{\mathrm{BS}}$ | $2.0 \times 10^{-16}$ A |
| $V_{\mathrm{A}}$ | 100 V |

33 ページの式 (3.16) および 34 ページの式 (3.17) に示した MOSFET の電圧電流特性中のパラメータの値を表 **B.3** に示す．

表 **B.3** FET のデバイスパラメータ

| | |
|---|---|
| $V_{\mathrm{th}}$ | 1.0 V |
| $\beta$ | 1.0 mS/V |
| $\lambda$ | 0.010 /V |

次に，各バイアス回路のパラメータを示す．7.1.1 項で計算したバイポーラトランジスタのバイアス回路のパラメータを表 **B.4** に示す．コレクタバイアス電流 $I_{\mathrm{C0}}$ は 6 mA としている．

表 **B.4** バイポーラトランジスタのバイアス回路のパラメータ

| | エミッタ接地・ベース接地 | コレクタ接地 |
|---|---|---|
| $R_{\mathrm{B1}}$ | 20.2 kΩ | |
| $R_{\mathrm{B2}}$ | 3.8 kΩ | |
| $R_{\mathrm{C}}$ | 800 Ω | 0 |
| $R_{\mathrm{E}}$ | 200 Ω | 1.0 kΩ |

$V_{\mathrm{CC}} = 12\,\mathrm{V},\ I_{\mathrm{C0}} = 6.0\,\mathrm{mA}$

7.2 節で計算した MOSFET のバイアス回路のパラメータを表 **B.5** に示す．ドレインバイアス電流 $I_{\mathrm{D0}}$ は 2 mA としている．

表 **B.5** FET のバイアス回路のパラメータ

| | ソース接地 | ドレイン接地 | 電流帰還ソース接地 | ゲート接地 |
|---|---|---|---|---|
| $R_{\mathrm{G1}}$ | 400 kΩ | | 330 kΩ | |
| $R_{\mathrm{G2}}$ | 100 kΩ | | 120 kΩ | |
| $R_{\mathrm{D}}$ | 2.5 kΩ | 0 | 2.4 kΩ | |
| $R_{\mathrm{S}}$ | 0 | 2.5 kΩ | 100 Ω | |

$V_{\mathrm{DD}} = 15\,\mathrm{V},\ I_{\mathrm{D0}} = 2.0\,\mathrm{mA}$

第 12 章の計算で用いた，図 12.7 のバイポーラトランジスタの高周波小信号等価回路のパラメータを表 **B.6** に示す．コレクタバイアス電流 $I_{C0}$ は 6 mA としている．

表 **B.6** バイポーラトランジスタの高周波小信号等価回路のパラメータ

| | | | |
|---|---|---|---|
| $r_B$ | 300 Ω | $C_b$ | 2.3 pF |
| $g_m$ | 232 mS | $C_{BE}$ | 20 fF |
| $r_o$ | 16.7 kΩ | $C_\mu$ | 5.0 fF |

$I_{C0} = 6.0\,\mathrm{mA}$

第 12 章の計算で用いた，図 12.10 の MOSFET の高周波小信号等価回路のパラメータを表 **B.7** に示す．ドレインバイアス電流 $I_{D0}$ は 2 mA としている．

表 **B.7** MOSFET の高周波小信号等価回路のパラメータ

| | | | |
|---|---|---|---|
| $C_{GS}$ | 24 fF | $g_m$ | 2.0 mS |
| $C_{GD}$ | 1.0 fF | $g_D$ | 20 μS |

$I_{D0} = 2.0\,\mathrm{mA}$

# 付録 C

# T 形等価回路

バイポーラトランジスタの小信号等価回路の 1 つに図 **C.1** に示す T 形等価回路がある.

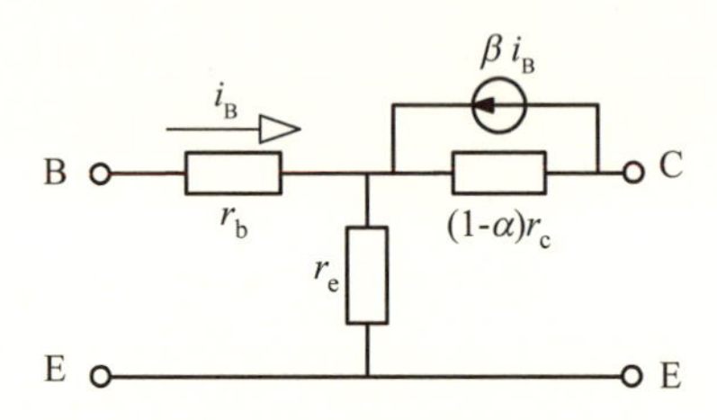


**図 C.1** T 形等価回路

図 C.1 中の, $\beta$ はエミッタ接地電流増幅率, $\alpha$ はベース接地電流増幅率と呼ばれ, 以下の関係式が成立する.

$$\beta = \frac{\alpha}{1-\alpha} \tag{C.1}$$

また, $r_{\mathrm{e}}$ は直流エミッタ電流 $I_{\mathrm{E}}$ を用いて以下の式のように表され,

$$r_{\mathrm{e}} = \frac{V_T}{I_{\mathrm{E}}} \tag{C.2}$$

$r_{\mathrm{c}}$ は直流コレクタ電流 $I_{\mathrm{C}}$ とアーリー電圧 $V_A$ を用いて以下の式のように表される.

$$r_c \fallingdotseq \frac{V_A}{(1-\alpha)\,I_C} \tag{C.3}$$

T 形等価回路のパラメータと 6.4 節で示した $h$ パラメータとの間の関係は以下のようになる．

$$h_{ie} \fallingdotseq r_b + \frac{r_e}{1-\alpha} = r_b + (\beta+1)\,r_e \tag{C.4}$$

$$h_{fe} \fallingdotseq \frac{\alpha}{1-\alpha} = \beta \tag{C.5}$$

$$h_{re} \fallingdotseq \frac{r_e}{(1-\alpha)\,r_c} = \frac{(\beta+1)\,r_e}{r_c} \tag{C.6}$$

$$h_{oe} \fallingdotseq \frac{1}{(1-\alpha)\,r_c} = \frac{\beta+1}{r_c} \tag{C.7}$$

# 付録 D

# ダイオードの端子間電圧の温度依存性

順バイアス電圧が十分に大きいときのダイオードの端子間電圧 $V$ と電流 $I$ の関係は，25 ページの式 (3.2) に示したように，

$$I \fallingdotseq I_{\mathrm{s}} \exp\left(\frac{qV}{kT}\right) \tag{D.1}$$

と近似できる．これより，

$$V = \frac{kT}{q} \ln \frac{I}{I_{\mathrm{s}}} \tag{D.2}$$

である．

温度 $T$ で微分すると，逆方向飽和電流 $I_{\mathrm{s}}$ 自体も温度の関数であることに注意して，

$$\frac{\mathrm{d}V}{\mathrm{d}T} = \frac{k}{q} \ln \frac{I}{I_{\mathrm{s}}} - \frac{kT}{q} \cdot \frac{1}{I_{\mathrm{s}}} \cdot \frac{\mathrm{d}I_{\mathrm{s}}}{\mathrm{d}T} \tag{D.3}$$

となる．また，逆方向飽和電流 $I_{\mathrm{s}}$ の温度依存性は以下の式で与えられる．式中の $E_{\mathrm{g}}$ は禁制帯幅と呼ばれる物質固有の定数である．

$$I_{\mathrm{s}} = I_{\mathrm{s0}} \exp\left(-\frac{qE_{\mathrm{g}}}{kT}\right) \tag{D.4}$$

これより，

$$\frac{\mathrm{d}I_{\mathrm{s}}}{\mathrm{d}T} = \frac{qE_{\mathrm{g}}}{kT^2} I_{\mathrm{s}} \tag{D.5}$$

となる．式 (D.3) に代入して，

$$\frac{\mathrm{d}V}{\mathrm{d}T} = \frac{k}{q} \ln \frac{I}{I_{\mathrm{s}}} - \frac{E_{\mathrm{g}}}{T} = \left[\frac{kT}{q} \ln \frac{I}{I_{\mathrm{s}}} - E_{\mathrm{g}}\right] \cdot \frac{1}{T} = \left(V - E_{\mathrm{g}}\right) \cdot \frac{1}{T} \tag{D.6}$$

となる．シリコン pn 接合ダイオードを仮定して，$V = 0.60\,\mathrm{V}$，$T = 300\,\mathrm{K}$，$E_{\mathrm{g}} = 1.12\,\mathrm{eV}$ とすると，

$$\frac{\mathrm{d}V}{\mathrm{d}T} \fallingdotseq -1.7 \times 10^{-3}\,\mathrm{V/K} \tag{D.7}$$

となる．

# 付録 E

# 半導体デバイスの出力抵抗を考慮した増幅回路の解析

## E.1　電流帰還エミッタ接地増幅回路

ここでは，図 8.8 の電流帰還エミッタ接地増幅回路においてバイポーラトランジスタの出力抵抗 $r_{\rm o}$ を考慮した解析をする．

ここで用いる小信号等価回路は図 **E.1** のようになる．ここでは，コレクタ抵抗 $R_{\rm C}$ と負荷抵抗 $R_{\rm L}$ の並列合成抵抗を $R_{\rm L}'$ とする．また，バイアス抵抗 $R_{\rm B1}$ と $R_{\rm B2}$ は省略した．

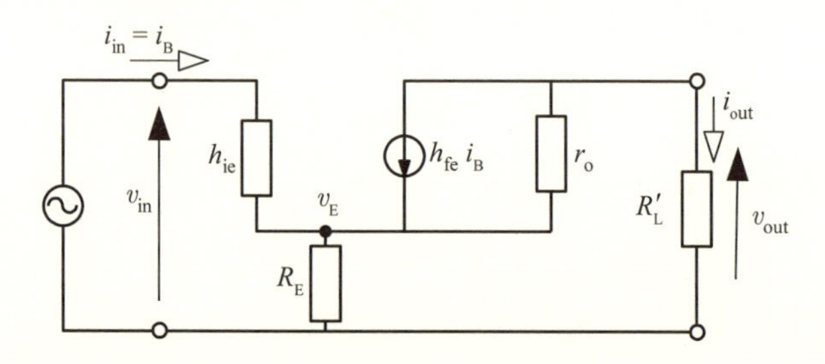


**図 E.1** 電流帰還エミッタ接地増幅回路の小信号等価回路（$r_{\rm o}$ 考慮）

まず，出力電圧 $v_{\rm out}$，出力電流 $i_{\rm out}$ および入力電流 $i_{\rm in}$ を入力電圧 $v_{\rm in}$

を用いて表してみる．図 E.1 にキルヒホッフの電流則を適用すると，

$$\frac{v_{\mathrm{E}}-v_{\mathrm{in}}}{h_{\mathrm{ie}}}-h_{\mathrm{fe}}i_{\mathrm{B}}+\frac{v_{\mathrm{E}}}{R_{\mathrm{E}}}+\frac{v_{\mathrm{E}}-v_{\mathrm{out}}}{r_{\mathrm{o}}}=0 \tag{E.1}$$

$$h_{\mathrm{fe}}i_{\mathrm{B}}+\frac{v_{\mathrm{out}}-v_{\mathrm{E}}}{r_{\mathrm{o}}}+\frac{v_{\mathrm{out}}}{R'_{\mathrm{L}}}=0 \tag{E.2}$$

となる．ここで，

$$i_{\mathrm{B}}=\frac{v_{\mathrm{in}}-v_{\mathrm{E}}}{h_{\mathrm{ie}}} \tag{E.3}$$

を式 (E.1) と式 (E.2) に代入して，$v_{\mathrm{E}}$ を消去すると，

$$\frac{\dfrac{h_{\mathrm{fe}}+1}{h_{\mathrm{ie}}}v_{\mathrm{in}}+\dfrac{v_{\mathrm{out}}}{r_{\mathrm{o}}}}{\dfrac{h_{\mathrm{fe}}+1}{h_{\mathrm{ie}}}+\dfrac{1}{r_{\mathrm{o}}}+\dfrac{1}{R_{\mathrm{E}}}}=\frac{\dfrac{h_{\mathrm{fe}}}{h_{\mathrm{ie}}}v_{\mathrm{in}}+\left(\dfrac{1}{r_{\mathrm{o}}}+\dfrac{1}{R'_{\mathrm{L}}}\right)v_{\mathrm{out}}}{\dfrac{h_{\mathrm{fe}}}{h_{\mathrm{ie}}}+\dfrac{1}{r_{\mathrm{o}}}}(=v_{\mathrm{E}}) \tag{E.4}$$

となる．これを整理すると，

$$\begin{aligned}&\frac{1}{h_{\mathrm{ie}}}\left(\frac{1}{r_{\mathrm{o}}}-\frac{h_{\mathrm{fe}}}{R_{\mathrm{E}}}\right)v_{\mathrm{in}}\\&\quad=\left[\frac{1}{r_{\mathrm{o}}}\left(\frac{1}{h_{\mathrm{ie}}}+\frac{1}{R_{\mathrm{E}}}\right)+\frac{1}{R'_{\mathrm{L}}}\left(\frac{h_{\mathrm{fe}}+1}{h_{\mathrm{ie}}}+\frac{1}{r_{\mathrm{o}}}+\frac{1}{R_{\mathrm{e}}}\right)\right]v_{\mathrm{out}}\end{aligned} \tag{E.5}$$

となる．これより，出力電圧 $v_{\mathrm{out}}$ は

$$\begin{aligned}v_{\mathrm{out}}&=\frac{\dfrac{1}{h_{\mathrm{ie}}}\left(\dfrac{1}{r_{\mathrm{o}}}-\dfrac{h_{\mathrm{fe}}}{R_{\mathrm{E}}}\right)}{\dfrac{1}{r_{\mathrm{o}}}\left(\dfrac{1}{h_{\mathrm{ie}}}+\dfrac{1}{R_{\mathrm{E}}}\right)+\dfrac{1}{R'_{\mathrm{L}}}\left(\dfrac{h_{\mathrm{fe}}+1}{h_{\mathrm{ie}}}+\dfrac{1}{r_{\mathrm{o}}}+\dfrac{1}{R_{\mathrm{e}}}\right)}v_{\mathrm{in}}\\&=-\frac{R'_{\mathrm{L}}\left(h_{\mathrm{fe}}r_{\mathrm{o}}-R_{\mathrm{E}}\right)}{\left(h_{\mathrm{ie}}+\left(h_{\mathrm{fe}}+1\right)R_{\mathrm{E}}\right)r_{\mathrm{o}}+\left(h_{\mathrm{ie}}+R'_{\mathrm{L}}\right)R_{\mathrm{E}}+R'_{\mathrm{L}}h_{\mathrm{ie}}}v_{\mathrm{in}}\end{aligned} \tag{E.6}$$

となる．また，出力電流 $i_{\mathrm{out}}$ は

$$i_{\mathrm{out}}=\frac{v_{\mathrm{out}}}{R'_{\mathrm{L}}}=-\frac{h_{\mathrm{fe}}r_{\mathrm{o}}-R_{\mathrm{E}}}{\left(h_{\mathrm{ie}}+\left(h_{\mathrm{fe}}+1\right)R_{\mathrm{E}}\right)r_{\mathrm{o}}+\left(h_{\mathrm{ie}}+R'_{\mathrm{L}}\right)R_{\mathrm{E}}+R'_{\mathrm{L}}h_{\mathrm{ie}}}v_{\mathrm{in}} \tag{E.7}$$

となる．図 E.1 の等価回路ではベース電流 $i_{\mathrm{B}}$ と入力電流 $i_{\mathrm{in}}$ が等しいので，

$$v_{\mathrm{in}} = h_{\mathrm{ie}} i_{\mathrm{in}} + R_{\mathrm{E}} \left( i_{\mathrm{in}} - i_{\mathrm{out}} \right) \tag{E.8}$$

となる．これより，入力電流 $i_{\mathrm{in}}$ は以下のようになる．

$$\begin{aligned} i_{\mathrm{in}} &= \frac{v_{\mathrm{in}} + R_{\mathrm{E}} i_{\mathrm{out}}}{h_{\mathrm{ie}} + R_{\mathrm{E}}} \\ &= \frac{1 - \dfrac{R_{\mathrm{E}} \left( h_{\mathrm{fe}} r_{\mathrm{o}} - R_{\mathrm{E}} \right)}{\left( h_{\mathrm{ie}} + \left( h_{\mathrm{fe}} + 1 \right) R_{\mathrm{E}} \right) r_{\mathrm{o}} + \left( h_{\mathrm{ie}} + R'_{\mathrm{L}} \right) R_{\mathrm{E}} + R'_{\mathrm{L}} h_{\mathrm{ie}}}}{h_{\mathrm{ie}} + R_{\mathrm{E}}} v_{\mathrm{in}} \\ &= \frac{\left[ \left( h_{\mathrm{ie}} + R_{\mathrm{E}} \right) r_{\mathrm{o}} + \left( h_{\mathrm{ie}} + R'_{\mathrm{L}} \right) R_{\mathrm{E}} + R'_{\mathrm{L}} h_{\mathrm{ie}} + R_{\mathrm{E}}{}^{2} \right] v_{\mathrm{in}}}{\left( h_{\mathrm{ie}} + R_{\mathrm{E}} \right) \left[ \left( h_{\mathrm{ie}} + \left( h_{\mathrm{fe}} + 1 \right) R_{\mathrm{E}} \right) r_{\mathrm{o}} + \left( h_{\mathrm{ie}} + R'_{\mathrm{L}} \right) R_{\mathrm{E}} + R'_{\mathrm{L}} h_{\mathrm{ie}} \right]} \\ &= \frac{r_{\mathrm{o}} + R_{\mathrm{E}} + R'_{\mathrm{L}}}{\left[ h_{\mathrm{ie}} + \left( h_{\mathrm{fe}} + 1 \right) R_{\mathrm{E}} \right] r_{\mathrm{o}} + \left( h_{\mathrm{ie}} + R'_{\mathrm{L}} \right) R_{\mathrm{E}} + R'_{\mathrm{L}} h_{\mathrm{ie}}} v_{\mathrm{in}} \end{aligned} \tag{E.9}$$

電圧増幅度 $A_v$ は

$$A_v = \frac{v_{\mathrm{out}}}{v_{\mathrm{in}}} = - \frac{R'_{\mathrm{L}} \left( h_{\mathrm{fe}} r_{\mathrm{o}} - R_{\mathrm{E}} \right)}{\left[ h_{\mathrm{ie}} + \left( h_{\mathrm{fe}} + 1 \right) R_{\mathrm{E}} \right] r_{\mathrm{o}} + \left( h_{\mathrm{ie}} + R'_{\mathrm{L}} \right) R_{\mathrm{E}} + R'_{\mathrm{L}} h_{\mathrm{ie}}} \tag{E.10}$$

となる．入力インピーダンス $Z_{\mathrm{in}}$ は，

$$Z_{\mathrm{in}} = \frac{v_{\mathrm{in}}}{i_{\mathrm{in}}} = \frac{\left[ h_{\mathrm{ie}} + \left( h_{\mathrm{fe}} + 1 \right) R_{\mathrm{E}} \right] r_{\mathrm{o}} + \left( h_{\mathrm{ie}} + R'_{\mathrm{L}} \right) R_{\mathrm{E}} + R'_{\mathrm{L}} h_{\mathrm{ie}}}{R_{\mathrm{E}} + R'_{\mathrm{L}} + r_{\mathrm{o}}} \tag{E.11}$$

となる．

開放出力電圧 $v_{\mathrm{out}}$ は

$$\begin{aligned} v_{\mathrm{open}} &= \lim_{R_{\mathrm{L}} \to \infty} v_{\mathrm{out}} = \lim_{R'_{\mathrm{L}} \to R_{\mathrm{C}}} v_{\mathrm{out}} \\ &= - \frac{R_{\mathrm{C}} \left( h_{\mathrm{fe}} r_{\mathrm{o}} - R_{\mathrm{E}} \right)}{\left[ h_{\mathrm{ie}} + \left( h_{\mathrm{fe}} + 1 \right) R_{\mathrm{E}} \right] r_{\mathrm{o}} + \left( h_{\mathrm{ie}} + R_{\mathrm{C}} \right) R_{\mathrm{E}} + R_{\mathrm{C}} h_{\mathrm{ie}}} v_{\mathrm{in}} \end{aligned} \tag{E.12}$$

であり，短絡出力電流 $i_{\mathrm{short}}$ は

$$i_{\mathrm{short}} = i_{\mathrm{out}}\Big|_{R_{\mathrm{L}}=0} = i_{\mathrm{out}}\Big|_{R'_{\mathrm{L}}=0} = -\frac{r_{\mathrm{o}}h_{\mathrm{ie}} - R_{\mathrm{E}}}{\left[h_{\mathrm{ie}} + (h_{\mathrm{fe}}+1)\,R_{\mathrm{E}}\right] r_{\mathrm{o}} + R_{\mathrm{E}}h_{\mathrm{ie}}} v_{\mathrm{in}} \tag{E.13}$$

であるので，出力インピーダンス $Z_{\mathrm{out}}$ は

$$Z_{\mathrm{out}} = \frac{v_{\mathrm{open}}}{i_{\mathrm{short}}} = \frac{\left[\left[h_{\mathrm{ie}} + (h_{\mathrm{fe}}+1)\,R_{\mathrm{E}}\right] r_{\mathrm{o}} + R_{\mathrm{E}}h_{\mathrm{ie}}\right] R_{\mathrm{C}}}{\left[h_{\mathrm{ie}} + (h_{\mathrm{fe}}+1)\,R_{\mathrm{E}}\right] r_{\mathrm{o}} + (R_{\mathrm{E}} + R_{\mathrm{C}})\,h_{\mathrm{ie}} + R_{\mathrm{E}}R_{\mathrm{C}}} \tag{E.14}$$

となる．

出力抵抗 $r_{\mathrm{o}}$ が十分に大きいときの各特性量は以下のようになり，8.2.2 項の結果が得られる．

$$\lim_{r_{\mathrm{o}}\to\infty} A_v = -\frac{h_{\mathrm{fe}}R'_{\mathrm{L}}}{h_{\mathrm{ie}} + (h_{\mathrm{fe}}+1)\,R_{\mathrm{E}}} \tag{E.15}$$

$$\lim_{r_{\mathrm{o}}\to\infty} Z_{\mathrm{in}} = h_{\mathrm{ie}} + (h_{\mathrm{fe}}+1)\,R_{\mathrm{E}} \tag{E.16}$$

$$\lim_{r_{\mathrm{o}}\to\infty} Z_{\mathrm{out}} = R_{\mathrm{C}} \tag{E.17}$$

エミッタ抵抗 $R_{\mathrm{E}}$ が十分に小さいときの各特性量は以下のようになる．これは，8.2.1 項の結果において，$R_{\mathrm{C}}$ を $r_{\mathrm{o}} \parallel R_{\mathrm{C}}$ に置き換えたものになる．

$$\lim_{R_{\mathrm{E}}\to 0} A_v = -\frac{h_{\mathrm{fe}}r_{\mathrm{o}}R'_{\mathrm{L}}}{h_{\mathrm{ie}}\left(r_{\mathrm{o}} + R'_{\mathrm{L}}\right)} = -\frac{h_{\mathrm{fe}}\left(r_{\mathrm{o}} \parallel R'_{\mathrm{L}}\right)}{h_{\mathrm{ie}}} \tag{E.18}$$

$$\lim_{R_{\mathrm{E}}\to 0} Z_{\mathrm{i}} = h_{\mathrm{ie}} \tag{E.19}$$

$$\lim_{R_{\mathrm{E}}\to 0} Z_{\mathrm{o}} = \frac{r_{\mathrm{o}}R_{\mathrm{C}}}{r_{\mathrm{o}} + R_{\mathrm{C}}} = r_{\mathrm{o}} \parallel R_{\mathrm{C}} \tag{E.20}$$

エミッタ抵抗 $R_{\mathrm{E}}$ が十分に小さく，かつ出力抵抗 $r_{\mathrm{o}}$ が十分に大きいときの各特性量は以下のようになり，8.2.1 項の結果が得られる．

$$\lim_{r_{\mathrm{o}}\to\infty} A_v = -\lim_{r_{\mathrm{o}}\to\infty} \frac{h_{\mathrm{fe}}r_{\mathrm{o}}R'_{\mathrm{L}}}{h_{\mathrm{ie}}\left(r_{\mathrm{o}} + R'_{\mathrm{L}}\right)} = -\frac{h_{\mathrm{fe}}R'_{\mathrm{L}}}{h_{\mathrm{ie}}} \tag{E.21}$$

$$\lim_{r_{\mathrm{o}}\to\infty} Z_{\mathrm{i}} = h_{\mathrm{ie}} \tag{E.22}$$

$$\lim_{r_{\mathrm{o}}\to\infty} Z_{\mathrm{o}} = \lim_{r_{\mathrm{o}}\to\infty} \frac{r_{\mathrm{o}}R_{\mathrm{C}}}{r_{\mathrm{o}} + R_{\mathrm{C}}} = R_{\mathrm{C}} \tag{E.23}$$

以上の結果を具体的な数値で比較したものが表 **E.1** である．計算には付録 B の値を用いた．

表 **E.1** 出力抵抗の影響の比較（エミッタ接地増幅回路）

| | $r_o$ 考慮 | | $r_o$ 無視 | |
|---|---|---|---|---|
| | $R_C = 800\,\Omega$<br>$R_E = 200\,\Omega$ | $R_C = 1.0\,\mathrm{k}\Omega$<br>$R_E = 0\,\Omega$ | $R_C = 800\,\Omega$<br>$R_E = 200\,\Omega$ | $R_C = 1.0\,\mathrm{k}\Omega$<br>$R_E = 0\,\Omega$ |
| $A_v$ | $-3.89$ | $-219$ | $-3.90$ | $-232$ |
| $Z_{in}$ | $6.65\,\mathrm{k}\Omega$ | $863\,\Omega$ | $41.1\,\mathrm{k}\Omega$ | $863\,\Omega$ |
| $Z_{out}$ | $799\,\Omega$ | $943\,\Omega$ | $800\,\Omega$ | $1.0\,\mathrm{k}\Omega$ |

$I_C = 6.0\,\mathrm{mA}$, $h_{fe} = 200$, $V_A = 100\,\mathrm{V}$

## E.2　ベース接地増幅回路

ここでは，図 8.16 のベース接地増幅回路においてバイポーラトランジスタの出力抵抗 $r_o$ を考慮した解析をする．

ここで用いる小信号等価回路は図 **E.2** のようになる．

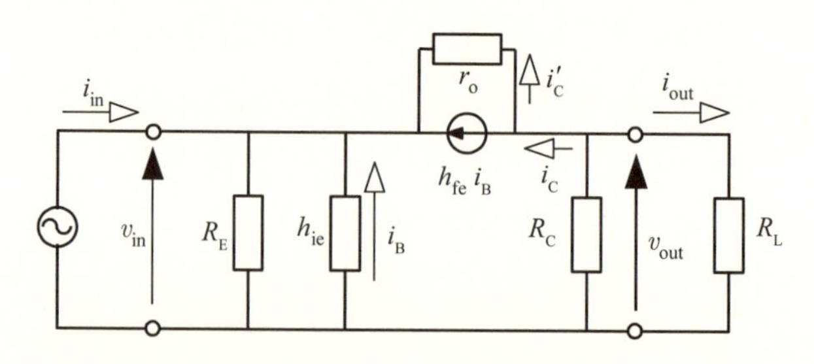


図 **E.2** ベース接地増幅回路の小信号等価回路（$r_o$ 考慮）

図 E.2 において，以下の各式が成立する．ただし，$R'_C$ は $R_C$ と $R_L$ の並列合成抵抗であり，$i'_C$ はトランジスタの出力抵抗 $r_o$ を流れる電流である．

$$v_{\mathrm{in}} = -h_{\mathrm{ie}} i_{\mathrm{B}} \tag{E.24}$$

$$v_{\mathrm{out}} = -R'_{\mathrm{C}} i_{\mathrm{C}} \tag{E.25}$$

$$i_{\mathrm{C}} = i'_{\mathrm{C}} + h_{\mathrm{fe}} i_{\mathrm{B}} \tag{E.26}$$

$$i'_{\mathrm{C}} = \frac{v_{\mathrm{out}} - v_{\mathrm{in}}}{r_{\mathrm{o}}} \tag{E.27}$$

式 (E.24) と式 (E.27) を式 (E.26) に代入して，

$$i_{\mathrm{C}} = \frac{v_{\mathrm{out}} - v_{\mathrm{in}}}{r_{\mathrm{o}}} - \frac{h_{\mathrm{fe}} v_{\mathrm{in}}}{h_{\mathrm{ie}}} = \frac{v_{\mathrm{out}}}{r_{\mathrm{o}}} - \left[\frac{1}{r_{\mathrm{o}}} + \frac{h_{\mathrm{fe}}}{h_{\mathrm{ie}}}\right] v_{\mathrm{in}} \tag{E.28}$$

式 (E.28) を式 (E.25) に代入して，

$$v_{\mathrm{out}} = -\frac{R'_{\mathrm{C}} v_{\mathrm{out}}}{r_{\mathrm{o}}} + R'_{\mathrm{C}} \left[\frac{1}{r_{\mathrm{o}}} + \frac{h_{\mathrm{fe}}}{h_{\mathrm{ie}}}\right] v_{\mathrm{in}} \tag{E.29}$$

これより，電圧増幅度 $A_v$ は以下のようになる．

$$A_v = \frac{v_{\mathrm{out}}}{v_{\mathrm{in}}} = \frac{R'_{\mathrm{C}} \left[\dfrac{1}{r_{\mathrm{o}}} + \dfrac{h_{\mathrm{fe}}}{h_{\mathrm{ie}}}\right]}{1 + \dfrac{R'_{\mathrm{C}}}{r_{\mathrm{o}}}} = \frac{(h_{\mathrm{ie}} + h_{\mathrm{fe}} r_{\mathrm{o}}) R'_{\mathrm{C}}}{\left(r_{\mathrm{o}} + R'_{\mathrm{C}}\right) h_{\mathrm{ie}}} \tag{E.30}$$

エミッタに対してキルヒホッフの電流則を適用すると，

$$i_{\mathrm{in}} - \frac{v_{\mathrm{in}}}{R_{\mathrm{E}}} - \frac{v_{\mathrm{in}}}{h_{\mathrm{ie}}} + i'_{\mathrm{C}} + h_{\mathrm{fe}} i_{\mathrm{B}} = 0 \tag{E.31}$$

となる．この式に式 (E.24)，式 (E.27) および $v_{\mathrm{out}} = A_v v_{\mathrm{in}}$ を代入すると，

$$\begin{aligned} & i_{\mathrm{in}} - \frac{v_{\mathrm{in}}}{R_{\mathrm{E}}} - \frac{v_{\mathrm{in}}}{h_{\mathrm{ie}}} + \frac{v_{\mathrm{out}} - v_{\mathrm{in}}}{r_{\mathrm{o}}} - \frac{h_{\mathrm{fe}} v_{\mathrm{in}}}{h_{\mathrm{ie}}} \\ & = i_{\mathrm{in}} - \left[\frac{1}{R_{\mathrm{E}}} + \frac{h_{\mathrm{fe}} + 1}{h_{\mathrm{ie}}} + \frac{1 - A_v}{r_{\mathrm{o}}}\right] v_{\mathrm{in}} = 0 \end{aligned} \tag{E.32}$$

となる．ここで，

$$1 - A_v = 1 - \frac{(h_{\mathrm{ie}} + h_{\mathrm{fe}} r_{\mathrm{o}}) R'_{\mathrm{C}}}{\left(r_{\mathrm{o}} + R'_{\mathrm{C}}\right) h_{\mathrm{ie}}} = \frac{\left(h_{\mathrm{ie}} - h_{\mathrm{fe}} R'_{\mathrm{C}}\right) r_{\mathrm{o}}}{\left(r_{\mathrm{o}} + R'_{\mathrm{C}}\right) h_{\mathrm{ie}}} \tag{E.33}$$

なので，入力インピーダンス $Z_{\mathrm{in}}$ は

$$Z_{\mathrm{in}} = \frac{v_{\mathrm{in}}}{i_{\mathrm{in}}} = \frac{1}{\dfrac{1}{R_{\mathrm{E}}} + \dfrac{h_{\mathrm{fe}}+1}{h_{\mathrm{ie}}} + \dfrac{1-A_v}{r_{\mathrm{o}}}} = \frac{1}{\dfrac{1}{R_{\mathrm{E}}} + \dfrac{h_{\mathrm{ie}}+R'_{\mathrm{C}}+(h_{\mathrm{fe}}+1)\,r_{\mathrm{o}}}{h_{\mathrm{ie}}\left(r_{\mathrm{o}}+R'_{\mathrm{C}}\right)}}$$

$$= \frac{R_{\mathrm{E}}h_{\mathrm{ie}}\left(r_{\mathrm{o}}+R'_{\mathrm{C}}\right)}{h_{\mathrm{ie}}\left(r_{\mathrm{o}}+R'_{\mathrm{C}}\right) + \left[h_{\mathrm{ie}}+R'_{\mathrm{C}}+(h_{\mathrm{fe}}+1)\,r_{\mathrm{o}}\right]R_{\mathrm{E}}} \tag{E.34}$$

となる．

出力電流 $i_{\mathrm{out}}$ が

$$i_{\mathrm{out}} = \frac{v_{\mathrm{out}}}{R_{\mathrm{L}}} = \frac{h_{\mathrm{ie}}+h_{\mathrm{fe}}r_{\mathrm{o}}}{h_{\mathrm{ie}}\left(r_{\mathrm{o}}+R'_{\mathrm{C}}\right)} \cdot \frac{R_{\mathrm{C}}}{R_{\mathrm{L}}+R_{\mathrm{C}}} v_{\mathrm{in}} \tag{E.35}$$

であるので，短絡出力電流 $i_{\mathrm{short}}$ は

$$i_{\mathrm{short}} = \lim_{R_{\mathrm{L}}\to 0} i_{\mathrm{out}} = \frac{h_{\mathrm{ie}}+h_{\mathrm{fe}}r_{\mathrm{o}}}{h_{\mathrm{ie}}r_{\mathrm{o}}} v_{\mathrm{in}} \tag{E.36}$$

となる．また，開放出力電圧 $v_{\mathrm{open}}$ は

$$v_{\mathrm{open}} = \lim_{R_{\mathrm{L}}\to\infty} v_{\mathrm{out}} = \frac{(h_{\mathrm{ie}}+h_{\mathrm{fe}}r_{\mathrm{o}})\,R_{\mathrm{C}}}{(r_{\mathrm{o}}+R_{\mathrm{C}})\,h_{\mathrm{ie}}} v_{\mathrm{in}} \tag{E.37}$$

であるので，出力インピーダンス $Z_{\mathrm{out}}$ は

$$Z_{\mathrm{out}} = \frac{v_{\mathrm{open}}}{i_{\mathrm{short}}} = \frac{(h_{\mathrm{ie}}+h_{\mathrm{fe}}r_{\mathrm{o}})\,R_{\mathrm{C}}}{(r_{\mathrm{o}}+R_{\mathrm{C}})\,h_{\mathrm{ie}}} \cdot \frac{h_{\mathrm{ie}}r_{\mathrm{o}}}{h_{\mathrm{ie}}+h_{\mathrm{fe}}r_{\mathrm{o}}} = \frac{R_{\mathrm{C}}r_{\mathrm{o}}}{R_{\mathrm{C}}+r_{\mathrm{o}}} = R_{\mathrm{C}} \parallel r_{\mathrm{o}} \tag{E.38}$$

となる．

出力抵抗 $r_{\mathrm{o}}$ が十分に大きいときの各特性量は以下のようになり，8.2.4 項の結果が得られる．

$$\lim_{r_{\mathrm{o}}\to\infty} A_v = \frac{h_{\mathrm{fe}}R'_{\mathrm{C}}}{h_{\mathrm{ie}}} \tag{E.39}$$

$$\lim_{r_{\mathrm{o}}\to\infty} Z_{\mathrm{in}} = \frac{R_{\mathrm{E}}h_{\mathrm{ie}}}{h_{\mathrm{ie}}+(h_{\mathrm{fe}}+1)\,R_{\mathrm{E}}} \tag{E.40}$$

$$\lim_{r_{\mathrm{o}}\to\infty} Z_{\mathrm{out}} = R_{\mathrm{C}} \tag{E.41}$$

出力抵抗の影響を具体的な数値で比較したものが表 **E.2** である．計算には付録 B の値を用いた．

表 **E.2** 出力抵抗の影響の比較（ベース接地増幅回路）

| | $r_{\mathrm{o}}$ 考慮 | $r_{\mathrm{o}}$ 無視 |
|---|---|---|
| $A_v$ | 177 | 185 |
| $Z_{\mathrm{in}}$ | $4.40\,\Omega$ | $4.20\,\Omega$ |
| $Z_{\mathrm{out}}$ | $763\,\Omega$ | $800\,\Omega$ |

$I_{\mathrm{C}} = 6.0\,\mathrm{mA}$, $h_{\mathrm{fe}} = 200$, $V_A = 100\,\mathrm{V}$

# E.3　電流帰還ソース接地増幅回路

ここでは，図 8.21 の電流帰還ソース接地増幅回路において MOSFET の出力抵抗 $r_{\mathrm{o}}$ を考慮した解析をする．

ここで用いる小信号等価回路は図 **E.3** のようになる．ここでは，ドレイン抵抗 $R_{\mathrm{D}}$ と負荷抵抗 $R_{\mathrm{L}}$ の並列合成抵抗を $R'_{\mathrm{D}}$ とする．また，バイアス抵抗 $R_{\mathrm{G1}}$ と $R_{\mathrm{G2}}$ は省略した．

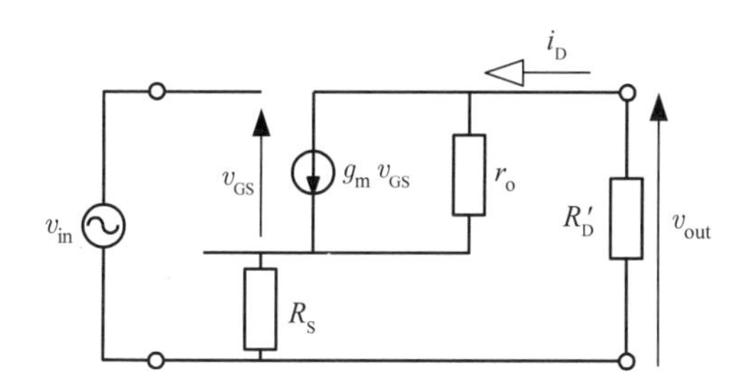


図 **E.3** 電流帰還ソース接地増幅回路の等価回路（$r_{\mathrm{o}}$ 考慮）

図 E.3 の電流源と出力抵抗 $r_{\mathrm{o}}$ を鳳・テブナンの定理を用いて電圧源に変換したものが図 **E.4** である．

図 E.4 において，

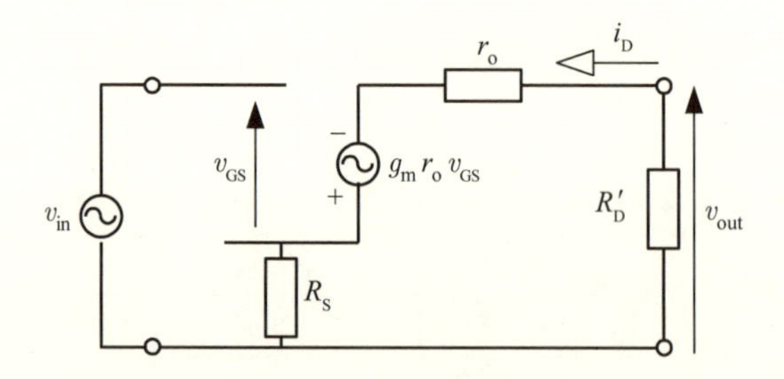


**図 E.4** 電流帰還ソース接地増幅回路の等価回路（電圧源）

$$v_{\text{in}} = v_{\text{GS}} + R_{\text{S}} i_{\text{D}} \tag{E.42}$$

であり，またキルヒホッフの電圧則より，

$$g_{\text{m}} r_{\text{o}} v_{\text{GS}} = \left(R_{\text{S}} + R'_{\text{D}} + r_{\text{o}}\right) i_{\text{D}} \tag{E.43}$$

となる．式 (E.42) と式 (E.43) より

$$v_{\text{in}} = \frac{\left(R_{\text{S}} + R'_{\text{D}} + r_{\text{o}}\right) i_{\text{D}}}{g_{\text{m}} r_{\text{o}}} + R_{\text{S}} i_{\text{D}} = \frac{(1 + g_{\text{m}} R_{\text{S}})\, r_{\text{o}} + R_{\text{S}} + R'_{\text{D}}}{g_{\text{m}} r_{\text{o}}} i_{\text{D}} \tag{E.44}$$

となるので，

$$i_{\text{D}} = \frac{g_{\text{m}} r_{\text{o}}}{(1 + g_{\text{m}} R_{\text{S}})\, r_{\text{o}} + R_{\text{S}} + R'_{\text{D}}} v_{\text{in}} \tag{E.45}$$

となる．出力電圧 $v_{\text{out}}$ は

$$v_{\text{out}} = -R'_{\text{D}} i_{\text{o}} \tag{E.46}$$

であるので，式 (E.45) を式 (E.46) に代入することで，

$$v_{\text{out}} = -\frac{g_{\text{m}} r_{\text{o}} R'_{\text{D}}}{(1 + g_{\text{m}} R_{\text{S}})\, r_{\text{o}} + R_{\text{S}} + R'_{\text{D}}} v_{\text{in}} \tag{E.47}$$

となる．これより電圧増幅度 $A_v$ は

$$A_v = -\frac{g_{\mathrm{m}} r_{\mathrm{o}} R'_{\mathrm{D}}}{(1 + g_{\mathrm{m}} R_{\mathrm{S}})\, r_{\mathrm{o}} + R_{\mathrm{S}} + R'_{\mathrm{D}}} \tag{E.48}$$

となる．

ゲートに電流が流れないので入力インピーダンス $Z_{\mathrm{in}}$ は無限大である．

開放出力電圧 $v_{\mathrm{open}}$ は

$$v_{\mathrm{open}} = v_{\mathrm{out}}\Big|_{R_{\mathrm{L}} \to \infty} = -g_{\mathrm{m}} r_{\mathrm{o}} v_{\mathrm{in}} = -\frac{g_{\mathrm{m}} r_{\mathrm{o}} R_{\mathrm{D}}}{(1 + g_{\mathrm{m}} R_{\mathrm{S}})\, r_{\mathrm{o}} + R_{\mathrm{S}} + R_{\mathrm{D}}} v_{\mathrm{in}} \tag{E.49}$$

であり，短絡出力電流 $i_{\mathrm{short}}$ は

$$i_{\mathrm{short}} = -i_{\mathrm{D}}\Big|_{R_{\mathrm{L}}=0} = -\frac{g_{\mathrm{m}} r_{\mathrm{o}}}{(1 + g_{\mathrm{m}} R_{\mathrm{S}})\, r_{\mathrm{o}} + R_{\mathrm{S}}} v_{\mathrm{in}} \tag{E.50}$$

であるので，出力インピーダンス $Z_{\mathrm{out}}$ は

$$Z_{\mathrm{out}} = \frac{v_{\mathrm{open}}}{i_{\mathrm{short}}} = \frac{[(1 + g_{\mathrm{m}} R_{\mathrm{S}})\, r_{\mathrm{o}} + R_{\mathrm{S}}]\, R_{\mathrm{D}}}{(1 + g_{\mathrm{m}} R_{\mathrm{S}})\, r_{\mathrm{o}} + R_{\mathrm{S}} + R_{\mathrm{D}}} \tag{E.51}$$

となる．

MOSFET の出力抵抗 $r_{\mathrm{o}}$ が無視できるほど大きいときは，

$$\lim_{r_{\mathrm{o}} \to \infty} A_v = -\frac{g_{\mathrm{m}} R'_{\mathrm{D}}}{1 + g_{\mathrm{m}} R_{\mathrm{S}}} \tag{E.52}$$

$$\lim_{r_{\mathrm{o}} \to \infty} Z_{\mathrm{o}} = R_{\mathrm{D}} \tag{E.53}$$

となり，8.3.2 項の結果が得られる．

またソース抵抗 $R_{\mathrm{S}}$ が十分に小さいときは，

$$\lim_{R_{\mathrm{S}} \to 0} A_v = -\frac{g_{\mathrm{m}} r_{\mathrm{o}} R'_{\mathrm{D}}}{r_{\mathrm{o}} + R'_{\mathrm{D}}} = -g_{\mathrm{m}} \left( r_{\mathrm{o}} \parallel R'_{\mathrm{D}} \right) \tag{E.54}$$

$$\lim_{R_{\mathrm{S}} \to 0} Z_{\mathrm{out}} = r_{\mathrm{o}} \parallel R_{\mathrm{D}} \tag{E.55}$$

となる．

ソース抵抗 $R_{\mathrm{S}}$ が十分に小さく，かつ MOSFET の出力抵抗 $r_{\mathrm{o}}$ が無視できるほど大きいときは，

$$A_v = -g_{\rm m} R'_{\rm D} \tag{E.56}$$

$$Z_{\rm out} = R_{\rm D} \tag{E.57}$$

となり，8.3.1 項の結果が得られる．

以上の結果を具体的な数値で比較したものが表 **E.3** である．計算には付録 B の値を用いた．

**表 E.3** 出力抵抗の影響の比較（ソース接地増幅回路）

| | $r_{\rm o}$ 考慮 | | $r_{\rm o}$ 無視 | |
|---|---|---|---|---|
| | $R_{\rm D} = 2.0\,{\rm k\Omega}$<br>$R_{\rm S} = 500\,\Omega$ | $R_{\rm D} = 2.5\,{\rm k\Omega}$<br>$R_{\rm S} = 0\,\Omega$ | $R_{\rm D} = 2.0\,{\rm k\Omega}$<br>$R_{\rm S} = 500\,\Omega$ | $R_{\rm D} = 2.5\,{\rm k\Omega}$<br>$R_{\rm S} = 0\,\Omega$ |
| $A_v$ | $-1.95$ | $-4.76$ | $-2$ | $-5$ |
| $Z_{\rm out}$ | $2.00\,{\rm k\Omega}$ | $2.38\,{\rm k\Omega}$ | $2.0\,{\rm k\Omega}$ | $2.5\,{\rm k\Omega}$ |

$I_{\rm D} = 2.0\,{\rm mA}$, $g_{\rm m} = 2.0\,{\rm mS}$, $r_{\rm o} = 50\,{\rm k\Omega}$

## E.4　ゲート接地増幅回路

ここでは，図 8.26 のゲート接地増幅回路において MOSFET の出力抵抗 $r_{\rm o}$ を考慮した解析をする．

ここで用いる小信号等価回路は図 **E.5** のようになる．

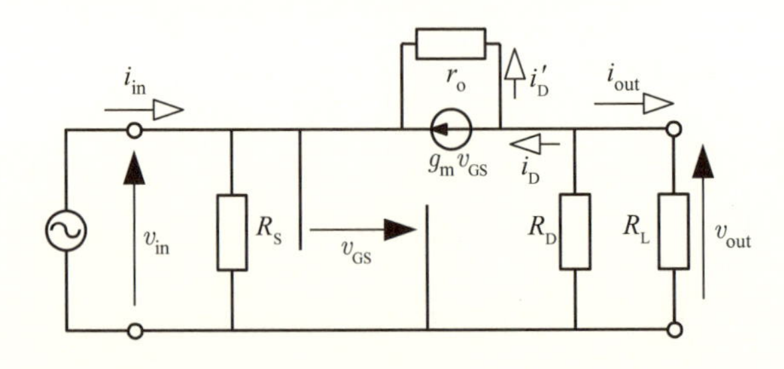


**図 E.5** ゲート接地増幅回路の等価回路（$r_{\rm o}$ 考慮）

図 E.5 において，以下の各式が成立する．ただし，$R'_{\rm D}$ は $R_{\rm D}$ と $R_{\rm L}$ の並

列合成抵抗であり，$i'_{\mathrm{D}}$ は MOSFET の出力抵抗 $r_{\mathrm{o}}$ を流れる電流である．

$$v_{\mathrm{in}} = -v_{\mathrm{GS}} \tag{E.58}$$

$$v_{\mathrm{out}} = -R'_{\mathrm{D}} i_{\mathrm{D}} \tag{E.59}$$

$$i_{\mathrm{D}} = g_{\mathrm{m}} v_{\mathrm{GS}} + i'_{\mathrm{D}} \tag{E.60}$$

$$i'_{\mathrm{D}} = \frac{v_{\mathrm{out}} - v_{\mathrm{in}}}{r_{\mathrm{o}}} \tag{E.61}$$

式 (E.58) と式 (E.61) を式 (E.60) に代入すると，

$$i_{\mathrm{D}} = \frac{v_{\mathrm{out}} - v_{\mathrm{in}}}{r_{\mathrm{o}}} - g_{\mathrm{m}} v_{\mathrm{in}} = \frac{v_{\mathrm{out}}}{r_{\mathrm{o}}} - \left[\frac{1}{r_{\mathrm{o}}} + g_{\mathrm{m}}\right] v_{\mathrm{in}} \tag{E.62}$$

となる．式 (E.62) を式 (E.59) に代入すると，

$$v_{\mathrm{out}} = -\frac{R'_{\mathrm{D}} v_{\mathrm{out}}}{r_{\mathrm{o}}} + R'_{\mathrm{D}} \left[\frac{1}{r_{\mathrm{o}}} + g_{\mathrm{m}}\right] v_{\mathrm{in}} \tag{E.63}$$

となるので，電圧増幅度 $A_v$ は

$$A_v = \frac{v_{\mathrm{out}}}{v_{\mathrm{in}}} = \frac{R'_{\mathrm{D}} \left[\dfrac{1}{r_{\mathrm{o}}} + g_{\mathrm{m}}\right]}{1 + \dfrac{R'_{\mathrm{D}}}{r_{\mathrm{o}}}} = \frac{(1 + g_{\mathrm{m}} r_{\mathrm{o}})\, R'_{\mathrm{D}}}{r_{\mathrm{o}} + R'_{\mathrm{D}}} \tag{E.64}$$

となる．

ソースに対してキルヒホッフの電流則を適用すると，

$$i_{\mathrm{in}} - \frac{v_{\mathrm{in}}}{R_{\mathrm{S}}} + i'_{\mathrm{D}} + g_{\mathrm{m}} v_{\mathrm{GS}} = 0 \tag{E.65}$$

となる．この式に式 (E.58)，式 (E.61) および $v_{\mathrm{out}} = A_v v_{\mathrm{in}}$ を代入すると，

$$i_{\mathrm{in}} - \frac{v_{\mathrm{in}}}{R_{\mathrm{S}}} - \frac{(1 - A_v)\, v_{\mathrm{in}}}{r_{\mathrm{o}}} - g_{\mathrm{m}} v_{\mathrm{in}} = 0 \tag{E.66}$$

となる．

$$1 - A_v = \frac{\left(1 - g_\mathrm{m} R'_\mathrm{D}\right) r_\mathrm{o}}{r_\mathrm{o} + R'_\mathrm{D}} \tag{E.67}$$

なので，入力インピーダンス $Z_\mathrm{in}$ は

$$\begin{aligned} Z_\mathrm{in} &= \frac{v_\mathrm{in}}{i_\mathrm{in}} = \frac{1}{\dfrac{1}{R_\mathrm{S}} + \dfrac{1 - A_v}{r_\mathrm{o}} + g_\mathrm{m}} = \frac{1}{\dfrac{1}{R_\mathrm{S}} + \dfrac{1 - g_\mathrm{m} R'_\mathrm{D}}{r_\mathrm{o} + R'_\mathrm{D}} + g_\mathrm{m}} \\ &= \frac{R_\mathrm{S}\left(r_\mathrm{o} + R'_\mathrm{D}\right)}{r_\mathrm{o} + R'_\mathrm{D} + (1 + g_\mathrm{m} r_\mathrm{o}) R_\mathrm{S}} \end{aligned} \tag{E.68}$$

となる．

出力電流 $i_\mathrm{out}$ は

$$i_\mathrm{out} = \frac{v_\mathrm{out}}{R_\mathrm{L}} = \frac{1 + g_\mathrm{m} r_\mathrm{o}}{r_\mathrm{o} + R'_\mathrm{D}} \cdot \frac{R_\mathrm{D}}{R_\mathrm{D} + R_\mathrm{L}} v_\mathrm{in} \tag{E.69}$$

なので，短絡出力電流 $i_\mathrm{short}$ は

$$i_\mathrm{short} = \lim_{R_\mathrm{L} \to 0} = \frac{1 + g_\mathrm{m} r_\mathrm{o}}{r_\mathrm{o}} v_\mathrm{in} \tag{E.70}$$

となる．開放出力電圧 $v_\mathrm{open}$ は

$$v_\mathrm{open} = \lim_{R_\mathrm{L} \to \infty} v_\mathrm{out} = \frac{(1 + g_\mathrm{m} r_\mathrm{o}) R_\mathrm{D}}{r_\mathrm{o} + R_\mathrm{D}} v_\mathrm{in} \tag{E.71}$$

となる．これより出力インピーダンス $Z_\mathrm{out}$ は

$$Z_\mathrm{out} = \frac{v_\mathrm{open}}{i_\mathrm{short}} = \frac{(1 + g_\mathrm{m} r_\mathrm{o}) R_\mathrm{D}}{r_\mathrm{o} + R_\mathrm{D}} \cdot \frac{r_\mathrm{o}}{1 + g_\mathrm{m} r_\mathrm{o}} = \frac{R_\mathrm{D} r_\mathrm{o}}{R_\mathrm{D} + r_\mathrm{o}} = R_\mathrm{D} \parallel r_\mathrm{o} \tag{E.72}$$

となる．

出力抵抗 $r_\mathrm{o}$ が十分に大きいときの各特性量は以下のようになり，8.3.4 項の結果が得られる．

$$\lim_{r_o \to \infty} A_v = g_m R'_D \tag{E.73}$$

$$\lim_{r_o \to \infty} Z_{in} = \frac{R_S}{1 + g_m R_S} \tag{E.74}$$

$$\lim_{r_o \to \infty} Z_{out} = R_D \tag{E.75}$$

出力抵抗の影響を具体的な数値で比較したものが**表 E.4** である．計算には付録 B の値を用いた．

**表 E.4** 出力抵抗の影響の比較（ゲート接地増幅回路）

| | $r_o$ 考慮 | $r_o$ 無視 |
|---|---|---|
| $A_v$ | 4.63 | 4.8 |
| $Z_{in}$ | 83.8 Ω | 83.3 Ω |
| $Z_{out}$ | 2.29 kΩ | 2.4 kΩ |

$I_D = 2.0\,\mathrm{mA}$, $g_m = 2.0\,\mathrm{mS}$, $r_o = 50\,\mathrm{k\Omega}$

# 付録 F

# 演算増幅器の入出力抵抗を考慮した解析

ここでは，図 **F.1** の等価回路 [1] を用いて，演算増幅器自身の入出力抵抗を考慮した回路解析を行う．

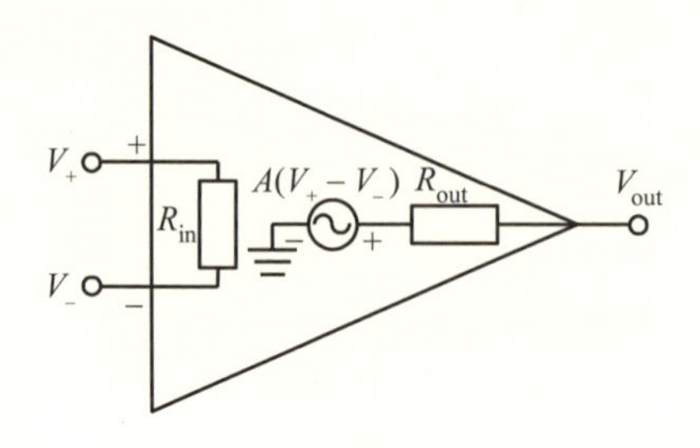


図 **F.1** 演算増幅器の等価回路

各回路の特性量を具体的に計算するときに用いた演算増幅器自身の特性量を表 **F.1** に示す．比較のために 5.8 節および 10.2 節における計算に用いた特性量も併せて示す．これらは 239 ページの図 10.4 に示した第 1 段階から第 3 段階の近似に対応している．

[1] 238 ページの図 10.3 の再掲載．

表 **F.1** 演算増幅器自身の特性量

| | 5.8 節<br>（近似第 1 段階） | 10.2 節<br>（近似第 2 段階） | 付録 F<br>（近似第 3 段階） |
|---|---|---|---|
| $A$ | $\infty$ | $2.0 \times 10^5$ | $2.0 \times 10^5$ |
| $R_{\text{in}}$ | $\infty$ | $\infty$ | $2.0\,\text{M}\Omega$ |
| $R_{\text{out}}$ | 0 | 0 | $75\,\Omega$ |

# F.1　反転増幅回路

反転増幅回路とその等価回路は図 **F.2** のようになる．

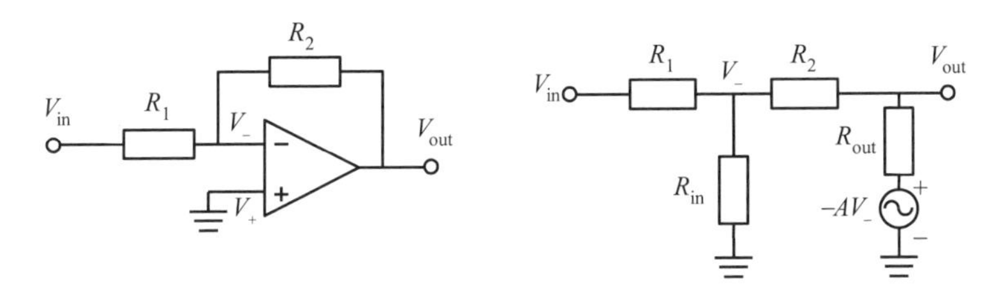


図 **F.2** 反転増幅回路と等価回路

図 F.2 の等価回路にキルヒホッフの電流則を適用すると，以下の式が成立する．

$$\frac{V_- - V_{\text{in}}}{R_1} + \frac{V_-}{R_{\text{in}}} + \frac{V_- - V_{\text{out}}}{R_2} = 0 \tag{F.1}$$

$$\frac{V_{\text{out}} - V_-}{R_2} + \frac{V_{\text{out}} - (-AV_-)}{R_{\text{out}}} = 0 \tag{F.2}$$

式 (F.1) と (F.2) から $V_-$ を消去して，

$$\frac{\dfrac{V_{\text{in}}}{R_1}+\dfrac{V_{\text{out}}}{R_2}}{\dfrac{1}{R_1}+\dfrac{1}{R_{\text{in}}}+\dfrac{1}{R_2}}=\frac{\left(\dfrac{1}{R_2}+\dfrac{1}{R_{\text{out}}}\right)V_{\text{out}}}{\dfrac{1}{R_2}-\dfrac{A}{R_{\text{out}}}}(=V_-) \tag{F.3}$$

であり，

$$\begin{aligned}&\left[\frac{1}{R_2}\left(\frac{1}{R_2}-\frac{A}{R_{\text{out}}}\right)-\left(\frac{1}{R_1}+\frac{1}{R_{\text{in}}}+\frac{1}{R_2}\right)\left(\frac{1}{R_2}+\frac{1}{R_{\text{out}}}\right)\right]V_{\text{out}}\\&=-\frac{1}{R_1}\left(\frac{1}{R_2}-\frac{A}{R_{\text{out}}}\right)V_{\text{in}}\end{aligned} \tag{F.4}$$

から，

$$\begin{aligned}&-\left[\frac{AR_2-R_{\text{out}}}{R_2}+\left(\frac{1}{R_1}+\frac{1}{R_{\text{in}}}+\frac{1}{R_2}\right)(R_2+R_{\text{out}})\right]V_{\text{out}}\\&=\frac{AR_2-R_{\text{out}}}{R_1}V_{\text{in}}\end{aligned} \tag{F.5}$$

となる．これより，電圧増幅度 $A_v$ を求めると以下のようになる．

$$\begin{aligned}A_v=\frac{V_{\text{out}}}{V_{\text{in}}}&=-\frac{\dfrac{AR_2-R_{\text{out}}}{R_1}}{\dfrac{AR_2-R_{\text{out}}}{R_2}+\left(\dfrac{1}{R_1}+\dfrac{1}{R_{\text{in}}}+\dfrac{1}{R_2}\right)(R_2+R_{\text{out}})}\\&=-\frac{R_2}{R_1}\cdot\frac{AR_2-R_{\text{out}}}{AR_2-R_{\text{out}}+\left(\dfrac{R_2}{R_1}+\dfrac{R_2}{R_{\text{in}}}+1\right)(R_2+R_{\text{out}})}\\&=-\frac{R_2}{R_1}\cdot\frac{1}{\left(\dfrac{R_2}{R_1}+\dfrac{R_2}{R_{\text{in}}}+1\right)\dfrac{R_2+R_{\text{out}}}{AR_2-R_{\text{out}}}+1}\end{aligned} \tag{F.6}$$

演算増幅器の 出力抵抗 $R_{\text{out}}$ が 0 で，入力抵抗 $R_{\text{in}}$ が無限大であるとすると，電圧増幅度は

$$A_v=-\frac{AR_2}{(A+1)R_1+R_2} \tag{F.7}$$

となり，第 2 段階の近似を用いた 241 ページの式 (10.14) に一致する．さらに，演算増幅器の増幅度 $A$ が十分に大きいときは，

$$\lim_{A\to\infty} A_v = -\frac{R_2}{R_1} \tag{F.8}$$

となり，88 ページの式 (5.118) に等しくなる．

次に，図 F.2 の反転増幅回路の入力インピーダンスを求める．抵抗 $R_1$ を流れる電流が $\dfrac{V_{\text{in}} - V_-}{R_1}$ であることから，求める入力インピーダンス $Z_{\text{in}}$ は

$$Z_{\text{in}} = \frac{V_{\text{in}}}{\dfrac{V_{\text{in}} - V_-}{R_1}} = \frac{R_1 V_{\text{in}}}{V_{\text{in}} - V_-} = \frac{R_1}{1 - \dfrac{V_-}{V_{\text{in}}}} \tag{F.9}$$

となるので，$V_-$ を $V_{\text{in}}$ で表すことを考える．式 (F.1) と (F.2) から $V_{\text{out}}$ を消去すると，

$$\frac{\left(\dfrac{1}{R_1} + \dfrac{1}{R_{\text{in}}} + \dfrac{1}{R_2}\right) V_- - \dfrac{V_{\text{in}}}{R_1}}{\dfrac{1}{R_2}} = \frac{\left(\dfrac{1}{R_2} - \dfrac{A}{R_{\text{out}}}\right) V_-}{\dfrac{1}{R_2} + \dfrac{1}{R_{\text{out}}}} (= V_{\text{out}}) \tag{F.10}$$

であるので，

$$\left(1 + \frac{R_2}{R_{\text{in}}} + \frac{R_2}{R_1}\right) V_- - \frac{R_2}{R_1} V_{\text{in}} = \frac{R_{\text{out}} - AR_2}{R_{\text{out}} + R_2} V_- \tag{F.11}$$

となる．これより，

$$\begin{aligned}
\frac{V_-}{V_{\text{in}}} &= \frac{R_2}{R_1} \cdot \frac{1}{1 + \dfrac{R_2}{R_1} + \dfrac{R_2}{R_{\text{in}}} + \dfrac{AR_2 - R_{\text{out}}}{R_2 + R_{\text{out}}}} \\
&= \frac{1}{1 + \dfrac{R_1}{R_2} + \dfrac{R_1}{R_{\text{in}}} + \dfrac{R_1}{R_2} \cdot \dfrac{AR_2 - R_{\text{out}}}{R_2 + R_{\text{out}}}} \\
&= \frac{1}{1 + \dfrac{R_1}{R_{\text{in}}} + \dfrac{(A+1) R_1}{R_2 + R_{\text{out}}}}
\end{aligned} \tag{F.12}$$

となる．これより，入力インピーダンス $Z_{\rm in}$ は以下のようになる．

$$\begin{aligned} Z_{\rm in} &= \frac{R_1}{1-\dfrac{V_-}{V_{\rm in}}} = R_1 \cdot \frac{1+\dfrac{R_1}{R_{\rm in}}+\dfrac{(A+1)\,R_1}{R_2+R_{\rm out}}}{\dfrac{R_1}{R_{\rm in}}+\dfrac{(A+1)\,R_1}{R_2+R_{\rm out}}} \\ &= R_1 + \frac{R_{\rm in}\,(R_2+R_{\rm out})}{R_2+R_{\rm out}+(A+1)\,R_{\rm in}} = R_1 + R_{\rm in} \parallel \left(\frac{R_2+R_{\rm out}}{A+1}\right) \end{aligned} \tag{F.13}$$

ここで，演算増幅器の増幅度 $A$ が十分に大きいとすると，

$$\lim_{A\to\infty} Z_{\rm in} = R_1 \tag{F.14}$$

となり，88 ページの式 (5.119) に一致する．

最後に出力インピーダンス $Z_{\rm out}$ を求める．図 F.2 の回路では

$$V_{\rm open} = V_{\rm out} = A_v V_{\rm in} \tag{F.15}$$

であり，

$$I_{\rm short} = \frac{V_-}{R_2} + \frac{-AV_-}{R_{\rm out}} \tag{F.16}$$

となるので，出力インピーダンス $Z_{\rm out}$ は以下のようになる．

$$\begin{aligned} Z_{\rm out} &= \frac{V_{\rm open}}{I_{\rm short}} = \frac{A_v V_{\rm in}}{\left(\dfrac{1}{R_2}-\dfrac{1}{R_{\rm out}}\right)V_-} \\ &= \frac{R_2 R_{\rm out}}{R_2 - R_{\rm out}} \cdot \frac{R_2}{R_1} \cdot \frac{1+\dfrac{R_1}{R_{\rm in}}+\dfrac{(A+1)\,R_1}{R_2+R_{\rm out}}}{\left(\dfrac{R_2}{R_1}+\dfrac{R_2}{R_{\rm in}}+1\right)\dfrac{R_2+R_{\rm out}}{AR_2-R_{\rm out}}+1} \end{aligned} \tag{F.17}$$

ここで求めた反転増幅回路の特性量の具体的な値を表 10.2 を用いて計算すると以下のようになる．ただし，$R_1$ は 10 kΩ，$R_2$ は 100 kΩ とした．

$$A_v \fallingdotseq -9.885 \tag{F.18}$$
$$\mathrm{Z}_{\mathrm{in}} \fallingdotseq 10\,\mathrm{k\Omega} \tag{F.19}$$
$$Z_{\mathrm{out}} \fallingdotseq 13.58\,\Omega \tag{F.20}$$
$$V_- = 5.037 \times 10^{-6} \times V_{\mathrm{in}} \tag{F.21}$$

なお，

$$\frac{R_2 + R_{\mathrm{out}}}{A+1} \fallingdotseq 0.5004\,\Omega \tag{F.22}$$

であり，入力インピーダンスの計算においては無視できる大きさになる．

反転増幅回路の特性量の計算における近似の影響を表 **F.2** に示す．計算には表 F.1 の値を用いた．

表 **F.2** 反転増幅回路の特性量と近似

| | 5.8 節 | 10.2 節 | 付録 F |
|---|---|---|---|
| $A_v$ | $-10$ | $-9.999$ | $-9.885$ |
| $Z_{\mathrm{in}}$ | $10\,\mathrm{k\Omega}$ | $10\,\mathrm{k\Omega}$ | $10\,\mathrm{k\Omega}$ |
| $Z_{\mathrm{out}}$ | 0 | 0 | $13.58\,\Omega$ |
| $V_-/V_{\mathrm{in}}$ | 0 | $5.0 \times 10^{-5}$ | $5.04 \times 10^{-6}$ |

## F.2　非反転増幅回路

非反転増幅回路とその等価回路は図 **F.3** のようになる．

キルヒホッフの電流則より以下の式が成立する．

$$\frac{V_- - V_{\mathrm{in}}}{R_{\mathrm{in}}} + \frac{V_-}{R_1} + \frac{V_- - V_{\mathrm{out}}}{R_2} = 0 \tag{F.23}$$
$$\frac{V_{\mathrm{out}} - V_-}{R_2} + \frac{V_{\mathrm{out}} - A\,(V_{\mathrm{in}} - V_-)}{R_{\mathrm{out}}} = 0 \tag{F.24}$$

式 (F.23) と式 (F.24) から $V_-$ を消去すると以下のようになる．

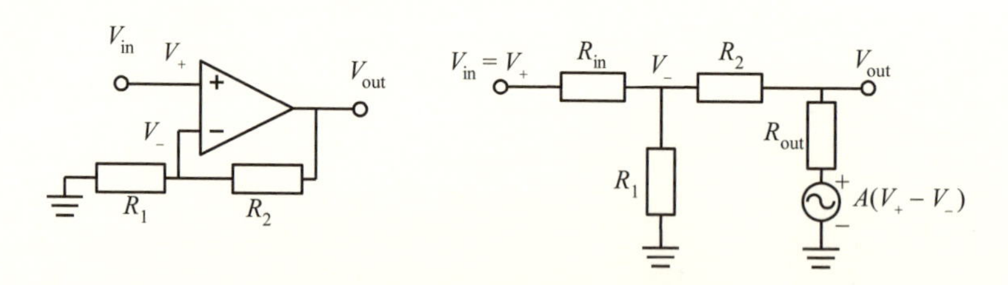


図 **F.3** 非反転増幅回路と等価回路

$$\frac{\dfrac{V_{\mathrm{in}}}{R_{\mathrm{in}}} + \dfrac{V_{\mathrm{out}}}{R_2}}{\dfrac{1}{R_{\mathrm{in}}} + \dfrac{1}{R_1} + \dfrac{1}{R_2}} = \frac{\left(\dfrac{1}{R_2} + \dfrac{1}{R_{\mathrm{out}}}\right) V_{\mathrm{out}} - \dfrac{A}{R_{\mathrm{out}}} V_{\mathrm{in}}}{\dfrac{1}{R_2} - \dfrac{A}{R_{\mathrm{out}}}} (= V_-) \tag{F.25}$$

これより，

$$\begin{aligned}
&\left[\frac{1}{R_{\mathrm{in}}}\left(\frac{1}{R_2} - \frac{A}{R_{\mathrm{out}}}\right) + \frac{A}{R_{\mathrm{out}}}\left(\frac{1}{R_{\mathrm{in}}} + \frac{1}{R_1} + \frac{1}{R_2}\right)\right] V_{\mathrm{in}} \\
&= \left[\left(\frac{1}{R_2} + \frac{1}{R_{\mathrm{out}}}\right)\left(\frac{1}{R_{\mathrm{in}}} + \frac{1}{R_1} + \frac{1}{R_2}\right) - \frac{1}{R_2}\left(\frac{1}{R_2} - \frac{A}{R_{\mathrm{out}}}\right)\right] V_{\mathrm{out}}
\end{aligned} \tag{F.26}$$

となり，整理すると，

$$\begin{aligned}
&\left[\frac{R_{\mathrm{out}} - AR_2}{R_{\mathrm{in}}} + A\left(\frac{R_2}{R_{\mathrm{in}}} + \frac{R_2}{R_1} + 1\right)\right] V_{\mathrm{in}} \\
&= \left[(R_{\mathrm{out}} + R_2)\left(\frac{1}{R_{\mathrm{in}}} + \frac{1}{R_1} + \frac{1}{R_2}\right) - \frac{R_{\mathrm{out}} - AR_2}{R_2}\right] V_{\mathrm{out}}
\end{aligned} \tag{F.27}$$

さらに，

$$\left[A\left(1 + \frac{R_2}{R_1}\right) + \frac{R_{\mathrm{out}}}{R_{\mathrm{in}}}\right] V_{\mathrm{in}} = \left[A + 1 + (R_{\mathrm{out}} + R_2)\left(\frac{1}{R_{\mathrm{in}}} + \frac{1}{R_1}\right)\right] V_{\mathrm{out}} \tag{F.28}$$

となる．これより，電圧増幅度 $A_v$ を求めると以下のようになる．

$$A_v = \frac{V_{\text{out}}}{V_{\text{in}}} = \frac{A\left(1+\dfrac{R_2}{R_1}\right)+\dfrac{R_{\text{out}}}{R_{\text{in}}}}{A+1+(R_{\text{out}}+R_2)\left(\dfrac{1}{R_{\text{in}}}+\dfrac{1}{R_1}\right)} \tag{F.29}$$

ここで，演算増幅器の 出力抵抗 $R_{\text{out}}$ が 0 で，入力抵抗 $R_{\text{in}}$ が無限大であるとすると，電圧増幅度 $A_v$ は

$$A_v = \frac{A\left(1+\dfrac{R_2}{R_1}\right)}{A+1+\dfrac{R_2}{R_1}} = \frac{A\,(R_1+R_2)}{R_2+(A+1)\,R_1} \tag{F.30}$$

となり，第 2 段階の近似を用いた 243 ページの式 (10.25) に一致する．さらに，$A$ が十分に大きいとすると，

$$\lim_{A\to\infty} A_v = \frac{R_1+R_2}{R_1} \tag{F.31}$$

となり，89 ページの式 (5.123) に一致する．

次に，図 F.3 の等価回路を用いて非反転増幅回路の入力インピーダンスを求める．式 (F.23) と式 (F.24) から $V_{\text{out}}$ を消去すると以下のようになる．

$$\frac{\left(\dfrac{1}{R_{\text{i}}}+\dfrac{1}{R_1}+\dfrac{1}{R_2}\right)V_- - \dfrac{1}{R_{\text{in}}}V_{\text{in}}}{\dfrac{1}{R_2}} = \frac{\left(\dfrac{1}{R_2}-\dfrac{A}{R_{\text{out}}}\right)V_- + \dfrac{A}{R_{\text{out}}}V_{\text{in}}}{\dfrac{1}{R_2}+\dfrac{1}{R_{\text{out}}}} \tag{F.32}$$

これを整理すると，以下のようになる．

$$\left(\frac{R_2}{R_{\text{in}}}+\frac{R_2}{R_1}+1+\frac{AR_2-R_{\text{out}}}{R_2+R_{\text{out}}}\right)V_- = \left(\frac{R_2}{R_{\text{in}}}+\frac{AR_2}{R_2+R_{\text{out}}}\right)V_{\text{in}} \tag{F.33}$$

さらに，整理すると以下のようになる．

$$\left(\frac{R_2}{R_{\text{in}}}+\frac{R_2}{R_1}+\frac{(A+1)\,R_2}{R_2+R_{\text{out}}}\right)V_- = \left(\frac{R_2}{R_{\text{in}}}+\frac{AR_2}{R_2+R_{\text{out}}}\right)V_{\text{in}} \tag{F.34}$$

これより，

$$\frac{V_-}{V_{\text{in}}} = \frac{\dfrac{R_2}{R_{\text{in}}} + \dfrac{AR_2}{R_2 + R_{\text{out}}}}{\dfrac{R_2}{R_{\text{in}}} + \dfrac{R_2}{R_1} + \dfrac{(A+1)\,R_2}{R_2 + R_{\text{out}}}} = \frac{\dfrac{1}{R_{\text{in}}} + \dfrac{A}{R_2 + R_{\text{out}}}}{\dfrac{1}{R_{\text{in}}} + \dfrac{1}{R_1} + \dfrac{A+1}{R_2 + R_{\text{out}}}} \tag{F.35}$$

となるので，非反転増幅回路の入力インピーダンス $Z_{\text{in}}$ は

$$\begin{aligned} Z_{\text{in}} &= \frac{R_{\text{in}} V_{\text{in}}}{V_{\text{in}} - V_-} = R_{\text{in}} \cdot \frac{\dfrac{1}{R_{\text{in}}} + \dfrac{1}{R_1} + \dfrac{A+1}{R_2 + R_{\text{out}}}}{\dfrac{1}{R_1} + \dfrac{1}{R_2 + R_{\text{out}}}} \\ &= R_{\text{in}} \cdot \left[ 1 + \frac{\dfrac{1}{R_{\text{in}}} + \dfrac{A}{R_2 + R_{\text{out}}}}{\dfrac{1}{R_1} + \dfrac{1}{R_2 + R_{\text{out}}}} \right] = R_{\text{in}} + R_1 \cdot \frac{R_2 + R_{\text{out}} + AR_{\text{in}}}{R_1 + R_2 + R_{\text{out}}} \end{aligned} \tag{F.36}$$

となる．演算増幅器の入力抵抗 $R_{\text{in}}$ が十分に大きいときは

$$\lim_{R_{\text{in}} \to \infty} Z_{\text{in}} = \lim_{R_{\text{in}} \to \infty} \frac{(A+1)\,R_1 + R_2 + R_{\text{out}}}{R_1 + R_2 + R_{\text{out}}} R_{\text{in}} = \infty \tag{F.37}$$

となり，89 ページの式 (5.124) に一致する．

最後に出力インピーダンスを求める．図 F.3 の等価回路では，

$$V_{\text{open}} = V_{\text{out}} = A_v V_{\text{in}} \tag{F.38}$$

$$I_{\text{short}} = \frac{V_-}{R_2} + \frac{A\,(V_{\text{in}} - V_-)}{R_{\text{out}}} = \left( \frac{1}{R_2} - \frac{A}{R_{\text{out}}} \right) V_- + \frac{A}{R_{\text{out}}} V_{\text{in}} \tag{F.39}$$

であるので，出力インピーダンス $Z_{\text{out}}$ は

$$Z_{\text{out}} = \frac{V_{\text{open}}}{I_{\text{short}}} = \frac{A_v V_{\text{in}}}{\left(\dfrac{1}{R_2} - \dfrac{A}{R_{\text{out}}}\right) V_- + \dfrac{A}{R_{\text{out}}} V_{\text{in}}}$$

$$= A_v \frac{\dfrac{1}{R_{\text{in}}} + \dfrac{1}{R_1} + \dfrac{A+1}{R_2 + R_{\text{out}}}}{\dfrac{1}{R_2}\left(\dfrac{1}{R_{\text{in}}} + \dfrac{A}{R_2 + R_{\text{out}}}\right) + \dfrac{A}{R_{\text{out}}}\left(\dfrac{1}{R_{\text{in}}} + \dfrac{1}{R_2 + R_{\text{out}}}\right)} \tag{F.40}$$

演算増幅器の入力抵抗が十分に大きいときは

$$\lim_{R_{\text{in}} \to \infty} Z_{\text{in}} = \left(1 + \frac{R_2}{R_1}\right)(R_2 \parallel R_{\text{out}}) \tag{F.41}$$

となり，さらに，増幅演算期の出力抵抗が十分に小さいときは

$$\lim_{R_{\text{out}} \to 0} Z_{\text{out}} \left(1 + \frac{R_2}{R_1}\right)(R_2 \parallel R_{\text{out}}) = 0 \tag{F.42}$$

となり，89 ページの式 (5.125) に一致する．

ここで求めた非反転増幅回路の特性量の具体的な値を表 10.2 を用いて計算すると以下のようになる．ただし，$R_1$ は 10 kΩ，$R_2$ は 100 kΩ とした．なお，回路の他の部分や基板表面の汚れなどの影響があるため，数十ギガオームという出力インピーダンスを実現することは難しい．

$$A_v \fallingdotseq 11.00 \tag{F.43}$$

$$R_{\text{in}} \fallingdotseq 36.34\,\text{G}\Omega \tag{F.44}$$

$$R_{\text{out}} \fallingdotseq 814.8\,\Omega \tag{F.45}$$

$$V_- = 0.9999 V_{\text{in}} \tag{F.46}$$

非反転増幅回路の特性量の計算における近似の影響を**表 F.3** に示す．計算には表 F.1 の値を用いた．

表 **F.3** 非反転増幅回路の特性量と近似

| | 5.8 節 | 10.2 節 | 付録 F |
|---|---|---|---|
| $A_v$ | 11 | 10.999 | 11.00 |
| $Z_{\mathrm{in}}$ | $\infty$ | $\infty$ | 36.34 GΩ |
| $Z_{\mathrm{out}}$ | 0 | 0 | 814.8 Ω |
| $V_-/V_{\mathrm{in}}$ | 1.0 | 0.9999 | 0.9999 |

## F.3　ボルテージフォロワ

ボルテージフォロワの特性量は，前の付録 F.2 で求めた非反転増幅回路の特性量中の $R_1$ を無限大に，$R_2$ を 0 にすることで求めることができる．その結果は以下のようになる．

$$A_v = \frac{A + \dfrac{R_{\mathrm{out}}}{R_{\mathrm{in}}}}{A + 1 + \dfrac{R_{\mathrm{out}}}{R_{\mathrm{in}}}} \tag{F.47}$$

$$Z_{\mathrm{in}} = (A+1)\,R_{\mathrm{in}} + R_{\mathrm{out}} \tag{F.48}$$

ただし，付録 F.2 で行った面倒な計算を行わなくても図 **F.4** の等価回路を用いれば，これらの特性量を求めることができる．以下では，図 F.4 の等価回路を用いて特性量を求める．

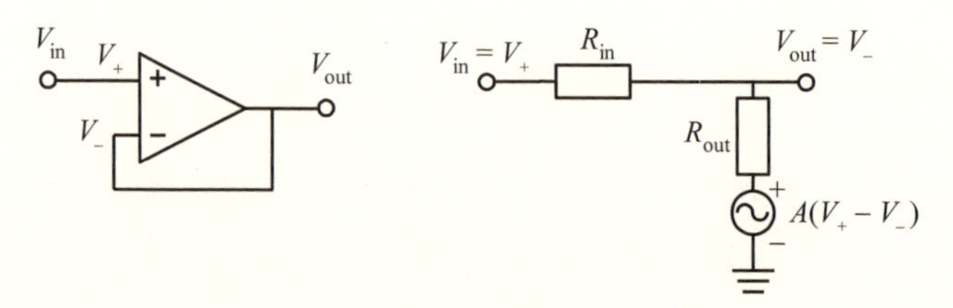


図 **F.4** ボルテージフォロワと等価回路

キルヒホッフの電流則より，

$$\frac{V_{\mathrm{out}}}{R_{\mathrm{in}}} + \frac{V_{\mathrm{out}} - A\left(V_{\mathrm{in}} - V_{\mathrm{out}}\right)}{R_{\mathrm{out}}} = 0 \tag{F.49}$$

なので，電圧増幅度 $A_v$ は

$$A_v = \frac{V_{\mathrm{out}}}{V_{\mathrm{in}}} = \frac{\dfrac{1}{R_{\mathrm{in}}} + \dfrac{A}{R_{\mathrm{out}}}}{\dfrac{1}{R_{\mathrm{in}}} + \dfrac{A+1}{R_{\mathrm{out}}}} = \frac{A + \dfrac{R_{\mathrm{out}}}{R_{\mathrm{in}}}}{A + 1 + \dfrac{R_{\mathrm{out}}}{R_{\mathrm{in}}}} \tag{F.50}$$

となる．入力インピーダンス $Z_{\mathrm{in}}$ は以下のようになる．

$$Z_{\mathrm{in}} = \frac{V_{\mathrm{in}}}{\dfrac{V_{\mathrm{in}} - V_{\mathrm{out}}}{R_{\mathrm{in}}}} = R_{\mathrm{in}}\left(A + 1 + \frac{R_{\mathrm{out}}}{R_{\mathrm{in}}}\right) = (A+1)\,R_{\mathrm{in}} + R_{\mathrm{out}} \tag{F.51}$$

出力の開放電圧 $V_{\mathrm{open}}$ と短絡電流 $I_{\mathrm{short}}$ が

$$V_{\mathrm{open}} = V_{\mathrm{out}} = A_v V_{\mathrm{in}} \tag{F.52}$$

$$I_{\mathrm{short}} = \frac{V_{\mathrm{in}}}{R_{\mathrm{in}}} + \frac{AV_{\mathrm{in}}}{R_{\mathrm{out}}} \tag{F.53}$$

なので，出力インピーダンス $Z_{\mathrm{out}}$ は

$$Z_{\mathrm{out}} = \frac{V_{\mathrm{open}}}{I_{\mathrm{short}}} = \frac{A + \dfrac{R_{\mathrm{out}}}{R_{\mathrm{in}}}}{A + 1 + \dfrac{R_{\mathrm{out}}}{R_{\mathrm{in}}}} \cdot \frac{1}{\dfrac{1}{R_{\mathrm{in}}} + \dfrac{A}{R_{\mathrm{out}}}} = \frac{R_{\mathrm{out}}}{A + 1 + \dfrac{R_{\mathrm{out}}}{R_{\mathrm{in}}}} \tag{F.54}$$

となる．ここで求めたボルテージフォロワの特性量の具体的な値を表 10.2 を用いて計算すると以下のようになる．非反転増幅回路と同じく，回路の他の部分や基板表面の汚れなどの影響があるため，数百ギガオームという出力インピーダンスを実現することは難しい．

$$A_v \fallingdotseq 1.000 \tag{F.55}$$

$$R_{\rm in} \fallingdotseq 400.0\,\mathrm{G\Omega} \tag{F.56}$$

$$R_{\rm out} \fallingdotseq 0.3750\,\mathrm{m\Omega} \tag{F.57}$$

ボルテージフォロワの特性量の計算における近似の影響を表 **F.4** に示す．計算には表 F.1 の値を用いた．

**表 F.4** ボルテージフォロワの特性量と近似

| | 5.8 節 | 10.2 節 | 付録 F |
|---|---|---|---|
| $A_v$ | 1 | 1 | 1 |
| $Z_{\rm in}$ | $\infty$ | $\infty$ | 400 GΩ |
| $Z_{\rm out}$ | 0 | 0 | 0.3750 mΩ |

# 参考文献

[1] P. R. グレイ他著，システム LSI のためのアナログ集積回路設計技術（上）[原書第 4 版]， 培風館，2003.

[2] B. Razabi 著，アナログ CMOS 集積回路の設計 基礎編， 丸善，2003.

[3] B. Razabi 著，アナログ CMOS 集積回路の設計 応用編， 丸善，2003.

[4] 安藤繁著，電子回路 基礎からシステムまで， 培風館，1995.

[5] 石橋幸男著，アナログ電子回路， 培風館，1990.

[6] 堀桂太郎著，よくわかる電子回路の基礎， 電気書院，2009.

[7] 関根慶太郎著，電子回路，コロナ社，2010.

[8] 池田誠著，MOS による電子回路基礎， 数理工学社，2011.

[9] 上村喜一著，基礎電子回路， 朝倉書店，2012.

[10] 若海弘夫著，技術者になっても役立つ電子回路，電気書院，2016.

[11] 新原盛太郎著，SPICE とデバイス・モデル， CQ 出版，2005.

[12] 神崎康宏著，電子回路シミュレータ LTspice 入門編， CQ 出版，2009.

[13] 遠坂俊昭著，電子回路シミュレータ LTspice 実践入門，CQ 出版，2012.

[14] 渋谷道雄著，LTspice で学ぶ電子回路 第 2 版，オーム社，2016.

# 索引

## ──著 者 略 歴──

**大豆生田　利章**（おおまめうだ　としあき）

1967年　栃木県生まれ
1989年　東京大学工学部電子工学科卒
1994年　東京大学大学院工学系研究科電子工学専攻博士課程修了，博士（工学）
千葉大学工学部情報工学科助手・群馬工業高等専門学校電子情報工学科助教授を経て
2007年　群馬工業高等専門学校電子情報工学科准教授

主な著書：『半導体デバイス入門』，『電子工学入門』（電気書院）





根幹・電子回路

2019年 6月 3日　　第1版第1刷発行

著　者　大豆生田利章（おおまめうだとしあき）
発行者　田　中　久　喜

発 行 所
株式会社　電 気 書 院
ホームページ　www.denkishoin.co.jp
（振替口座　00190-5-18837）
〒101-0051　東京都千代田区神田神保町1-3ミヤタビル2F
電話(03)5259-9160／FAX(03)5259-9162

印刷　中央精版印刷株式会社
カバーデザイン　HeADBAT 江口としや
Printed in Japan／ISBN978-4-485-66551-0